排土场稳定性及灾害防治

王运敏　项宏海　编著

北　京
冶　金　工　业　出　版　社
2011

内 容 提 要

我国在20世纪80年代以后开始全面系统地开展排土场滑坡机理等方面的研究，本书是作者根据多年来对排土场稳定性及泥石流研究的成果编写而成的。全书系统总结了排土场稳定性及泥石流的研究方法，排土场的滑坡机理，泥石流成因，排土场滑坡和泥石流防治措施，排土场监测方法，排土场规划和排土场管理，排土场植被复垦方法和实例及国内外排土场滑坡或泥石流实例。

本书既可用于指导排土场灾害防治研究、教学，又可用于指导矿山企业排土场安全生产管理，也可作为排土场设计参考。主要读者包括从事排土场科研、生产、设计的工程技术人员及高等学校的师生。

图书在版编目(CIP)数据

排土场稳定性及灾害防治/王运敏，项宏海编著．—北京：冶金工业出版社，2011.12

ISBN 978-7-5024-5864-5

Ⅰ.①排…　Ⅱ.①王…　②项…　Ⅲ.①排土场—稳定性—研究②排土场—灾害防治—研究　Ⅳ.①TD228

中国版本图书馆CIP数据核字(2011)第271753号

出 版 人　曹胜利
地　　址　北京北河沿大街嵩祝院北巷39号，邮编100009
电　　话　(010)64027926　电子信箱　yjcbs@cnmip.com.cn
责任编辑　王之光　美术编辑　李　新　版式设计　孙跃红
责任校对　王永欣　责任印制　张祺鑫
ISBN 978-7-5024-5864-5
三河市双峰印刷装订有限公司印刷；冶金工业出版社出版发行；各地新华书店经销
2011年12月第1版，2011年12月第1次印刷
787mm×1092mm　1/16；17.5印张；423千字；270页
68.00元

冶金工业出版社投稿电话：(010)64027932　投稿信箱：tougao@cnmip.com.cn
冶金工业出版社发行部　电话：(010)64044283　传真：(010)64027893
冶金书店　地址：北京东四西大街46号(100010)　电话：(010)65289081(兼传真)

前　　言

矿山排土场是我国最大的固体废弃物堆置场所，仅冶金矿山排土场每年排放的废石就达到20多亿吨，占地5500多公顷。一方面，排土运输费用占露天矿生产成本的40% ~55%，排土场选址或排土参数设计不合理会严重影响矿山经济效益；另一方面，由于排土场场地地质条件、排土场所排放岩土物理力学性质等因素影响，排土场不但会产生滑坡，而且会产生泥石流，产生严重的排土场安全与环境等问题。因此，处理好排土场安全和环境问题不仅关系到矿山经济效益，而且关系到安全生产和环境危害，关系到社会的稳定和谐和可持续发展。

排土场安全与环境问题主要有以下几个方面：

（1）排土场滑坡。排土场滑坡是排土场重大灾害之一，在排土场地基地形陡峭或地基软岩厚度较大、排弃的散体物料中土或强风化岩石较多等情况下，极易发生滑坡。我国露天矿排土场曾发生过多起滑坡事故，造成车毁人亡，冲垮、冲毁运输道路、房屋、农田等重大事故和严重经济损失。

（2）排土场泥石流灾害。矿山排土场是人为的泥石流固体物来源地，提供了形成泥石流必备的松散固体物质条件。我国南方多雨矿山如海南铁矿、云浮硫铁矿、永平铜矿、德兴铜矿等都发生过排土场泥石流灾害，造成建筑物和人员被埋，冲毁公路、农田、房屋等重大灾害。

（3）排土设备滑落、滚石等事故。排土设备滑落事故频繁，汽车排土矿山曾发生多起汽车、推土机滑落事故，铁路运输-电铲排土矿山曾发生过电铲倾倒、下滑和电机车倾覆事故。该类事故重则车毁人亡，轻则汽车、电机车、推土机、铁轨受损。

（4）环境危害。排土场在占用土地的同时，破坏地表植被和自然地貌景观；排土场产生的重金属、酸性废水等污染土体和地表、地下水体；排土场扬尘不仅污染大气环境，而且易产生硅肺等人体危害。

排土场稳定性研究要解决一系列重大技术问题，概括起来主要有5个方面：

(1) 排土场滑坡机理；(2) 排土场泥石流形成机理；(3) 排土场稳定性和泥石流分析方法；(4) 排土场滑坡和泥石流防治措施；(5) 排土场环境治理技术。

排土场是由松散岩土在地表堆积而成，地表为松散岩土与自然地形的接触面，排土场排弃岩土软弱或有软弱夹层，排土场地基岩土岩性，排土场散体岩土与地基地形、地表植物，山沟地表径流等都是决定排土场稳定性和形成泥石流的重要因素。因此，散体岩土特性，地基土层厚度、坡度、力学特性与承载能力，大气降雨汇流等对排土场稳定性的影响都是需要解决的技术问题。排土场堆积的散体岩土提供了泥石流形成的固体物质来源，排土场排弃不同性质岩土与不同地形坡度，在大气降雨和山坡汇流作用下形成泥石流的条件各异，研究泥石流形成机理和爆发条件成为排土场泥石流预测和分析的关键。

马鞍山矿山研究院自20世纪80年代组建专业研究队伍系统开展排土场稳定性及灾害防治研究工作，建立了散体力学实验室和相似材料模拟实验室，先后承担了永平铜矿、德兴铜矿、朱家包包铁矿等20多个矿山的排土场稳定性及灾害防治方面的研究课题，承担了国家“七五”、“八五”科技攻关课题——“高台阶排土场稳定性及监测技术研究”、“排土机排土合理工艺参数研究”，在排土场滑坡机理、泥石流形成和分析、滑坡和泥石流防治及排土场环境治理方面取得了大量科技成果，制定了《金属非金属矿山排土场安全生产规则》(AQ2005—2005)。本书是以本院多年来排土场研究成果，并参照国内外有关资料编写而成的，希望本书的出版能促进排土场安全技术的进步。

参加本书编写的人员还有：苏文贤、黄礼富、汪斌、周玉新、陈宜华、王国中等；攀钢矿业公司崔尚祺，永平铜矿胡明清、何叶田，本钢歪头山铁矿赵言勤、何运华及太钢尖山铁矿、福建潘洛铁矿等企业的有关技术人员编写了实例部分材料或为实例部分提供了资料，在此表示衷心的感谢！

由于排土场边坡涉及散体力学、土力学、岩石力学和其他科学，本书进行了较为系统的研究，但某些方面研究深度仍有不足，不妥之处希望广大读者批评指正。

王运敏

2011年9月

目　录

1 概 述

露天矿排土场是堆放剥离废岩（土）的场所，其稳定性、滑坡、泥石流及其灾害的防治，既是一个关系到矿山安全生产的科学技术课题，又是一个关系人民生命财产安全和环保的社会问题。因为矿山排土场经常会受到各种因素的影响而产生滑坡、泥石流、岩土粉尘和酸性水（含重金属）等安全与环境灾害，这些灾害又经常会给矿山生产设备、建筑物以及农田等造成严重损害、污染环境。

随着社会的发展，科学技术的进步，矿山产品如煤炭、金属、非金属及建材等的社会需求量日益增大，故现今各种矿山（露天矿、地下矿、砂矿等）遍地开花。矿产资源开发在为国民经济发展提供“血液”的同时，也给社会和环境带来很大影响及各类灾害，如滑坡、泥石流、地表沉陷、地下水枯竭等地质灾害，地表植被破坏、粉尘、酸性水重金属污染等环境灾害。尤其是露天矿的矿坑和排土场占地面积大（一般排土场占地面积是矿山总占地的40% ~55%），据统计，全世界的露天矿每年的岩石量和剥离废石量共约400亿吨以上，其中排弃的岩土量约300亿吨，占3/4左右。每生产1t铜平均要排弃375t固体废料（包括废石和尾矿）。我国冶金露天矿山每年排弃废石量20多亿吨，占地面积约$5000hm^2$。

露天矿排土工程包括：选择排土场位置、排土工艺技术、排土场稳定性及其灾害治理和排土场占用土地、环境污染的治理及其复垦等主要内容。

露天矿排土技术与排土场治理方面的发展趋势表现在3个方面：（1）采用高效率的排土工艺，提高排土强度；（2）增加单位面积的排土容量，提高堆置高度，减少排土场占地；（3）排土场复垦，减少环境污染。排土运输工艺技术与采矿场的运输系统有密切联系，国外一些大型露天矿都采用大型高效率运输机械，实行科学化管理，排土运输工艺面向设备大型化和排土连续化方向发展。

俄罗斯、美国的矿山排土场占地面积分别为矿山总占地面积的50%和56%，但其复垦率较高。如美国矿山占地的复垦率为80%，其中排土场的复垦率为52%。据对我国冶金露天矿的调查，排土场占矿山总占地面积的40% ~55%。重点冶金矿山的露天开采产量比重占总产量的70%以上，但排土工程仍然是露天矿生产的薄弱环节。排土场占用土地及其与环境保护的矛盾日趋突出，据统计，全国国有矿山56000个，每年采矿占地约$67000 \sim 100000hm^2$，其复垦率不到2%。

随着我国矿山事业的发展和采矿技术的进步，大型深凹露天矿将逐渐增多，排土新工艺、新技术和许多大型高效率的排土设备将得到广泛应用。排土场的技术管理、排土场与环境工程将会得到改进与完善。

为了调查研究我国露天矿排土工艺的发展，排土场的稳定性及其灾害的防治技术，早在20世纪70～80年代我国矿山科技工作者对于排土新工艺、新技术以及排土场的滑坡、泥石流和对环境的污染等排土场灾害的防治技术，就开始了试验研究工作，尤其是近20年来，冶金系统和煤炭系统一些科研院所和高等院校及矿山工程技术人员开展了一系列深入细致的现场调查和实验室试验研究工作，积累了丰富的排土生产实践经验，先后发表了大量的研究成果和学术论文。例如：原冶金部马鞍山矿山研究院会同冶金系统金属矿山情报网，于1984年4月至5月组织了首次“全国冶金系统露天矿排土场技术调查组”，来自全国不同地区单位共20多人深入调研了冶金、有色、化工系统数十个矿山排土场，还函调了另外的数十个矿山排土场的技术现状；并于同年12月编辑出版了《全国冶金系统露天矿排土场技术调查报告》。马鞍山矿山研究院也早在20世纪80年代初就在国内率先全面开展矿山排土场稳定性及其灾害防治的研究。在1984～1987年间完成了“永平铜矿排土场泥石流防治技术的研究”研究项目，并基于大量的现场和实验室试验研究，首次全面系统研究并发表了关于矿山高台阶排土场泥石流的成因和防治技术的研究成果，它对于露天矿排土场的设计和生产管理具有重要的技术指导意义及学术价值。接着该院又承担了国家“七五”科技攻关项目“高台阶排土场稳定性及其监测技术研究”，1990年提交了“高台阶排土场稳定性及监测技术研究”成果报告，该项成果获得了冶金科技进步奖二等奖。“八五”期间承担了国家科技攻关项目“高台阶排土机排土稳定性及综合治理措施研究”（鞍钢大孤山铁矿）。马鞍山矿山研究院多年来和兄弟单位协作先后完成了20多项大中型露天矿排土场的试验研究项目（见表1-1），并取得了在国内具有领先地位，达到国际先进水平的科技成果，如“德兴铜矿排土场稳定性及泥石流防治技术研究”（1991）、“本钢歪头山铁矿排土场稳定性及综合治理技术研究”（1990）、“马钢南山铁矿排土场合理参数和综合治理措施研究”（1994）等。

表1-1 马鞍山矿山研究院历年来完成的露天矿排土场滑坡治理方面科研项目

序号	项目名称	年份	备注
1	全国冶金系统露天矿排土场技术调查报告	1984	
2	永平铜矿排土场泥石流防治技术的研究	1987	有色金属行业科技进步奖二等奖
3	高台阶排土场稳定性及监测技术研究（攀钢朱家包包铁矿）	1990	“七五”国家科技攻关项目；冶金科技进步奖二等奖
4	本钢歪头山铁矿排土场稳定性及综合治理技术研究	1990	冶金科技进步奖三等奖
5	德兴铜矿排土场稳定性及泥石流防治技术的研究	1991	
6	新桥露天矿四房排土场泥石流防治工程研究	1993	
7	马钢南山铁矿排土场合理参数和综合治理措施研究	1994	安徽省科技进步奖三等奖
8	马钢姑山铁矿钟山排土场总体稳定性研究	1995	
9	高台阶排土机排土稳定性及综合治理措施研究（鞍钢大孤山铁矿）	1997	“八五”国家科技攻关项目
10	本钢歪头山铁矿下盘排土场188西站西侧滑坡治理方案研究	1998	
11	德兴铜矿高台阶排土稳定性与堆浸排土参数优化研究	2001	安全生产科技进步奖二等奖
12	紫金山金铜矿江山寮排土场总体稳定性研究	2001	

续表 1-1

序号	项 目 名 称	年份	备 注
13	新桥矿业公司二期排土场稳定性及综合治理措施的研究	2004	
14	河南商城县汤家坪钼矿排土场稳定性研究	2006	
15	重钢太和铁矿1号、2号排土场稳定性研究	2007	
16	马钢高村采场二期排土场总体稳定性研究	2009	
17	马钢姑山铁矿排土安全控制技术的研究	2009	
18	紫金山金铜矿排土场稳定性及安全控制技术的研究	2009	

1.1 排土场场址选择

经济合理地选择好排土场场址，是关系到今后矿山安全、经济效益和环境保护的重要环节。因为全国重点冶金露天矿开采产量占矿山开采总量的70%以上，在露天开采采出的矿岩总量中约3/4是废弃岩土；而堆置废石的排土场占地面积，是矿山占地的40%～55%；矿山废石运输排土费用也占矿石成本的40%左右。可见排土场场址选择在露天矿开采生产中的重要地位。合理地选择排土场位置、改进排土工艺和提高排土效率，不仅关系着运输和排土的技术经济效果，而且还涉及占用农田和环境保护问题。

为降低矿山排弃岩土的运输费用，减少排土场占地面积（耕地、山林、河湖、荒地），有利于排土场边坡的稳定性和最大限度地减少环境污染，矿山工程设计者必须选择经济合理的排土场场址。排土场位置的选择是本着靠近采场就近分散，少占地、少污染，并尽量利用内部采空区排土的原则；根据矿山总剥离岩土量，确定在采场外围选择外排土场或采场内的内排土场；对于缓倾斜和水平矿床（如很多煤矿、铝土矿、建材矿等）开采的同时可以把剥离的废石排弃在采空区，既经济又合理。不过，大多数矿山，尤其是倾斜、急倾斜或多层矿床的露天开采，需要采用外部排土场的排土方案。根据排土场地基地形特点、矿体赋存条件、开采工艺以及最佳合理运距等技术经济指标，确定剥离岩土量的运输方式，如铁路运输、汽车运输、胶带运输或其他排土运输工具。

1.1.1 影响排土场场址选择的因素

影响排土场场址选择的因素有以下几方面：

（1）排土场地基的地形和工程地质条件。一般排土场多选择在山区沟谷地带，如果地基倾角平缓，主要是要考虑软弱表土层对排土场稳定性的影响；而如果地基上有溪流、湖泊和泉水，则不适宜作为排土场场址。如果地基是倾斜和陡倾斜坡面，它对于排土场的稳定性起关键作用，若地基倾角大于排土场散体岩石（土）自然安息角，则在排土过程中岩石土壤即便在坚硬的地基上也停留不住，而要滚到坡底，所以此种地基上的排土场会经常滑坡，遇上雨水还会发生泥石流、水石流灾害。

（2）软弱层和腐殖土地基的处理。这类排土场地基上往往覆盖有植被、腐殖土或薄层表土，是造成排土场滑坡的主要原因，因此要在进行排土之前，利用推土机或其他工具把表土层（包括植被杂草）清掉；若地基平坦也可以在事前堆置部分大块岩石进行预压实。

若地基有溪流经过或有泉水，要在排土之前进行处理，如通过修建盲沟等方法，把水体引流到排土场范围以外；对于山坡汇水，在排土场上游修建排水沟进行拦截，杜绝这些引起将来排土场出现滑坡、泥石流等灾害的隐患。

（3）收集地基基础资料的重要性。排土场地基的地形地貌、工程地质、水文地质资料以及地表上的植被、水体、建筑物等基础资料都是排土场设计和开拓方案设计的重要资料。但是一些中小型露天矿山，地处未开发地区，矿山所能提供的基础资料不全，或者仅有小比例地形资料，这就要求设计人员必须深入现场实地考察和了解气象、水文、工程地质等资料。露天矿排土场的占地面积往往数量大，就很可能要占用一部分良田和林地，排土场还容易污染农田和居民区，这必然给当地群众生活和经济带来一定的困难和影响，从而增加了征地难度，影响建设周期。

（4）矿山开拓方案对排土场场址选择的制约。对新建露天矿（特别是山坡露天矿），矿山的开拓方案一旦确定，那么露天境界内矿岩的出线方向也就定了，如果排土场场址选择不当，势必造成剥离岩石的反向运输或运岩线路与其他运输线路的交叉，不但给矿山的生产管理带来不便，而且给矿山生产经营带来很大浪费。固然采场的出线方向可以随排土场位置而改变，但露天境界内的剥岩量将会增加；再者矿山的其他设施（如尾矿库和生活区）和采矿工艺一样，同样与排土场相互制约。对于中小型露天矿的特点一般是多台阶同时生产，矿岩出口标高相差比较大，为节省投资，早投产见效，矿山的开拓方式大多采用公路汽车开拓或公路汽车与其他运输方式联合开拓方案。

对一个露天矿来说，合理地选择排土场场址与剥离岩量分配是降低矿山排土场基建和运营费用、减少排土设备数量、避免各运输方式互相影响的关键。因此，在矿山开采设计中要结合矿山的采矿和开拓进度计划，进行计算机模拟，开展排土动态规划和运输优化。

（5）选择场址时应查清排土场是否压矿。近年来，一些中小型露天矿山基础资料不全，主要是矿体的勘探深度不够，对矿体的产状往往控制不住，或者深部及周边矿体未做详细勘探，这样不但影响矿山规模的最后确定，而且对排土场的场地选择带来很大的困难，特别是对就近排土、分散排土的排土方案更是如此。所以在排土场场址选择时，尽可能选在矿体的下盘，减少压矿的可能，但是矿山地形相当复杂，有时又不得不选在矿体的上盘，因此就需要和专业人员共同对矿体的产状和分布进行充分论证。

（6）排土场对露天采场的影响。露天矿的剥离岩石量是矿石量的数倍，它占据大量的土地，而且排土场大多分布在采场附近，有的紧挨着采场最终开采境界边坡，如此大的排土场载荷将对采场边坡稳定性形成一定的威胁，所以在排土场选择和设计时要评估它对于采场边坡稳定性的影响，确定其安全距离。

（7）排土场滚石和滑坡对周围环境的影响。排土作业时边坡上的滚石、滑坡和泥石流对排土场下游的建筑物形成潜在的威胁。排土场与周围建筑物的标高一般相差较大。有色金属排土场设计规范规定，排土场坡脚距建筑物的安全距离为 $0.75H \sim 2H$（H 为排土场高度）；但这个安全距离应根据排土场与建筑物之间的地形情况来决定，不同地形情况下这个安全距离是不同的，如地基坡度陡则滚石和滑坡的距离就会很远，而若发生滑坡和泥石流，则在一定地形条件下，滑坡和泥石流距离可达数公里到 10 多公里，因此，设计前要进行评价，确定安全距离。

通过对影响露天矿排土场场址选择的主要因素的分析，它不但直接影响矿山的开拓剥离、运输方案的设计和整体矿山经济效益，而且对矿山的安全生产和矿区的生态环境将产生深远的影响。因此，应加强露天矿排土场的设计及生产管理，合理地选择排土场场址，减少矿山排岩的基建及经营费用，降低矿山经营成本，并最大限度地减少排土场灾害的发生和影响。

1.1.2　排土场场址选择应遵守的原则

排土场场址选择应遵守的原则如下：

（1）排土场应靠近采场，尽可能利用荒山、沟谷及贫瘠荒地，以不占或少占农田，就近排土减少运输距离，但要避免在远期开采境界内将来进行二次倒运废石。有必要在二期境界内设置临时排土场时，一定要做技术经济方案比较后确定。

（2）有条件的山坡露天矿，排土场的布置应根据地形条件，实行高土高排，低土低排，分散物流，尽可能避免上坡运输，减少运输功的消耗；做到充分利用空间，扩大排土场容积。

（3）选择排土场应充分勘察其基底岩层的工程地质和水文地质条件，如果必须在软弱基底上（如表土厚、河滩、水塘、沼泽地、尾矿库等）设置排土场时，必须事先采取适当的工程处理措施，以保证排土场基底的稳定性。

（4）排土场不宜设在汇水面积大、沟谷纵坡陡、出口又不易拦截的山谷中，也不宜设在工业厂房和其他构筑物及交通干线的上游方向，以避免发生泥石流和滑坡，危害生命财产、污染环境。

（5）排土场应设在居民点的下风向地区，以防止粉尘污染居民区。应防止排土场有害物质的流失，污染江河湖泊和农田。

（6）排土场的选择应考虑排弃物料的综合利用和二次回收的方便，如对于暂不利用的有用矿物或贫矿、氧化矿、优质建筑石材，应该分别堆置保存。

（7）排土场的选择和建设应结合排土期间及其排土结束后的复垦计划统一安排进行排土规划；排土场的复垦和防止环境污染是排土场选择和排土规划中的一项重要内容。

（8）为了露天矿岩土排弃的经济合理性，必须进行排土规划。当采场的开拓运输系统确定时，排土工作要达到经济合理的运输距离和全部剥离排土的运营费的贴现值最小。排土规划还要考虑排土场的数量与容积，排土场与采场的相对位置和地形条件及其对环境的影响等。一个矿山可在采场附近设置一个或多个排土场，根据采场和剥离岩土的分布情况，可以实行分散或集中排土，通常采用线性规划方法对排弃物料的流向、流量进行平面规划和竖向规划。对于近期和远期排土量进行合理分配，以达到最佳的经济效益。

1.2　排土场分类

讨论露天矿排土场的类型可以有各种不同分类（表1-2）：

（1）按排土场与采场的相对位置，可分为内部排土场与外部排土场。

（2）按运输排土方法可分为汽车—推土机、铁路—电铲（排土犁、推土机、前装机、铲运机等）、带式输送机—排土机以及水力运输排土等。

（3）按排土场地形条件、岩土性质以及矿山开拓运输方式可分为山坡形和平原形排土场；按排土场的堆置顺序可分为单台阶排土、覆盖式多台阶排土、压坡脚式组合台阶排土（图 1-1）。它们均适合于汽车运输、铁路运输和带式输送机运输等排土方式。但要经过技术经济方案比较，结合矿山具体条件而选择某种排土场堆置方式。

表 1-2　露天矿排土场分类特征

分类标准	排土场分类特征	排土方法和堆置顺序
按排土场位置区分	内排土场 外排土场	排土场设置在采场内的采空区 排土场设置在采场境界以外
按堆置顺序区分	单台阶排土场 多台阶覆盖式 多台阶压坡脚式	单台阶由近向远一次堆置，排土场高度较大 由低台阶向高台阶水平分层覆盖，台阶间留有安全平台 由高水平向低水平倾斜分层，逐层降低标高反压上一台阶坡脚
按排土机械运输方式区分	铁路运输排土场	按转排物料的机械类型分为排土犁排土、电铲排土、推土机排土、前装机排土、铲运机排土、索斗铲排土等
	汽车运输排土场	按岩土物料的排弃方式区分：边缘式——汽车直接向排土场边缘卸载，或距边坡眉线 3～5m 卸载，由推土机排弃和平场。场地式——汽车在排土平台上顺序卸载，堆置完一个分层后由推土机平场，再向上堆新一分层
	带式输送机排土机排土场	采用带式运输机运到排土场，由带式排土机排土；按排土方式和排土台阶的形成可分为上排土或下排土、扇形排土或矩形排土
	水力运输排土场	采用水力运输、铁路运输或轮胎式车辆运输岩土到排土场，再用水力排弃
	无运输排土场	采用推土机、前装机、机械铲、索斗铲和排土桥等设备将岩土直接排卸到采场内采空区或外部排土场；工艺简单，效率高，成本低；多适用于内部排土场

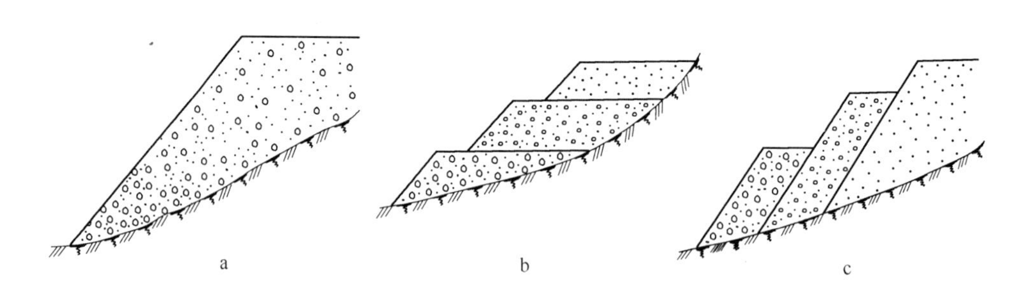

图 1-1　排土场堆置方式

a—单台阶排土；b—覆盖式；c—压坡脚式

1.2.1　内部排土场

内排土技术是把剥离岩土直接排弃到露天采场的采空区，这可缩短运输距离（甚至可实现采用无运输剥离），减少排土场占地和经营费用，从而大大降低排土成本，在有条件的矿山应尽量采用，充分利用内排土场技术。但只有开采水平或缓倾斜（小于 12°）厚度不大的矿体，或在一个采场内有两个不同标高的采区，或分区开采的矿山才适用内部排土场，可利用提前结束的采空区实行内排土。在大多数的金属和非金属露天矿都不具备内部排土条件，而要采用外部排土场。

对于缓倾斜薄矿体及一些铝土矿、砂矿，适宜于进行内排土，开辟内排土场，其技术经济效益显著。然而，按照传统采矿工艺很难采用内排土的长度大的倾斜急倾斜厚矿体或一个矿区有几个采场的矿山，通过技术经济论证和采掘计划安排，可以先强化开采部分采场或分区开采，将采空区作为内部排土场。

实现内排土时，根据采掘、运输设备类型以及剥离运输方向与剥离工作面推进方向的关系，可分为横向运输排土（垂直剥离工作面）和纵向运输排土（平行剥离工作面）两种类型。横向排土所采用的剥离和排土设备有索斗铲、挖掘机、铲运机，对于软岩可采用轮斗铲配排土机或运输排土桥及链斗铲排土机等。纵向排土所采用的排土运输方式有铁路运输、汽车运输及带式输送等。

我国在应用内排土方面积累了丰富的经验，如湖南601金刚石矿的一个采区，经过认真地规划和采取严密的技术措施，采矿块段适当超前，留下的采空区迅速用剥离岩土和选矿厂剔除的废石充填，接着再覆盖采矿时单独剥离和堆存的肥沃表土进行平整，随着采矿向前推进，后面很快恢复被采矿破坏的土地，复垦出一片适宜于现代机械化耕种的高产良田。我国一些露天煤矿也具有内排土的良好条件。如义马矿务局北露天煤矿，设计中就规划了内排土场，邻近的已采空的南露天矿坑，既用作义马市的主要蓄水库，又收容附近常村坑煤矿的部分煤矸石。又如元宝山露天煤矿设计总剥离量$16.7\times10^8m^3$，其中40.1%岩石堆置在内排土场。按照抚顺西露天矿的煤层地质条件和传统采煤方法，不适用内排土方法，但该矿结合深凹开采技术改造，根据规划分东、西两区开采，强化西区开采，把采空区用作东区开采的内排土场，缩短了作业运距，降低了排土成本。

急倾斜厚矿体矿床，按照传统的采矿工艺很难实现内排土。但是对于具有几个采场的矿区，通过有计划地安排采掘进度，先强化部分采场的开采，有意识地开辟内排土场也是不难做到的。如大石河铁矿把先期采完的大石河采区矿坑用作内排土场，可收容岩土$763.3\times10^4m^3$。该矿共有6个采区，如果45%的岩土实现内排土，至少可减少征地$200hm^2$。海南铁矿枫树下矿体采完之后，也可收容北一主矿体剥离的部分岩土。一个矿区几个采场，是否安排内排土，需经过技术经济论证才能确定。但现时偏重于考虑经济运距，如果在技术经济论证中顾及土地利用和生态环境等重要因素，则论证结果就可能会有很大的不同。肥沃的德国莱茵褐煤区，由南往北许多露天矿分期分批开采，往往北方露天矿剥离的岩土经过几十公里的铁路运到南方已采完的露天矿坑，再用胶带排土机排入采空区。实际上我国一些大型露天矿山从剥离工作面到外部排土场的岩土运输已很难说是经济运距，如眼前山铁矿岩土平均运距13km，大孤山铁矿15.8km，海州露天煤矿近20km，抚顺西露天煤矿东排土场达30.4km。

乌克兰科学院地球工程力学研究所曾对开采急倾斜层状深矿床采用内排土的技术经济合理性进行了许多论证工作。他们针对北部采选公司安诺夫露天矿的具体条件，进行了技术经济论证，如采用内排土工艺，除了在生态上的优越性外，岩土运输距离可缩短60%～67%，剥离费用可降低68%～69%。内排土场不仅具有岩石运距短、剥离费用低的优点，而且减少了矿山排土场的用地，对于露天采矿场复垦也有好处。如何创造条件尽可能多地采用内排土场，是摆在我们面前的一个重要课题。

1.2.2 外部排土场

依据矿山的排土工艺和地形条件不同，其露天矿外部排土场形态各异，多种多样。但归纳起来可分为：单台阶、多台阶和压坡脚组合式三种基本形式，前面两种既适用于铁路排土，也适用于汽车排土，后面一种目前主要用于汽车排土。

排弃废石的运输方式一般取决于采场的开拓运输工艺，只有在特殊情况下才采用二次倒运，改变运输排土方式。除了一些剥离量不大的露天矿采用提升机运输或索道运输排土外，我国露天矿的外排土场一般采用汽车、铁路和带式运输机等运输方式，配备以推土机、电铲、排土机等设备排土。国外技术先进的国家排土机械化的特点是类型多样化、设备系统化，因地制宜组织多种设备联合排土，能较充分发挥各种设备的特长以提高排土综合效益。

（1）单台阶排土场（图1-1a）。采用单台阶排土场的矿山多数是汽车排土，排土场地形为坡度较陡的山坡和山谷。其特点是分散设置、每个排土场规模不大、数量较多，排土场空间利用率较高，但堆置高度大，安全条件较差，所以采用铁路运输的单台阶排土场高度受到一定限制，因为台阶高度大，沉降量大，线路维护和安全行车都比较困难。

单台阶排土线的初始路堤一般沿着等高线方向开辟半壁路堑，并向路堤一侧排土，逐渐向外扩展。初始路堤顺山脊修筑时，可根据需要向路堤的两侧排土。汽车卸车和调车的平台尺寸可根据汽车类型确定，32t以内的载重汽车的初始平台不小于50m×40m；为了延展初始路堤，首先沿着等高线方向排土，然后垂直等高线方向扩展，两个方向交替排土使得排土线呈扇形扩展。

单台阶排土场一般高度大，其沉降变形也大，所以它适合于堆置坚硬岩石，要求排土场地基不含软弱岩土，以防止滑坡和泥石流。但是高台阶排土场的单位排土线受土容量大，移道修路等辅助作业量少，国内外一些山坡型单台阶排土场高度可达数百米。

（2）覆盖式多台阶排土场（图1-1b）。它适用于平缓地形或坡度不大而开阔的山坡地形条件。其特点是按一定台阶高度的水平分层由下而上，逐层堆置，也可几个台阶同时进行覆盖式排土，而保持下一台阶超前一段安全距离。然而这种集中型多台阶排土场的缺点是：随着采场剥离台阶的下降，排土场的堆置标高逐渐上升。采场上部台阶的岩土运距较近，同时，一般也是重车下坡运输，而深部台阶的岩土运出采场境界后往往是重车上坡运输到排土场，使得排土成本增高。根据地形条件可采用适当分散排土的办法，选择上、中、下若干分散的排土场，在总体上达到上土上排和下土下排的目的，但在每个排土场仍按自下而上多台阶排土顺序。

多台阶排土场的参数和基底承载能力等都要通过分析计算进行设计，往往基底岩土层的承载能力和第一台阶（即与基底接触的台阶）的稳定性，对于整个排土场的稳定和安全生产起着重要作用。原则上要控制第一台阶的高度，尤其在因地形变化而使局部高度很大的地段；作为第二、第三等后续各台阶的基础，要求初始台阶的变形小、稳定性好，所以一般它的高度应适当小于后续台阶的高度。同时要优先堆置较坚硬岩石，其他松软和风化表土可暂堆存到靠排土场较近的地方，作为以后复垦用。

第一台阶的高度以不超过20~25m为宜，当基底为倾斜的砂质黏土时，第一台阶的高度不应大于15m。由于第一台阶的变形和破坏，可能引起整个排土场的松动和破坏。据俄罗斯克里沃罗格矿区的经验，第一台阶必须堆置坚硬岩石，高度不超过20m，经过试验研究将后续台阶高度增加到40m，安全平台宽为50m，使铁路移道工作量减少约1/2，劳动生产率提高18% ~20%。

(3) 压坡脚式组合台阶排土场（图1-1c）。它适用于山坡露天矿，在采场外围有比较宽阔、随着坡降延伸较长的山坡、沟谷地形，既能就近排土，又能满足上土上排、下土下排的要求。这种排土堆置的顺序是上一台阶在时间和空间上超前于下一台阶，排土过程中先上后下循序渐进，在上一台阶结束后，下一台阶逐渐覆盖过上一终了的边坡面，最后形成组合台阶。这时，下一台阶的初始路堤是由自身的岩土，边排边修筑，也可在上一台阶的边坡上半挖半堆而修筑初始路堤。如果是由近向远排土，在上一台阶结束前，为了适应多台阶同时排土的需要，下一台阶可以滞后一段距离，在上一台阶已结束的终了边坡上开始排土。

压坡脚式组合台阶排土场，可将先期剥离的大量表土和风化层堆置在上水平的排土台阶，而在下部和深部剥离的坚硬岩石，则堆置在后期的排土台阶，压住上部台阶的坡脚，起到抗滑和稳定坡脚的作用。虽然在组合台阶形成后各台阶的相对高度不大，但是在每个台阶的堆置过程中所暴露的边坡高度仍然是很大的，在排土过程中也会遇到很多边坡稳定问题。例如加拿大霍汀露天矿便利用压坡脚式堆置方法来反压和支撑上一台阶的松软岩土，防止滑坡。他们采用两种压坡脚形式：第一种先在边坡脚堆置坚硬岩石构成阻挡坝，然后再堆置软岩；第二种是后期用坚硬岩石压坡脚支撑原先堆置的软岩边坡。

1.3 排土工艺技术

我国习惯上按运输方式区分排土工艺，露天矿排土方式有水力排土、汽车排土、铁路排土和胶带排土几种方式。

水力排土是在泥质、砂质细粒岩土及具有丰富的水源时才采用，如广西平桂矿务局和某些砂矿床矿山水力排土有较丰富的经验；板潭锡矿从水力剥离到恢复耕地都有一套成熟的工艺技术。在金属矿山中，广西八一锰矿曾采用过水力排土；太和铁矿的上部覆盖有很厚的表土层，20世纪70年代进行过较大规模的水力剥离试验；另外，石碌铜矿也曾经采用过水力排土。现今水力排土已很少在矿山使用。

1.3.1 汽车运输-推土机排土工艺

我国多数露天矿采用汽车运输-推土机排土，对一些以铁路运输为主的矿山也部分地用汽车运输-推土机排土。表1-3为我国部分露天矿的汽车运输-推土机排土场参数。

采用汽车运输-推土机排土具有一系列的优点：机动灵活，爬坡能力大，适宜在地形复杂的排土场作业，可堆置山坡型排土场和平原型排土场，即单台阶式和多台阶式排土场。如采用高台阶排土，排土场内的运输距离较短，可在采场外就近排土，而且排土线路建设快、投资少，又容易维护，其排土工艺和排土场技术管理也比较简单，所以特别适合于矿体分散、开采年限短的中小型矿山。

汽车运输-推土机排土时，用汽车把采场剥离的废石运输到排土场，直接在台阶边缘卸到边坡下方，或卸在平台上再由推土机推排岩土到边坡下，推土机还用于平整场地，堆置安全车挡，它的工作效率主要取决于平台上的岩土残留量；当汽车直接向边坡翻卸时，80%以上的岩土借自重滑移到坡下，由推土机平场并将部分残留量堆成安全车挡；当排弃的是松软岩土，台阶高度大，或因雨水影响，排土场变形严重，汽车直接向边坡卸载不安全时，可以在距坡顶线5～7m处卸载，全部岩土由推土机推排至坡下，这样大大增加了推土机的工作量，增加了排土费用。我国露天矿汽车排土，采用推土机进行辅助作业，目前推土机型号繁多，多数为国产67～119kW（90～160HP），黄河164kW（220HP），进口的238kW（320HP）、306kW（410HP）。由于多数冶金矿山剥离岩石坚硬，块度大，小马力推土机已不适应排土作业的要求，以大于179～238kW（240～320HP）为宜。

表1-3　我国部分露天矿汽车运输-推土机排土场参数

矿　山	排土场岩性	基底坡度/(°)	台阶数/个	堆置台阶高/m	总边坡高/m	边坡台阶坡角/(°)	总边坡角/(°)
南芬铁矿	石英片岩、混合岩	22～30		80～180	106～295	31～35	20～28
兰尖铁矿	辉长岩、大理岩	34～38	1		180～200	35	35
大石河铁矿	混合片麻岩	36～60	1	30～75	30～105	36～40	
峨口铁矿	云母石英片岩	27～39	1	60～120	60～120	40	
石人沟铁矿	片麻岩等	20～30	1	40～75	40～75	37.5	
潘洛铁矿	石英片岩、凝灰岩	33～45	1	200	200	32～35	32～35
大宝山铁矿	页岩、流纹斑岩	30～50	1		280～440		
云浮硫铁矿	变质粉砂岩	30～40	3	20～40	150～200	40	35
德兴铜矿	千枚岩、闪长玢岩		1	40～60	120		
永平铜矿	混合岩等	28～33	3	24～36	144～160	38	33
石碌铜矿	石英闪长岩、黄黏土	12～28	4	10～30	45～55	25～30	
金堆城钼矿	安山玢岩		1	35～90	35～90	34～36	34～36
白银铜矿	凝灰岩、片岩	30～50		6～15	30～80	37～40	
东川汤丹铜矿	白云岩、板岩	35～40	1	300～420	300～420	38	

1.3.2　铁路运输排土工艺

铁路运输排土，主要是应用铁路把岩石运输到排土场，再用其他移动式设备进行转排工程，如排土犁、挖掘机、推土机、前装机、索斗铲等。目前在国内铁路运输的矿山，主要以挖掘机排土为主，排土犁排弃为辅（极少），而采用其他转排设备的矿山较少。铁路运输排土还需要移道机、吊车等辅助设备用于铁道的移设。

根据矿山剥离量和排土场布线能力而决定排土线数量和受土能力，一般排土线的有效长度以不小于3个列车长度为宜，即500～1000m；每条排土线受土能力，用排土犁排土时为1～1.5Mt/(条·a)，用挖掘机排土时为1.5～2Mt/(条·a)；移道步距：排土犁排土时为2～2.5m，挖掘机排土时为22～24m；铁路运输排土场的堆置高度受到排土设备和安全条件限制，其台阶高度为16～25m，排土场总高度为50～60m，少数矿山达到80～120m，其台阶坡面角接近或小于自然安息角，为28°～38°。我国部分露天矿铁路运输-挖掘机排土场参数见表1-4。

表1-4 我国部分露天矿铁路运输-挖掘机排土场参数

矿 山	岩 性	地基坡度/(°)	台阶数/个	台阶高度/m	总高度/m	台阶坡角/(°)	总坡角/(°)
眼前山铁矿	千枚岩、混合岩	15~25	3	20~25	78	34	24.5
齐大山铁矿	千枚岩、混合岩、闪长岩		3	14~30	50	38~43	25~35
大孤山铁矿	绿泥石英片岩、千枚岩、混合岩	0~20	3	15~25 10~15	67	35~37	32
东鞍山铁矿	千枚岩、混合岩		3	15~20	45~50	36	33
弓长岭铁矿	角闪片岩、混合岩	20~40	2	50~70	90~130	38~42	
歪头山铁矿	角闪片岩、石英岩	10~15	2	20~34	64	34	
甘井子石灰石矿	石灰岩、页岩	30~55	1	15~16	20	38	30
大冶铁矿	闪长岩、大理岩			12~20	70~110	35~42	28~35
朱家包包铁矿	辉长岩、大理岩	25~45	4	40	168		28~37
白云鄂博铁矿	白云岩、霓石岩、板岩、云母岩	0~17	2	15~30	35~45	43	30~36
水厂铁矿	片麻岩、花岗岩	15~30	2	35~80	115		36~40
海南铁矿	透闪石灰岩、绢云母片岩、白云灰岩	28~43	1	30~40 90~110	40~130	36~38	36~38
南山铁矿	闪长岩、安山岩、石英岩	5~10	3	15	80	31~40	10~17
抚顺露天煤矿	绿页岩、油页岩	平缓		12~13	92		
海州露天煤矿	土砂岩	山坡	6	16~20	120		
义马露天煤矿	土砂页岩	山坡	4	10~15	60		
平庄露天煤矿	土砂页岩	平地	5	10~18	87		
元宝山露天煤矿	表土、软岩		7~8	8~15	120		
小龙潭露天煤矿	砂石、黏土		10	15	150		
昆阳磷矿	砂页岩			30~35	50~100		

1.3.2.1 排土犁排土

我国露天矿铁路排土场，20世纪50年代几乎全部采用排土犁进行转排作业。它的优点是设备投资少，转排操作方便，排土成本较低；其缺点是移道频繁，铁路线的质量差，为了保证列车安全作业，排土场台阶高度受到很大限制。

排土犁是一种行走在轨道上的排土设备，它自身没有行走动力，由机车牵引，工作时利用汽缸压气将犁板张开一定角度，并将堆置在排土线外侧的岩土向下推排，小犁板主要起挡土作用。排土犁推刮，将一部分岩土推落到坡下，上部形成新的受土容积，然后列车再翻卸新土，直到线路外侧形成的平台宽度超过或等于排土犁板的最大允许的排土宽度为止。

为了保证新路基的平整和稳定，最后一列车卸载时要翻土均匀，保持土堆连续，同时要排弃一些坚硬、块度适中、透水性好的岩石作为新线路的路基。为填补新路基的下沉量和保证线路的良好状态，在移道前的一次卸土时，要把排土犁板提起0.3~0.5m，以保证在移道后外轨比内轨高出80~100mm。

一般排土线每卸2~6列车由排土犁推刮一次，而经过6~8次推排后便可移设铁路线。排土犁排土场台阶高度通常为10~25m。排土犁排土线路的移设采用移道机，一次移道距离为0.7~0.8m，移道机要沿排土线往返多次移道，才能完成一个移道步距2~2.5m。所以排土线的移道作业量大，排土效率也低。但它的排土成本和设备投资比挖掘机排土低，而且适合于排弃软岩或在不稳定排土线上作业。

1.3.2.2 挖掘机排土

采用铁路运输的矿山广泛采用挖掘机（俗称“电铲”）排土，以满足大量排土的需要。海州露天煤矿是较早采用电铲转排的矿山，此后电铲转排工艺在我国各大型露天矿山得到了迅速推广。这种转排方式移道步距大，移道周期长，减轻了劳动强度，改善了铁路线的质量，列车作业安全，排土段高加大，提高了排土效率。目前我国露天矿铁路排土场已有70%以上的岩土量由电铲转排，除了一部分因线路工程、铁路“死角”和具有滑坡隐患的排土地段之外，多数矿山都是采用电铲排土。

铁路运输-挖掘机排土的工艺流程：载满岩土的列车进入排土线后依次将岩土翻卸入受土坑，受土坑的长度以不小于一辆翻斗车的长度为准，受土坑底标高比挖掘机作业平台低1~1.5m，受土坑容积为200~300t/m。

排土台阶分上下两个分台阶，电铲站在下部分台阶平台上从受土坑铲取岩土，向前方、侧方和后方堆置，向前方和侧方堆置是挖掘机推进而形成下部分台阶，向后方堆置上部分台阶是为新排土线而修路基。如此作业直到排满规定的台阶总高度。上部分台阶的高度取决于挖掘机的最大卸载高度，而下部分台阶高度根据岩土的力学性质和基底地形条件，一般为10~30m（图1-2）。

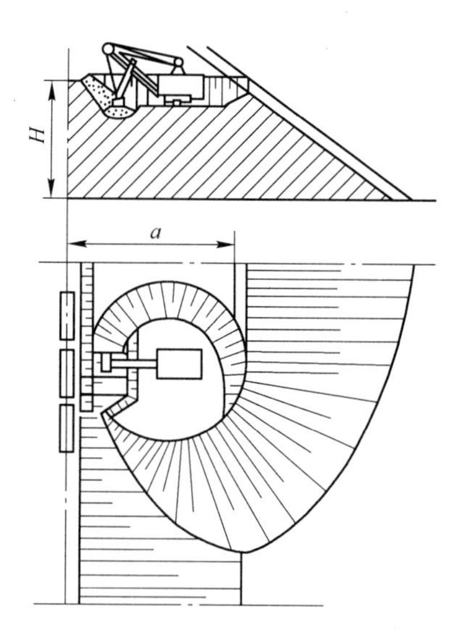

图1-2 挖掘机（电铲）转排示意图

排土场的生产能力取决于排土线的接受能力和排土线数量。按挖掘机生产能力计算排土场的受土量。在矿山生产实践中，影响排土线生产能力的往往不是挖掘机的生产能力，而是排土线的通过能力。

电铲转排的缺点是设备笨重、昂贵、耗电量大。不仅基本建设投资大，生产经营费也高。当排土场边坡不稳定时退避不够灵活。为了寻求更适应于南方矿山高台阶排土场的转排机械，1973年在海南铁矿进行了轮胎式前装机转排试验，取得了良好效果。

1.3.2.3 轮胎式前装机排土

铁路运输时采用轮胎式前装机排土的要素有排土线长度、转排台阶高度及工作平台宽度。

排土线长度：每台前装机控制的排土线长度与铲斗容积有关，为了充分发挥前装机的设备效率和减少线路横向移设的频率，作业线长度至少能贮备并大于列车的有效长度。一条较长的排土线可以容纳数台前装机同时排土作业。

转排台阶高度：排土台阶的上部，即自铁路路基到前装机作业水平的高度。为保证路基稳定和铲装作业的安全，转排台阶高度一般不宜超过铲斗的最大举升高度，当岩土块度较小无大块时，也可稍高于铲斗举升高度。另外，为提高设备效率，转排台阶高度取低一些有利于铲斗切进并减少提升阻力。对于斗容 $5m^3$ 的前装机，其转排台阶高度约为 4~8m。

排土平台的宽度：为保证前装机正常进行排土作业，平台的最小宽度为

$$B_{min} = b_1 + b_2$$

式中，b_1 为前装机作业的最小宽度，m；b_2 为待排岩土堆的底部宽度，m。

前装机工作平台不宜太宽，否则会影响工作效率，太窄时前装机转向困难，目前我国有些矿山使用 $5m^3$ 前装机的平台宽度为 30~60m。前装机排土台阶高度和汽车排土场一样可以达到很大的高度（如 150m）。排土平台宽度大于 25m 时，前装机可用最大速度工作（图 1-3）。也可采用前装机和推土机联合铲装和排弃。

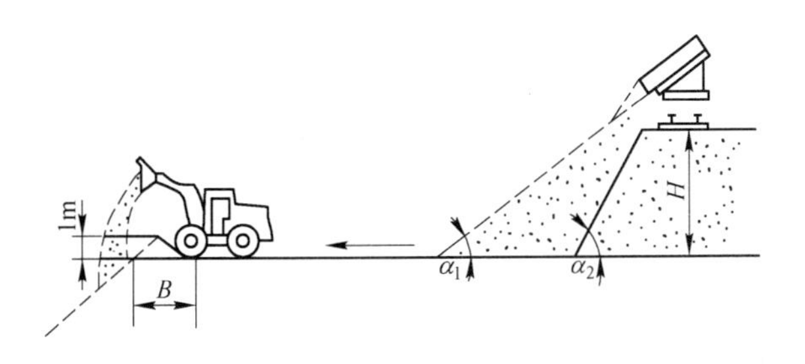

图 1-3　前装机转排作业示意图

1.3.3　胶带运输排土工艺

近年来，深凹露天矿间断-连续运输工艺受到重视，我国一些露天矿先后建成胶带运输矿石和胶带排土机排岩系统，以提高排土效率和堆置高度，并减少排土场占地面积及其环境污染。我国自行设计制造的第一套采、运、排连续生产设备于 1976 年 5 月 ~1977 年 11 月在茂名石油工业公司露天矿进行了试验。这套设备包括 DW-200 型轮斗挖掘机、B1000 移置式钢芯胶带运输机（钢芯胶带宽为 1.0~1.2m）、PS-1000 型排土机、YG-15 型胶带移设机和 YR-1 型胶带接头硫化机，采用固定式破碎站等。东鞍山第一条全长 3.1km 的胶带机于 1981 年建成，设计能力 6Mt/a，试验期间共排土 110kt，终端连接贮仓由汽车转运到排土场排土。大孤山铁矿建成了东端岩土胶带运输斜井全长 858m 和地面胶带运输机走廊 491m。

石人沟铁矿为了降低排土成本及减少占地，于 1986 年初建成投产了一条带式排土系统，即汽车运输—固定破碎站—带式输送机—排土机。岩石经破碎站破碎后通过 1 号、2 号、3 号固定带式输送机运至 4 号移动带式输送机，再由 PS-1000 型排土机把岩土排弃到 4 号排土场。钢芯胶带全长 2038m，其中移动带式输送机长 600m，胶带宽 1m，设计排土能力为 1000~1500t/h。带式输送机全程提升高度为 124m，最终提升高度达 160m，即 4 号排土场标

高由200m提高到240m，最终全部容纳采场剥离的岩石，排土系统的年生产能力为3Mt。生产实践证明，带式运输系统的运输效率和排土成本比原来的汽车排土已有明显的改善。

1.3.3.1 排土机排土工艺过程

汽车—破碎机—带式输送机—排土机系统与其他运输方式比较，带式输送机的运输距离短，爬坡能力大。据统计，一般带式输送机的平均运输距离是汽车运输的1/3～1/4，是铁路运输的1/10～1/15。同时，带式输送机的运输速度可达2～7m/s，最大运输能力可达12～16kt/h，与汽车比较带式输送机具有成本低、能源消耗少、维修费用低、设备利用系数高等优点。它的缺点是投资大、灵活性差。据国外矿山资料，带式输送机运输成本是汽车运输的30%～50%；维修费用是汽车运输的20%～30%，能源费用是汽车运输的70%。

大型胶带排土机全长可达225m，受料臂长60m，卸载高度65m，倾角17°～18°，理论排土效率每小时达$1.25\times10^4m^3$。岩石从带式运输机经过卸料机而落到排土机的受料臂一端，最后由卸料臂排入排土场。当一个台阶高度排满后用推土机平整场地，然后移动带式运输机和排土机，进行下排形成下部排土台阶，再将带式运输机向另一方向移置便可排弃第二台阶。在形成第二台阶期间，由推土机平整下排分台阶的表面，然后带式运输机移动一个步距，如此排土过程循环下去，便形成排土台阶（图1-4）。

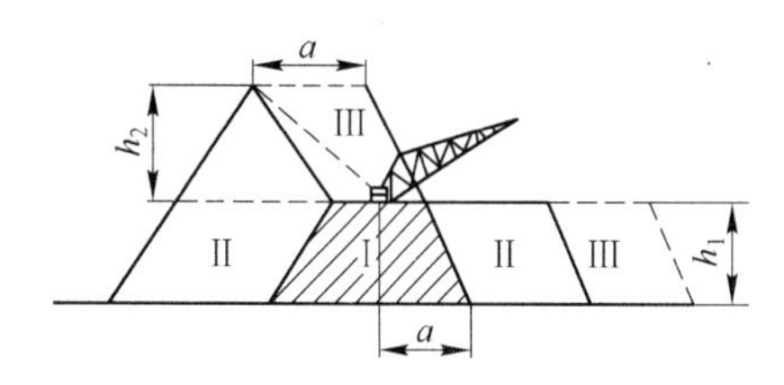

图1-4 大型胶带排土机堆置顺序示意图

1.3.3.2 带式运输机推进方式

一般分扇形排土、矩形排土和两种混合排土方式等。

矩形排土或平行推进：随排土工作面的推进，干线带式运输机的端部需不断接长，运输距离不断增加，排土带宽度等于带式运输机的移设距离。而扇形推进方式的每一排土线有一回转中心，排土线以回转中心为圆心呈扇形推进。它的优点是投资少，在移设过程中不需接长带式运输机，移设工作简单；其缺点是在整条排土线上排弃宽度不相等，它的排土有效宽度只相当于矩形排土的一半。为了避免工作面带式运输机的缩短与延长，一般保持排土长度不变。因此，矩形排土适宜于长方形的排土场，而近似圆形的排土场适用扇形排土，当排土场地形变化时可因地制宜采用扇形和矩形相结合的方式（图1-5）。

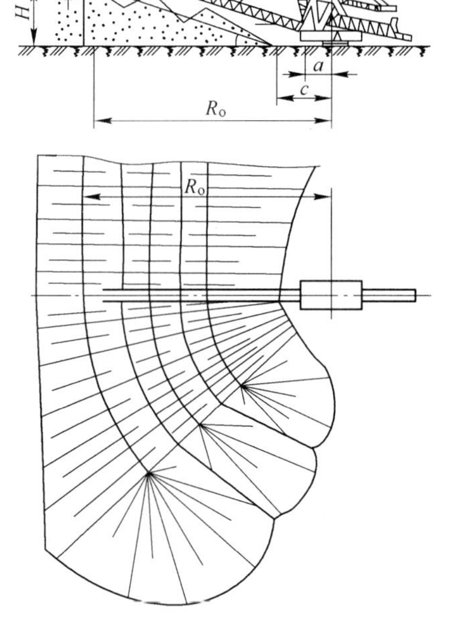

图1-5 带式排土机扇形排土作业示意图

1.3.3.3 排土机生产能力

排土机和带式输送机是相互联系的。一套排土系统，排土机生产能力计算与带式运输机生产能力计算一样，都反映了整个系统的生产能力。带式输送机的年生产能力Q按下式计算

$$Q = q \cdot T \cdot K$$

式中，q 为运输系统平均小时生产率，t/h；T 为年度计划设备工作时间，h；K 为运输系统的完好率，%；K 是与胶带上物料的自然安息角有关的系数，也与胶带的倾斜角有关，如倾斜角为 0°～18°时，可查表得 K 值的范围在 225～320 之间。

1.3.4 剥离废石与尾砂混合堆置工艺

露天矿排土工艺技术方面，除了上面论述的应用不同排土运输设备，有不同的排土工艺和排土场堆置方法之外，在有条件的矿山可采用排土场与尾矿库联合堆置的新工艺，这样既减少了占用土地，增加了库区堆置容量，又减少了环境污染。尤其是利用排土废石在尾矿库筑坝，有利于排渗和尾沙固结，以防止尾矿库液化和溃坝。据世界能源情报中心（WISE）统计，1960～2006 年世界各国的矿山尾矿库共发生大规模溃坝事故 77 次，造成了严重的生命财产损害和环境污染。因此，越来越多的矿山采用排土场与尾矿库联合堆置的新工艺。目前国内外一些矿山采用以下几种联合堆置形式：（1）废石筑坝形成尾矿库；（2）在尾矿库上覆盖排土场；（3）废石和尾砂混合堆置。

1.3.4.1 废石筑坝形成尾矿库

在尾矿库建设初期就利用剥离的岩土堆置初级坝或在尾矿库形成后，利用废石筑坝，增加库容量，延长尾矿库服务年限。例如鞍钢大孤山铁矿的排土场和尾矿库形成相互依存的关系，采用废石筑坝，既获得了排土空间，又解决了筑坝材料，增加了库容量。该矿尾矿库原三面环山，只需一面排土筑坝。1961 年起开始三面排土筑坝，只有一面环山，20 多年来排土场坝高已超过 90 多米。目前尾矿库虽已到服务年限，但为了增加库容量，预计尾矿库水面标高可从 115m 增加到 165m。

又如，加拿大一些矿山采用排土场的硬岩在尾矿库构筑透水坝，加固外围土坝安全；在库区中筑间隔坝以利排渗和固结（图 1-6）。

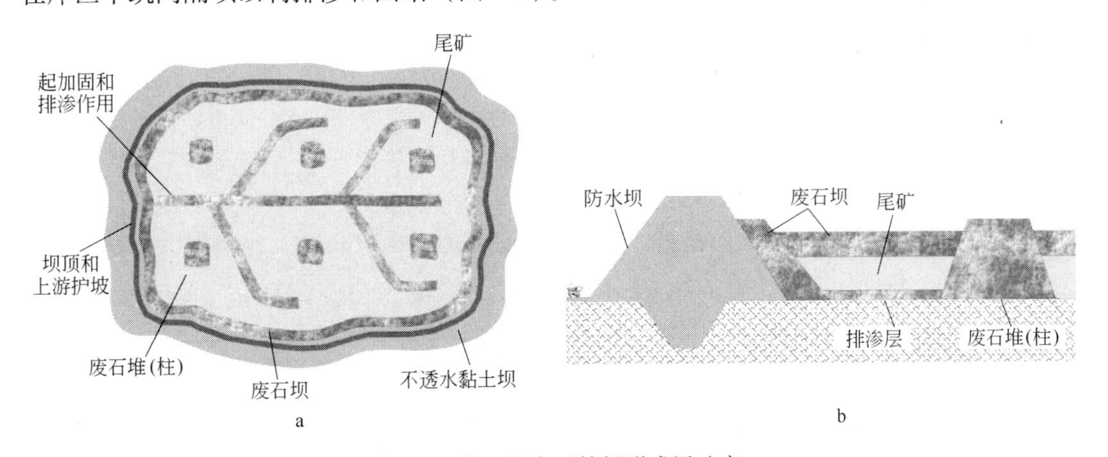

图 1-6 排土场废石筑坝形成尾矿库

a—平面图；b—剖面图

外圈为不透水黏土坝，坝内为尾矿浆沉淀池，里圈为废石坝和墙，用作加固土坝、排渗、固结

1.3.4.2 在尾矿库上覆盖排土场

据统计，一般露天矿每百万立方米剥离岩土的占地面积（排土场）为 2.5hm²，每百万立方米尾矿库的占地面积为 6.7hm²。为了减少占地，可以采用排土场与尾矿库联合堆置的方法，其中尾矿库的排放堆置工艺可分为两个方案：尾矿分区段排放（图 1-7）和倾

斜分层排放尾矿（图1-8），随后待倾斜分层尾矿砂干固后再在上面进行排土覆盖。

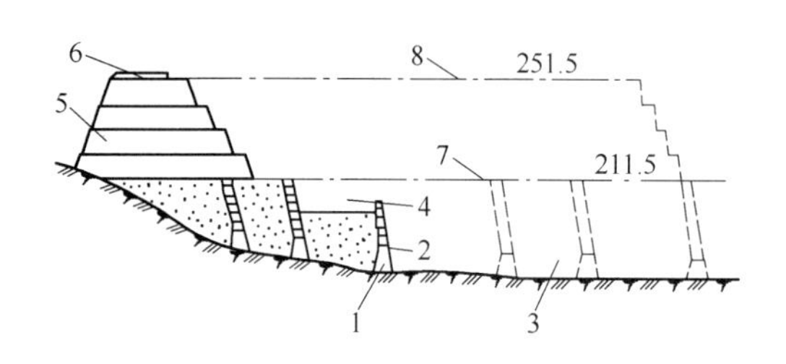

图1-7 尾矿库与排土场重叠堆置工艺
（尾矿分区段排放）
1—初级坝；2—子坝；3—区段；4—尾矿管；
5—排土分层；6—覆盖地段；
7—尾矿库边界；8—排土场边界

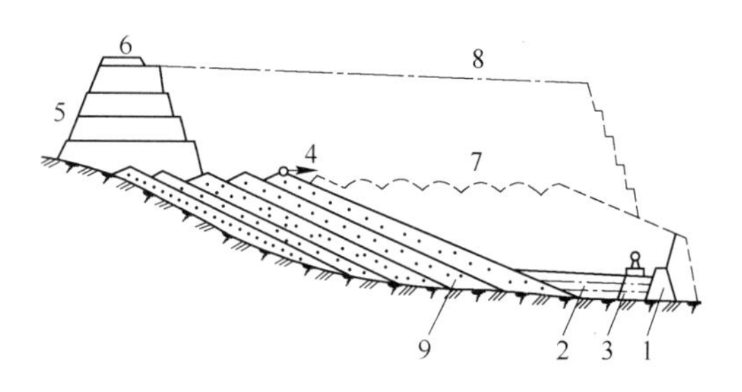

图1-8 尾矿库与排土场重叠堆置工艺
（倾斜分层排放尾矿）
1—堤坝；2—沉淀池；3—循环水泵站；
4—尾矿排放管；5～8—同图1-7；
9—尾矿沉积后的倾斜分层

首先将尾矿库分作若干区段，每一区段容积以选厂3～5年的尾矿量计算，从沟谷上游向下游排放尾矿。初级坝是用岩石和土壤堆筑的，随着库容堆满，再用粗尾砂增高子坝（也可用水力旋流器排放），尾砂的堆积速度每年达到12～15m：在第一区段排满之前就要建第二区段的初级坝，当第一区段排满结束后4～5年，便开始排土，随着第一层排土工作线推进，相继开始堆置第二层、第三层……为了提高尾矿库建设和堆置速度，缩短开始排土覆盖的时间，采用倾斜分层、沿山坡地形从最高处排放尾砂一次达到设计高度。

例如俄罗斯列别金采选公司的尾矿库就是如图1-7分成10个区段，面积为100～300hm^2，容量为$(3\sim7)\times10^7m^3$。排土场堆置高度为40～50m，可以排土$(8\sim9)\times10^8m^3$。古布金采选公司尾矿库分成面积为220～330hm^2的6个区段，上面覆盖排土场，可以容纳露天开采的全部剥离量$7\times10^8m^3$，每年经济效益达到465万～500万卢布。

1.3.4.3 *剥离废石与尾砂混合堆置*

由于尾矿库选址困难，可以将尾矿砂脱水浓缩后与废石混合堆置形成排土场，而无需建设专门的尾矿库了，这对于平原地区寻找尾矿库库址困难，减少占地问题，提供了有效的途径。此技术方案在司家营铁矿设计方案可行性研究中曾提出过，在国外也有专题试验研究报告。

1.3.5 排土运输作业费用

露天矿运输排土费用对于矿石成本和矿山经济效益起着重要作用，尤其是大型露天矿的剥离量大，运距远，如果能对排土堆置顺序进行合理规划和优化设计，则不但可以减少排土场占用土地和环境污染，而且可以缩短岩土的运距和直接减少运输排土费用及成本。一些大型深凹露天矿的剥采比较大，某些有色金属矿可达到10或更大，所以剥离费用可占矿石成本的80%以上。一般剥离费用包括岩石的穿孔、爆破、装载、运输和排弃等，而其中运输排土费用又占剥离费用的50%左右。运输排土费用包括：排土路堤和线路的建设及维护费用、岩土自采场到排土场的运输费用、岩土的排弃作业和场地的平整费用等。国外在计算运输排土总费用时，还将排土场的土地购置费、排土场复垦费及其环境保护费等

都计算在内。当这些费用之和趋于最小值时，经济合理的运输排土成本函数式为

$$\mathrm{SUM1} + \mathrm{SUM2} + \mathrm{SUM3} = \min$$

式中，SUM1 为运输排土费用之和；SUM2 为排土场复垦费用；SUM3 为排土场占地、污染、经济损失。

国内废石场平面规划的经济准则可概括为

$$\min Z = \sum_{i=1}^{N} \frac{Z_i}{(1+r)^i} + \sum_{i=1}^{N} \frac{K_i}{(1+r)^i} + \sum_{i=1}^{N} \frac{R_i}{(1+r)^i} + \sum_{i=1}^{N} \frac{C_i}{(1+r)^i} - \sum_{i=1}^{N} \frac{I_i}{(1+r)^i}$$

式中，Z_i 为露天矿第 i 年购置土地费用；K_i 为露天矿第 i 年构筑排土场和购置排土设备的费用；R_i 为废石场第 i 年复垦所用的费用；C_i 为废石场第 i 年运输和排岩的生产费用；I_i 为复垦后废石场第 i 年的经济收入；r 为贴现率；N 为露天矿基建算起的寿命年限。

2 排土场滑坡及泥石流形成机理

2.1 岩土散体力学性质及试验方法

2.1.1 原岩（土）物理力学性质和试验方法

岩石是地球内岩浆经过亿万年地质作用形成的各种矿物集合体。在矿山开采中，岩体经过凿岩、爆破、挖掘、大块破碎等岩石破碎工程；在工程灾害治理过程中，要进行露天矿边坡和排土场的滑坡防治、巷道支护、地基和道路的稳固等岩石的稳定工程。无论进行上述哪项工程，都要了解岩石的物理力学性质。岩石与其他工程材料比较，它的物理力学性质及其研究工作有下列特点：

（1）露天开采从最软弱的流沙质黏土到最坚固的花岗岩及含铁石英岩等，都是开采的对象，岩石性质变化幅度很大，即使同一名称的岩石，在不同地区或地点，其性质往往也有差异。

（2）岩石中通常包含有裂隙、节理、层理、层面、断层等结构面（即不连续面），自然界的岩石受到地下水、大气雨水、温度等作用产生风化，会大大影响这些岩石的物理力学性质。

（3）在开采过程中，载荷作用于岩石上的时间变化非常大，从几秒到若干年，如爆破载荷的作用时间只能以微秒来计算。载荷作用于岩石的时间不同，使岩石表现出的物理力学性质也十分复杂。

（4）迄今为止，尚无完善的岩石稳定理论或岩石破碎理论。凭现有的固体力学和岩石力学理论，也难以完全解决开采过程中的岩石力学问题。因此，为了工程需要，则要借助实际测量和实践经验的方法。

所有岩石的结构均是由矿物颗粒和岩屑碎片以某种形式黏结在一起，经过地球亿万年的物理化学作用，形成了今天的岩体，因此也决定了岩石的力学强度、变形和水化性质等物理力学性质。据此也可把岩石分类为坚硬岩、软岩、黏土、粒状松散的岩石。构成岩石的物质物相有固体相、液体相和气体相的三相组合体。当岩石的液相或气相失去时，就出现岩石的孔隙率和饱水系数。普通硬岩石的密度为 2.5 ~ 4.0g/cm^3；堆密度为 2.0 ~ 3.8g/cm^3。

由于岩石物理力学性质测量值的离散程度很大，因而仅仅给出测量数据的平均值是不够的，必须同时给出数据的离差或离散系数，这样对岩石性质的了解才有较确定的意义。表 2-1 是 L. H. 巴隆给出的矿山岩石性质测定值的离散系数，可作统计分析时参考。

表 2-1 矿山岩石测定值的离散系数

测量	密度	孔隙度	不同普氏硬度系数时的单轴抗压强度			
			<0.4MPa	0.4~1MPa	1~1.5MPa	>1.5MPa
离散系数/%	3~7	4~36	30~40	25~30	20~25	15~20

测量	抗拉强度	磨蚀性	砸碎试验	钻进速度		炸药单耗
				现场	实验室	
离散系数/%	20~60	15~40	12~30	15~20	8~20	15~40

据 L. H. 巴隆资料。

2.1.1.1 岩石的密度

自然状态下的岩石单位体积具有的质量称作岩石的密度。测定密度时，岩石体积包括岩石的孔隙体积，岩石质量包括孔隙中自然状态下的水重。如不包括孔隙内的水重，则所得密度称干密度。密度常用 ρ 表示，单位为 g/cm^3 或 t/m^3，其计算式为

$$\rho = G/V \tag{2-1}$$

式中，ρ 为岩石的密度，g/cm^3；G 为岩石的质量，g；V 为岩石的体积，cm^3。

岩石的密度一般为 $2\sim3g/cm^3$，而金属矿石可达 $4\sim5g/cm^3$。岩浆岩的密度随二氧化硅含量的减少而增大。超基性岩石的密度比酸性岩石大，深层岩石的密度一般比喷出岩石大，年代老的岩石密度比年代新的大。岩浆岩中非晶质物质增多，密度减小。沉积岩的密度很大程度上取决于孔隙率、含水率及埋藏深度。表 2-2 给出的是岩石和矿石密度的一般范围。

表 2-2 岩石和矿石的密度 (g/cm^3)

岩浆岩	辉石	橄榄岩	辉长岩	闪长岩	辉绿岩	正长岩	花岗闪长岩	花岗岩	玄武岩	安山岩	流纹岩
密度	3.10~3.32	3.15~3.28	2.85~3.12	2.72~3.02	2.80~3.11	2.62~2.90	2.67~2.79	2.52~2.81	2.70~3.30	2.40~12.80	2.40~2.70

变质岩	角闪岩	千枚岩	片麻岩	板岩	片岩	蛇纹岩	石英岩	大理岩	白云岩
密度	2.9~3.0	2.7~2.8	2.6~3.0	2.7~2.9	2.4~2.9	2.4~2.8	2.5~2.6	2.36~2.65	2.04~2.64

沉积岩(干的)	砂岩	页岩	灰岩	泥灰岩	砂及黏土	石膏	岩盐	硬石膏	黄土	泥炭	褐煤	烟煤	无烟煤	石煤
密度	1.6~2.8	1.6~3.2	1.5~2.7	2.25~2.60	2.0~2.5	2.2~2.6	2.1~2.4	2.9~3.0	0.75~1.6	<0.72	0.8~1.2	1.26~1.35	1.36~1.8	1.8~2.4

矿石	铝土矿	重晶石	萤石	水锰矿	硫磺	辰砂	黑钨矿	石墨	赤铁矿	磁铁矿	黄铁矿	钛铁矿	方铅矿	铬铁矿	锡石	石英	长石	云母
密度	2.55	4.3~4.6	3.18	4.2~4.4	2.07	8.0~8.2	7.1~7.5	2.1~2.3	5.26	4.97~5.18	5.02	4.44~4.90	7.57	4.32~4.57	4.8~7.0	2.65	2.5~2.7	2.8~3.1

测定岩石密度的方法有多种。对于形状规则的岩石试块，可量其体积及质量，便可求得密度。对于致密不透水的岩石试块，可用通常的浸水法求出其密度。对于透水岩石和测定自然含水率下岩石的密度，常采用蜡封法，其要点如下：

（1）取质量约200～500g的岩石试样，削去尖锐的棱角，使大致成立方体，系于细线上称其质量，精度到0.01g。

（2）测定自然状态下的岩石密度，要在现场取样后，4h内进行测定，否则湿度将会发生变化。

（3）将试样徐徐浸入刚过熔点的石蜡中（温度过高的石蜡会浸入试样的孔隙中去）。待全部浸入后，立即把试样提出，检查试样表面石蜡有无气泡。若有，则用烧热的钢针挑破，并涂平孔口；冷却后再称岩石加石蜡的质量，精度到0.01g。

（4）用线将试样悬挂于天平一端，称其沉没于蒸馏水中的质量，测水温。

（5）取出试样，擦干石蜡表面的水分，再称其重，以检查是否有水渗入试样，如有，则须重做。

（6）按下式计算岩石的密度

$$\rho = \frac{G}{\dfrac{G_1 - G_2}{\rho_w} - \dfrac{G_1 - G}{\rho_n}} \tag{2-2}$$

式中，ρ为岩石密度，g/cm^3；G为岩石试样的原始质量，g；G_1为岩石试样表面涂石蜡后的质量，g；G_2为涂石蜡试样在水中的质量，g；ρ_w为水在测定温度下的密度，g/cm^3；ρ_n为石蜡的密度，g/cm^3。

密度的测定须平行进行两次，取其算术平均值，两次的差不得大于0.03g/cm^3。岩石密度精度不小于0.01g/cm^3。

2.1.1.2　*岩石的真密度和孔隙度*

岩石的孔隙度是指岩石内孔隙体积和包括孔隙在内的岩石总体积之比，它常常是利用岩石的真密度计算出来的。岩石的孔隙度对岩石的坚固性、透水性、密度等都有重要影响。

岩石的真密度是指岩石除孔隙外的实体部分的密度，以ρ表示，单位是g/cm^3，测定岩石真密度时先要将烘干的试样破碎成0.2mm以下的粉末，利用比重瓶测定。根据岩粉替换等体积液体所引起质量的变化，计算出岩石的真密度ρ_z。计算式为

$$\rho_z = \frac{(G_2 - G_1)\rho_1}{(G_0 + G_2) - (G_1 + G_3)} \tag{2-3}$$

式中，G_0为注满液体后比重瓶的质量，g；G_1为未注满液体比重瓶的质量，g；G_2为在G_1的基础上添加相当量的岩粉后比重瓶的质量，g；G_3为有岩粉的比重瓶再添满液体后的质量，g；ρ_1为液体的密度，g/cm^3。

测定时要注意比重瓶内所装岩粉不要超过瓶体积的1/3。岩粉和液体在装瓶前后要经真空处理，以排出附着的空气。称质量的精度不小于0.01g。为了防止岩石溶化，常常利用煤油作为测定液体。测定煤油密度和岩石真密度时，温差不得大于1℃。岩石的孔隙度n利用下式求出

$$n = [(\rho_z - \rho)/\rho_z] \times 100\% \tag{2-4}$$

岩石的孔隙比e，是指岩石中孔隙的体积和岩石实体体积之比。

$$e = (\rho_z - \rho)/\rho \tag{2-5}$$

上两式中符号意义同前。表2-3及表2-4分别给出了一些岩石的真密度和孔隙度数值。

表 2-3 岩石真密度 (g/cm³)

岩石名称	花岗岩	流纹岩	凝灰岩	闪长岩	斑 岩	玢 岩	辉长岩	辉绿岩	玄武岩	橄榄岩	蛇纹岩	砂岩
真密度	2.5 ~ 2.84	约 2.65	约 2.56	2.6 ~ 3.1	2.3 ~ 2.8	2.6 ~ 2.9	2.7 ~ 3.2	2.6 ~ 3.1	2.5 ~ 3.3	2.9 ~ 3.4	2.4 ~ 2.8	1.8 ~ 2.75

岩石名称	页 岩	泥质灰岩	石灰岩	白云岩	贝壳灰岩	板 岩	大理岩	石英片岩	绿泥石片岩	黏土质片岩	角闪片麻岩	花岗片麻岩	石英岩
真密度	2.63 ~ 2.73	2.7 ~ 2.8	2.48 ~ 2.76	约 2.78	约 2.7	2.7 ~ 2.84	2.7 ~ 2.87	2.6 ~ 2.8	2.8 ~ 2.9	2.4 ~ 2.6	约 3.07	约 2.63	2.63 ~ 2.84

表 2-4 岩石孔隙度 (%)

岩石名称	花岗岩	闪长岩	辉绿岩	斜长岩	斑 岩	玄武岩	粗面凝灰岩	蛇纹岩	一般砂岩	第三纪砂岩	白垩纪砂岩	侏罗纪砂岩	三叠纪砂岩
孔隙度	0.04 ~ 2.8	约 0.25	0.29 ~ 1.13	0.29 ~ 1.13	0.29 ~ 2.75	约 1.28	25.07	约 0.56	1.60 ~ 28.3	2.2 ~ 42	7.2 ~ 37.7	4.2 ~ 24.6	0.6 ~ 27.7

岩石名称	页 岩	砂质页岩	泥质页岩	泥灰岩	石灰岩	白云岩	石 膏	片麻岩	大理岩	板 岩	石英岩	结晶片岩
孔隙度	0.7 ~ 1.87	0.8 ~ 4.15	0.4 ~ 10	16 ~ 52	0.53 ~ 27	0.3 ~ 25	0.1 ~ 4.0	0.3 ~ 2.4	0.1 ~ 6.0	约 0.45	0 ~ 8.7	0.02 ~ 1.85

2.1.1.3 岩石的含水率和透水性

岩石的含水率 w 是指岩石中水的质量和固体物质质量的比率，常用百分数表示。测定岩石的含水率时，先测定湿岩石试样质量 G_w，然后在 100 ~ 105℃ 条件下烘干，再测定干试样质量 G_g，则岩石的含水率 w 计算式为

$$w = [(G_w - G_g)/G_g] \times 100\% \tag{2-6}$$

式中，G_w 为湿试样重，g；G_g 为干试样重，g。

岩石含水率的大小主要决定于有无充沛的水源、岩石吸收和保持水分的性能。后者取决于岩石的孔隙度：颗粒大小和级配、裂隙多寡和宽窄。测定的岩石含水率还和水的压力、岩石是否经过真空处理、浸水时间等条件有关。一般情况下岩石的吸水和保持水分的性能以吸水率表示，表 2-5 给出了部分岩石的通常吸水率。岩石含水率增大时往往导致坚固性降低，降低程度因岩石而异。含水率大的沉积岩，其强度可减少一半甚至更多。

表 2-5 岩石的通常吸水率 (%)

岩石名称	花岗岩	花 岗 闪长岩	正长岩	辉绿岩	玄武岩	玢 岩	闪长玢岩	伟晶岩	角砾岩	砂 岩
吸水率	0.10 ~ 0.70	0.30 ~ 0.33	0.47 ~ 1.94	0.80 ~ 5.00	约 0.30	0.07 ~ 0.65	1.0 ~ 2.0	0.2 ~ 0.40	1.00 ~ 5.00	0.20 ~ 7.0

岩石名称	石灰岩	泥质灰岩	花岗片麻岩	混合片麻岩	石英片岩	角闪片岩	云母片岩	板 岩	大理岩	石英岩
吸水率	0.10 ~ 4.45	2.14 ~ 3.16	0.10 ~ 0.70	0.64 ~ 3.15	0.1 ~ 0.20	0.1 ~ 0.20	0.1 ~ 0.20	0.1 ~ 0.30	0.10 ~ 0.30	0.10 ~ 1.45

岩石的透水性是指水在岩层中流动、转移的性能，它主要取决于岩石中孔隙的大小、数量、形状和连通程度，常用渗透系数定量。达西最早研究了水在岩石中的运动规律，得出水的转移速度和岩层中水的压力梯度成正比，即

$$v = K \cdot i \tag{2-7}$$

式中，v 为岩层中水的转移速度，cm/s；K 为渗透系数，cm/s；i 为岩层中水转移一个单位长度时的水头损失，称水力梯度，m/m。

岩石的渗透系数虽能在实验室测出，但更多的是在野外利用钻井抽水试验求得。表 2-6 给出了岩石、砂土地层的平均渗透系数，表 2-7 给出了实验室测定的岩石渗透系数。

表 2-6　岩石、砂土地层的平均渗透系数

岩 石 名 称	渗透系数/$cm \cdot s^{-1}$	透水程度
卵砾石	>1.16	极强透水
中砂、强岩溶化岩层	$1.16\times10^{-2} \sim 0.116$	强透水
细砂、强裂隙岩层	$1.16\times10^{-3} \sim 1.16\times10^{-2}$	良透水
亚砂土、弱裂隙岩层	$1.16\times10^{-4} \sim 1.16\times10^{-3}$	半透水
亚黏土、黏土质砂岩	$1.16\times10^{-6} \sim 1.16\times10^{-5}$	弱透水
黏土、致密结晶岩、泥质岩	$<1.16\times10^{-6}$	不透水（隔水）

表 2-7　若干岩石的渗透系数（实验室测定）

岩石名称	砂岩（白垩系复理层）	粉砂岩（白垩系复理层）	花岗岩	蚀变花岗岩	板　岩	角砾岩	方解石	石灰岩
渗透系数/$cm \cdot s^{-1}$	$10^{-8} \sim 10^{-10}$	$10^{-8} \sim 10^{-9}$	$5\times10^{-11} \sim 2\times10^{-10}$	1.5×10^{-6}	$7\times10^{-11} \sim 1.6\times10^{-10}$	4.6×10^{-10}	$7\times10^{-10} \sim 9.3\times10^{-8}$	$7\times10^{-10} \sim 1.2\times10^{-7}$
岩石名称	白云石	砂　岩	硬泥岩	黑色片岩（有裂隙）	细砂岩	鲕状石灰岩	砂　岩	细粒砂岩
渗透系数/$cm \cdot s^{-1}$	$4.6\times10^{-9} \sim 1.2\times10^{-8}$	$1.6\times10^{-7} \sim 1.2\times10^{-8}$	$6\times10^{-7} \sim 2\times10^{-8}$	$10^{-4} \sim 3\times10^{-4}$	2×10^{-7}	1.3×10^{-5}	$1.3\times10^{-4} \sim 1.5\times10^{-5}$	2×10^{-7}

2.1.1.4　*岩石的碎胀性*

当岩石破碎之后，碎块之间存在空隙，碎块的堆体积比原岩体积大，这种性质称为岩石的碎胀性。岩石破碎后的体积和原岩体积之比，称作松散系数或碎胀系数。

岩石的松散系数与岩石的坚固性、破碎方式、破碎程度、松动程度以及松动后在外力作用下重新压实的程度有关。表 2-8 和表 2-9 是一些岩石和矿石的松散系数。

表 2-8　土和岩石的松散系数

岩 石 名 称	松 散 系 数	
	初　始	残　余
砂、砂黏土	1.1 ~ 1.2	1.01 ~ 1.03
腐殖土	1.2 ~ 1.3	1.03 ~ 1.04
肥黏土、粗砾石、重砂土	1.24 ~ 1.3	1.04 ~ 1.07

续表 2-8

岩石名称	松散系数	
	初始	残余
软泥灰岩	1.33～1.37	1.11～1.15
黏土质片岩、较软的岩石	1.35～1.45	1.1～1.2
中砾、结实的岩石	1.04～1.60	1.2～1.3
硬和极硬的结实岩石	1.45～1.80	1.25～1.35

表 2-9 矿石的松散系数

矿石名称	鲕状赤铁矿矿石	条带状含铁石英岩	致密状钒钛磁铁矿石	浸染状钒钛磁铁矿石	致密富矿石	菱铁矿矿石	含钼矽卡岩矿石	酸性岩脉含钼矿石	石灰岩含钼矿石	斜长花岗岩浸染状钼矿	斜长片麻岩浸染状钼矿	含铜矽卡岩矿石	含铜石灰岩
松散系数	1.5	1.5	1.5～1.8	1.6～1.8	1.6	1.6	1.7	1.75	1.75	1.7	1.91	1.5～1.6	1.76

矿石名称	致密块状铜镍矿石	浸染状铜镍矿石	含镍硅酸盐矿石	含锡矽卡岩矿石	含锑硅化石灰岩矿石	高铝黏土矿矿石	硬质耐火黏土	软质耐火黏土	菱镁矿	硅石	白云石	石灰石
松散系数	1.73	1.73	1.45	1.45～1.8	1.6	1.4	1.3～1.6	1.2～1.3	1.4	1.5～1.7	1.5～1.7	1.5～1.7

2.1.1.5 *岩石样品的制备*

实验室测定岩石力学性质，应按表 2-10 的规格、数量和加工质量制备岩石试样。岩样保存时间不超过 30 天，尽可能保持其天然含水量。试样制备好后，应在温度 (20±2)℃，湿度 (50±5)% 的环境中放置 5～6 天后再进行试验。

表 2-10 岩石力学性质实验试样的规格

测定项目	对试样要求	试样形状	试样直径/mm	试样高和直径之比	端面平整程度/mm	端面对轴线每 50mm 的垂直度/mm	试样全长和周边平直度/mm	每组试样的数量/个
抗压强度		圆柱或方柱	50	2～2.5	≤0.02	≤0.05	≤0.3	>5
抗拉强度	直接拉伸	圆柱形	25～50	2.5～3.5	0.1	0.2	0.1	5
	劈裂	圆盘或方片	50	0.3～0.5	≤0.025	0.2	0.25	10
点载荷试验	端面不加工	圆柱形	50	1.4				10
	不规则	不规则	近 50	1.0～1.4				20
抗剪强度	转模式	圆柱/立方体	50	1.0	≤0.02	≤0.05	≤0.3	15
	双面剪	圆柱形	50					10
三轴压缩		圆柱形	50～90	2.0～3.0	≤0.02	≤0.05	≤0.3	5
弹性模量		圆柱形	50	2～2.5	≤0.02	≤0.05	≤0.3	5

岩石力学性质实验室包括：试样加工室，一般应备有金刚石切石机、钻石机、磨石机

以及0.175～0.074mm（80～200目）的金刚砂和量具等。测定各项岩石力学性质的实验仪器有：直接拉伸仪、岩石劈裂仪、点载荷仪、环形直剪仪、双面剪切仪、三轴压缩剪切仪、现场原位直剪仪和钻孔原位光弹应力仪等。

2.1.1.6 现场软岩的压缩/剪切试验

为了测定黏土岩的力学性质可通过压缩试验（有围限和无围限试验两种）测定岩石变形参数：压缩及固结系数，变形模量和普尔松系数；绘制出剪切曲线 $\tau = f(\sigma_n)$ 和抗剪强度（黏结力和内摩擦角）。

一般粒状结构岩石的剪切曲线为一条经过坐标原点并与垂直应力轴线成 φ 交角的直线。其剪应力

$$\tau = \tan\varphi \cdot \sigma_n \tag{2-8}$$

式中，$\tan\varphi = f$，即内摩擦系数；φ 为内摩擦角，(°)。

剪切初期，岩石颗粒在不断施加的剪应力作用下开始移动、转动和旋转，称作初始结构阻力或黏结力，黏结力的大小则与颗粒结构组成及岩石密度相关；它随着岩石组成的非均质性和大颗粒成分的增加而增大。

黏土岩的应力-应变特性随着时间而变化：岩石蠕变，应力松弛和长期强度。在蠕变曲线上的垂直线段 OA 为瞬间变形（图2-1），因加载应力不同，此变形可以是可逆或不可逆变形。岩石的弹性变形取决于岩石晶粒的弹性变化和其刚性联结程度；由于刚性联结的破坏，出现了不可逆转的颗粒剪切破坏，也即是不可逆的弹性变形。岩石变形曲线段 AB 为变形速度开始降低并出现连续的蠕变阶段。变形曲线段 BC 表示蠕变速度稳定不变（即稳定蠕变阶段）。而线段 CD 表示变形速度快速增加直至破坏的过程。

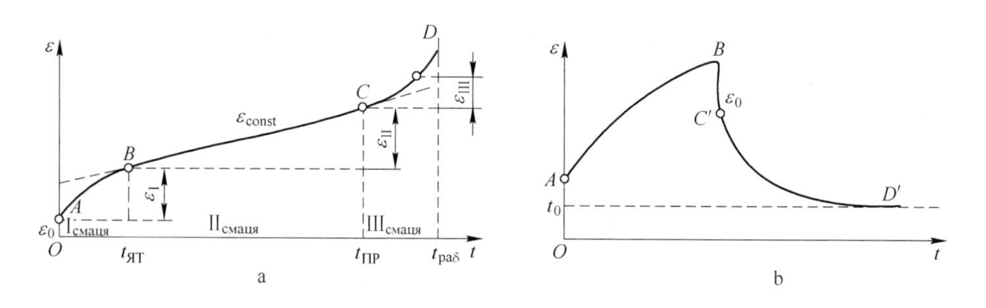

图2-1 岩石在固定荷载作用下的变形-时间关系曲线

a—加载破坏曲线；b—卸载变形曲线

2.1.1.7 现场地基土原位剪切试验方法

现场原位剪切试验试样未受扰动，能更好地反映地基土体的结构，如层理、裂隙、结核和颗粒分布的不均匀性，试验时的边界条件是实际的边界条件，获得参数的可靠性和工程代表性等方面与实验室比较，有明显的优点，试验结果能较客观地反映岩体强度的特征。

（1）试验仪器及设备。采用25t同步油缸2个，加压泵1套，剪切盒、承压板、压力表、位移传感器、加压用铸铁板等。试验之前上述仪表必须在实验室标准压力机上标定，作出标定曲线。

（2）试验方法。1）将试验的岩土开挖加工成一长方形试体，长×宽×高为 50cm×70cm×60cm，五面临空，底面与原土层相连（图2-2）。2）将内涂凡士林的剪切盒（50cm×70cm×60cm）套到试体上，若土体坚硬则不需要剪切盒（注意下部应留出 10cm 的剪切缝，且不能扰动试体）。3）在试体上方加上承压板。承压板上直接加垂直载荷（用若干块铸铁板加载），载荷的重心要与试体的重心在同一垂线上。加垂直载荷至预定压力，每隔 5min 记录垂直位移量表，读数一次，当 5min 内变化不超过 0.05mm 时，即可认为稳定。4）每个试体的垂直载荷一次加到预定值，然后施加水平载荷，每增加一级剪应力载荷时，在剪切面上 σ 和 τ 都会相应地改变，为使整个试验中垂直载荷保持常数，法向载荷需做相应调节。5）当试体临近破坏时，剪切载荷的施加级别适当减小，以便更好地控制破坏时的最终载荷值。试验时，每施加一级载荷，都要读取垂直和水平的位移量，直至试体破坏。

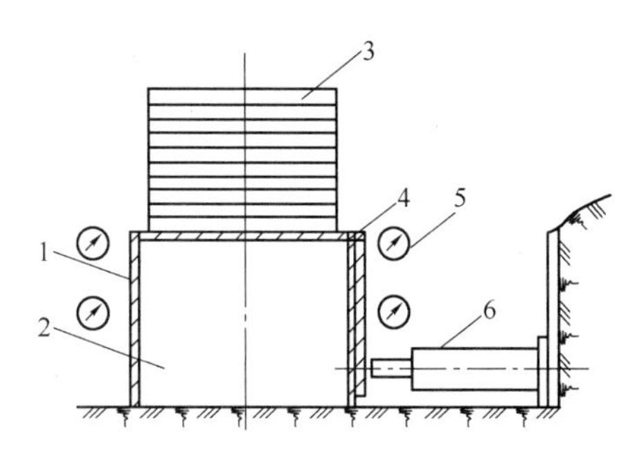

图 2-2 地基土岩现场直剪试验

1—剪切盒；2—试体；3—加载重力；4—承压板；5—位移传感器；6—加压泵

试体剪切破坏的判别标准是很重要的，坚硬岩石破坏时会出现响声，剪切载荷施加不上去。这已明显地表示试件破坏，对于软岩特别是第四系表土，破坏特征不十分明显，需要综合判断，一般认为在继续加载时，压力表不再升高或下降，则认为已达到破坏；否则，当变形量达到 15% 时，即可停止试验。

现场原位岩土力学试验是与地质体密切相关的试验，根据试验指标看，σ-τ关系能较好地符合库仑定律，抗剪强度的 c 值和 φ 值都比摩擦强度的 c 值和 φ 值高，这都是符合客观规律的。将各级的试验结果进行回归分析，其相关系数较大。

分析室内试验的有效应力强度与现场原位剪切试验结果发现，两种试验结果的 φ 值基本相近，室内三轴试验的 c 值偏小。这是因为试样略有扰动，且室内试验试样小，土质均匀，而现场原位剪切试验，试体较大，内含角砾和碎石。

2.1.2 散体岩石力学性质和试验方法

排土场岩土物料的力学性质是评价排土场稳定性的重要指标。从理论上讲（在地基坚硬的情况下）堆置坚硬的岩石，块度又比较均匀，排土场的高度可以很大（其边坡角等于自然安息角条件下），且排土场的稳定性与其高度是无关的。如果排土场是由土岩混合组成，则情况就不大相同了。一般情况下，排土场稳定性取决于物料的力学性质（黏结力和内摩擦角）。而力学性质又与物料的块度组成、分布状况、岩石岩性、含土量和湿度等条件有关系。松散介质体的力学性质还与岩块的形状和表面粗糙度以及岩石遇水风化、水解等因素有关。排土场物料属于松散介质堆积体，它的稳定性状态要根据具体条件来分析决定。

2.1.2.1 排土场坚硬岩石的变形机理

排土场岩土体内的剪切破坏指在平衡的外载荷作用下，岩石颗粒之间产生相对位移而出现的极限变形，即所谓极限应力变形状态。由大块及细岩块组成的硬岩排土场边坡内的岩块排列是杂乱无序的，它们之间不存在黏结力，也承受不了任何拉伸应力，但能承受很大的压缩和剪切应力，即具有较大的抗压和抗剪强度。这种岩块间的内摩擦力相当于物体间剪切时的摩擦力：

$$T = fN \tag{2-9}$$

式中，T 为最大剪阻力；N 为剪切时的法向作用力；$f = \tan\varphi$ 为内摩擦系数。

2.1.2.2 排土场台阶坡面角和岩石安息角

排土台阶的边坡形状视排弃土岩性质和块度组成而异。在非均匀坡面情况下，边坡形状是上陡下缓，最陡处在坡肩，可达40°~41°，接近边坡坡脚处可变缓到10°以下，由坡脚到坡肩连线的倾角约在20°~38°之间。排土台阶的坡面角一般接近于岩土安息角。如抚顺西露天矿排弃物为砂质黏土、页岩，边坡角34°~38°；海州露天煤矿排弃物为白砂岩、砂页岩、砾岩，边坡角为36°~37°。边坡的变化是观察台阶稳定的重要特征。如果边坡角不是上陡下缓，而是在中、下部有凸出和隆起现象时，表明即将或已经产生滑坡。各种岩石、土壤的安息角值见表2-11、表2-12。

表2-11 岩石安息角值

岩 石 类 别	安息角/(°)		
	最 大	最 小	平 均
砂质片岩（角砾、碎石），砂黏土	42	25	35
砂岩（块石、碎石、角砾）	40	26	32
砂岩（砾石、碎石）	39	27	33
片岩（角砾、碎石），砂黏土	43	36	38
页岩（片岩）	43	29	38
石灰岩（碎石），砂黏土	45	27	34
花岗岩			37
石灰质砂岩			34.5
致密石灰岩			32~36.5
片麻岩			34
云母片岩			30
各种块度的松散坚硬岩石	36~48	30~40	32~45

表2-12 土壤和砂的安息角值

土 壤 类 型	安息角/(°)		
	干	湿	很湿
种植土	40	35	25
致密的种植土	45	35	30
松软的黏土及砂质黏土	40	27	20
中等致密黏土及砂质黏土	40	30	25
致密黏土及砂质黏土	45	30	25
特别致密黏土	45	37	35

续表2-12

土 壤 类 型	安息角/(°)		
	干	湿	很湿
细砂夹泥	40	25	20
洁净细砂	40	27	22
致密细砂	45	30	22
致密中粒砂	45	33	27
松散细砂	37	30	22
松散中粒砂	37	33	25
砾石土	37	33	27
亚黏土	40 ~ 50	35 ~ 40	25 ~ 30
肥黏土	40 ~ 45	35	15 ~ 20

2.1.2.3 排土场岩土的沉降率与松散系数

排土场岩土因爆破和运输等机械原因和大气雨水及温度、风化等化学作用，已经破碎变质，其岩石力学性质比原岩已大大降低；在排土场边坡上岩石块度经过流动分级，细颗粒岩块分布在边坡上部，大块分布在边坡下部，使得边坡角放缓形成自然安息角。于是上部细颗粒岩土力学强度及稳定性低，而下部大块岩石的力学强度及稳定性都大。同时排土场岩土的力学强度又随时间的延续出现明显变化（散体岩土经压力压实和固结其抗剪强度增加；或因地表水/地下水的侵蚀，孔隙水压力增大而降低力学强度和边坡的稳定性）。

例如，排土场岩土砂岩的松散系数为 1.1 ~ 1.25，泥岩的松散系数为 1.6；然而在排土场下部的砂岩-黏土岩经过长时间的压实后，其密度已接近原岩的密度，所以松散岩土的密度既是时间的函数（压实作用），又是排土场高度的函数（因高度不同来自上覆岩石的压力不同，其压实结果也不同）。

A 岩土的沉降率

排土场岩土的沉降率 K_n 与岩土性质、降雨量、段高、通过列车数量以及时间长短有关，用单位高度下沉的百分比表示，即

$$K_n = [(H_c - H_o)/H_c] \times 100\% \qquad (2\text{-}10)$$

式中，H_c 为沉降前排土台阶高度，m；H_o 为沉降稳定后排土台阶高度，m。

在一定的岩土种类和段高等条件下，排弃岩土的沉降率与时间长短有关，沉降速度与季节有关。对于铁路排土场，用移道周期内沉降率 j，最终沉降率等指标作为计算排土场的指标。移道周期内沉降率作为安排涨道、线路维修等作业参考，最终沉降率则用于计算剩余松散系数。

B 岩土的松散系数

岩土的初始松散系数主要与岩性和块度组成有关；剩余松散系数则和沉降条件有关。初始松散系数值可供编制年度计划时计算推进度参考，而剩余松散系数值可供确定排土场总高度以及计算排土场总容量时采用。不同岩土的松散系数值和沉降率见表2-13。

表 2-13 各种岩土的松散系数和沉降率

岩石种类	移道周期内沉降系数	初始松散系数	剩余松散系数	沉降率 K_n/%
砂质岩石	1.02	1.10	1.01～1.03	7～9
砂质黏土	1.03	1.17	1.02～1.06	11～15
黏土质	1.05	1.20	1.05～1.07	13～15
带有夹石的黏土	1.07	1.22	1.03～1.06	16～19
中等块度的岩石	1.10	1.25	1.07～1.08	17～18
大块度的岩石	1.10	1.30	1.10～1.20	10～20

2.1.2.4 排土场散体物料的物理力学性质试验

A 散体岩石的物理性质测定

排土场散体物料的物理力学特性即使在同一矿山的排土场的不同地点取样所测定的参数也不尽相同，这既涉及矿区地质、水文地质等因素，也与矿区气象条件和排土工艺等因素有关，还受到取样条件和试验条件的限制。在试验中很难全面模拟各种条件的变化对散体物理力学性质的影响，例如，为进行散体物理力学性质试验，作者曾在德兴铜矿排土场按各种岩性所占的比例，采取了近5t的散体物料在实验室进行了4组散体三轴试验，5组大型直剪试验，并在野外进行了渗透、密度和含水量等试验。测定排土场的松散体岩土物料和地基岩层的物理力学性质比较复杂，一般黏土类岩石力学参数试验过程中，根据岩石的原始湿度及密度不同可分为三类试验：

（1）不排水、不固结试验。在试验过程中湿度不变，孔隙压力达到最大值。

（2）不排水、固结试验。开始试验时在一定的围压下试体物料被压实，直到围压稳定下来，然后在孔隙率不变情况下达到岩体破坏。

（3）排水、固结试验。在试验全过程中，出现与加载相适应的孔隙率和湿度的自由变化。为了得到符合实际的散体物理性质指标，并为室内散体力学性质试验提供基础资料，要在矿山排土场实地进行密度、含水量及渗透试验等。在实验室条件下直接测定取自排土场试样的含水量；采用试坑灌沙法进行散体密度测定；采用试坑注水法进行排土场渗透试验。

表2-14列出了某矿山的原岩及排土场散体岩石试验数据。

表 2-14 某矿山的原岩及排土场散体岩石试验数据

岩石名称	原岩体			松散体		
	密度/$t \cdot m^{-3}$	黏结力/$t \cdot m^{-2}$	内摩擦角/(°)	密度/$t \cdot m^{-3}$	黏结力/$t \cdot m^{-2}$	内摩擦角/(°)
亚黏土、砂土	1.85	8.0	25.5	1.48	0.32	25
杂色黏土	1.78	7.5	28.0	1.42	0.30	28
石英砂岩	1.42	9.0	25.25	1.13	0.36	35
页岩黏土	1.7	5.0	30.0	1.36	0.27	15
致密蛋白土	1.68	7.6	28.5	1.35	0.31	21
石英砂岩	1.87	17.0	32.0	1.5	0.68	32
石英砂	1.71	9.5	31.0	1.37	0.38	31
风化黏土	1.78	4.5	39.5	1.42	0.18	20

根据上述散体岩土试验，其应力-应变曲线均为非线性硬化型曲线-散体介质的力学特性。排水剪的体变均为剪缩，且剪缩体变量较大，表现出体变量随围压的增加而增加，当轴向应变达到一定值后则剪缩趋势减弱。

过去一般将散体介质的应力应变关系视做线性弹性体，以简单的变形模量和泊松比为基础求出各类变形参数。实际上它在很大的应力范围内是非线性的，并随着围压的增加非线性特征更加明显。在剪切初期的低围压下由于颗粒的位移，一些颗粒充填到空隙中，此时出现试体压缩，其应力-应变关系近似直线，反映出试体的准弹性特征。然而随着压力增加，试体剪切变形增大，相互咬合的颗粒出现转动、抬起和超越，咬合力愈大，其剪胀现象愈强，当围压很高时剪胀现象减弱。

通常采用邓肯-张模型模拟散体介质的力学特征，即 E-μ 模型，但有一定的局限性，没有考虑剪胀现象，在低应力区计算的 μ 值偏大。若采用邓肯等人改进的 E-B 模型，除反映了 E-μ 模型的基本特征外，又考虑了剪应力对体积变形模量影响的修正，其基本公式为

$$E_t = \left[1 - \frac{R_f(1 - \sin\varphi)(\sigma_1 - \sigma_3)}{2 \cdot c \cdot \cos\varphi + 2\sigma_3 \cdot \sin\varphi}\right]^2 \cdot E_i \tag{2-11}$$

体积模量

$$B = K_b \cdot P_a(\sigma_3/P_a)^m \tag{2-12}$$

式中

$$E_i = K \cdot P_a\left(\frac{\sigma_3}{P_a}\right)^n \tag{2-13}$$

由散体三轴剪切试验求得 E-B 模型的八大参数（k, n, m, R_f, K_b, c, φ, φ_o）应用此模型进行排土场非线性有限元稳定性分析计算。

B 散体物料的试样制备

散体物理力学性质试验结果很大程度上取决于代表性试样的制备。根据排土场内不同岩性的组成比例制作样品，也要按岩石的块度分布规律选择不同块度的岩石组成样品。排土场岩石块度沿排土场相对高度的变化可用一元三次抛物线方程来表示。沿着排土场高度，岩石块度变化遵循一定的规律，因此，这就要求在试验方案中必须考虑到块度变化对散体物理力学性质的影响。制备试样首先要正确选择试料级配和超粒径的处理，室内试验仪器所允许的最大粒径为60mm，试样粒级的划分采用规程规定的6级，对超粒径的处理目前国内外有以下3种方法：

（1）舍弃法。将原状散体物料筛除超粒径即可。但这改变了原来级配，使细粒含量相对增加，所以，一般不采用。

（2）相似法。采用几何尺寸按比例缩小的相似法，虽然不均匀系数保持不变，但引起了粗细粒级配的变化，不能全面模拟排土场物料的性质。

（3）替代法。该方法保持细粒料含量不变，超粒径部分等质量代替，其试验结果比较符合实际，目前应用也较广泛。替代法分为两种：1）以仪器允许最大粒级的一级或二级按比例等量代替；2）以5mm以上至限制粒径等量代替；实验规程推荐后一种替代法。

$$P_i = [P_5/(P_5 - P_{d\max})] \cdot P_{oi} \tag{2-14}$$

式中，P_i 为替代后某粒级组含量,%；P_5 为大于5mm粗粒径含量,%；$P_{d\max}$ 为超粒径含

量,%；P_{oi}为原级配某粒级组含量,%。

在试验前，将试料烘干，按替代后的级配物料制备试样。散体物料试验级配方案如图2-3所示。

a 大型压缩试验

排土场散体物料大型压缩试验，试验容器直径505mm，高252mm，见图2-4；试验级配和干密度与大型三轴试验相同。试验时根据试样级配与干密度要求称重并拌和均匀，分3层装入压缩容器并击实。试样为饱和试样，加荷分8级施加，最大级荷载1.6MPa，每级加载1h，最后一级加载直至沉降稳定。

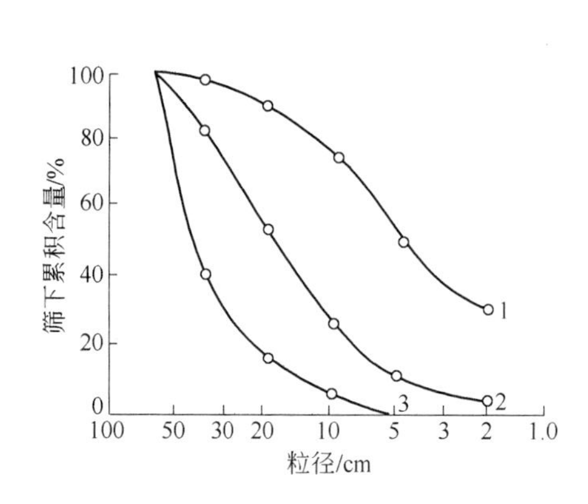

图2-3 散体物料三轴试验粒级组成曲线

1—边坡上部粒级组成；2—边坡中部粒级组成；3—边坡下部粒级组成

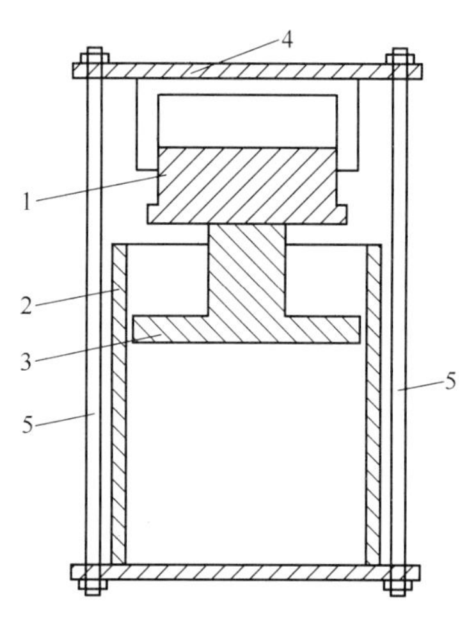

图2-4 散体岩石压缩变形试验仪

1—液压千斤顶；2—试料圆筒；3—施压活塞；4—底板；5—连杆

b 渗透试验

渗透试验在试样直径$D=30$cm，高H为15cm的渗透仪上进行。土工试验规程推荐渗透试验仪器尺寸与试料最大粒径之间的径径比D/d_{max}为5～6，高径比H/d_{max}为2.5～5，而日本土工渗透试验要求$D/d_{max}\geq20$，两者相差甚远，究竟取多大合适，目前尚无定论。但根据试验室经验，对于30cm×15cm这样的试样尺寸，试样最大粒径不宜太大，否则极易出现试样中粗细颗粒分布的不均匀，而当出现粗大颗粒相叠加在一起时，极易产生贯穿试样上下的集中渗流通道，引起试验结果的严重失真。因此，为尽量保证试验结果的合理性，渗透试验的试料最大粒径定为40mm，将图2-3的试验级配曲线按等重替代法（按权分级替代，保持小于5mm细粒含量不变）进行缩制。

试验时为防止沿筒壁的集中渗漏，每次制样时均先在下透水板与筒壁下端之间的接缝处填塞橡皮泥，在筒壁四周涂抹一层泥土。试验水流方向自下而上。

渗透试验进行了线性和非线性渗流定律的试验。非线性渗流选用的运动方程为

$$J = aV + bV^2 \tag{2-15}$$

式中，J为水力坡度；a，b为常数，通过试验确定。

c 散体物料的直剪试验

采用高压电动直剪仪（图2-5）测定粒径为0～60mm范围内散体物料的抗剪强度指

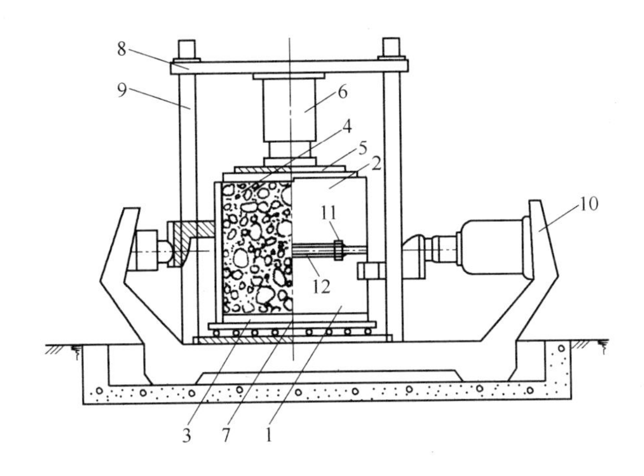

图 2-5　大型电动直剪仪示意图

1—下剪切盒；2—上剪切盒；3—透水板；4—试样；5—传压板；6—液压泵；7—滚环盘；8—横梁；9—立柱；10—水平加荷支座；11—固定锁；12—开缝装置

标。试验方法采用饱和快剪。

（1）试验仪器及设备：大型高压电动直剪仪，WY-300 型液压稳压器，量测系统、磅秤、拌料工具、滤纸、击实锤等。

（2）试验方法和步骤。

1）装料：根据试验要求的干密度和级配，分 3 层称取物料，并加 3% 的水进行拌和。分层装料，按预定的干密度击实至控制高度，整平表面，顺次放透水板和承压板，上下剪切盒的开缝尺寸按最大控制粒径的 1/3 控制。

2）试样饱和：将装好的剪切盒就位，然后注水浸泡，使水面超过剪切缝以上，采用浸水毛细饱和，同时在顶部加水渗入，当浸泡约 10h，即饱和完成。

3）试样剪切：试验确定的轴向载荷分别为 300kPa、700kPa、1100kPa、1500kPa 4 个等级，在施加预定轴向载荷后，立即按轴向载荷的 5% 递增分级施加水平剪切力。每 30s 施加一级，并同时测读水平位移量表读数，直至试样破坏。

4）试样破坏的判定：当水平压力不再上升或上升很小，而变形急剧增长（约为上一级变形的 3 倍以上），即认为已剪损。若无上述情况出现，可控制剪切变形达到剪切盒直径 D 的 1/10 时，即停止剪切。

（3）试验数据的整理与分析。根据试验结果可绘制出应力-位移曲线图。应力-位移曲线为硬化型，因此，试样破坏程度的取值是根据试验中剪切位移值的 $1/10D$（D 为剪切盒直径）所对应的剪应力值作为试样的破坏强度。

用最小二乘法分别求出 c、φ 和相关系数 R，图 2-6 为高压直剪 τ-μ 关系曲线（10～20mm）。

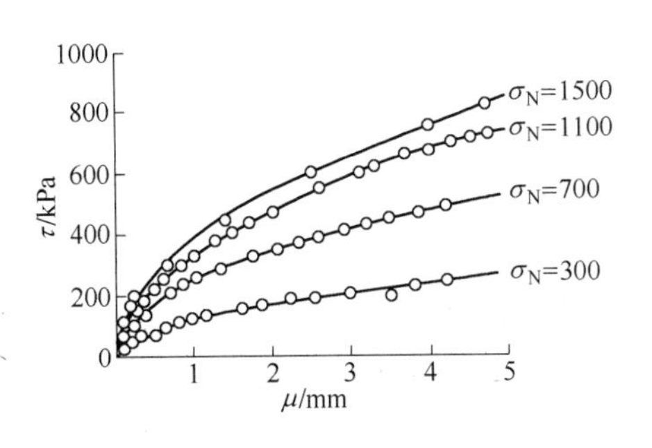

图 2-6　高压直剪的 τ-μ 关系曲线

d　散体物料的大型三轴剪切试验

处于复杂应力状态下的排土场松散体，按其

本身的特性可视作非线性弹性体，三轴试验的试样是在一定围压下，逐渐受轴向压力作用而破坏的，它与排土场散体物料受力情况相似，是研究排土场稳定性的一种主要手段。可根据排土场物料的构成、渗透性、受力状态等，分别进行不固结不排水剪（UU）、固结不排水剪（CU）和固结排水剪（CD）3 种试验方法。

（1）试验仪器及设备。采用简阳水电设备厂生产的 SZ30-2A 型大型三轴剪切仪，附属设备有真空饱和系统，孔隙压力量测系统，变形及应力量测系统等，试样尺寸为 300mm × 670mm（图 2-7）。

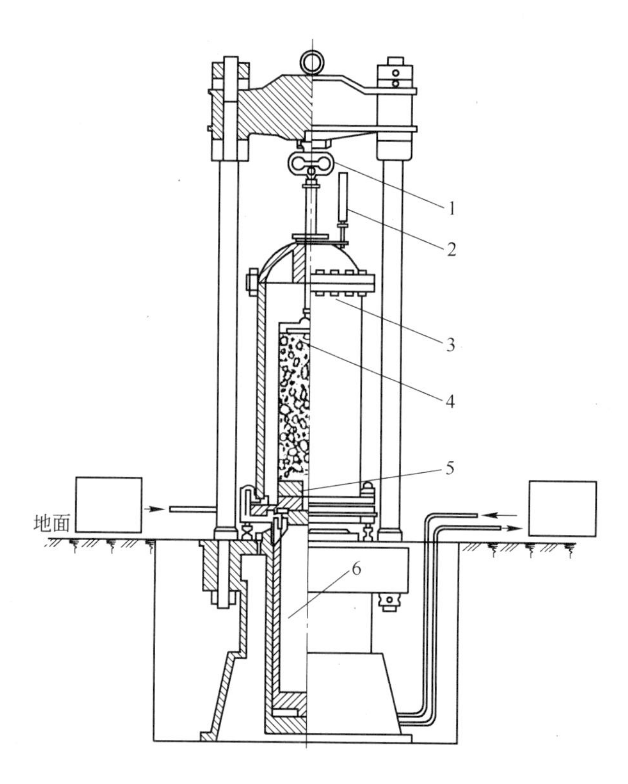

图 2-7 大型三轴剪切仪示意图

1—量力环；2—测变形标尺；3—压力室；4—试样；5—滑动台；6—50t 油压机

（2）侧压力选择。侧压力选择是三轴试验中非常重要的问题，必须考虑下列因素：1）剪切试验所得到的莫尔包络线能明显地反映出所需要的应力区间；2）应考虑到试验机的允许范围和排土场的受力条件。本次三轴试验采用的侧压力分别为 200kPa、400kPa、600kPa、800kPa 4 个等级。

（3）试验方法。

1）为防止粗细颗粒分离，按设计密度分五层装填试料。

2）打开量水管和孔隙压力阀门，使试样底座充水至气泡溢出时关闭阀门；若为非饱和试验，则不需充水排气，关闭阀门即可。

3）在压力室底座上扎好橡皮膜，安装成形筒，使橡皮膜顺直；然后逐层装料并捣实，最后整平试体表面安放透水石，扎紧橡皮膜，从试样顶端抽气，使试样在负压（30 ~ 50kPa）作用下直立，最后去掉成形筒。

4）量取试样尺寸，安装压力室，开排气阀，向压力室内注满水，然后，关排气阀，开油压机加轴向压力，当量力环表指针微动即停机，调整量力环表指针为零。向试样施加少许围压，使试样在停止抽气后能直立，打开阀门，清除负压。

5）试样饱和与固结：用真空泵抽气15~30min，再采用3m的固定水头进水饱和，直至进出水量基本一致时，即认为饱和。采用测孔隙水压力系数进行饱和度校核（饱和度要达到95%以上）。饱和完成后，即施加预定的围压 σ_3，进行固结排水，并测记固结排水量，当其两次排水量读数相差为原体积1/1000以下时，即认为固结稳定。

6）剪切试样：对于不固结不排水剪（UU），试样饱和后即关闭排水阀，保持恒定围压，采用剪切速率2mm/min不断增加轴压，并分别测记量力环读数、轴向变形和体变读数，直至试样破坏为止。对于固结不排水剪（小型三轴试验），试样固结后关闭排水阀，采用剪切速率0.03mm/min。不断增加轴压，并分别测记轴向变形、量力环读数和孔隙水压力。排水剪在整个试验过程中开启排水阀。保持恒定围压。并分别测记轴向变形、量力环读数和相应的排水量、体变管读数，直至试样破坏。

7）试样破坏的判别标准。散体的破坏通常表现为塑性破坏，在临近破坏时，变形迅速增加，而轴向压力几乎稳定不住，此时说明散体的强度已超过屈服极限，试样已破坏。如果轴向压力没有出现峰值，则轴向应变达到15%时，即终止试验。

2.1.3 散体岩石的块度组成和对力学性质的影响

岩石块度对于排土场的力学性质和稳定性具有重要的影响，颗粒越小则强度越低，所以在评价排土场稳定性状态时，除了岩性、水文地质条件和地基条件以外，更要研究排土场的岩石块度构成及其分布规律。在矿山实践中，含破碎及细颗粒和强风化岩石或含泥土量较多的排土场往往容易出现滑坡。根据矿山排土场调查资料，在所有滑坡事例中除了因为水和地基软弱层而引起滑坡之外，其他各例都是因为排土场含有表土和风化破碎岩石而酿成滑坡。例如1978年攀矿公司兰尖铁矿发生 $200\times10^4\mathrm{m}^3$ 的大滑坡，造成222.7万元的损失。这次滑坡便是由于排土场含有大量的开采前期剥离的表土和风化岩石，而且这些软弱岩土多堆置在排土场底层，直接和较陡的山坡接触，而形成高台阶排土场，于是失去边坡稳定性而形成滑坡。

据美国24个露天矿排土场的观测统计资料表明：排土场中黏土和易水解风化岩石的含量及其内摩擦角具有线性相关，软弱岩层对于排土场的力学指标和排土场高度有显著降低，当黏土和水解性岩石含量超过40%，台阶高度超过18m，排土场则出现频繁或严重的滑坡；当黏土含量在20%~40%之间，则滑坡出现并不严重。

排土场物料的力学性质也与湿度和含水量有显著的关系。根据实验室试验，当松散介质体的湿度较小时，随着湿度增加其力学指标偏高，当湿度再增加则力学参数逐渐下降，湿度继续增高达到饱和状态时，便对含软弱岩石排土场稳定性有破坏性的影响。

排弃物料的力学特性是评价排土场稳定性的重要指标。从理论上讲堆置坚硬的岩石，块度又比较均匀，排土场的高度可以很大（其边坡角等于自然安息角条件下），而且排土场的稳定性与其高度是无关的。如果排土场是由土岩混合组成，则情况就不大相同了。一般情况下，排土场稳定性决定于物料的力学性质（黏结力和内摩擦角）。而力学性质又与物料的块度组成、分布状况、岩石岩性、含土量和湿度等条件有关。松散介质体的力学性质还与岩块的形状和表面粗糙度以及岩石遇水风化、水解等因素有关。排土场物料属于松散介质堆积体，它的稳定性状态要根据具体条件来分析决定。

排土场的松散体物料一般没有黏结力，但是实验表明它还是或多或少具有一定的黏结力，其黏结力决定于土和细颗粒岩块（粒径小于3mm的）充填到较大岩块之间的孔隙中，经过压实以后而产生了黏结力。一般情况下，排土场介质黏结力都很小，其主要力学参数还是内摩擦角。而内摩擦角大小首先与块度组成有关。排土场的岩石块度构成及其分布规律虽然因排土工艺和岩石不同而异，但总的分布规律是一致的。即大块分布在边坡底部，中块和部分小块分布在边坡中部，而小块多分布在上部，在上部大块较少。例如，据国外某金属露天矿的统计资料，排弃的坚硬岩石包括石灰岩、大理岩、凝灰岩、粉砂岩、玢岩及花岗闪长岩等，采用汽车-推土机排弃，排土场高度为50～60m，原岩体重为2.74t/m^3，松散系数1.2，排土场物料密度为2.28t/m^3，排土场的自然安息角（边坡角）平均为37°41′。研究结果表明，粒径小于3mm的岩石在压实以后产生黏结力。按块度组成这些粒径属于细颗粒。

沿着边坡高度，块度组成以一定层位进行分布，自坡顶到坡底岩石块度逐渐增大，在坡顶留下大块较少。粒径小于3mm的属于细颗粒，具有一定的黏结力；粒径在4～100mm之间的属于中等粒度，它是在爆破和装运过程中破碎而形成的；而大于400mm粒径的属于大块，在排土场排弃时由于初始运动能量大，因此大块岩石都滚到坡底层。这些大块的几何尺寸多数是受原岩裂隙和爆破切割决定的。

经过对排土场块度分布的统计和研究，把所有物料分为3级，粒径 < 5cm；5cm < 粒径 < 40cm；粒径 > 40cm。第一级细颗粒多分布在距坡顶高度18m的范围内，相当于坡高的1/3处，其中也包含一部分较大块度的岩石。第二级中等块度的大多分布在距坡顶10～30m范围内，也有一部分充填于底部的大块空隙中。第三级大块则分布于坡底，其分布层位比较稳定。这部分岩石中不含细颗粒的黏结性材料，它由于岩块接触棱角之间的摩擦阻力而处于平衡状态，因为都是坚硬的岩石不易受潮软化，所以也几乎不会沉降和压实，可以承受很大的压力。

2.1.3.1 排土场岩土块度分布的原理

排土场岩土块度组成是由排土场特定的生产过程决定的，岩土在开挖前原生节理的切割、生产爆破的破碎、装载运输过程中的破碎、排土运输设备对排土场上部岩石的碾压以及岩土经坡面运动后自然分级等。排土场上、下各部位岩土的块度分布是排土作业过程中岩土沿排土场坡面运动的结果。

矿山排土场排弃的松散岩石属于三相介质体，即岩块（土）、空气和水分的混合物，根据松散物料的特性，排土场松散岩石的物理力学性质不但与岩石岩性、湿度及密度等有关，而且与它的颗粒形状、粒度组成也有着密切的关系。

排土场岩石块度分布规律研究作为排土场稳定性研究的一项基础工作，不仅为岩石直剪、三轴剪、压缩及渗透等物理力学试验提供粒度组成级配数据，而且可依据块度分布规律分析排土场岩石强度参数的变化，并为研究其破坏模式提供依据。

A 排土场岩土块度分布研究方案

排土场岩土块度分布规律的研究方案如图2-8所示。

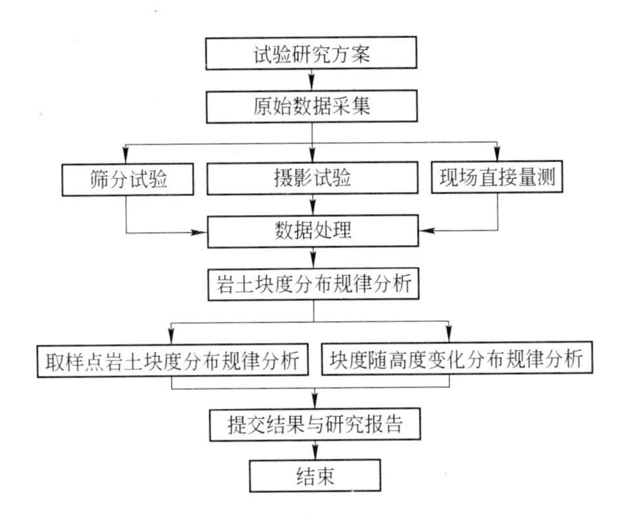

图 2-8 排土场岩土块度分布规律研究方案

B 散体岩土堆放的动力学原理

排土作业时，排弃岩土的初始速度相同，由于岩土的块度大小不同，其初始能量不同，块度大的，初始能量大；另外由于岩块形状的不同，其运动形式也不同，圆形的、立方体、多面体的，一般以滚动形式运动，扁平的和长条状的则沿边坡面滑动。岩石沿边坡面运动的过程中，其势能不断转化成动能，坡面岩石颗粒间的摩擦、间隙等则阻碍其运动，当下滑岩土遇到阻力所做的功大于其动能的增加时，岩土就逐渐减速，直到停止运动。

在岩土初始速度、岩块大小、形状、坡面阻力等因素影响下，某一粒径岩石停留在排土场坡面某个部位是有规律的。小块岩石起始能量小，由于岩块颗粒之间的摩擦力和坡面的摩擦力就能阻碍其运动，而停留在排土场上部的概率就大；大块岩土由于起始能量大，启动后难以停止，因而大部分停留在排土场坡底，所以，岩土的粒度从坡顶到坡底是逐渐增大的。

研究排土场岩土块度分布规律就是要测定排土场各部位岩土粒度组成，找出粒度组成随排土场高度变化的规律，以便结合强度与粒度组成的关系，求出块度随排土场高度的变化规律。

岩土的排放过程及其运动形式。排土场边坡是在间断性批量排放中自然形成的，批量岩石群体，以某一初速度降落至坡面顶部，然后沿坡面运动，这时的坡面角等于该岩石的自然安息角。不同粒径块度的岩石停留在边坡上不同位置，有的停留在上部，有的停留在中间部位，而另一些则一直滚到边坡底部才静止，从而实现了岩石块度自然分级。岩石（土）的运动有三种形式，即滑动、滚动和物料流运动。前两种运动形式比较简单，而物料流的运动则是复杂多变的，其底层与静止坡面接触，以滚动为主，上层则表现为物料流内部的相对运动，其形式以滑动为主。岩石的滑动、滚动和物料流运动三种运动形式，其主要为滑动、滚动两种形式，物料流运动为以上两种运动的结合，现就两种运动加以分析。

岩石滑动的力学原理很简单，根据能量守恒原理

$$E_{动} + E_{势} - E_{阻} = 0$$

即当阻力所做的功等于岩石初始动能与势能增加之和时，岩石就停止运动。

岩石滚动分静态滚动、动态滚动。

（1）岩块的静态滚动。假设岩块位于一倾斜平面上（倾角为 α），岩块的重心为 C，质量为 m，与平面间的最低接触段为 A。岩块的重力可分解为下滑力 $mg\sin\alpha$ 和正压力 $mg\cos\alpha$，见图 2-9。

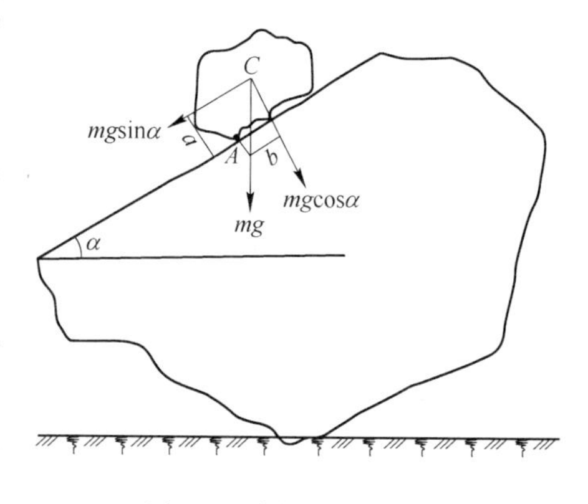

图 2-9 岩块的滚动条件

岩块若能滚动，必然以 A 为支点。故其滚动条件取决于对 A 点的力矩 $\boldsymbol{J}$。

$$\boldsymbol{J} = amg\sin\alpha - bmg\cos\alpha \tag{2-16}$$

若 $\boldsymbol{J}=0$，则岩块处于极限平衡状态；若 $\boldsymbol{J}<0$，则岩块静止不动；若 $\boldsymbol{J}>0$，岩块滚动，此时岩块的重心 C 位于支点 A 的外侧。

（2）岩块的动态滚动。若岩块以某一速度降落到斜面上，沿斜面的速度分量为 v。在接触斜面瞬间，岩块做短距离滑动，此时接触面上的摩擦力，使速度下降，因而摩擦力大小与速度增量有关，由此形成了岩块的动量。如果说，静态力矩不足以使岩块滚动，那么再加上岩块的动量矩，便增加了克服正压力矩的可能，此时，岩块的滚动力矩 $\boldsymbol{J}$ 为

$$\boldsymbol{J} = amg\sin\alpha + am(\mathrm{d}v/\mathrm{d}t) - bmg\cos\alpha \tag{2-17}$$

若 $\boldsymbol{J}>0$，岩块滚动，岩块的速度愈大，在摩擦力作用下减速值愈大，从而形成滚动的动量矩愈大。岩块的每一次滚动，都是一个减速而后又加速的过程，每次滚动的末速度，就是下一轮滚动的初速度，如果遇到不可克服的阻力，岩块的滚动将终止。

运动中的岩块，如遇到以下情况，将会停止运动：

（1）岩块自身形状复杂，下滑力及动量构成的力矩不足以克服正压力矩；

（2）边坡面不平，前方遇到较大障碍；

（3）边坡面较软，使岩块整体或部分陷入其中，从而使斜面变形，岩块失去下滑力。

通常情况下小块集中在上部，大块集中在下部，然而，有时出现反常现象，即大块停留在上部，小块却出现在下方，分析原因：首先，并非所有的大块都会畅通无阻，凡是停留在上部的大块，自身形状是主要原因，如扁平块、长宽比较大的大块等都难以滚动。当不能滑动时，就停留在上部。至于一些特大岩块，要么形状复杂，要么太重或坡面太软，以致陷入坡面难以滚动而停留在上部。其次，细小块岩也会出现在坡面下部，主要是由于物料流的夹带作用。特别在大量排放细粒物料时，在物料流的集中作用下，不会出现明显的块度分级现象。

2.1.3.2 排土场岩土块度分布的试验方法

目前，量测岩土块度常用的方法有筛分法、直接量测法、摄影-图像分析法 3 种。在试验中上述 3 种方法可以相互补充和验证。针对排土场岩土物料的排放和运动特点，做以下假设：（1）岩石物料的排放属于随机过程。各类岩土的排放位置，仅取决于剥岩工程与

排土工艺的进度以及生产调度，均没有指定的不变位置。（2）由统计观点，认为岩石的分布规律在表面和内部都是一致的，即排土场坡面外层的岩土物料具有充分代表性。所以，可以认为随着时间的推移，沿排土线全长，岩土物料的分布不尽相同，但在一定时期内，岩土物料的总体分布是一致的。

A　筛分法

筛分法是用一套孔径不同的筛子进行过筛，称量每一级的筛余量，计算出各级筛余量或各粒级组的含量。筛子规格是标准化的，筛孔的国际标准是以 100mm 为基数，以 $\sqrt[10]{10}=1.259$ 为级差。在实际使用中选用的筛网孔径往往视岩石粒度组成的大小而选取。

每个筛分样坑的尺寸视排土场取样部位最大岩块尺寸而定，一般取最大岩块的 5 倍左右。筛分法测得的岩石块度比较准确，故将筛分法测得的岩石块度作为“真值”，用于摄影法中修正图像“小化”现象。

B　直接量测法

岩土块度的直接量测是筛分法的一种配套手段，即当岩块的颗粒尺寸较大（大于 200mm）时，大块岩石已不便于进行筛分，而直接对岩块尺寸进行量测。

岩块量测是量取岩块 3 个互相垂直方向的最大线性尺寸 a，b，c，然后计算粒径 d 及体积 V

$$d = \sqrt[3]{a \cdot b \cdot c} \qquad V = \frac{a \cdot b \cdot c}{\lambda_L} \tag{2-18}$$

式中，λ_L 为岩块线性尺寸换算系数，它等于岩块某个方向的最大线性尺寸与该方向上的平均线性尺寸之比。

C　摄影-图像分析法

a　基本原理

摄影-图像分析法的基本原理就是对排土场边坡表面进行摄影，然后统计分析照片或底片上的岩块投影，从而求得排土场岩石的粒度组成。通常在摄影前在边坡面上铺设 1m 网格见方的绳网或标尺，作为处理照片时的参照。

摄影照片的统计分析是从照片上岩块图像几何特征的平面分布求得岩块的体积分布，这一类方法在数学原理上属于积分几何学，在处理方法上采用的是蒙特-卡洛法，常用的几种处理方法有数点法和线段法。

（1）数点法。数点法是将绘有均匀分布点的透明纸铺在照片上，统计每一岩块上所包含的点数 m，则每一岩块的块度尺寸 d 可由下式求得

$$d = a \cdot k \cdot \sqrt{m} \tag{2-19}$$

式中，a 为点间距；k 为修正系数。

将岩块周边内包含点数 m 或块度尺寸 d 进行分组，某一粒径组岩块所含点数的小计和包含全部岩块总点数之比即为该组岩块的相对含量。

（2）线段法。线段法是另一种积分几何学的蒙特-卡洛法，其原理如下：

当所有颗粒密度相同时，排土场取样点内岩块总体积 V 等于各分组体积 V_i 之和

$$V = \sum_{n=1}^{n} V_i \tag{2-20}$$

假设每一岩块都是由一些按相同方向排列的，有单位截面积 S_e 的棱柱体的组合，则每

一组的体积可看做该组内所有岩块所包含的所有棱柱体的长度之和与 S_e 的乘积。即

$$V_i = \sum^{i} L_{si} \cdot S_e \tag{2-21}$$

则各组的相对含量（r_i）即可用棱柱体的长度之比表示

$$r_i = \frac{V_i}{V} = \frac{\sum^{i} L_{si} \cdot S_e}{\sum_{i=1}^{n} \sum^{i} L_{si} \cdot S_e} = \frac{\sum^{i} L_{si}}{\sum_{i=1}^{n} \sum^{i} L_{si}} \tag{2-22}$$

具体步骤是：根据蒙特-卡洛法的随机抽样原理，在照片上随机地布置若干条直线，这些直线被岩块的投影轮廓切割成若干线段，然后将所有这些线段按长度进行分组，并累计各组中所有线段长度，则各组线段的小计与总的线段长度之比即是该组分的相对含量。

显然，一张照片上布置的平行直线愈多愈密，则愈能充分利用照片上的信息，且精度愈高。

b 摄影量的估计和现场摄影方法

在理论上，对某一部位岩块的摄影次数越多，则获得信息越准确，但限于人力物力和时间关系，不可能对排土场同一部位的岩石拍摄很多的照片，按照最小二乘法原理，假设拍摄每一张照片的误差来源相同，若有观测误差 δ_i，则标准中误差 δ_0 为

$$\delta_0 = \frac{\delta_i}{\sqrt{n}} \tag{2-23}$$

式中，n 为相片数。

从式（2-23）可以看出，从每个取样点摄取 2 ~ 4 张有用照片是经济合理的。从每个取样点摄取两张照片进行块度量测，δ_0 大约可改进 30%；相片数增加到 3 张，又可改进约 13%；相片数从 3 张增到 4 张，δ_0 只能改进 7.7%。

摄影照片岩块所投影的比例以垂直平面摄影为最均匀；但由于排土场表面为斜坡面，为消除因斜角拍摄所造成的岩块尺寸失真，应尽量使摄影轴线垂直于坡面，对失真照片，在室内予以处理和修正。

照片上岩块数的多少，反映了摄取信息量的多少，但岩块多了室内处理困难，岩块少了信息量不足，要使照片信息具有一定的代表性则摄影工作量大，经过比较，认为具有信息量大又易于处理的摄影照片以包含 200 块左右的岩块为佳。

2.1.3.3 块度分布回归分析和块度分布规律

通过运用数理统计的理论和方法，求出使粒度组成不受块度分级指标影响的分布函数，由此可求出任一粒径的筛下累积含量和任意粒径区间的相对含量。

此项工作可分为两个方面的内容：各取样点的块度分布规律的研究和块度沿边坡高度的分布规律的研究，由此探讨排土场散体物料的分布规律。

（1）取样点块度分布规律的研究。对于各取样点的块度组成分布服从一定的分布函数，常用的分布函数有：

1）罗申-拉莫勒（Rosin-Ramular）函数（简称 R-R 函数）

$$y = 1 - \exp[-(x/d)^n] \tag{2-24}$$

式中，y 为粒度为 x 的筛下岩石相对含量，%；x 为粒度，mm；d 为当筛下岩石相对含量为 63.21% 时的粒径值；n 为分布参数。

2）加庭-舒曼（Gandin-Sohuman）函数（简称 G-S 函数）

$$y = (x/d_{max})^n \tag{2-25}$$

式中，y，x，n 同上；d_{max} 为最大粒径值。

多个矿山散体岩石块度分布测试表明，R-R 函数拟合的相关系数较高，较符合实际，效果更好。

（2）块度沿边坡高度的分布规律。对于各剖面内取样点进行如下处理，计算出取样点的加权平均块度 d_h：

$$d_h = \frac{\sum_{i=1}^{n} d_i \cdot P_i}{\sum_{i=1}^{n} P_i} \tag{2-26}$$

式中，d_i 为某粒径组中值；P_i 为该粒径组所占的百分率。

考察剖面上各取样点的加权平均块度即可发现其是按一定的规律自上而下块度递增的。据此，进行回归分析，求出块度与坡面高的关系函数。

（3）排土场岩石粒度组成分布函数参数随排土场高度的变化。岩石粒度组成分布函数的表示提供了排土场岩石块度分布的基本函数式，排土场岩石粒度组成沿排土场高度的变化可归结为岩石粒度组成分布函数参数随排土场高度的变化。

岩石粒度组成分布函数参数随排土场高度变化表达式一般用一元多项式表示，已有的研究成果表明用一元三次式即可很好地表达。为表达块度分布规律的通用性，排土场高度可采用自取样点距台阶坡顶高度与排土场台阶高度之比（h/H）的相对高度来表示，显然 h/H 的区间为［0，1］。

根据一些矿山排土场试验研究资料的岩石粒度组成 R-R 分布函数参数 n，d 与排土场高度(h/H) 的拟合结果来看，其拟合的相关系数为 0.97 ~ 0.99 之间，相关程度都很高。

建立排土场岩石块度分布函数的目的是要将排土场各部位岩石的粒度组成及其变化用一个函数来表示，由该函数可求得排土场任一部位任一粒径的筛余量或任一粒径区间含量。将排土场岩石粒度组成分布函数及分布函数参数与排土场高度（h/H）的一元多项式回归方程进行组合即为所求目标函数

$$y = 1 - \exp\left\{\left[\frac{x}{d(h/H)}\right]^{n(h/H)}\right\} \tag{2-27}$$

式中，$d(h/H)$，$n(h/H)$ 分别为某一测定剖面各部位 d，n 拟合参数，一般为一元三次函数；y 为筛余量或称为小于粒径 x 的累积含量；x 为粒径值。

式（2-27）不仅能求得排土场任一部位任一粒径岩石的筛下累积含量，而且可求得与散体岩石物理力学特性有关的各参数。如求小于 5mm 的细颗粒岩石沿排土场高度的分布，将 x =5 代入式（2-27）即可求得

$$y_{<5mm} = 1 - \exp\left\{\left[\frac{5}{d(h/H)}\right]^{n(h/H)}\right\} \tag{2-28}$$

图 2-10、图 2-11 分别为德兴铜矿排土场岩土块度试验结果的粒度分布曲线图。图 2-12 所示为前苏联某矿山实测的平均粒径沿排土场高度的分布。

2.1.3.4 排土场岩土块度分布的规律及对稳定性的影响

由排土场岩土块度分布的规律和参数，制定排土场散体岩石物理力学性质试验级配方

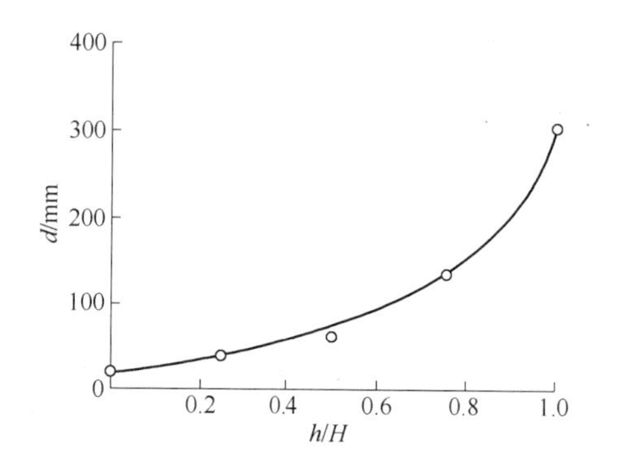

图 2-10 德兴铜矿排土场平均粒径 d 随排土场高度的分布

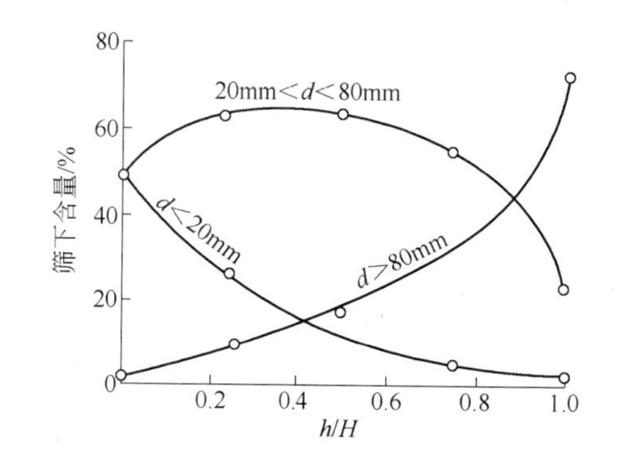

图 2-11 德兴铜矿排土场粗、中、细颗粒随排土场高度的分布

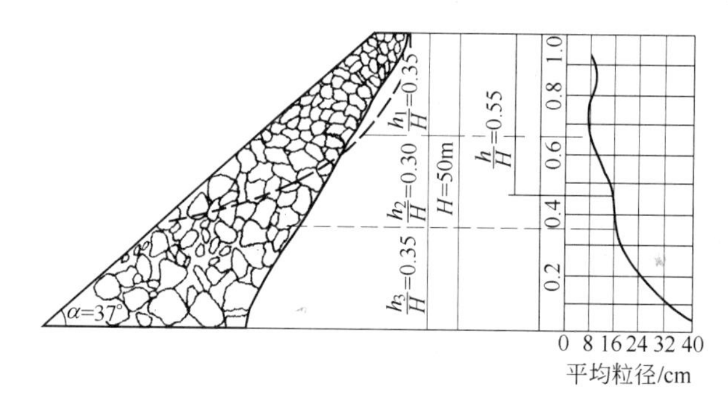

图 2-12 排土场岩土块度与边坡相对高度的分布（前苏联某矿山实测结果）

案；而这些参数又是排土场稳定分析计算的基础资料。因为排土场的岩石岩性和力学性质是影响其稳定性的重要因素。

排土场岩土块度分布规律研究了排弃不同岩性岩石和不同位置的块度分布，分析各试验点岩石粒度组成及其特点，必须从中分类选取岩石物理力学性质试验级配。

试验原始级配选取必须满足两条原则：

（1）考虑不利的情况，即必须选取细颗粒含量较多，含有表土、强风化岩石最多的剖面。

（2）考虑排土场岩土块度分布规律，以便找出岩石力学性质随排土场高度的变化规律。岩土块度分布规律研究结果表明，排土场岩石粒度组成可分为三类：1）含细颗粒（d <5mm）较多（最多达35%），这一类散体岩石位于排土场上部，岩块空隙大都被细颗粒第四系表土、强风化层充填；2）含细颗粒中等，含中等颗粒较多，这一类散体岩石位于排土场中部；3）大块岩石，位于排土场下部及中下部。

在室内物理力学性质试验中，由于受试验仪器的限制，必须对原始级配中超过仪器限制粒径的岩块进行处理。超粒径的处理方法有替代法，舍弃法等。在实践中人们一般都是采用替代法制定岩石试验的原始级配方案。

A 岩土块度组成与其力学性质

影响排土场稳定性的因素很多，除了受到工程、水文地质条件、排土工艺和雨水等外界因素的影响之外，排土场岩土物料的力学性质是影响排土场稳定性的重要指标。而岩土块度组成又是其中一个主要因素。如黏土、砂土、泥岩、强风化岩石都属于细颗粒，其承载力和抗剪强度都很低。岩土块度对于排土场的力学性质和稳定性具有重要的影响，颗粒越小则强度越低，所以在评价排土场稳定性状态时，要研究排土场的块度构成及其分布规律。

B　排土场的压缩沉降变形

新堆置排土场的变形主要是沉降压缩变形。散体物料在自重力和外载荷作用下逐渐压实和沉降。这种沉降变形随时间和压力而变化，在排土初期的沉降速度较大，随着时间的延续和排土场的压实，其沉降速度逐渐缓慢下来。排土场沉降系数 K，可用下式表示

$$K = 1 + K' = 1 + \frac{H_0 - H_i}{H_0} \tag{2-29}$$

式中，K'为排土场沉降率；H_0 为排土场原高度，m；H_i 为排土场沉降后的高度，m。

据矿山观测资料，排土场的沉降系数变化于 1.1～1.2 之间，沉降过程延续数年。例如眼前山铁矿，采用铁路运输排土，排土场高度为 78m，8 年总沉降量为 15.6m，沉降系数为 1.2，前三年的下沉量达到总下沉量的 80%（表 2-15），经过 8 年的沉降才趋于稳定。齐大山铁矿排土场的沉降系数为 1.1，经过 6 年下沉逐渐停止，前三年的下沉量占 95% 以上：第一年占 74%～75%，第二年占 18%～20%，第三年占 3%～5%。

表 2-15　眼前山铁矿排土场下沉观测资料

沉降时间/a	1	2	3	4	5	6	7	8	合计
沉降量/m	6.2	3.9	2.34	1.56	0.78	0.39	0.23	0.16	15.6
沉降率/%	40	25	15	10	5.0	2.5	1.5	1.0	100

再如南芬露天矿采用高台阶汽车排土，其排土场变形速度随着一年四季雨水大小而变化；冬季每天下沉 20～30cm，春、秋季为 30～50cm，夏季为 50cm；雨季为 70～100cm。新排土的台阶一周后就可能出现滑坡，其滑塌高度 5～8m，宽 5～15m，长 50～70m，出现阶梯状滑塌。海南铁矿第六排土场采用铁路运输，正常情况下排土场下沉速度 30～40 cm/d，每次铁路线移道一次，需要填碴 $100m^3$。所以随着铁路路基下沉需要经常垫道以保证线路的正常运转。

当排土场岩土物料的细颗粒含量较高时，随着其沉降和压实，在排土场下部产生孔隙压力，随着水分的渗出和土体的固结，孔隙压力的扩散和消失，排土场沉降将逐渐减弱和稳定下来。散体物料的沉降和压缩随着压力增加而增加，但是由于排土场不同高度的岩土块度组成不同，细颗粒（包括土壤）的压缩率大，坚硬的大块岩石堆积体不易压实。

散体物料在自重和外部荷载作用下的沉降和压缩程度随排土场的深度而异；一般情况下随着加载压力增加，自然压缩率也增大。但是由于不同深度和岩石块度构成不同，而不同岩石的压缩性又各异，细小颗粒的岩土压缩率大，而坚硬的大块岩石集合体则不易压缩。因此，排土场的压缩沉降率与岩石自重（即排土场高度 H），外部荷载和岩石块度组成相关，并呈抛物线形的相关曲线，即松散物料的平均密度与压力之间呈指数函数式。

排土场散体岩石及地基软岩的固结沉降变形特性研究是能否准确预测排土场稳定性动态的关键。排土场散体岩石及地基软岩由于压实固结，其强度随排弃后的沉降时间（或固结时间）的推移而呈增长趋势，排土场稳定性状态也逐渐变好。排土场散体岩石属自然堆积体，因而堆积后由于其自重压力的作用而压密。排土场散体岩石沉降变形可用下式表示

$$S_t = S(1 - e^{-bt}) \tag{2-30}$$

式中，t 为沉降时间；S_t 为 t 时的沉降量；S 为总沉降量；e 为常数；b 为沉降时间参数，1/a。

散体岩石的压缩沉降变形的结果，使孔隙率减小，力学强度不断增大，其单位密度的计算式

$$\rho = \rho_0/(1 - K') \tag{2-31}$$

式中，ρ 为初始密度；ρ_0 为沉降 t 时的密度；K'为沉降率。

根据德国几十个矿山排土场沉降变形研究资料而得出的经验公式，可以计算排土场沉降变形值随时间变化的关系式

$$h/H = 1 - e^{-ct} \tag{2-32}$$

式中，c 为与岩石性质有关的系数；t 为压实时间。

2.1.3.5 散体岩石的粒级组成与强度关系

根据松散介质理论，当基底稳定时坚硬岩石的排土场高度，在其边坡角等于自然安息角条件下可以达到任意高度。然而往往由于排土场岩石构成的不均匀性和外部荷载的影响，使得排土场高度受到限制。排土场的力学属性受岩土性质、块度组成、密度、湿度及垂直荷载等影响。理想的松散介质没有黏结力，但排土场物料经过压实或胶结而具有一定的黏结力，它主要决定于细颗粒（3mm 以下）含量的大小，细颗粒岩土充填到岩块之间的孔隙中经过压实后便改变了原来松散体的性质。一般新堆置的排土场的初始黏结力为 0.05 ~0.5MPa，经过沉降压实后的黏结力便达到 0.5 ~5.0MPa。内摩擦角与岩土性质及块度组成有关。根据排土场岩石块度分布规律，不同层位的块度组成不同，细颗粒多分布于上部和中部，粗颗粒分布于中部、下部。粗颗粒含量高，组成骨架的刚性提高，颗粒间摩擦力占主导地位，φ 值增大；反之，细颗粒含量增大，φ 值便减小，但黏结力增大。在排土场下部堆集的大块岩石不含细颗粒和其他黏结性材料，故黏结力为零，但内摩擦角较大，接近或等于排土场的安息角。

排土场散体岩石的力学参数取决于构成散体物料的岩性组成情况，散体岩土的块度组成、密度等参数；根据排土场岩土块度分布规律研究成果，而确定的排土场上部、中部、下部不同粒度组成，不同岩性散体岩石试样所进行的物理力学试验，代表了排土场自然分布的不同粒度、不同岩性的力学强度变化。某排土场散体岩石三轴试验的级配取值和力学强度试验成果见表 2-16。

表 2-16 散体物料三轴试验级配及力学强度取值表

项 目		第一组	第二组	第三组
粒级含量/%	<2mm	16	6	1
	2 ~5mm	19	6	2
	5 ~10mm	16	16	5
	10 ~20mm	23	30	16
	20 ~40mm	24	21	38
	40 ~60mm	2	21	38
c/MPa		0.021	0.030	0.050
φ/(°)		29.0	33.5	34.0

由散体三轴试验结果可见，随着散体岩石块度的增大，其 c、φ 值均呈增长趋势。设强度参数 c、φ 与粗、中、细粒级岩石含量具有如下关系：

$$c_i = n_{1i} \cdot f_1 + n_{2i} \cdot f_2 + n_{3i} \cdot f_3 \qquad (i = 1,2,3) \tag{2-33}$$

式中，n 为各粒组岩石的含量；f 为各粒组岩石对强度值 c、φ 的综合影响系数。

由此，根据室内三轴试验结果，求得散体岩石 $d < 5\text{mm}$，d 为 5 ~ 20mm，d 为 20 ~ 60mm 三组粒度对 c、φ 值的综合影响系数（表 2-17）。计算结果表明：散体岩石中的大块岩石的咬合力较大，其次为细粒岩石的黏结力，各粒组含量与摩擦系数的综合影响系数基本与各粒组的强度成正比。

表 2-17 室内三轴试验的粒度对 c、φ 值的综合影响系数

参 数	粒 度		
	<5mm	5 ~ 20mm	20 ~ 60mm
f_c/MPa	0.00697	0.00479	0.06419
$f_{\tan\varphi}$ 系数	0.2298	0.7715	0.6653

散体岩石三轴试验结果仅代表着排土场局部部位（上部、中部、下部 3 个部位）的岩石粒度组成的力学参数。为了模拟排土场各部位不同粒度组成时的强度值，可以根据所建立的散体岩石块度-力学强度相关关系进行计算和统计分析。由于三轴试验所选用的块度组成比排土场上部、中部的实际块度偏小，因而统计分析的散体岩土的强度值略大于三轴试验结果，这样也符合实际情况；而排土场下部大块岩石的统计分析强度则与三轴试验结果接近。

根据排土场块度分布的实测资料和实验室剪切试验结果（c 及 φ），计算出内摩擦角和黏结力随排土场不同高度的变化。即已知细颗粒岩土的剪切结果（c 及 φ）和细粒级在不同层位上的分布规律（图 2-12），再按颗粒组成时对 c 和 φ 的相关曲线分析计算不同级配物料（细粒级和大块各占的比例）的 c 和 φ。根据细粒级岩石的抗剪试验的黏结力 c，计算某高度的混合粒级的黏结力 c_i

$$c_{h_i} = c_{Mh_i} \times a_{Mh_i} \tag{2-34}$$

式中，c_{h_i} 为自坡顶至 h_i 处混合粒级岩石的黏结力；c_{Mh_i} 为 h_i 处细粒级岩石的黏结力；a_{Mh_i} 为 h_i 处细粒级占的比例。

同理，已知细粒级的内摩擦角可以计算混合粒级岩石的内摩擦角 φ_k

$$\tan\varphi_{h_i} = \tan\varphi_k - (\tan\varphi_k - \tan\varphi_{Mh_i}) a_{Mh_i} \tag{2-35}$$

式中，φ_k 为大块岩石的内摩擦角，等于其自然安息角；φ_{Mh_i} 为 h_i 处细粒级岩石内摩擦角。

2.2 排土场地基岩土性质及其稳定性影响因素

2.2.1 排土场软岩地基的固结变形特征

2.2.1.1 排土场黏土地基的变形特征

在黏土地基的排土场形成过程中，随着排土荷载的增加易引发不同程度的滑坡破坏。建筑于软土地基的排土场，其稳定性不仅涉及排弃物料性质，更涉及地基土体承载后的工程性质演变。当排土场达到一定的高度，其荷载使基底土体内部应力急剧增大，基底土体内各土层的原生微观结构遭到不同程度的破坏，尤其是土体内颗粒之间胶结物的破坏，将导致其力学强度指标降低。排土场的形成会破坏地表水有利的径流条件，且排土场的物料结构松散，渗透、蓄水能力较强，降雨被大量滞留吸收，雨后被排土场物料吸收的大量雨水会充分渗入基底土体；另外由于排土场的存在，对基底土体内地下水的蒸发，起到了屏蔽作用，恶化了地下水的排泄条件。因此，排土场基底土体在上覆荷载的作用下，微结构较易遭到破坏，孔隙度减小，力学强度降低。在恶化了的地下水条件下，易在相对隔水层顶板形成上层滞水，而基底中的黏土层含有大量水化能力较强的强亲水黏土矿物，在水的长期浸润下，力学强度会大幅度降低，形成演化弱层。

演化弱层是软岩、土体等介质在工程应力与相应的物理环境下联合作用的产物。勘察及研究表明，演化弱层的出现具有如下特征：

（1）演化弱层仅出现在排土场达到一定高度后地基土体的高应力区。它是地基软岩土在排土场外载荷作用下的产物，同一土层在未排土承载前这一弱层并不存在，而当排土场形成一定规模，即达到一定排土台阶高度后，基底土层在外加载荷及水的长期作用浸润下，基底土层中的黏土层部位会逐渐形成演化弱层，基底土层中的黏土层弱化严重时会有缩孔现象发生。

（2）在已形成演化弱层的排土场地基上，无论其平面位置与发育深度如何，均出现在黏土层内，形成弱层厚度 10～100cm 不等，随应力水平增加而变厚。在弱层发育区平面上呈连续分布。分别对同一层位弱化与非弱化层样品进行常规物理力学试验分析，其各项参数产生强烈变异。一般情况下，因土体环境物理条件的变化与固结程度的不同，表现为孔隙比降低，含水量、饱和度增高，抗剪强度降低。

（3）演化弱层的变形强度特征主要表现在它的流变特性。在排土过程中其受力状态、工程动力性质作用是在不断变化中的。随时间的推移，抗剪强度降低，即产生应力松弛现象，导致排土场原来的平衡状态破坏而发生滑动；或随时间的推移，边坡变形增长，即发生蠕变现象，使边坡土体遭破坏，这两种效应称为流变。任何一类有弱层参与的边坡变形破坏过程，实际上都是一个蠕变变形破坏的过程。它是在结构体的受力-变形长期作用的结果，在临界破坏时，往往长期强度起着至关重要的作用。

演化弱层的强度特性取决于承受荷载的大小而不同，其变形发展具有时间过程。因此，演化弱层的强度在不同时间的变形具有相应的强度（剪应力）。τ-γ 曲线上的拐点即屈服点，所对应的剪应力即为该剪切历时的长期强度，长期强度随着剪切历时的增长而降低。当 $t\to\infty$ 时，在某应力下其变形速率趋于零，变形也达到一最终值。相应的强度称之为长期强度极限 τ_∞。演化弱层的长期强度指标与其直剪强度指标差异性较大。

当演化弱层所受剪应力较小（$\tau<\tau_\infty$）时，其蠕变曲线中第一级，即剪应力施加的瞬间，将产生瞬时应变 γ；瞬时应变之后，在不变的剪应力作用下，演化弱层随时间的增长继续变形，但其应变速率却随时间而衰减。由于剪应力的作用，演化弱层的黏土颗粒发生游动、拥挤而靠拢、镶嵌，原有结构连接基本未遭破坏。随着颗粒的靠拢、镶嵌、结构连接强度逐渐增大，当其增大至足以抵抗剪切力时，变形不再发展而趋于稳定。当 $\tau>\tau_\infty$ 时，演化弱层黏土颗粒在较大的剪应力作用下发生相对移动，在移动的初期，由于拥塞和颗粒的靠拢而增强了结构的连接，因此出现变形速率随时间衰减的情况。但由于剪应力较大，形成的新连接不足抵抗剪应力，颗粒继续相对位移，这时演化弱层原有结构开始破坏，原被破坏的连接又重新作用连接起来，使结构连接的破坏和重新结合处于动平衡的状态，这时蠕变体处于非稳定蠕变的定常阶段。

稳定流动的进一步发展，使黏土颗粒沿剪切方向进一步定向化，定向化排列的颗粒与面相连的部位恰是结合水膜较厚的部位，使这种重新组成的连接不牢固，这样就使原有结构连接的破坏得不到完全的补充，破坏了两者间的平衡，这时，应变速率突然变大，使其进入非稳定蠕变的第三阶段，加速蠕变，导致破坏。

排土场松散介质本身的压密与固结、地基土体随应力水平增高产生的固结作用和演化弱层的形成，也因排土场大面积加载后的环境物理条件与荷载方式的改变而呈现相当复杂的状况，这些均反映在土体物理力学性质的参数变化等方面。

通过前面对排土场基底黏土演化弱层规律及其变形强度特征的综合论述表明，在对有外加载荷的边坡稳定性分析与评价过程中，准确确定弱层及其长期强度指标是必不可少的一项基础工作，当滑动面出现在弱层中时，选取弱层的长期抗剪强度指标进行计算是比较合理的，这一点在以往大量的工程实践及课题项目研究中也得到了充分的验证。

2.2.1.2 软岩地基在压力作用下的压缩固结度分析

对排土场地基的要求与刚性结构体的地基要求不同。刚性结构体的地基不仅要求稳定，且对变形、沉降要求较高。对排土场地基要求在排土过程中地基的稳定性。在软土地基之上建立排土场，掌握地基土的固结特性是很重要的。在饱和黏土层中，由于土的渗透效果差，当土体受到外界压力后，土粒间附着的孔隙水一时难以排除，外界压力迫使孔隙水压增大，承载能力降低，从而引起排土场因地基失稳而滑坡；所以在排土初期，因排弃岩土的骤然加载，引起地基软岩孔隙压力加大，如果软岩地基的承载力低于排土场压力，则可导致地基失稳和土场滑坡；否则，随着时间增长，孔隙水逐渐被挤出，地基软岩被压实固结，地基强度也随之增长。一般对一个排土段高（如10m）需要缓慢逐渐地推进，首先推进某个距离（一般小于$H/\tan\alpha$，H为段高，α为坡面角）；然后间歇一段时间，待地基压缩固结到一定程度后再向前推进一段。每次加载的土柱由Fellenius公式计算，即

$$P = 5.52c_u/F \tag{2-36}$$

式中，P为土柱质量，kPa，$P=\rho \cdot H$；c_u为地基不排水抗剪强度，取现场十字板剪切试验值，kPa；F为安全系数，这里取1.1~1.15。

地基土层含水高，孔隙率大，在排土堆载压力的作用下，土体逐渐压缩、固结，其强度也开始增长，但是这些又和压力荷载的增加量及增加速度有关，对于软地基每次加压荷载不能过大，否则会造成软岩地基的破坏和失稳，因此必须分级逐渐加载，待地基强度增加到足以能承载下一级荷载时，方可施加下一级荷载（如增加排土高度，或向前堆排下一分层），增长后的土体在固结度U时的剪切强度由下式确定

$$\tau = \eta(\tau_0 + U \cdot m \cdot \Delta\sigma) \tag{2-37}$$

式中，η为剪力作用下（剪切蠕变），土层强度衰减系数，一般取0.75~0.95；τ_0为初始剪切强度，MPa，即为c_u；U为土的固结度，取70%；m为有效摩擦角函数，$m=\sin\varphi \cdot \cos\varphi/(1+\sin\varphi)$；$\Delta\sigma$为在外压力$P$作用下，土层中某点的最大主应力增量，kPa。

由上述公式计算得出几种固结度下的排土段高，一个排土段主要分几层堆排才能完

成，鉴于排土作业时排土段高不可能取得太小，而是在一个合理的段高下连续向前推进。在排土初期，因排弃岩土的骤然加载，引起地基软岩孔隙压力加大。如地基软岩承载力低于排土压力，则可导致滑坡，否则，随着时间增长继续加载，孔隙水逐渐挤出，孔隙压力扩散，地基软岩被压实固结，地基强度也随之增长。在连续加载过程中，某个时间 t 达到的固结度可由下式获得。即可按太沙基固结理论公式计算软岩地基固结强度随其固结度和固结荷载的变化，计算式为

$$U = 1 - \frac{1}{t}\left[t - \frac{\alpha}{\beta}(1 - e^{\beta t})\right] \tag{2-38}$$

式中，$\alpha = \delta/\pi^2$；$\beta = (\pi^2 c_r)/(4h^2)$；其中，$c_r$ 为土的固结系数；h 为地基土厚度。

由式（2-38）可从固结度反求出固结时间，所以单段排土速度 v 可由下式求得

$$v = H/(t \cdot \tan\alpha) \tag{2-39}$$

式中，H 为排土段高，m；α 为单段土场坡面角，(°)；t 为达到固结度的固结时间，月。

根据以上公式可建立起软岩地基在不同荷载作用下，经历不同时间其固结度得以提高，由新的固结度数值可计算出其抗剪强度增加值以及逐级荷载增加值，也可推算出排土台阶高度 H 和排土线推进速度。当排土加载后，地基软岩的固结及其强度增长很快。如在单级荷载作用下，固结时间在 1 年左右地基即逐渐达到稳定，其剪切强度可随之增加，其剪切强度可增加 0.032 ~ 0.035MPa。故可以根据软岩地基固结度的增长速度，控制排土场的推进速度，达到提高地基承载能力和排土场的稳定性。

2.2.1.3　软岩地基的承载能力及其排土场边坡稳定性特征

土场基底承载能力是影响软基底排土场整体稳定的决定因素。排土场地基如由基岩组成，其承载能力很高，不会引起排土场的失稳；如果地基是软弱岩层，如腐殖土、强风化岩土层或是黏性土、砂黏土等构成，则基底土层在排土体荷载作用下，产生很大的压缩变形，直至被侧向挤出，形成波状隆起，从而导致软基底排土场的整体失稳。基底土层的厚度和结构，对排土场的稳定性和边坡变形规模有重大影响。软基地基排土场整体失稳的显著特征：在变形的初期，排土场下沉，排土场前方地基土层存在纵向的强烈挤压区，表现为土层隆起，地面出现裂缝和微凸起等现象；当产生明显滑坡后，在滑坡体后缘往往存在深度巨大的张拉裂隙，最大张拉裂隙与坡肩的水平距离也很大。

前苏联兹拉图斯特-别洛塔斯克露天铜矿的排土场，堆置高度为 35 ~ 40m，基底厚度超过 30m 的软土。从 1971 年起开始变形，曾经发生了长 1400m 的滑坡现象，在 1.5 年的时间内，排土场个别地段下沉 15m。山西平朔安太堡露天煤矿南排土场，靠近工业广场一侧于 1991 年 10 月 29 日发生大规模滑坡，滑坡体覆盖范围走向长 1050 ~ 1095m，宽度 420m，高差 135m，滑坡体积约 $1132 \times 10^4 m^3$，滑舌长达 200m，滑坡体下方的地基土层被挤压而隆起，而且其滑坡速度很快，剧烈滑动时间仅为 20 ~ 30s；滑坡体冲向排土场坡角处的工业广场，破坏了平鲁公路约 730m，埋没了排水沟 440m，摧毁了一段公路等工业设施；经过对南排土场滑坡特点现场勘察和分析，认为是一次典型的高排土场软岩基底承载力不足造成的滑坡。

实验研究结果和大量矿山排土场滑坡例子证明，排土场高度（尤其是直接位于地基软岩上的台阶）与地基软岩的物理力学性质有直接关系。如排土场地基分布有腐殖土、黏

土、无黏性的砂土或强风化的沉积岩等承载能力很低的松软岩土，则对排土场稳定性起主要作用的是岩土的黏结力、内摩擦角、密度及其湿度；另外，软岩层的结构厚度对于排土场的变形规模也有重要影响。

由于软岩地基而引起的排土场滑坡可以随时发生，在排土过程中因地基岩土的压实变形和滑动，而使得排土台阶沉降变形，裂隙增大，严重者造成铁路路基下陷，排土设备破坏。软岩地基也可能在排土台阶形成以后，在地基软岩受到雨水、地下水作用或在排弃岩土荷载产生的压力作用下，失去极限承载能力而牵引上部排土场滑坡。

若地基软岩土有一定厚度时，地基变形经常会出现底鼓和土层孔隙水压力的变化。比较典型的排土场地基滑坡的例子：俄罗斯库彻金煤矿排土场采用铁路运输，索斗铲直接排土，排土场地基为含水泥岩，厚度 0.2 ~ 20m，排土场台阶高度为 20 ~ 40m。由于软岩地基的变形破坏和滑动，使排土场产生滑坡。滑坡长度 1400m，在 1.5 年内边坡沉降达 15m，软地基出现波浪状鼓起高达 5 ~ 12m（图 2-13）。软地基变形初始阶段分布在边坡底前方 30 ~ 70m 范围内，地基出现裂隙、剪切缝、鼓起，地基上鼓起了 3 条相距 40 ~ 60m 的土埂，高度有 4 ~ 5m。排土场压力不仅使软岩地基产生变形破坏和地形改变，而且对于地基软岩下面的硬岩层产生变形，由于地基受压力不均则改变了岩层的孔隙率和含水条件以及地基的承载能力，并进一步牵引到上方排土场边坡的变形和滑坡。

软岩地基岩层的结构和厚度对于排土场的变形规模及滑坡起到重要作用。根据散体介质力学原理，排土场的自然安息角在一般情况下等于散体岩石的内摩擦角；如果地基岩层为单一的均质硬岩层，则排土场边坡也是稳定的。在分析排土场稳定性时，要考虑软岩地基的排土场因软岩地基的压实变形、鼓起以及滑动而牵引上方排土场边坡的破坏。排土场软地基底鼓计算图见图 2-14，地基的最大承载能力由下式进行验证：

$$P_{\max} = \frac{2c}{h_c}(L - x) \tag{2-40}$$

式中，$P_{\max}$ 为作用在地基上的极限垂直压力，Pa；c 为地基岩石的黏结力，Pa；h_c 为软岩地基受挤压变形的厚度，m；$L = H\cot\alpha$，边坡斜面的投影宽度，m；其中 α 为边坡角；x 为自边坡眉线到计算剖面的水平距离，m。

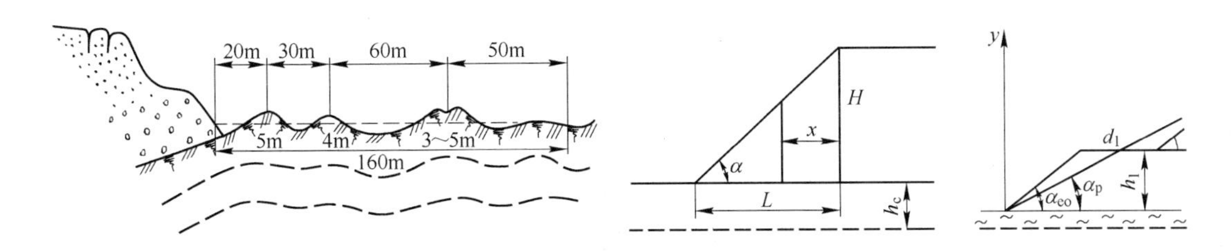

图 2-13　排土场前方软地基底鼓变形剖面　　图 2-14　排土场软地基底鼓计算图

由图 2-14 可知，当 $x = 0$ 时，即是要求的地基上的最大压力 $P_{\max}$，这时作用在地基的最大单位压力：$P = \rho H$，它决定于软地基出现破坏变形时的边坡高度 H。当 $P < P_{\max}$ 时，不会出现地基底鼓，边坡处于稳定状态；当 $P > P_{\max}$ 时，产生底鼓和边坡变形。据此，也可以求解边坡稳定条件下的台阶边坡角（或总边坡角）：从等式 $P = P_{\max}$ 得到 $\alpha = \arctan[2c/(\rho \cdot h_c)]$。当计算出的边坡角小于岩石自然安息角时，只有增加台阶数量（即要求多台阶边坡）以达到减缓总体边坡角的目的。

2.2.1.4 按常规土力学原理对排土场软岩地基承载能力的分析方法

目前尚无适合于高排土场整体稳定的软岩地基承载能力的计算方法，在此，可以引用太沙基（Terzaghi）关于土体整体剪切破坏的极限承载力理论和萨卡洛夫斯基的松散介质静力学理论，进行极限承载力的分析计算。

A 基底土层极限承载力计算方法

太沙基关于土体整体剪切破坏的极限承载力计算方法为

$$P_u = cN_c + qN_q + 0.5\rho BN_r \tag{2-41}$$

式中，P_u 为基底土层的极限承载力，kPa；c 为土层的黏聚力，kPa；q 为基础埋深产生的荷载，kPa；B 为基础宽度，m；ρ 为土层的密度，kN/m^3；N_q，N_c，N_r 为与地基土内摩擦角有关的量纲为 1 的系数。其计算式为

$$\left.\begin{aligned} N_q &= e^{\pi\tan\varphi}\tan^2\left(\frac{\pi}{4}+\frac{\varphi}{2}\right) \\ N_c &= (N_q - 1)\cot\varphi \\ N_r &= 1.8(N_q - 1)\tan\varphi \end{aligned}\right\} \tag{2-42}$$

式中，φ 为土层的内摩擦角，(°)。太沙基极限承载力计算简图见图 2-15。

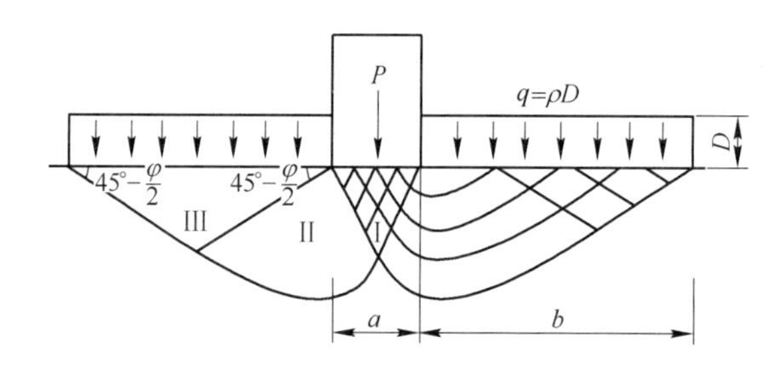

图 2-15 太沙基极限承载力计算简图

我国基础工程规范中规定，应用太沙基计算式时，基础宽度 $B>6$m 时，只能取 $B=6$m；$B<3$m 时应取 $B=3$m。相对于高大排土场的上覆荷载而言，式（2-41）中第 3 项数值很小。另外 φ 趋近于 0 时，N_r 也趋近于 0，因此，为简化计算，舍弃第 3 项，得出软基底高排土场整体稳定的承载力计算式为

$$P_u = cN_c + q_1N_q \tag{2-43}$$

式中，q_1 为排土场垂直荷载，通常取排土场段高产生的垂直荷载，kPa；其余符号意义同式（2-41）。

B 萨卡洛夫斯基的松散介质静力学理论

萨卡洛夫斯基的松散介质静力学理论是关于松散介质的极限平衡理论，更接近于排土场的条件。当基底为水平，外部作用荷载垂直于地面时，地基极限平衡模式如图 2-16 所示，最大压力与地基土处于极限平衡状态时的函数关系为

$$p + H' = (c + H')\tan^2\left(\frac{\pi}{4}+\frac{\varphi}{2}\right)e^{0.5\pi\tan\varphi} \tag{2-44}$$

式中，p 为极限承载力（最大压力），kPa；H' 为载荷系数，$H' = q\cot\varphi$，kPa；c 为土层的黏聚力，kPa；φ 为土层的内摩擦角，(°)；q 为垂直荷载，kPa。

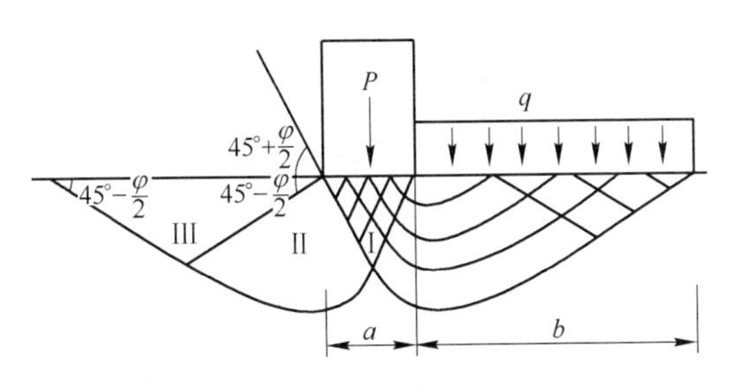

图 2-16 萨卡洛夫斯基松散介质极限平衡模式

最大外部荷载作用力宽度 a 与垂直荷载 q 的宽度 b 之间的关系为

$$b = a\tan\left(\frac{\pi}{4} + \frac{\varphi}{2}\right)e^{0.5\pi\tan\varphi}$$

萨卡洛夫斯基的松散介质极限平衡模式见图 2-16。

以上介绍的计算方法所依据的理论基础是相同的，在实践中可以用式（2-43）计算地基极限承载力，而利用式（2-44）来检验主荷载和压底荷载的平衡关系。

2.2.1.5 我国岩土工程中普遍采用的关于岩土地基承载能力的推荐参数

A 基础的载荷-沉降曲线和允许承载力

设基础的宽度为 b（方形），施加外载荷 P，则基础底部单位面积载荷 $p = P/b^2$，随着 p 的增大，基础逐渐沉降，以 s 表示沉降量，典型的 p-s 曲线如图 2-17 所示。

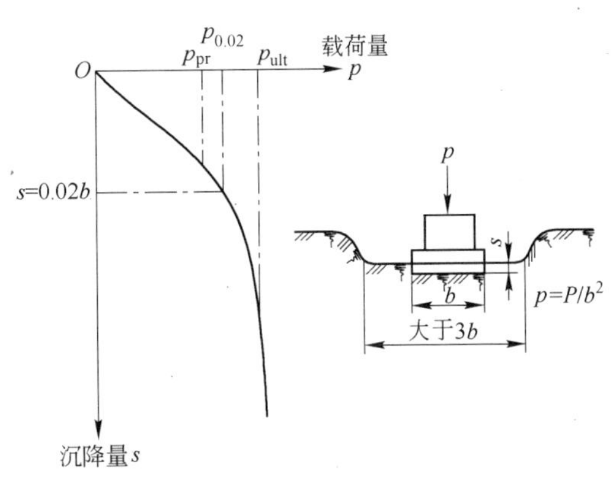

图 2-17 地基土层的载荷-沉降曲线

加载中出现下列情况之一时，便认为达到极限载荷 p_{ult}：(1) 当基础周围土的表面比较明显地出现辐射状或环状裂缝；(2) 基础周围的土表面明显隆起；(3) 载荷不变时，连续 24h 内沉降量不能稳定；(4) 总沉降量超过 20mm。p-s 曲线开始阶段是直线，称比例沉降阶段，其极限应力是 p_{pr}。但非典型情况时不能定出 p_{pr} 位置，这时以沉降量 $s = 0.02b$ 时的载荷 $p_{0.02}$ 作为依据。国内对第四纪洪冲积黏性土试验得出如下关系：

$$p_{0.02} = 3.3 + 0.93p_{pr} \tag{2-45}$$

$p_{0.02}$ 一般略大于 p_{pr}，在一般黏性土和软土中，在沉降量许可时，常用 $p_{0.02}$ 作为地基的允许承载力 [R]。

对于砂土和老黏土，一般 p-s 曲线的直线段比较明显，而且在比例限时沉降很小，以采用 p_{pr} 作为允许承载力 [R] 较为安全，不宜用 $p_{0.02}$。

B 用经验公式确定承载力

近年来，我国总结了标准贯入锤击数 N 和触探贯入阻力 P。它们与土的物理力学指标、地基承载力之间的统计关系在实践中得到了验证，并已列入各种规范，有比较普遍的实用意义，各种关系汇于表 2-18。表中符号 c_u 为不排水剪内聚力；c_o 为内聚力；其余符号与上述符号意义相同。

表 2-18 土力学性质指标经验公式

类型	经验公式	单位	适用范围	来源
由静力触探阻力求力学指标及承载力	$f_0 = 104P_s + 26.9$ $f_0 = 183.4\sqrt{P_s} - 46$	f_0 为 kPa P_s 为 MPa	$0.3 \leqslant P_s \leqslant 6$ $0 \leqslant P_s \leqslant 5$	勘察规范(TJ21—77) 铁三院
	$E_s = 3.72P_s + 1.26$ $E_s = 3.63P_s + 1.198$ $E = 9.79P_s - 2.63$ $E = 11.77P_s - 4.69$	E_s 为 MPa P_s 为 MPa	$0.3 \leqslant P_s < 5$ $P_s < 5$ $0.3 \leqslant P_s < 5$ $0.3 \leqslant P_s \leqslant 6$	工业与民用建筑工程地质勘察规范(TJ21—77)
	$c_u = 30.8P_s + 4$ $c_u = 0.04P_s + 2$	c_u 为 kPa P_s 为 MPa	$0.2 \leqslant P_s < 5$(亚黏土)	交通部一航局设研院 铁路工程地质原位测试规程
由标准贯入锤击数求力学指标和承载力	$p_0 = 4.9 + 35.8N_{机}$ $p_0 = 31.6 + 33N_{手}$ $p_0 = 80 + 20.2N$	p_0 为 kPa	$N = 3 \sim 23$ 第四纪冲积、洪积黏土、粉质黏土、粉土 $N = 23 \sim 41$ 第四纪冲积、洪积黏土、粉质黏土、粉土 $N = 3 \sim 18$ 黏性土、粉土	冶金部武汉勘察公司 冶金部武汉勘察公司 湖北勘察院、湖北水利电力勘察设计院
	$p_0 = 152.6 + 17.48N$ $p_0 = 387 + 5.3N$	p_0 为 kPa	$N = 18 \sim 22$ 黏性土、粉土 $N = 8 \sim 37$ 老堆积土	湖北勘察院、湖北水利电力勘察设计院 铁道部第三勘察设计院
	$E = 1.0658N + 7.4306$ $E_s = 4.6 + 0.21N$	E 为 MPa E_s 为 MPa	黏性土、粉土 $N=3 \sim 15$ 一般黏性土	湖北水利电力勘察设计院 天津市岩土工程技术规范

C 地基允许承载力的参考数据

土的允许承载力可参考表 2-19 ~ 表 2-22，表中土的密实程度可按标准贯入锤击数确定。岩石地基的允许承载力的参考数据见表 2-23 和表 2-24。

表 2-19 碎石类土允许承载力（R） (MPa)

岩土的密实程度	密实	中实	稍实
卵石	0.8 ~ 1	0.5 ~ 0.8	0.3 ~ 0.4
碎石	0.7 ~ 0.9	0.4 ~ 0.7	0.2 ~ 0.3
圆砾	0.5 ~ 0.7	0.3 ~ 0.5	0.2 ~ 0.3
角砾	0.4 ~ 0.6	0.2 ~ 0.4	0.15 ~ 0.2

注：表中数值适用于骨架颗粒空隙全部由中砂、粗砂或硬塑（$0 < I_P \leqslant 0.25$）、坚硬（$I_P \leqslant 0$）状态的黏土所充填。当粗颗粒为中等风化或强风化时，可按风化程度适当地降低允许承载力。当颗粒间呈半胶结状态时，可适当提高允许承载力。

表 2-20 砂类土允许承载力（R） （MPa）

土体名称	密 实	中 实	稍 实
砾砂、粗砂、中砂（与饱和度无关）	0.4	0.24~0.34	0.16~0.22
细砂、粉砂（稍湿）	0.3	0.16~0.22	0.12~0.16
细砂、粉砂（很湿，饱和）	0.2	0.12~0.16	—

表 2-21 老黏性土的允许承载力（R） （MPa）

含水比 W/W_L	0.4	0.5	0.6	0.7	0.8
承载力 R	0.70	0.58	0.50	0.43	0.38

注：1. 老黏性土指上更新统 Qs 及其以前沉积的黏土；
2. 本表仅适用于 $E>15$MPa 的老黏性土。

表 2-22 一般黏性土的允许承载力（R） （MPa）

塑性指数 I_P	≤10	≤10	≤10	≥10	≥10	≥10	≥10	≥10	≥10
液性指数 I_L	0	0.5	1.0	0	0.25	0.5	0.75	1.00	1.20
孔隙比 e0.5	0.35	0.31	0.28	0.45	0.41	0.37	(0.34)	—	—
孔隙比 e0.6	0.30	0.26	0.23	0.38	0.34	0.31	0.28	(0.25)	—
孔隙比 e0.7	0.25	0.21	0.19	0.31	0.28	0.25	0.23	0.20	0.16
孔隙比 e0.8	0.20	0.17	0.16	0.26	0.23	0.21	0.19	0.16	0.13
孔隙比 e0.9	0.16	0.14	0.12	0.22	0.20	0.18	0.16	0.13	0.10
孔隙比 e1.0	—	0.12	0.10	0.19	0.17	0.15	0.13	0.11	—
孔隙比 e1.1	—	—	—	—	0.15	0.13	0.11	0.10	—

注：1. 一般黏土指全新统沉积的黏性土；
2. 括号内数据仅供内插用。

表 2-23 岩石地基推荐的承载力

岩石名称	地 质 特 征	承载力(R)/MPa
页 岩	侏罗系，灰褐色泥质胶结，风化严重至极严重，手捏成土，潮湿至饱和	0.3
	中三叠系，紫红色薄层状，节理发育，富含裂隙水，不易排除，压力方向与岩层斜交（岩层倾角约 20°），试验在饱和水下进行	0.4~0.5
	第三系，棕红色黏土岩。垂直节理发育，具有一条约 0.1mm 的裂隙，遇水易软化成黏土，干燥后较坚硬，裂隙水很发育，试验在半浸水下进行	0.6
	二叠系，紫褐色泥质胶结、致密。切面有滑感，风化颇重，节理发育，层理破碎，缝内有黏土充填及植物根伸入，浸水后强度显著降低，具黏土特点。$\rho=2.36\mathrm{g/cm^3}$，$W=11.34\%$，$E=329.6$MPa	0.6~0.7
	中三叠系，灰黄色薄层状，裂隙水甚发育，试验压力垂直于层面，在雨季有水浸润下进行。$\rho=2.73\mathrm{g/cm^3}$，$W=10.5\%$，$E=247.5$MPa	0.6~0.7
	第三系，属砂页岩互层的一部分，层面较平，倾角 17°~20°，页岩泥质胶结，岩质较硬，节理发育，常年饱水。$\rho=2.82\sim2.30\mathrm{g/cm^3}$，$W=11.1\%$	0.8~0.9

续表 2-23

岩石名称	地质特征	承载力(R)/MPa
砂岩	第三系，褐黄色细砂岩，成岩度差，潮湿密实，含长石、石英云母，裂隙尚发育，地下水露头颇多。ρ =1.85kg/cm³，W =37.4%，e =1.0，S_r =100%，P_{pr} =0.36MPa，n =50%，破坏载荷0.72MPa	0.25
	三叠系，紫红色，棕黄色和褐色，中-厚层状，岩层较潮湿，风化极严重，手可折断及拧碎，其中长石已风化成土状，节理尚发育，节理面有机质，节理缝宽约1.5～10mm，缝内有黏土充填，属软岩。ρ =2.07g/cm³，W =9.46%；e =0.391，S_t =63.5%，E =154.5MPa，P_{pr} =0.36MPa，破坏载荷1.52MPa，n =28.1%	0.4
	第三系，细粉砂岩，深灰色，泥灰质、细粉粒、细砂粒沉积组成，成岩度差，用镐可掘进，厚薄互层，地下水发育。ρ =2.04g/cm³，W =22.79%，e =0.577，S_r =100%，n =36.58%，P_{pr} =0.52MPa	0.5
	长石砂岩，黄褐色，主要为粉砂质长石以及云母，少量石英，泥质胶结，用镐难刨，但能刨成块状，手可掰碎，属全风化带	0.6
花岗岩	细压碎带，褐黄色、灰白色，风化严重，部分已成土状。节理发育，十分破碎。开挖后成角粒状，主要矿物为长石、角闪石等，除石英外都已变质。ρ =2.41g/cm³，W =3.11%，E =263MPa，n =12.36%，P_{pr} =0.664MPa	0.5～0.7
	细压碎带、褐黄色、灰白色、风化严重，节理发育。有少量石英及辉绿岩脉，十分破碎，呈不规则分布，开挖后呈2～3mm的角砾状，主要矿物为长石、石英，角闪石，除石英外均已变质。ρ =2.25g/cm³，W =3.11%，E =163.3MPa，n =17.88%，P_{pr} =0.86MPa	0.6～0.8
	强风化，岩石被风化成块状，结构松散，裂隙非常发育，碎块用手易于折断	1.8
	中风化，节理较发育，平均间距0.5～0.8m，用镐难于开挖，用手难于折断	3.3
片岩	志留系云母片岩，灰黄绿色，含绢云母、绿泥石，节理发育，岩层破碎，手捏成碎块，表面风化成土，Ⅱ级普通土，ρ =2.21g/cm³，W =3.9%	0.5
	志留系云母片岩，灰黄绿色，含绢云母、绿泥石、角闪石，风化严重、破碎，裂隙发育，总变形模量=109.6MPa	0.6

表 2-24 岩石地基的允许承载力（R）

制定单位	岩体性质及R值/MPa						备注
水电部岩石试验规程修订小组	好的岩体 5～10	较好岩体 2.5～5.0	中等岩体 1.0～2.5	较坏岩体 0.5～1.0	坏的岩体 ≤0.5		水电部岩石试验规程1978
成都勘测设计院科学试验所	好岩体 5～8	较好 2.5～5.0	中等 1.0～2.5	较差 0.5～1.0	坏岩体 ≤0.5		水电工程岩体分类1975
铁道部第一设计院	硬岩裂隙间距 ≥40cm 4	硬岩裂隙间距 20～40cm 2～3	硬岩裂隙间距 2～20cm 1.5～2.0	软岩裂隙 间距≥40cm 1.5～3.0	软岩裂隙间距 20～40cm 1.0～1.5		铁路工程地质基础知识

续表 2-24

制定单位	岩体性质及 R 值/MPa						备 注
铁道部 第一设计院	软岩裂隙间距 2~20cm 0.8~1.2	极软岩裂隙 间距≥40cm 0.8~1.2	软岩裂隙间距 20~40cm 0.6~1.0	软岩裂隙间距 2~20cm 0.4~0.8			硬岩 $R_{压}>300$ 软岩 $R_{压}=$ 50~300 极软岩 $R_{压}<50$
国家建委 建筑科学 研究院	硬岩强风化 4	硬岩中 等风化 1.5~2.5	硬岩强风化 0.5~1.0	软质岩 微风化 0.5~2.0	软质岩 中等风化 0.7~1.2	软质岩强风化 0.2~0.5	工业及民用建筑 地基设计规范
广西大厂 2 号 竖井实用值	灰岩 $R_{压}=143.4$ 2.5	灰岩，砂页岩 1.0	砂页岩互层 中等风化 0.4	砂页岩互层 强风化 0.25	强风化片状页 岩，砂岩互层 0.2~0.4	坡积碎石 0.3	冶金勘察 技术情报

2.2.2 排土场基底承载能力及台阶极限高度分析

排土场稳定性首先要分析基底岩层构造、地形坡度及其承载能力。当基底坡度较陡，接近或大于排土场物料的内摩擦角时，易产生沿基底接触面的滑坡。如果基底为软弱岩层而且力学性质低于排土场物料的力学性质时，则软岩基底在排土场荷载作用下将产生底鼓或滑动，然后导致排土场滑坡。

2.2.2.1 一般排土场地基承载能力分析

在上覆排弃物料的荷载作用下，排土场地基应满足稳定条件，否则基底内部将出现破坏，引起基底土层整体剪切破坏并导致排土场整体失稳。排土场整体稳定应满足以下条件

$$P_s \leqslant P_u F_s \tag{2-46}$$

式中，P_s 为排土场排弃物料的荷载，kPa；P_u 为地基土层极限承载力，kPa；F_s 为地基承载力安全系数。

其中 P_s 由下式确定

$$P_s = \rho g h \tag{2-47}$$

式中，ρ 为排弃物料堆密度，kN/m^3；h 为排土场的高度，m。

当 $F_s=1$ 时，排土场处于极限平衡状态；当 $F_s<1$ 时，排土场将会整体失稳，最终导致大规模的滑坡。

软岩地基的承载能力。按土力学原理，土体破坏准则由下式计算

$$\tau = c + (\sigma_n - \sigma_u)\tan\varphi \tag{2-48}$$

式中，τ 为土体临界剪切强度；σ_u 为土体的孔隙压力；σ_n 为法向应力；c，φ 为黏结力和内摩擦角。

通过地基软岩力学性质试验，原位大型剪切试验以及滑坡实例分析资料，可以进行地基承载能力和排土场台阶稳定性分析以及沿软岩地基滑坡允许的排土场极限台阶高度的验算（L. Prandtl 公式）

$$p = \frac{10.2 \cdot \pi \cdot c \cdot \cot\varphi}{\cot\varphi + \frac{\pi\varphi}{180} - \frac{\pi}{2}} \tag{2-49}$$

$$p = \rho g H \tag{2-50}$$

在基底稳定的条件下可应用弹性理论和极限平衡原理，计算第一台阶的极限高度

$$H = \frac{2 \times 10^{-4} c}{\rho\lambda}\cot\varphi \tag{2-51}$$

式中，H 为第一台阶极限高度，m；c 为松散物料的黏结力，Pa；φ 为内摩擦角，(°)；ρ 为松散物料的密度，t/m^3；λ 为稳定性参数，无量纲，根据试验资料和经验选取，$0 < \lambda < 1$。

一般 λ 与 $F/\tan\varphi$ 呈函数关系（F 为边坡稳定性系数），当 $F/\tan\varphi$ 由 1 增到 5 时，λ 则由 0 增到 1，两者呈正比关系。

2.2.2.2 排土场软岩地基的变形机理及承载能力分析

排土场是一种不同于一般构筑物的工程体，排土场与基底表土间关系不完全等同于构筑物基础与地基间关系。一般构筑物基础可视为连续介质、准静态形成，地基在构筑物作用下损害多以整体剪切破坏形式出现，地基破坏必然会导致基础损害，在一定意义上两者具等效特性。目前国内外通用的排土场地基承载能力（相当于一定的排土场堆置高度）的计算式就是基于这类假设。事实上，排土场作为一种特殊工程结构体，排土场底部与地基表土间，既非刚性连续也非柔性连续分布，而是大小不一、形状各异的废石块体离散状嵌在表土中，呈蜂窝状分布；废石排弃时，使表土呈冲剪破坏；表土层受荷，从坡趾下方为零逐渐变至边坡顶正下方为 ρgH（H 为坡顶垂高，ρ 为排土场散体密度）；表土中剪应力分布不均匀，并以斜坡中点正下方为最大。其不同于一般构筑物基础与表土地基间关系，使地基表土破坏不一定等效于排土场失稳滑坡，主要看基底表土层性质与厚度及其所处的应力状态。

目前，尚无适合于高排土场整体稳定的软岩地基承载能力的计算方法，一般只考虑地基表土层的变形与承载能力，而忽略了表土层厚度的影响，这往往会导致非常保守的结论。经过深入研究排土场地基表土层的作用机理，应得出在不同表土层厚度条件下的地基承载能力和排土场极限高度的确定方法及计算公式。

当排土场基底较为平缓，由表土等软弱层及坚硬基岩组成时，往往要进行专门的排土场基底承载能力与排土场极限高度确定的研究。目前，国内外均以地基表土变形 $\Delta h/h$ 或 Prandtl 表土极限承载能力 P_o 来计算排土场极限高度 H_o。通常以排土场基底表土层相对变形 $\Delta h/h$ 超过 15% ~20% 作为地基表土层破坏限值，以此来判定排土场失稳，决定排土场极限高度 H_o。

$$\Delta h = a \cdot h \cdot \rho \cdot H_o/(1 + e_1) \tag{2-52}$$

式中，Δh 为表土层最终沉降量；h 为表土层压缩前厚度；a 为表土层压缩系数；e_1 为表土孔隙比；ρ 为排土场堆料容量；H_o 为排土场极限堆高。

从地基表土层的承载能力出发，当排土场荷载超过地基土层的承载能力，将导致地基的剪切破坏。按照 L. Prandtl 公式计算地基的极限承载能力 p

$$p = \frac{10.2 \cdot \pi \cdot c \cdot \cot\varphi}{\cot\varphi + \frac{\pi \cdot c}{180} - \frac{\pi}{2}} \tag{2-53}$$

软岩地基条件下的排土场的极限堆置高度 H_o 的计算式（2-52）及式（2-53）在许多情况下是不准确的。主要是没有考虑表土层厚度的影响及表土与排土场基底的实际接触条件。从排土场基底表土与排土场底部蜂窝状接触状态出发，研究在排土场增高过程中地基表土经受冲剪破坏、随机挤入废石体底部岩石缝隙中、整体剪切破坏、地基表土鼓起等排土场失稳全过程，导出了从表土地基承载能力到不同地基表土、散体岩土，以及基岩性质参数相关的判别标准和计算式，也证明目前沿用式（2-52）及式（2-53）只是排土场软岩地基在一定条件下的特例。

由式（2-53）可见，地基极限承载能力 P_o 只决定于表土层性质 c、φ，而与表土层厚度及排土层高度（即载荷大小）无关。尤其是当表土层很薄时，在排土场的强大荷载下，很薄的表土层被压缩，剪切破坏，软岩被压挤入排土场底部的大块岩石缝隙中，这时地基的承载能力取决于表土层下方的基岩层的承载能力。只有在地基表土层厚度较大时，虽然部分表土层被压挤入排土场底部的大块岩石缝隙中，随着排土场高度增大，即荷载加大，表土层受剪切破坏从浅层向深层发展，直至外载荷大于地基土层的承载能力，地基产生剪切破坏、滑动、鼓起，并牵引上方排土场的滑坡。在考虑表土层厚度以及表土与排土场底部废石接触条件的基础上来确定排土场极限高度的方法与公式。

如果表土层超过临界厚度时，土层的内聚力不足以阻止土层破坏和滑动，其表土层的临界厚度为

$$h_o = 2c \cdot \cot\beta / \rho g \tag{2-54}$$

式中，β 为排土场边坡角。

当表土层厚度 h 大于临界表土层厚度 h_o 时，在排土场底部废石与地基土混合体下部还残存多余的表土层，它一方面在上部排土场荷载作用下产生压缩变形，如果此剪应力小于（或等于）表土层内聚力 c 时，则表土层地基处于稳定状态；而当排土场加载于软岩地基上的剪切应力大于表土层内聚力 c 时，地基土层破坏向坡脚前缘滑动，使地基鼓起，表土层处于整体剪切破坏，表土从土场坡趾前缘底鼓滑出。表土基底中剪应力最大值位于边坡中点下边，剪切破坏与底鼓都导致不均匀沉降，导致排土场边坡滑坡。在考虑表土层厚度又考虑表土与土场底部废石接触条件的基础上导出确定土场极限高度的方法与公式。

在排土初期，基底岩土开始被压实。当堆置到一定高度时，基底进一步压实达到最大的承载能力，但尚未到极限状态，这时的排土场高度可按下式计算

$$H_1 = \frac{10^{-4}\pi \cdot c \cdot \cot\varphi}{\rho\left(\cot\varphi + \dfrac{\pi\varphi}{180} - \dfrac{\pi}{2}\right)} \tag{2-55}$$

式中，H_1 为排土场高度，m。

随着排土场高度增加，基底处于极限状态，然后失去承载能力，产生塑性变形和移动，基底失去承载能力。此时的排土场极限高度可按 L. Prandtl 式计算

$$H_2 = \frac{10^{-4} c\cot\varphi}{\rho}\left[\tan^2\left(45° + \frac{\pi}{2}\right)e^{\pi\tan\varphi} - 1\right] \tag{2-56}$$

式中，H_2 为排土场极限高度，m。

当基底软弱层厚度大，潜在滑动面穿过软弱层，这时的基底承载能力和排土场稳定性

可按软岩基底的稳定性进行分析。在倾斜基底上设计排土场的安全系数应高于水平基底上的安全系数。一般矿山排土场滑坡实例中，因基底不稳引起滑动的约占32%～40%。

当基底稳定时，台阶高度可作如下估算：堆置坚硬岩石时为30～60m（山坡型排土场高度不限）；堆置砂土时为15～20m；堆置松软岩土时为10～20m。

多台阶排土场的总高度可经过稳定性验算确定，在相邻台阶之间需要留设安全平台，这样排土场总体边坡角小于其自然安息角，增加了排土场的稳定性。不过基底第一台阶的极限高度一般不超过15～20m，因为它是整个排土场的基础，它的堆置速度和压力大小对于基底土层孔隙压力的消散和固结都密切相关，同时对上部各台阶的稳定性起重要作用。

2.2.3 排土场软岩地基的工程处理

当排土场达到一定高度时，其荷载使地基土体内部应力急剧增大，地基土体内各土层的原生微观结构遭到不同程度的破坏，尤其是土体内颗粒之间胶结物的破坏，将导致其力学强度指标降低。由于排土场的存在，对基底土体内地下水的蒸发起到了屏蔽作用，恶化了地下水的排泄条件。因此，排土场基底土体在上覆荷载的作用下，微结构较易遭到破坏，孔隙度减小，力学强度降低。

露天矿排土场滑坡事故调查表明，其因软岩地基的破坏而导致排土场滑坡的占有30%～40%。因此了解和研究软岩地基的地质构造条件以及土体在载荷作用下的变形和破坏等稳定性机理，并采取相应的软岩地基的工程处理措施，对于保证排土场边坡的稳定性及矿山安全生产十分重要。

排土场在开始受土之前，必须查明地基的地层结构，如地基的工程地质、水文地质条件、地表植被和表土厚度等情况。遇到含有软弱夹层或有淤泥及松软表土时，需要采取一定的工程措施处理，否则，排土场一旦形成后则容易产生底鼓而导致滑坡。

2.2.3.1 在地基受土前对软岩地基的工程处理措施

（1）当地基平缓或坡度很小时（如$\alpha<10°$），对于地表上方的植被和薄层表土可不予处理。因为这时的地表腐殖土（含薄层表土）在排土场的载荷压力下被挤压入土场底部的大块岩石孔隙中，此时的地基基岩层是承受排土场荷载的主体。在这种情况下的极限安全表土层厚度取决于排土场的荷载大小和排土场高度，也取决于排土场底部大块岩石层的孔隙率（即充填入孔隙中的表土量）。在设计排土场台阶极限高度时，仅只考虑地基基岩层的承载能力而确定。

（2）当在倾斜地基情况下，不管地基软岩层厚度大小，则地表腐殖土及软岩层都会成为排土场的潜在滑动面，造成排土场滑坡。需要采取不同的工程措施进行地基处理，以维护排土场的稳定性。1）对于缓倾斜地基表土为厚度大于1m的耕植土或软弱层，采用爆破法形成棋盘状的爆破坑（2～3m距离），使其形成凹凸不平的抗滑面。也可以采用推土机将原地形推成台阶状（2～3m宽），以增加地基抗滑能力。如大冶铁矿东采场的排土场曾施工过。2）对于松软潮湿的软岩地基，在排土前挖掘排渗沟，以利排水疏干地基。如对水塘沼泽地，废弃尾矿池等不良软地基，要有计划地首先排弃大块岩石和砂石做垫层，以利排水和地基压实固结，增加其地基的承载能力和稳定性。3）关于软岩地基的处理，若基底表土或软岩较薄，可在排土之前开挖清除掉；若在3～5m以上，挖掉是不经济的，也可用爆破法将基底软岩破碎，这不仅增大抗滑能力，还可在底层形成排水层。基底含水将浸润排土场下部岩石而产生滑动，可在场地周围开挖排水沟，降低地下水位，在排水沟内充填透水材料，坡度不小于2%～3%，如果地基表面低洼积水，则要开挖排水涵洞。若基底内有承压水，则要事前疏干，不让静水压力造成隔水层底鼓，导致地下水穿透隔水层进入排土场。此时有效的疏干措施是打管道式降水井。对于缓倾斜软岩地基，其承载能力很低，不能维持排土场的稳定与安全，需要采取必要的软岩地基的工程处理措施，如在地基上开挖沟槽以破坏软弱层的连续性，并增大地基的摩擦阻力（即抗滑力）。同时在沟槽内可以充填大块硬岩石，既能增加地基的抗滑力，又能起到排泄地下水的疏干排渗作用。一条排渗沟可以负担30～40m宽地基的排渗任务。这种沟槽可以是明沟，由硬岩石充填和覆盖就行了；也可以是暗沟或暗井，如在软岩地基内富含地下水和有泉水出露等复杂的水文地质条件，可以开挖永久性的排水暗沟，断面为2m×2m，用毛石砌筑，3%的坡度，顶盖上方用碎石和沙铺盖，待排土场形成后可以把地基里的地下水和排土场上方渗流下的地下水排泄到排土场境界以外，起到维护排土场稳定性的作用。4）对于较厚层软岩地基，在条件允许时可以结合排土工艺，需要控制排土强度和一次堆置高度，以使基底得到压实和逐渐分散地基的承载压力。在大量排土之前，可利用电铲或汽车排土，在地基上排弃堆置较低的台阶或薄层大块坚硬岩石，这个小台阶对于地基不仅进行预压加载，而且加速了地基的固结，有利于疏干形成地基排水层，而增加地基的承载压力，为后续的大量排土和高台阶排土场的稳定性提供了保证条件。

2.2.3.2 在排土施工中应采取的技术措施

排土场的形成过程是对软岩地基不均匀、不规则的循环加载过程，松散介质本身的压密与固结，地基土体随应力的增加导致地基演化弱层的存在使土体地基的变形和破坏，呈现出更多的复杂性。同时因排土场大面积荷压后环境物理条件与荷载方式的改变，土体的物理力学性质参数也发生相应变化。通过对黄土基底排土场边坡变形模式、滑动机理及其破坏特征的综合论述表明，对排土场基底进行适当的技术处理、提高基底土体排水固结强度、采用特殊的排土工艺与排土方式进行排土场建设等技术措施，对提高软岩地基以及排土场的稳定性、减少或排除滑坡灾害的潜在威胁，都有十分重要的意义。

在排土场建设过程中，沟壑区上方的边坡稳定性较差，从而引起排土过程中的安全问题。因此，在排土过程中，首先对沟壑区进行填平处理。应用采场剥离的较坚硬岩石，严禁用黏土或表土作为充填沟谷材料。

（1）提高软岩地基土体的排水固结强度。地基的排水固结性能与其上部荷载的大小及加荷速度有关。根据软岩地基的工程地质、水文地质条件、地表植被和表土厚度等条件以及地基的压缩、固结、变形速度，要求严格控制排土加载速度，从而使孔隙水压有充分时间得到消散，使地基固结强度的增长能适应剪应力的增长。地基土在排水固结的作用下，其强度会得到提高。经验表明，当排土段高不超过20m，同一位置上下台阶排弃时间间隔大于2个月时，对提高基底土体排水固结强度较为有利。

（2）控制排土堆载速度和强度。在台阶排土过程中要避免集中加载和升高段高过快，高强度排土会给软岩地基集中加载，使得基底软岩层孔隙水压来不及消散，使演化弱层强度指标骤然降低，地基承载力（抗剪力）抵抗不了排土场的下滑力，而导致排土场失稳。所以排弃强度的大小对排弃物料及基底内应力增长速度有很大的影响。应力增长速度超过一定量值与排弃物料和基底土层性质不相适应时，则会破坏排土场的应力平衡状态，导致滑坡。

（3）在改进排土工艺方面，采取措施有利于控制软岩地基土层的变形速度和增加地基的承载能力。如铁路运输时采用轻便高效的排土设备（如推土机、前装机等）进行排土，可以增大移道步距，提高排土场的稳定性。合理控制排土顺序，为了避免局部排土工作面推进太快，边坡失稳，在整个排土线注意分区间歇式排土，以便让新排弃的岩土和地基有充分的时间沉降和压实。同时将坚硬大块岩石堆置在底层以稳固地基，或大块岩石堆置在最低一个台阶反压坡脚。对于覆盖式多台阶排土场，底层第一层高度不宜太大，以有利于基底的压实和固结，也有助于上部后续台阶的稳定。

（4）合理的排土顺序是上土上排，下土下排，实行岩、土（包括风化岩石）分排或岩、土混排。为了稳固边坡坡脚，防止因软岩地基的破坏引起排土场滑坡，可采用不同形式的护坡挡墙。它们是坚硬的块石堆置成的块石重力坝，透水性好，施工简单，造价便宜，能起到稳固地基，有利排泄地下水和阻挡软岩的滑坡。将坚硬岩石预先堆置在可能产生潜在滑动面的位置上，排土场形成后便成了预先埋设的抗滑挡墙（图 2-18）。同时它将改善水的排泄和排土场内部的疏干。

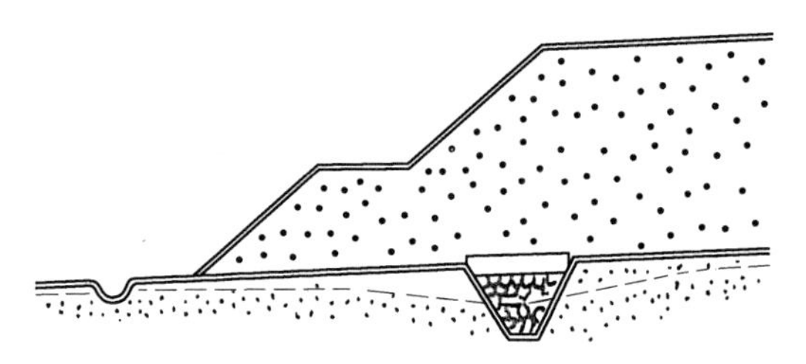

图 2-18 在排土场软岩地基开挖排渗沟

当采用多台阶排土顺序时，可进行覆盖式排土方式，下部排大块岩石，上部排软岩和破碎岩石，如此底部硬岩台阶直接接触软岩地基土层，有利于地基的压缩固结、排水和增加地基承载能力。也可进行压坡脚式排土方式（图 1-1b），先期排土和风化岩石，后期排弃大块岩石，反压坡脚。以保证排土场下部的排水畅通及其稳定性。

2.3 大气降雨和排土场渗流

排土场是矿山剥离废岩土的堆积物，通常排土场占地达矿山用地的 39% ~55%，由此带来的排土场稳定性问题和环境影响问题较为突出，这些问题均涉及排土场地下水运动问题。

为了节约用地，矿山排土场多位于沟谷或山坡，排土场内的地下水是大气降雨经山坡和排土场汇水后形成的，排土场是大气降雨的滞水蓄水体，排土场下游一般有定水头边界，而上游通常不存在定水头边界。

2.3.1 排土场的水文地质分类和补、径、排条件

排土场地下水的补给来源主要是大气降雨。排土场作为一个水文地质单元，具有独立的地下水补给、径流和排泄途径。

影响排土场地下水补给、径流和排泄条件的因素，主要包括排土场区的地形和地貌条件、大气降雨、排土场堆积物料的水力学性质、排土场地基岩土渗透性，其中排土场区的地形和地貌条件很大程度上决定了排土场地下水的补、径、排特征。

根据排土场区的地形和地貌条件将排土场分为沟谷型、山坡型、河谷型、平地型四

类，如图2-19所示，任何排土场都属于上述四类之一，或者是其中几类的混合类型。

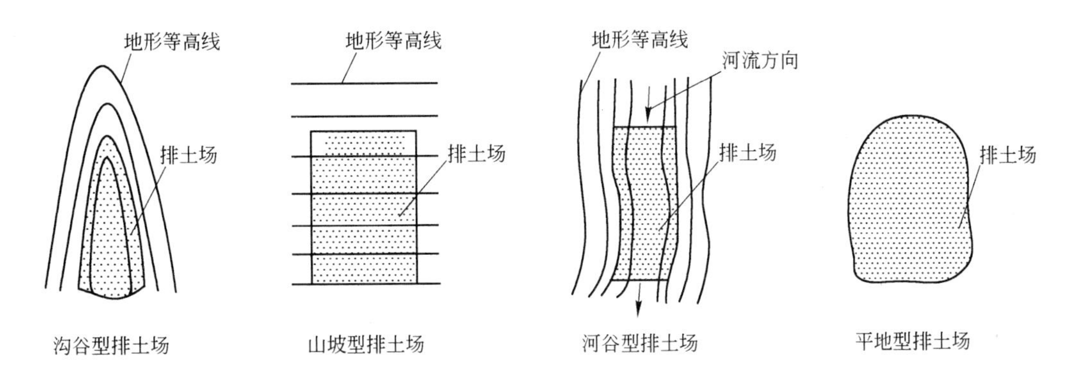

图2-19　排土场水文地质分类平面示意图

相对而言，平地型排土场地下水补给和排泄较为简单，如图2-20所示，平地型排土场地下水补给来源是大气降雨的入渗补给，经排土场内部向四周流动，由排土场坡角处排泄。

沟谷型和山坡型排土场地下水补给来源是大气降雨，大气降雨经山坡汇水 P 和降雨 R 入渗补给排土场地下水，经排土场内部向低处流动，由排土场坡角处排泄，如图2-21所示。

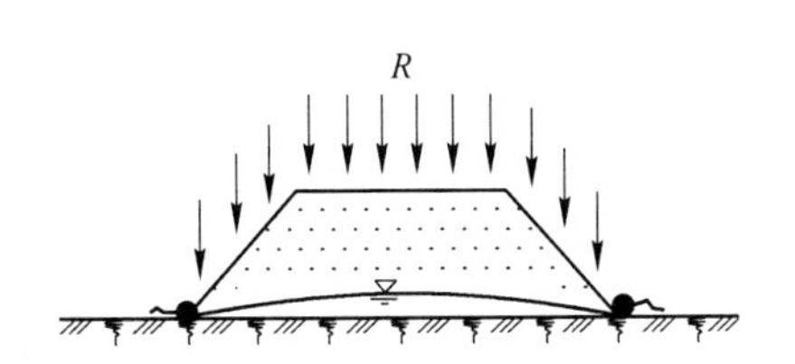

图2-20　平地型排土场地下水补给和排泄剖面示意图
R—大气降雨

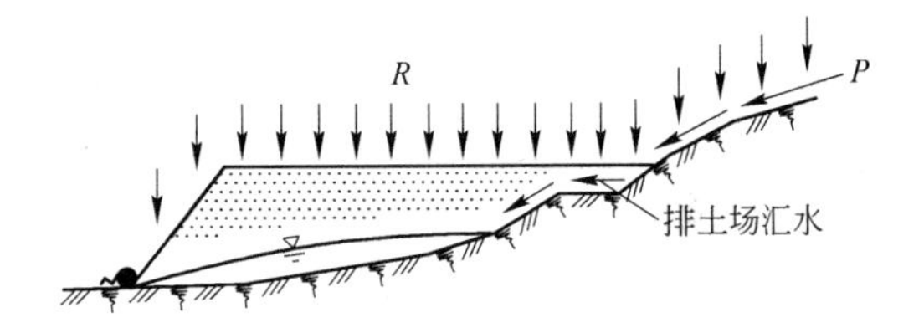

图2-21　沟谷型和山坡型排土场地下水补给和排泄剖面示意图
R—大气降雨；P—降雨山坡汇水

河谷型排土场地下水补给来源是大气降雨的山坡汇水、降雨入渗补给和上游河水的补给，经排土场内部向低处流动，由排土场坡角处排泄。上游河水的补给为定水头补给，大气降雨的山坡汇水、降雨入渗补给同沟谷型和山坡型排土场。

2.3.2　排土场降雨和地下水排泄的相关性

为了分析排土场地下水运动规律，建立排土场地下水运动的概念模型，为排土场地下水运动数值分析提供参考依据，收集并分析相关排土场的降雨和排土场地下水排泄的实测数据是基础性的工作。下面以朱家包包铁矿排土场多年实测的资料，分析降雨量与排土场地下水排泄的相关性。

攀钢朱家包包铁矿排土场是国内少有的采用铁路运输排土的高台阶排土场，属于山坡和沟谷混合型排土场，排土场设计堆积容积为 $3.6\times10^{8}\mathrm{m}^{3}$，其最终设计境界边坡高达200余米。排土场经常滑坡，给矿山安全生产带来严重危害，且最终设计境界靠近成昆铁路支线的铁路桥涵和金沙江。因此，1987～1990年在排土场开展了多年的地下水排泄观测，数据较为完整，将之与降雨量数据对比分析可以发现排土场降雨和地下水排泄之间的规律。

攀枝花地区位于金沙江河谷，为横断山区干热河谷，其特点是年温差小，日温差大，四季不明显，雨旱两季分明，全年雨量少，干燥。全区与云南昆明气候相近，而与四川盆地明显不同，显然受横断山脉控制。朱家包包铁矿区6～10月雨量较多，属雨季，降雨日数占全年的80%以上，降雨量为全年的92%以上，而7～8月为暴雨季节，降雨量占全年的一半；11月、12月至次年3月常全月无雨，为旱季。

根据朱家包包铁矿矿山气象站1984～1989年观测资料，矿区年平均降雨量856.26mm，月最大降雨量316mm（1986年7月），日最大降雨量155mm（1986年6月18日），年平均蒸发量2657.69mm，月最大蒸发量395mm（1984年4月），日最大蒸发量19.2mm（1984年4月24日），矿区1984～1990年降雨量统计值见表2-25。

表2-25 朱家包包铁矿1984～1990年降雨量

年　份	年降雨量/mm	月最大降雨量/mm	月份	日最大雨强/mm	月．日
1984	764.65	243.00	7	65.50	7.7
1985	906.51	306.40	6	58.40	6.15
1986	1014.40	316.20	7	155.00	6.18
1987	807.00	255.10	6	110.00	6.26
1988	915.80	208.80	8	128.00	8.29
1989	748.00	235.00	10	61.40	9.4
年平均降雨量	856.26				

矿山排土场地基为由南向北倾斜的缓山坡地形，在设计排土场境界内有4条沟谷。自1987年，对这4条沟：万家沟、道沟、麦田沟和黄泥田沟进行了排土场地下水排泄量观测，观测方法采用三角堰和流速仪法，在流量较小时采用三角堰法，在流量较大时采用流速仪法。

常年流水的沟谷有两条：一是万家沟，为本区最大的沟谷，汇水面积较大，多为排土场覆盖，沟长约1500m，最终流入金沙江，据1987～1990年观测结果，最大流量为16.20L/s（1988年9月30日），旱季最小流量为2.85L/s（1990年3月14日）；二是道沟，其规模仅次于万家沟，最终汇入金沙江，据1987～1990年观测结果，其最大流量为6.96L/s（1988年9月30日），旱季最小流量为0.30L/s（1988年6月9日）。

区内其他2条沟谷为黄泥田沟，据1987～1990年观测，其最大流量为3.95L/s（1988年9月12日），至11月下旬干枯；麦田沟，据1987～1990年观测，其最大流量为3.59L/s（1988年9月12日），至次年元月上旬干枯。

1987～1990年各沟月排泄量与降雨量统计值见表2-26、表2-27，各沟排泄量曲线与降雨量曲线对比见图2-22～图2-31。

表 2-26 朱家包包铁矿排土场降雨量、排泄量统计（1987 ~ 1988 年）

月份	1987 年					1988 年				
	降雨/mm	排泄量/m³				降雨/mm	排泄量/m³			
		万家沟	道沟	黄泥田沟	麦田沟		万家沟	道沟	黄泥田沟	麦田沟
1	2					0	12369	3305	0	0
2	3					1.5	10820	2817	0	0
3	2					1.5	10429	2392	0	0
4	3					17.4	10822	2508	7	36
5	21.6	9112				19.9	9136	1891	0	0
6	255	8797				108.9	8234	941	0	0
7	210	20711				116.1	7685	1097	0	0
8	122	28489			2096	208	6787	2097	0	0
9	169	26676		1438	3212	237	34574	8029	0	6589
10	18.5	25069	10912	856	3745	42	34937	9427	6339	2475
11	3.4	11916	5813	589	6878	36.5	20367	3032	1245	513
12	3	12626	4198	233	450	6.5	17003	2096	105	101
年合计	807	150677	20924	3116	10190	915	183167	39637	7698	9716

注：1987 年未能全年观测。

表 2-27 朱家包包铁矿排土场降雨量、排泄量统计（1989 ~ 1990 年）

月份	1989 年					1990 年				
	降雨/mm	排泄量/m³				降雨/mm	排泄量/m³			
		万家沟	道沟	黄泥田沟	麦田沟		万家沟	道沟	黄泥田沟	麦田沟
1	0	15735	3634	0	0	0	11347	3245	2399	760
2	0	9883	2257	0	0	0	9373	2386	1663	394
3	2	9845	2615	0	0	19	9022	2051	2230	196
4	0.5	1070	2321	7	126	36	9407	1380	1788	175
5	62.6	11069	2440	9	212	145	9092	1348	1359	184
6	106.4	12002	3544	26	504	207	10299	4977	1803	1788
7	133.8	15943	3588	33	483	292	16291	7844	3345	319
8	94	12572	4812	7	365	143	20727	7785	4043	2809
9	115.2	12055	3379	21	468	134	20574	7537	4380	3941
10	235	17070	9007	767	2942	65.7				
11	0.5	14976	6341	1697	1354					
12	0	11271	4209	1793	859					
年合计	748	143495	48152	4359	7317	1042.4	105805	38557	23015	13449

注：1990 年未能全年观测。

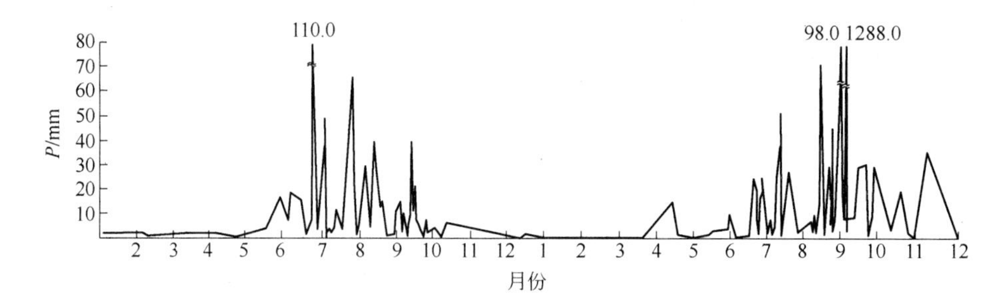

图 2-22 朱家包包铁矿降雨量曲线（1987 年、1988 年）

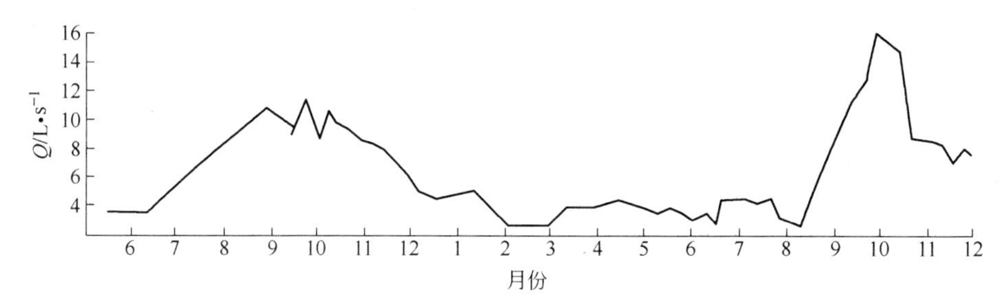

图 2-23 万家沟排土场坡脚径流量曲线（1987 年、1988 年）

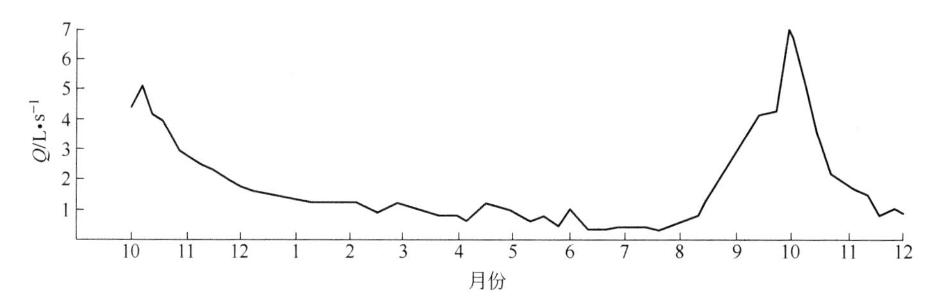

图 2-24 道沟排土场坡脚径流量曲线（1987 年、1988 年）

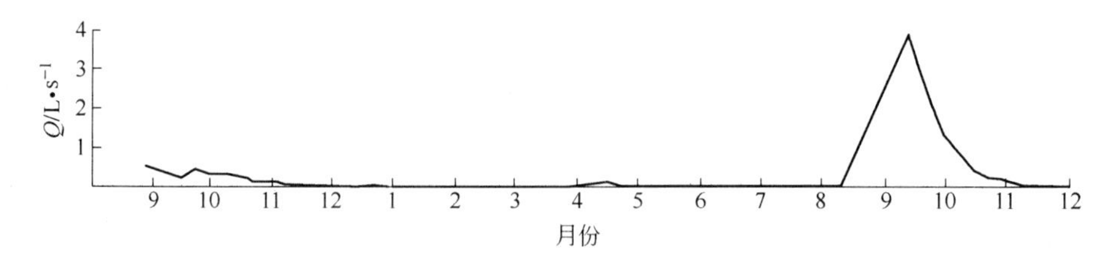

图 2-25 黄泥田沟排土场坡脚径流量曲线（1987 年、1988 年）

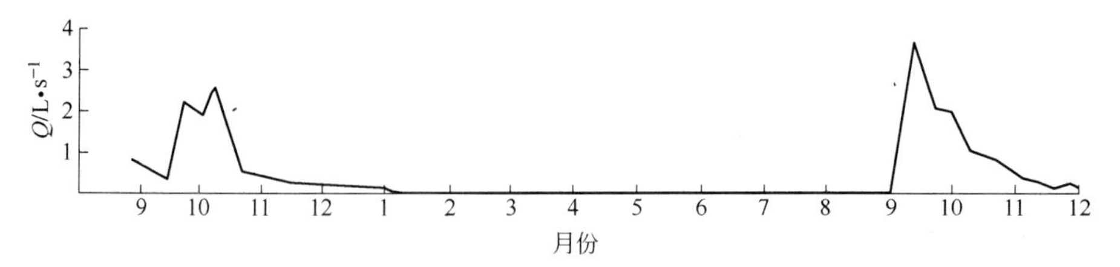

图 2-26 麦田沟排土场坡脚径流量曲线（1987 年、1988 年）

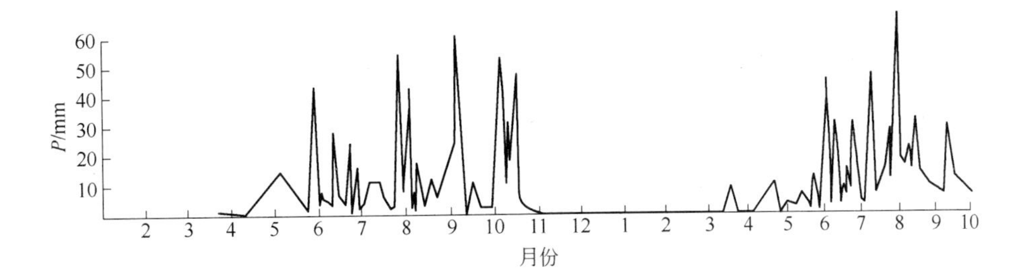

图 2-27 朱家包包铁矿降雨量曲线（1989 年、1990 年）

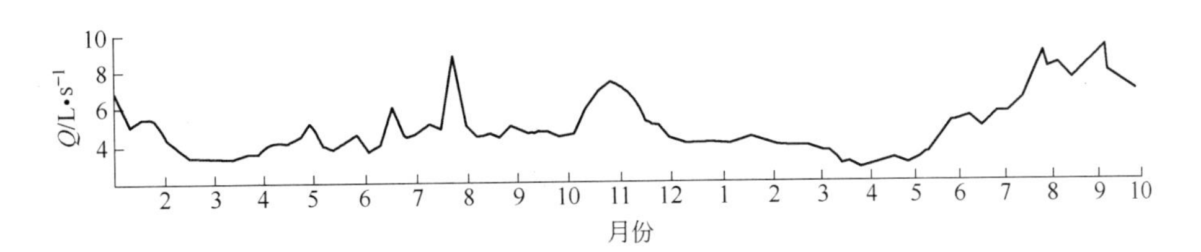

图 2-28 万家沟排土场坡脚径流量曲线（1989 年、1990 年）

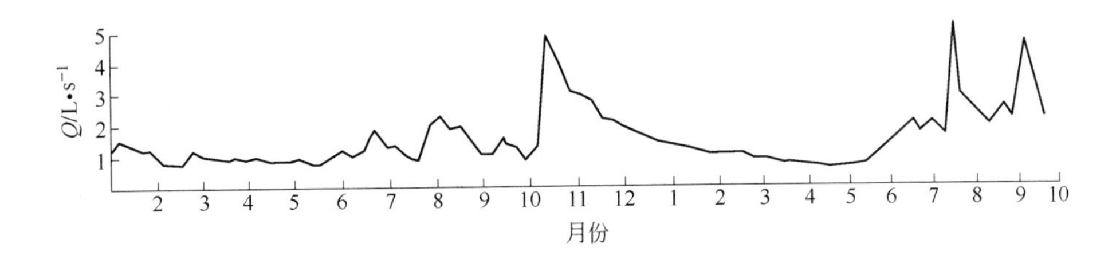

图 2-29 道沟排土场坡脚径流量曲线（1989 年、1990 年）

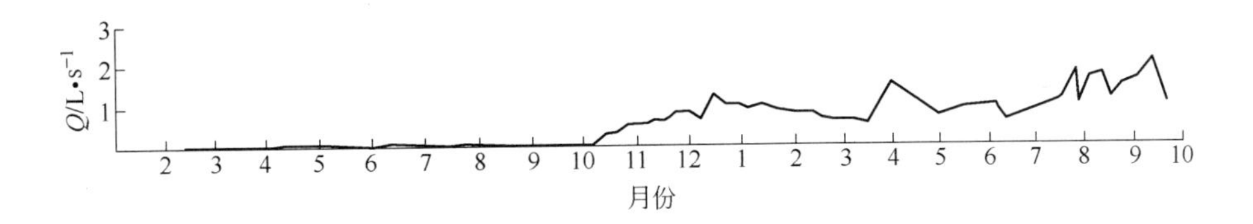

图 2-30 黄泥田沟排土场坡脚径流量曲线（1989 年、1990 年）

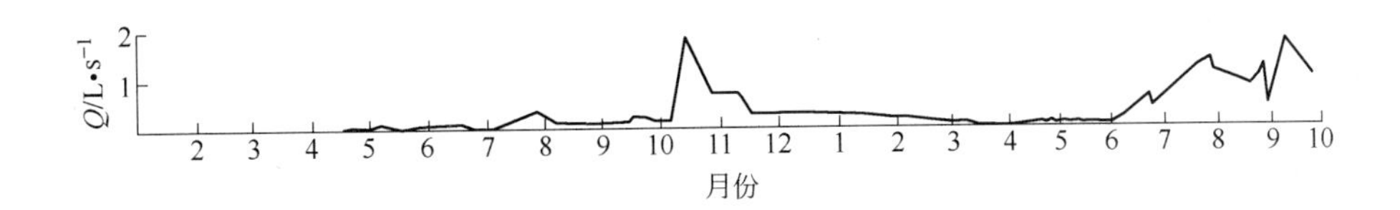

图 2-31 麦田沟排土场坡脚径流量曲线（1989 年、1990 年）

由图 2-22 ~ 图 2-31 可看出，排土场地下水排泄量直接受降雨量影响，地下水排泄量相对降雨量有一段滞后，一般为 3 ~ 25 天不等。排土场上部的含水量对地下水径流的影响要持续 3 ~ 4 个月。

在旱季或雨季到来的初期，降水大部分被排土场内部的松散岩土吸收，排泄量较小，降雨持续一段时间后，排泄量增大；在雨季的中、后期，因排土场内部松散体始终保持湿润状态，因此，排泄滞后时间缩短到几天。

从降雨和地下水排泄的变化规律可看出，排土场内部地下水基本上是由大气降水补给，排土场是大气降水的滞水蓄水体，大气降水直接反映排土场内地下水变化规律。

2.3.3 排土场降雨入渗和地下水排泄的概念模型

排土场的降雨量和排泄量观测资料分析，表明排土场地下水主要来自大气降雨，排土场是大气降雨的滞水蓄水体。

大气降雨落到排土场表面后，其水量不能直接到达排土场内地下水面补给地下水，在排土场表面和地下水面之间隔着包气带，入渗的水量通过包气带向下运移才能到达地下水面。

实际工程中，可将整个排土场水文地质单元的降雨入渗过程用理想化的概念模型表示，以期求出近似的排土场降雨入渗补给水量。

借鉴朱学愚等（1982）对基岩裂隙水的补给和排泄规律的理想化模型表述，排土场降雨入渗过程的理想化概念模型如图 2-32 所示。降雨入渗到达排土场地下水面的过程，可用水经过一个蓄水池的过程来模拟。

直接降落在排土场表面的水量 R 和降落在排土场外但由坡面径流流入排土场的水量 P，产生径流 PM，由于排土场为堆积松散体，排土场地表径流量很小，可忽略，因此 PM 渗入地下。

将包气带看做一个蓄水池，入渗的水量 PM 渗入包气带后，加上原来包气带的水量 L，变成蓄水量 $L+\Delta L$，当其值大于某一临界值 LFC（包气带最大持水量）以后，多余部分才有可能继续下渗，转变成地下水，对地下水产生补给。包气带蒸发量为 E_Q。

排土场为堆积松散体，地表积水很少，因此地表蒸发量可忽略；一般来说，排土场地下水埋藏较深，其潜水蒸发量可忽略。

入渗补给量使地下水量增加 ΔW，这一部分水量通过排土场坡脚逐渐排泄。

降雨对排泄有直接影响，一般降雨过后不久即可测得排泄量增加，但排泄量峰值比降雨量峰值滞后。根据多个排土场实测资料，滞后时间一般为 3~25 天不等，说明排土场是大气降雨的滞水蓄水体。

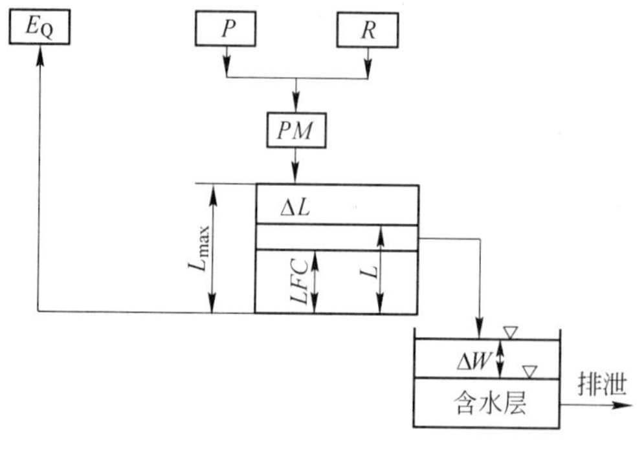

图 2-32 排土场降雨入渗概念模型

L_{max}—包气带最大蓄水量

产生上述现象是由于排土场散体物料粒度组成的不均匀造成的，即孔隙的大小和不均匀造成的。排土场散体中既有大的孔隙，也有小的孔隙，可用图 2-33 的理想化概念模

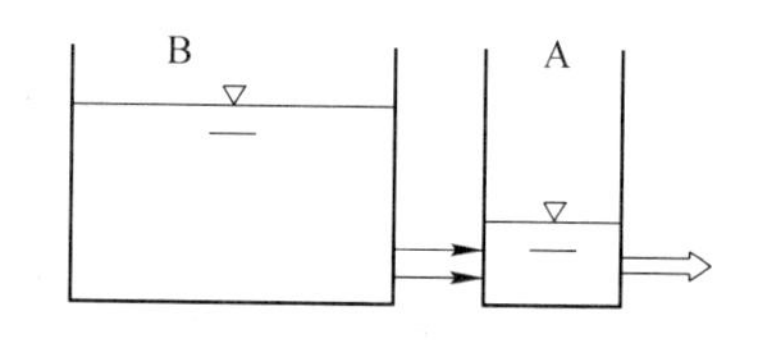

图 2-33 排土场地下水排泄的概念模型

型来说明。

模型中有两个水箱，水箱的大小表示储水量多少，水箱中的水位表示地下水的平均水位，箭头方向表示水流的方向，箭头的细和粗表示水流动的难易，粗箭头处水容易排泄。

大孔隙以导水为主，储水量小，以水箱 A 表示；小孔隙以储水为主，导水量小，以水箱 B 表示。水箱 A 易于出流，水位迅速下降，与水箱 B 有水头差，于是水箱 B 中所储存的水源源不断地补充给水箱 A。

大孔隙使排泄对降雨量敏感，小孔隙使排泄对降雨量的敏感程度降低。敏感（或滞后）的程度视排土场散体物料的结构而定，如散体物料中粗粒较多，则滞后时间短，反之则滞后时间长。

从年平均来看，对于一个排土场水文地质单元来说，其年降雨入渗补给地下水量应大致等于其年地下水排泄量，因此，对实际排土场进行地下水排泄量长期观测，根据排土场降雨量资料，可求得排土场降雨入渗补给系数，应用于排土场某次降雨过程的降雨入渗补给地下水量的计算。

排土场上部边界是大气降水入渗补给的流量边界，大气降水直接或间接地渗入排土场内，但补给排土场内地下水的水量仅是其中的一部分，另一部分则渗入基岩裂隙中成为地下裂隙水，还有小部分降水被地面蒸发。某时间段内降雨入渗补给地下水的水量 q_x 和相应的降雨量 p 之比为降雨入渗补给系数 α，即

$$\alpha = q_x/p$$

直接测定降雨入渗补给系数比较困难，但可根据排土场坡脚的径流量和大气降雨量观测来近似计算降雨入渗补给系数。

根据水量平衡原理，一个水文地质单元在 Δt 时段内有

$$Q_B = Q_X + \Delta Q_C + Q_Z \tag{2-57}$$

式中，Q_B 为地下水得到的补给量；Q_X 为地下水排泄量；ΔQ_C 为地下水储量的增量；Q_Z 为地下水蒸发量。

在某一时刻，当经过 Δt 时水位便回复到原位，由于一般排土场渗透性良好，即使降雨量大，潜水位也较低，ΔQ_C 变化较小，可忽略。对于有一定埋深的地下水 Q_Z 也可忽略不计，即可认为 $Q_B = Q_X$。

对于排土场地下水，从坡脚观测的渗出流量并非全是大气降水入渗后的径流量，还有小部分来源于地表水的汇入，则降雨入渗补给系数的计算式为

$$\alpha = \frac{Q_\lambda}{P \cdot F_P} \tag{2-58}$$

式中，Q_λ 为大气降水在时段 Δt 内对地下水的补给量，$Q_\lambda = Q_X - Q_W$，Q_W 为地表水源的地下水补给；P 为同一时段的降水量；F_P 为某个排土场本身的汇水面积。

2.3.4 排土场降雨入渗模型试验

实验装置如图 2-34 所示，由渗流槽、加水装置、量测装置 3 部分组成，加水装置提供模拟大气降水；渗流槽形成堆积散体物料的空间，散体边坡与水作用的空间及散体受水作用后的运动通道；量测装置主要检测模拟排土场降雨入渗条件下排土场浸润线状态。

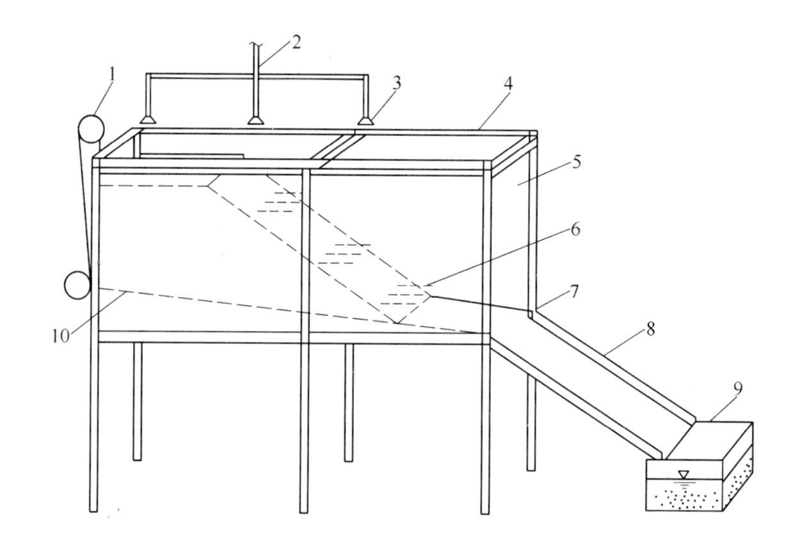

图 2-34 排土场降雨入渗模型试验示意图

1—地板调节提升装置；2—输水管；3—喷头；4—支架；5—有机玻璃封墙；6—测水管；7—铰链；8—导流槽；9—盛沙槽；10—模型地板

模型部分装置的功能：（1）输水管，将所需压力的水输送到喷头；（2）喷头，向散体物料洒水以模拟大气降水；（3）底板调节装置，调节底板角度，即地基倾角。

排土场降雨入渗模型试验，是以物理模型为主，借助于相似理论的基本原理，把试验对象按一定的比例尺缩小，保证原型与模型之间所发生的物理过程及物理本质完全相同，从而使模型中观测到的物理现象和物理参数能够应用于原型。

模型的比例尺选定为1∶100，模型的松散体物料级配基本与排土场上部级配相近。

模型按相似性原理，其相似条件：（1）边坡几何形状和几何尺寸相似；（2）松散体的物质组分，物理性质相同，力学性质和渗透性质相似；（3）大气降雨的强度及其降雨的渗透作用和对坡面的冲刷作用相似。

（1）渗透的相似条件为

$$\alpha_v = \alpha_k \cdot \alpha_h = \alpha_k \cdot \frac{\alpha_H}{\alpha_L} \tag{2-59}$$

根据原型及实验条件取

$$\alpha_L = 100$$

$$\alpha_{rR} = \alpha_f = \alpha_c = \alpha_k = 1$$

$$\alpha_v = 1 \times \frac{100}{100} = 1$$

$$\alpha_p = \alpha_{rW} \cdot \alpha_{HW} = 1 \times 100 = 100$$

$$\alpha_\sigma = \alpha_{rR} \cdot \alpha_{HR} = 1 \times 100 = 100$$

$$\alpha_Q = \alpha_A \cdot \alpha_v = \alpha_L^2 \cdot \alpha_v = \alpha_L^2 \times 1 = 10000$$

（2）大气降雨相似条件及相似系数。

1）从大气降雨的渗透作用来看

$$\alpha_v = 1,\quad \alpha_L = 100,\quad \alpha_T = 100$$

则

$$\alpha_{q1} = \frac{\alpha_h}{\alpha_T} = \frac{100}{100} = 1$$

2）从降雨对坡面的冲刷作用来看，动力相似条件为

$$\frac{\alpha_F}{\alpha_\rho \cdot \alpha_v^2 \cdot \alpha_L^2} = 1 \tag{2-60}$$

$$\alpha_L = 100, \alpha_F = 1, \alpha_\rho = 1$$

则

$$\alpha_v = 1/100$$

运动相似条件为

$$(\alpha_v \cdot \alpha_T)/\alpha_L = 1 \tag{2-61}$$

$$\alpha_T = 10000$$

则

$$\alpha_{q2} = \frac{\alpha_H}{\alpha_T} = \frac{100}{10000} = \frac{1}{100}$$

式中，α_ρ 为密度相似系数；α_v 为速度相似系数；α_k 为渗透系数相似系数；α_h 为水头压力梯度相似系数；α_H 为水头压力相似系数；α_{HW}，α_{HR}为水柱高和土柱高相似系数；α_L 为沿剖面长度或其他长度相似系数；α_{rW}，α_{rR}为水和土体重相似系数；α_f 为土内摩擦力相似系数；α_c 为土黏结力相似系数；α_p 为水压强相似系数；α_σ 为土应力相似系数；α_Q 为水量相似系数；α_A 为水流通过断面相似系数；α_{q1}，α_{q2} 为大气降雨的渗透作用和冲刷作用相似系数；α_F 为冲刷作用力相似系数；α_T 为时间相似系数。

如排土场的岩性较好，颗粒较大，降雨对排土场的渗透作用远远大于对排土场的冲刷作用时，应按 α_{q1}取值，如排土场的颗粒组成较细，降雨对排土场的冲刷作用远远大于对排土场的渗透作用时，应按 α_{q2}取值。

（3）模型材料和参数。模型材料取用于现场的扰动松散岩土。为满足相似条件的要求，把扰动物料按剔除法过筛、装入模型后进行压缩，使其体重、渗透系数和抗剪强度与现场相近。

按照 1∶100 比例尺，确定模型断面最大高度为 1m，剖面最大长度为 1.6m，垂直剖面宽度 0.6m（其中两壁效应厚度 10cm），模型基底纵坡 4°，边坡角 35°。

（4）模拟降雨强度。某矿山现场小时最大降雨 q_p 约为 60mm/h，日最大降雨为 155mm/d。按渗透为主要作用计算 $\alpha_{q1} = 1$，$\alpha_q = 1$。

由 $q'_p/q'_m = \alpha_{q1}$，则 q'_m = 60mm/h。

另外为了观测浸润线的变化，取雨量为 90mm/h，则 q'_m = 90mm/h。

如图 2-34 所示，在模型上安装 3 排 9 个观测管，观测模拟边坡的渗流路径变化如图

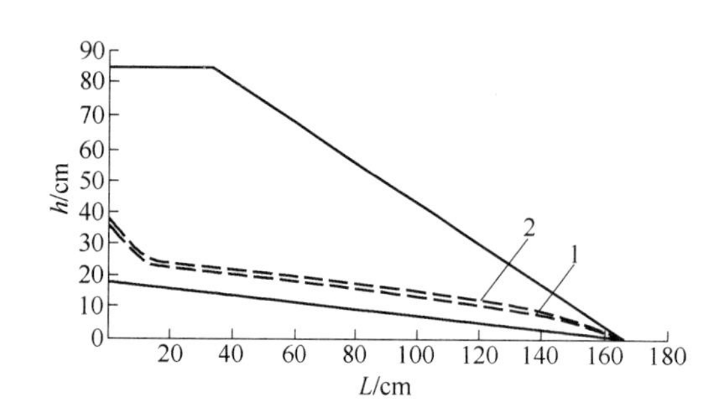

图 2-35 模拟排土场边坡的降雨作用下潜水面曲线
1— q'_m =60mm/h 的潜水面；2— q'_m =90mm/h 的潜水面

2-35所示。由图 2-35 看出模拟排土场边坡在 q'_m =60mm/h 和 q'_m =90mm/h 的情况下，都存在潜水面，但潜水面较低，较为平缓，且在降雨量变化的情况下，潜水面变化幅度较小，散体的渗透性较好。图 2-35 中曲线呈倒"S"形，这是由于模型的背板是直立的，且相对隔水，实际排土场的潜水面不存在"S"形的上翘段。模型的背板和底板都是不透水的，实际排土场的潜水面更低，排土场的地基的风化岩和第四系软岩有一定的透水性。

模型的散体岩性较好，渗透作用占主导地位，模拟相似条件中，以渗透为依据，模拟降雨量相对较小，此值可作为参考。对于模拟岩性较差，散体颗粒料细的排土场，降雨对坡面的冲刷作用占主导作用，则应以降雨对坡面的冲刷作用的运动相似条件来确定模拟降雨量。

2.3.5 降雨汇流排土场地下水线性渗流数值分析

矿山排土场多位于沟谷或山坡，排土场是大气降雨的滞水蓄水体，排土场下游一般有定水头边界，而上游通常不存在定水头边界，排土场内的地下水是大气降雨经山坡和排土场汇水后形成的，因此大多数情况下采用解析法和上下游有定水头边界的剖面有限元方法是不适用的。

沟谷型和山坡型排土场地下水补给来源是大气降雨，大气降雨经山坡汇水和降雨入渗补给排土场地下水，确定排土场地下水的补给较为复杂。就排土场地下水补给来说，山坡型、河谷型和平地型排土场可作为沟谷型排土场的特例，只要能找到适当的方法确定沟谷型排土场地下水的补给，山坡型、河谷型和平地型排土场地下水的补给更容易确定。

2.3.5.1 渗流有限元计算原理

将某个稳定渗流区域 D 剖分成有限个三角形单元（图 2-36），取其中任一个单元 e，其 3 个顶点即节点按逆时针方向编号为 i，j，m。假设该单元的线性插值函数为 $\tilde{H}(x,y)$，为一空间的平面方程，即

$$\tilde{H}(x,y) = \alpha_1 + \alpha_2 x + \alpha_3 y \tag{2-62}$$

$$\left.\begin{aligned} \tilde{H}(x_i,y_i) &= \tilde{H}_i = \alpha_1 + \alpha_2 x_i + \alpha_3 y_i = H_i \\ \tilde{H}(x_j,y_j) &= \tilde{H}_j = \alpha_1 + \alpha_2 x_j + \alpha_3 y_j = H_j \\ \tilde{H}(x_m,y_m) &= \tilde{H}_m = \alpha_1 + \alpha_2 x_m + \alpha_3 y_m = H_m \end{aligned}\right\} \tag{2-63}$$

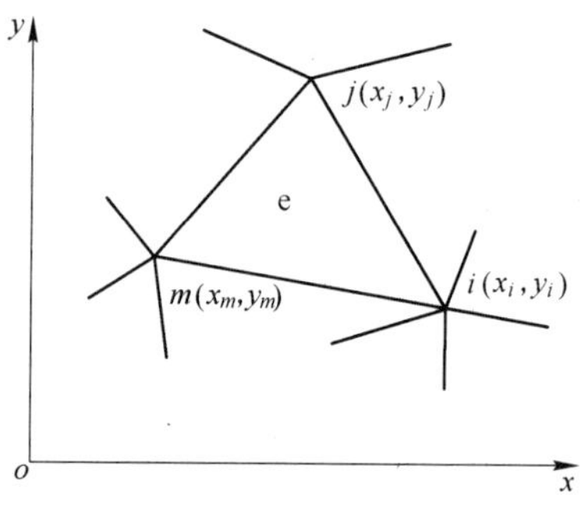

图 2-36 三角形单元示意图

式（2-62）插值函数 $\tilde{H}(x, y)$ 中，α_1，α_2，α_3 是未

知系数，以单元的节点坐标值x_i，y_i，H_i，x_j，y_j，H_j，x_m，y_m，H_m作为已知数代入，利用3个方程即可解出3个未知系数

$$\alpha_1 = \frac{\begin{vmatrix} H_i & x_i & y_i \\ H_j & x_j & y_j \\ H_m & x_m & y_m \end{vmatrix}}{\begin{vmatrix} 1 & x_i & y_i \\ 1 & x_j & y_j \\ 1 & x_m & y_m \end{vmatrix}} = \frac{(x_j y_m - x_m y_j)H_i + (x_m y_i - x_i y_m)H_j + (x_i y_j - x_j y_i)H_m}{2 \times \frac{1}{2}\begin{vmatrix} 1 & x_i & y_i \\ 1 & x_j & y_j \\ 1 & x_m & y_m \end{vmatrix}} \tag{2-64}$$

令

$$A = \frac{1}{2}\begin{vmatrix} 1 & x_i & y_i \\ 1 & x_j & y_j \\ 1 & x_m & y_m \end{vmatrix}$$

$$a_i = x_j y_m - x_m y_j, \qquad a_j = x_m y_i - x_i y_m, \qquad a_m = x_i y_j - x_j y_i$$

则

$$\alpha_1 = \frac{a_i H_i + a_j H_j + a_m H_m}{2A} \tag{2-65}$$

同理

$$\alpha_2 = \frac{\begin{vmatrix} 1 & H_i & y_i \\ 1 & H_j & y_j \\ 1 & H_m & y_m \end{vmatrix}}{\begin{vmatrix} 1 & x_i & y_i \\ 1 & x_j & y_j \\ 1 & x_m & y_m \end{vmatrix}} = \frac{(y_j - y_m)H_i + (y_m - y_i)H_j + (y_i - y_j)H_m}{2A} \tag{2-66}$$

令

$$b_i = y_j - y_m, \qquad b_j = y_m - y_i, \qquad b_m = y_i - y_j$$

则

$$\alpha_2 = \frac{b_i H_i + b_j H_j + b_m H_m}{2A} \tag{2-67}$$

$$\alpha_3 = \frac{\begin{vmatrix} 1 & x_i & H_i \\ 1 & x_j & H_j \\ 1 & x_m & H_m \end{vmatrix}}{\begin{vmatrix} 1 & x_i & y_i \\ 1 & x_j & y_j \\ 1 & x_m & y_m \end{vmatrix}} = \frac{(x_m - y_j)H_i + (x_i - x_m)H_j + (x_j - x_i)H_m}{2A} \tag{2-68}$$

令

$$c_i = x_m - x_j, c_j = x_i - x_m, c_m = x_j - x_i$$

$$\alpha_3 = \frac{c_iH_i + c_jH_j + c_mH_m}{2A} \tag{2-69}$$

式中，A 为三角形单元 e 的面积。

将求得的 α_1，α_2，α_3 代入式（2-62）中，得

$$\begin{aligned}\tilde{H}(x,y) &= \frac{1}{2A}\left[a_iH_i + a_jH_j + a_mH_m + (b_iH_i + b_jH_j + b_mH_m)x + (c_iH_i + c_jH_j + c_mH_m)y\right] \\ &= \frac{1}{2A}\left[(a_i + b_ix + c_iy)H_i + (a_j + b_jx + c_jy)H_j + (a_m + b_mx + c_my)H_m\right] \\ &= N_iH_i + N_jH_j + N_mH_m\end{aligned} \tag{2-70}$$

其中

$$\begin{aligned}N_i(x,y) &= \frac{a_i + b_ix + c_iy}{2A} = \frac{x_jy_m - x_my_j + (y_j - y_m)x + (x_m - x_j)y}{2A} \\ &= \frac{1}{2A}\begin{vmatrix}1 & x & y \\ 1 & x_j & y_j \\ 1 & x_m & y_m\end{vmatrix}\end{aligned} \tag{2-71}$$

因为

$$\frac{1}{2}\begin{vmatrix}1 & x_i & y_i \\ 1 & x_j & y_j \\ 1 & x_m & y_m\end{vmatrix}$$

代表顶点为 i, j, m 的三角形面积，则

$$\frac{1}{2}\begin{vmatrix}1 & x & y \\ 1 & x_j & y_j \\ 1 & x_m & y_m\end{vmatrix}$$

代表顶点为 p, j, m 的三角形面积 A_i, 见图 2-37。

所以

$$N_i = A_i/A \tag{2-72}$$

同理

$$N_j = A_j/A \tag{2-73}$$

$$N_m = A_m/A \tag{2-74}$$

由

$$A_i + A_j + A_m = A$$

则

$$N_i + N_j + N_m = 1$$

当 p 点和 i 重合时有

$$\left.\begin{aligned}A_i = A, \quad & A_j = A_m = 0 \\ N_i = 1, \quad & N_j = N_m = 0\end{aligned}\right\} \tag{2-75}$$

同理，当 p 点和 j, m 重合时有

$$\left.\begin{aligned}A_j = A, \quad & A_i = A_m = 0 \\ N_j = 1, \quad & N_i = N_m = 0\end{aligned}\right\} \tag{2-76}$$

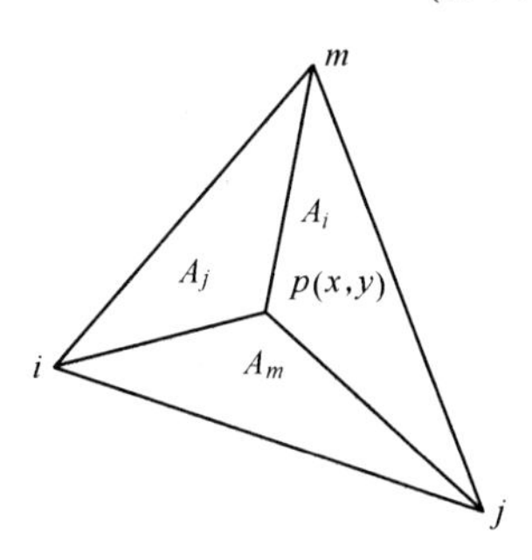

图 2-37　三角形单元

$$\left.\begin{aligned} A_m &= A, \quad & A_j &= A_i = 0 \\ N_m &= 1, \quad & N_i &= N_j = 0 \end{aligned}\right\} \tag{2-77}$$

将式（2-75）、式（2-76）、式（2-77）分别代入式（2-70）中，得

$$\tilde{H}(x_i, y_i) = H_i \tag{2-78}$$

$$\tilde{H}(x_j, y_j) = H_j \tag{2-79}$$

$$\tilde{H}(x_m, y_m) = H_m \tag{2-80}$$

即插值函数在节点上等于水头值。

2.3.5.2 排土场水文地质单元的边界条件和数学模型

典型排土场水文地质单元的边界条件如图2-38所示。

排土场水文地质单元在平面上可划分为3个区，Ω_1 为假定的排土场饱和渗流区，大气降雨垂直下渗补给排土场地下水；Ω_2 为排土场汇水区，为降雨渗入排土场底部后的汇流区域；Ω_3 为排土场外部的山坡汇水区，为坡面径流的汇流区域。

渗流区下部边界 Γ_1 为水位已知边界，水位高度为实际测量所得或沿地基表面分布，因为从现场实际观测结果，沟谷排土场坡脚处均有地下水沿地基表面流出。

渗流区其他三面均为流量边界 Γ_2，流量为排土场汇水和山坡汇水。

排土场底板地基一般为基岩或第四系表土，透水性相对较弱，可视作隔水层处理。

在有限元迭代计算过程中，渗流计算饱和区域的边界条件在不断变化，除渗流饱和区域的降雨垂直入渗补给量容易确定外，排土场饱和渗流区域外的排土场汇水和排土场外部的山坡汇水，在迭代计算过程中确定比较复杂。

排土场是松散物料堆积而成，因此内部地下水运动为潜水运动。在渗流场中取如图2-39所示柱体单元，顶面为潜水面，柱体高为含水层厚度 h。

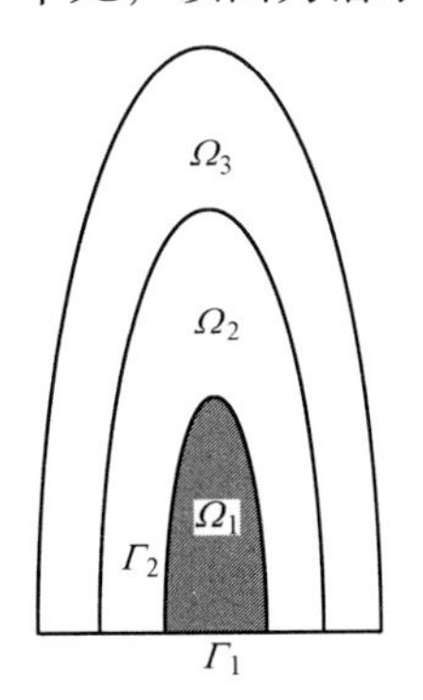

图2-38 边界条件示意图

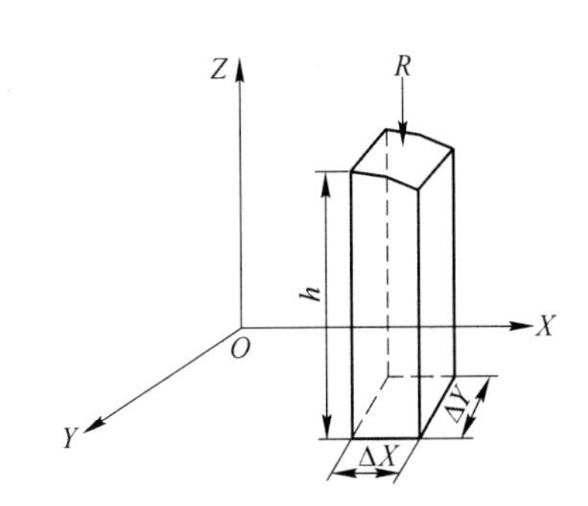

图2-39 排土场潜水渗流场中的柱体单元

降雨条件下排土场潜水地下水运动的数学模型为

$$\begin{cases} \dfrac{\partial}{\partial x}\left(T\dfrac{\partial H}{\partial x}\right) + \dfrac{\partial}{\partial y}\left(T\dfrac{\partial H}{\partial y}\right) + R = \mu\dfrac{\partial h}{\partial t} & \text{在 } \Omega \text{ 内} \\ H = H_0(x, y) & \\ H = H_b(x, y, t) & \text{在 } \Gamma_1 \text{ 上} \\ T\dfrac{\partial H}{\partial x}\cos(n, x) + T\dfrac{\partial H}{\partial y}\cos(n, y) = q & \text{在 } \Gamma_2 \text{ 上} \end{cases} \tag{2-81}$$

式中，Ω 为计算区域；Γ_1 为第一类边界；Γ_2 为第二类边界；T 为导水系数

$$T = K(H - b)$$

其中，K 为渗透系数，b 为排土场基底绝对高程；R 为降水入渗量；μ 为给水度；t 为时间；H_0 为初始水头；H_b 为第一类边界上水头分布；n 为第二类边界的外法线方向；q 为第二类边界上法向单宽流量，流入为正，流出为负。

上述数学模型中偏微分方程为非线性方程，一般用迭代法求解，迭代法求解排土场有入渗补给的潜水运动，首先要假定某种水头分布。因为排土场地基高低不平，水头分布假定高，则饱和渗流范围大，反之则小，且在迭代计算过程中，饱和渗流范围也在变化，因此，排土场饱和渗流计算的区域也是在不断地变化中，也即饱和渗流计算的边界条件在不断变化。有限元法灵活，适应性强，能较好地刻画边界条件，对变动的边界条件处理也比较容易，单元大小可视需要选取，对非均质各向异性问题处理简便，因此选用有限元法进行地下水运动模拟比较合适。

排土场地下水计算是为排土场稳定性分析提供参数，一般考虑最不利情况即降水后排土场内的最高地下水位分布，因此采用稳定流计算即可，式（2-81）改写为

$$\begin{cases} \dfrac{\partial}{\partial x}\left(T_x \dfrac{\partial H}{\partial x}\right) + \dfrac{\partial}{\partial y}\left(T_y \dfrac{\partial H}{\partial y}\right) + R = 0 & \text{在 } \Omega \text{ 内} \\ H = H_b(x,y) & \text{在 } \Gamma_1 \text{ 上} \\ T_x \dfrac{\partial H}{\partial x}\cos(n,x) + T_y \dfrac{\partial H}{\partial y}\cos(n,y) = q & \text{在 } \Gamma_2 \text{ 上} \end{cases} \tag{2-82}$$

方程式（2-82）的变分形式为

$$E = \iint_{\Omega}\left\{\frac{1}{2}\left[T_x\left(\frac{\partial H}{\partial x}\right)^2 + T_y\left(\frac{\partial H}{\partial x}\right)^2\right] - RH\right\}\mathrm{d}x\mathrm{d}y - \int_{\Gamma_2} q_b H \mathrm{d}s \tag{2-83}$$

由前述可知，将渗漏区域 Ω 剖分成 M 个三角形单元，NN 个节点，在每一个单元内，基函数如

$$\tilde{H}(x,y) \approx N_i H_i + N_j H_j + N_m H_m \tag{2-84}$$

用各单元泛函 E^e 之和代替总的泛函，即

$$E = \sum_{e=1}^{M} E^e \tag{2-85}$$

而

$$E^e = \iint_{\Omega^e}\left\{\frac{1}{2}\left[T_x^e\left(\frac{\partial \tilde{H}}{\partial x}\right)^2 + T_y^e\left(\frac{\partial \tilde{H}}{\partial y}\right)^2\right] - R^e \tilde{H}\right\}\mathrm{d}x\mathrm{d}y - \int_{\Gamma_2^e} q_b \tilde{H} \mathrm{d}s \tag{2-86}$$

而

$$\frac{\partial \tilde{H}}{\partial x} = \frac{\partial N_i}{\partial x}H_i + \frac{\partial N_j}{\partial x}H_j + \frac{\partial N_m}{\partial x}H_m \tag{2-87}$$

将基函数的表达式（2-71）、式（2-73）、式（2-74）代入式（2-87），得

$$\frac{\partial \tilde{H}}{\partial x} = \frac{1}{2A}(b_i H_i + b_j H_j + b_m H_m) \tag{2-88}$$

同理可得

$$\frac{\partial \tilde{H}}{\partial y}=\frac{1}{2A}(c_iH_i+c_jH_j+c_mH_m) \tag{2-89}$$

将上述结果代入式（2-86）中，得单元泛函表达式

$$E^e=\iint_{\Omega^e}\frac{1}{2}\cdot\frac{1}{4A^2}\left[T_x^e(b_iH_i+b_jH_j+b_mH_m)^2+T_y^e(c_iH_i+c_jH_j+c_mH_m)^2\right]\mathrm{d}x\mathrm{d}y-$$

$$\iint_{\Omega^e}R^e(N_iH_i+N_jH_j+N_mH_m)\mathrm{d}x\mathrm{d}y-\int_{\Gamma_2^e}q_b(N_iH_i+N_jH_j+N_mH_m)\mathrm{d}s \tag{2-90}$$

将式（2-90）对单元上各节点的水头 H_i，H_j，H_m 求导，得

$$\frac{\partial E^e}{\partial H_i}=\iint_{\Omega^e}\frac{1}{2}\cdot\frac{1}{4A^2}\left[T_x^e(b_iH_i+b_jH_j+b_mH_m)b_i+T_y^e(c_iH_i+c_jH_j+c_mH_m)c_i\right]\mathrm{d}x\mathrm{d}y-$$

$$\iint_{\Omega^e}R^eN_i\mathrm{d}x\mathrm{d}y-\int_{\Gamma_2^e}q_bN_\mathrm{d}s$$

$$=\frac{T_x^e}{4A^2}\left(b_ib_iH_i+b_ib_jH_j+b_ib_mH_m\right)\iint_{\Omega^e}\mathrm{d}x\mathrm{d}y+\frac{T_y^e}{4A^2}\left(c_ic_iH_i+c_ic_jH_j+c_ic_mH_m\right)$$

$$\iint_{\Omega^e}\mathrm{d}x\mathrm{d}y-R^e\iint_{\Omega^e}N_i\mathrm{d}x\mathrm{d}y-\int_{\Gamma_2^e}q_bN_i\mathrm{d}s$$

因为

$$\iint_{\Omega^e}\mathrm{d}x\mathrm{d}y=A,\quad \iint_{\Omega^e}N_i\mathrm{d}x\mathrm{d}y=\frac{1}{3}A$$

故

$$\frac{\partial E^e}{\partial H_i}=\frac{T^e}{4A}\left[(b_ib_i+c_ic_i)H_i+(b_ib_j+c_ic_j)H_j+(b_ib_m+c_ic_m)H_m\right]-\frac{1}{3}R^eA-\int_{\Gamma_2^e}q_bN_i\mathrm{d}s \tag{2-91}$$

同理可得

$$\frac{\partial E^e}{\partial H_j}=\frac{T^e}{4A}\left[(b_jb_i+c_jc_i)H_i+(b_jb_j+c_jc_j)H_j+(b_jb_m+c_jc_m)H_m\right]-\frac{1}{3}R^eA-\int_{\Gamma_2^e}q_bN_j\mathrm{d}s \tag{2-92}$$

$$\frac{\partial E^e}{\partial H_m}=\frac{T^e}{4A}\left[(b_mb_i+c_mc_i)H_i+(b_mb_j+c_mc_j)H_j+(b_mb_m+c_mc_m)H_m\right]-\frac{1}{3}R^eA-\int_{\Gamma_2^e}q_bN_m\mathrm{d}s \tag{2-93}$$

综合式（2-91）、式（2-92）、式（2-93）可写成如下的矩阵形式

$$\begin{bmatrix}\dfrac{\partial E^e}{\partial H_i}\\ \dfrac{\partial E^e}{\partial H_j}\\ \dfrac{\partial E^e}{\partial H_m}\end{bmatrix}=\frac{T^e}{4A}\begin{bmatrix}b_ib_i+c_ic_i & b_ib_j+c_ic_j & b_ib_m+c_ic_m\\ b_jb_i+c_jc_i & b_jb_j+c_jc_j & b_jb_m+c_jc_m\\ b_mb_i+c_mc_i & b_mb_j+c_mc_j & b_mb_m+c_mc_m\end{bmatrix}\times\begin{Bmatrix}H_i\\H_j\\H_m\end{Bmatrix}-\begin{Bmatrix}R_i\\R_j\\R_m\end{Bmatrix}-\begin{Bmatrix}F_i\\F_j\\F_m\end{Bmatrix}$$

或简记为

$$\left\{\frac{\partial E^e}{\partial H}\right\} = [G]^e\{H\}^e - \{R\}^e - \{F\}^e$$

其中

$$F_L = \int_{\Gamma_2^e} q_b N_L \mathrm{d}s, \quad R_L = \frac{1}{3}R^e A \quad (L = i,j,m)$$

当三角形单元 e 的一个边和第二类边界重合，或者说该单元有两个节点位于第二类边界上时，向量 $\{\boldsymbol{F}\}^e$ 表示边界节点的水量通量。当 e 为内部单元时，向量 $\{\boldsymbol{F}\}^e$ 为零向量。

系数矩阵 $\{\boldsymbol{G}\}^e$ 称为单元渗透矩阵，其矩阵元素为

$$G_{i,j} = \frac{T^e}{4A}(b_K b_L + c_K c_L) \quad (K = i,j,m; \quad L = i,j,m)$$

将上述各单元渗透矩阵集合起来，形成总渗透矩阵，即

$$\sum_{e=1}^{M}[G]^e\{H\}^e = \sum_{e=1}^{M}\{R\}^e + \sum_{e=1}^{M}\{F\}^e$$

简写为

$$[\boldsymbol{G}]\{\boldsymbol{H}\} = \{\boldsymbol{R}\} + \{\boldsymbol{F}\} \tag{2-94}$$

式中，$[\boldsymbol{G}]$ 为导水矩阵；$\{\boldsymbol{H}\}$ 为水头分布；$\{\boldsymbol{R}\}$ 为降水入渗补给项；$\{\boldsymbol{F}\}$ 为流量项。

由此得到一个 NN 阶线性方程组，解方程组就可得出 NN 个节点的水头。

2.3.5.3 排土场饱和渗流区域的判断

迭代法求解排土场有入渗补给的潜水运动，首先要假定某种水头分布。因为排土场地基高低不平，水头分布假定高，则饱和渗流范围大，反之则小，且在迭代计算过程中，饱和渗流范围也在变化，因此，排土场饱和渗流计算的区域也是在不断地变化中，而实际迭代计算的范围为饱和渗流区域。

因此，每次有限元迭代前，首先要根据假定的某种水头分布或前一次迭代计算的水头分布，进行排土场饱和渗流区域的判断。

根据沟谷型排土场的特点，可以有两种判断方法。

第一种方法为节点判断法，即每次有限元迭代前，根据假定的某种水头分布或前一次迭代计算的水头分布，对每一个节点进行如下判断：如果节点的水头值大于其排土场底板标高值，则节点位于排土场饱和渗流区域内；反之，则不在排土场饱和渗流区域内。

第二种方法为单元判断法，即每次有限元迭代前，根据假定的某种水头分布或前一次迭代计算的水头分布，对每一个单元进行如下判断：如果单元 3 个节点水头值的算术平均值大于单元 3 个节点排土场底板标高值的算术平均值，单元的含水层厚度大于零，则单元位于排土场饱和渗流区域内；反之，则不在排土场饱和渗流区域内。

第一种节点判断法，由于每个节点为多个单元所有，排土场饱和渗流区域剔除或恢复一个节点，则同时剔除或恢复了多个单元，前一次和后一次迭代时，饱和渗流区域变动过大，造成迭代计算的震荡。

同时，有限元计算是以单元为基础循环，进行有关矩阵元素的计算和存储。如每次迭代单元导水系数的计算，是单元渗透系数乘以单元的含水层厚度，单元的含水层厚度的计

算，是单元三个节点水头值的算术平均值减去单元三个节点排土场底板标高值的算术平均值。即使单元某个节点的水头值小于其排土场底板标高值，而单元的含水层厚度也可能大于零，单元仍在排土场饱和渗流区域内。这样迭代计算的震荡较小。

因此，采用第二种单元判断法进行排土场饱和渗流区域的判断。

为了减少迭代计算的震荡，当单元的含水层厚度大于某个小值（而不是零）时，则单元位于排土场饱和渗流区域内；反之，则不在排土场饱和渗流区域内。

因为每次迭代计算的排土场饱和渗流区域不一样，则每次参与迭代计算的单元不同，所以第一次迭代计算前的单元和节点编号需要存储在相应的数组中，每一次迭代计算时，排土场饱和渗流区域的单元和节点都需重新排序并编号，并根据第一次迭代计算前的单元和节点编号，得到相应的单元和节点数据参数，迭代计算结束后，计算的相应水头值再赋给第一次迭代计算前原来编号的节点。

2.3.5.4　排土场地下水运动有限元分析半自动剖分方法

整个排土场分水岭范围较大，有限元剖分的数据量较大，因此，可采用如下的半自动剖分方法：(1) 人工在排土场区平面图上进行节点的布置和节点编号；(2) 由数字化仪输入节点坐标；(3) 根据节点编号和节点坐标，由程序自动联结成三角形网；(4) 由程序将联结成三角形网的每个有限单元的三个节点的顺序转化为逆时针方向，以适应有限元计算的要求。

自动联结三角形网，要求尽可能获得最佳三角形，即用 N 个节点连成三角形网时，应尽可能确保每个三角形都是锐角三角形或三边的长度近似相等，避免出现过大的钝角和过小的锐角，借鉴地形测绘学方法，自动联结三角形网的方法如下。

设 L 为形成的三角形的计数号，用 Ver(L, 1)、Ver(L, 2)、Ver(L, 3) 表示 L 号三角形的 3 个节点编号。首先确定第一个三角形，设 $L=1$，从 N 个节点中找出研究区域的任一边界节点赋给 Ver(1, 1)，作为第一个三角形的第一个节点，找出离该节点最近的节点赋给 Ver(1, 2)，作为第一个三角形的第二个节点，找出距离这两点连线中点最近且不和这两点在一条直线上的节点赋给 Ver(1, 3)，作为第一个三角形的第 3 个节点。

有了第一个三角形，就可由此扩展，将全部节点联结为三角形网。

设 K 为用来扩展的三角形的计数号，如形成第一个三角形后，则 $L=1$，$K=1$，不失一般性，设从第 K 号三角形扩展。

首先从 K 号三角形的第一条边（Ver(K, 1)、Ver(K, 2)）往外扩展，位于 Ver(K, 3) 同侧和第一条边所在直线上的节点不能作为扩展点，可建立第一条边所在直线的方程来判断，直线方程为

$$F(x,y) = y - Ax - B \tag{2-95}$$

式中

$$A = (y_2 - y_1)/(x_2 - x_1), \quad B = (y_1 \times x_2 - y_2 \times x_1)/(x_2 - x_1)$$

将 Ver(K, 3) 坐标值代入直线方程，记录 $F(x,y)$ 的正负号，再将其余节点坐标值代入，并逐个对比其与 Ver(K, 3) 的正负号，如果与 Ver(K, 3) 的正负号相同，表明其与 Ver(K, 3) 在直线的同侧，不能作为扩展点，如果直线方程等于零，说明该节点位于第一条边所在直线上，也不能作为扩展点，只有该节点的正负号与 Ver(K, 3) 的正负号不同，才能作为可能

的扩展点。从可能的扩展点中选出与第一条边的两点 Ver(K, 1)、Ver(K, 2) 形成的夹角为最大者作为扩展点，将该点赋给 Ver(L, 3)，$L = L + 1$，新的三角形形成。

依次对其余两条边做上述扩展，每形成一个新的三角形，则 $L = L + 1$，如果某条边已是两相邻三角形的公共边，则该边三角形的扩展无效，$L = L - 1$。当K号三角形的三条边都做完扩展工作，转向 $K = K + 1$ 号三角形的扩展。

因为开始生成的三角形数L总是大于要扩展的三角形数K，当$K = L$时，表示不可能再有新的三角形生成，扩展工作结束，三角形网形成。

三角形网形成后，因为自动联结的三角形的三个节点的顺序不一定都是逆时针方向，因此应将联结成三角形网的每个有限单元的三个节点的顺序转化为逆时针方向，以适应有限元计算的要求。

2.3.5.5　工程实例

本钢歪头山铁矿为大型露天矿，有上、下盘两个排土场，其中下盘排土场位于采场下盘山坡，设计采用分层盖被式多台阶排土，共有188m、224m、244m 和264m 4 个台阶。各台阶设计堆置容量分别为 188m 台阶 $1118 \times 10^4 m^3$，224m 台阶 $2495 \times 10^4 m^3$，244m 台阶 $1725 \times 10^4 m^3$，264m 台阶 $1585 \times 10^4 m^3$，总设计容量 $6923 \times 10^4 m^3$。排土场最终占地面积 $1.7 km^2$。

歪头山铁矿排土场为山坡和沟谷混合型排土场。

矿区属温带气候，年降雨量 510 ~ 1110mm，近一半集中在 7 ~ 8 月份，月最大降雨量 541.8mm，日最大降雨量 228.6mm，年蒸发量 1500 ~ 1700mm。

下盘排土场区无大的河流，区域的主要水系沙河在排土场境界北侧 1km 处流过，常年有水，是矿区内地表水和地下水的主要排泄渠道。排土场附近常流水的小溪为排土场东侧 100m 外的岱金峪小溪，季节性小溪为排土场西侧 50m 外的侯屯小溪，排土场西侧的排土场地下水渗出即汇入该溪。

下盘排土场内常年流水的小溪沟主要有 3 条，分别为排土场内自南向北的两条主沟谷及排土场西北侧的侯屯支沟。此 3 条沟原来都是季节性溪沟，雨季大雨时溪水溢满沟床，干旱季节则近于干涸，排土场堆置后，排土场成为大气降雨的滞水蓄水体，使排土场内季节性溪沟成为常年流水的溪沟。3 条沟中两条主沟的水流汇至达子堡流经沈—丹铁路入沙河，侯屯支沟的水流流入侯屯小溪。在排土场坡角的 3 条沟口修筑水泥矩形堰做长期径流量观测。

排土场散体物料渗透试验结果见表 2-28，计算时对不同的排土场部位选用相近的渗透系数值。

表 2-28　不同级配渗透系数

组　号	粒级含量/%						渗透系数
	<2mm	2 ~ 5mm	5 ~ 10mm	10 ~ 20mm	20 ~ 40mm	40 ~ 60mm	/cm·s^{-1}
1	20.7	7.5	18.1	21.4	20.8	11.5	3.36×10^{-3}
2	10.2	6.2	17.2	28.8	22.4	15.2	4.41×10^{-3}
3	1.0	1.1	10.8	18.2	31.0	37.9	1.49×10^{-2}
4	0.0	0.0	11.9	29.4	24.2	34.5	1.45×10^{-2}
5	22.8	7.3	18.1	19.5	21.0	11.2	3.73×10^{-3}

排土场降水入渗补给系数根据歪头山矿技术科提供的3条沟长期径流量观测资料计算结果为0.42。

考虑到排土场地下水排泄的滞后性和降水过程的代表性，选取历年月最大降水量541.81mm用于计算。

计算了排土场内两条主沟谷降雨条件下设计最终境界时的地下水分布。

为了直观地反映排土场地下水的分布情况，同时考虑排土场稳定性计算的需要，切出两条沟谷中心线剖面 $A—A'$ 和 $B—B'$，两剖面排土场内部的地下水分布见图2-40和图2-41。

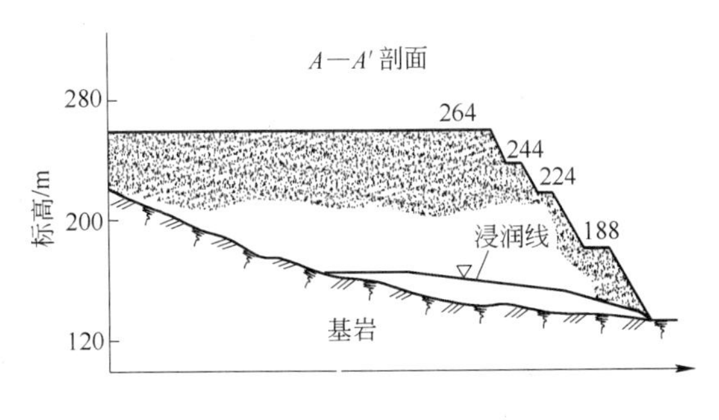

图2-40 $A—A'$ 剖面地下水浸润线分布

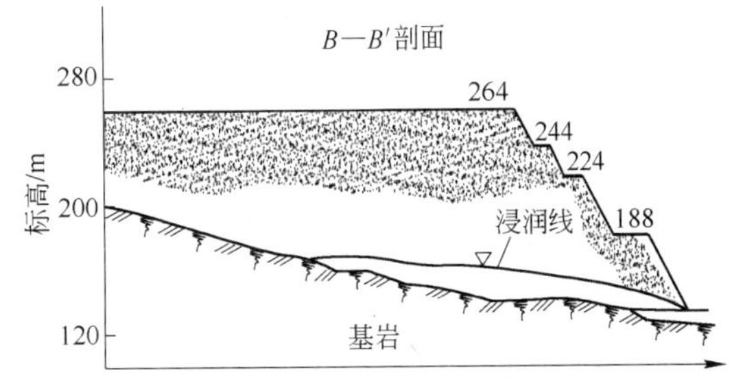

图2-41 $B—B'$ 剖面地下水浸润线分布

从图2-40、图2-41中看出，两个剖面的浸润线都较低，比较平缓，其中 $A—A'$ 剖面浸润线最高点为168.0m，平均水力坡度为0.043，$B—B'$剖面浸润线最高点为167.0m，平均水力坡度为0.042。这与其他矿山排土场钻孔实测结果和室内模拟试验结果相吻合，说明计算方法和结果合理。

2.3.6 降雨汇流排土场地下水非线性渗流数值分析

排土场作为松散的人工堆积体，其内部结构同一般自然边坡的内部结构是不同的，因而其内部的地下水运动也同一般边坡地下水运动不同。主要是因为排土场物料是采矿剥离的废石土，粒级分布极不均匀，所以地下水运动状态较为复杂，许多区域可能会出现非线性渗流，而实际工程中很难以一般公式来判别各区域的地下水运动状态。

文献（参考文献[30]）以非线性渗流的普遍表达式描述排土场地下水的运动规律，并以此运动规律建立排土场地下水运动数学模型，编制非线性渗流的地下水运动有限元法程序进行实际排土场地下水运动数值分析，计算结果表明排土场渗流区域普遍存在非线性渗流运动。

2.3.6.1 非线性渗流规律

地下水的流态可分为层流和紊流两种基本类型，如果细分还可划分为4个不同区域：层流区、非线性层流区、紊流过渡区、完全紊流区。划分流态的依据有多种，但实际工程中很难以其为依据来判断地下水的流态。

一般认为，土力学中所涉及的大多数对象，都在达西线性定律适用范围内，但排土场这样的松散的较粗粒料，其中的渗流运动就可能超过其适用的上限而出现非线性渗流状态，实际渗流水位高于线性渗流计算水位，从而使得排土场稳定性计算偏于不安全。

国内外非线性渗流规律研究的成果，归纳起来主要为两种形式，即 $J = cv^m$ 和 $J = av +$

bv^2，综合考虑，以下式

$$J = av + bv^2 \tag{2-96}$$

来表达排土场渗流规律较为合理（式中 J 为水力坡降，v 为渗流速度，a、b 为系数），式（2-96）描述了层流和紊流流动以及二者之间的过渡区流动。

当渗流速度 v 较小时，则 v^2 将更小，可忽略不计，此时式（2-96）为层流渗透定律，即达西定律

$$J = av \tag{2-97}$$

当渗流速度 v 较大时，v^2 将更大，av 可忽略不计，此时式（2-96）为紊流的渗流定律

$$J = bv^2 \tag{2-98}$$

根据式（2-96）可得到 x、y 方向渗流速度的表达式

$$v_x = \frac{1}{J}\left[-\frac{a}{2b} + \sqrt{\left(\frac{a}{2b}\right)^2 + \frac{J}{b}}\right]\frac{\partial H}{\partial x} \tag{2-99}$$

$$v_y = \frac{1}{J}\left[-\frac{a}{2b} + \sqrt{\left(\frac{a}{2b}\right)^2 + \frac{J}{b}}\right]\frac{\partial H}{\partial y} \tag{2-100}$$

2.3.6.2 降雨汇流排土场地下水非线性渗流数学模型

降雨条件下，在渗流场中取如图 2-39 所示小柱体单元，顶面为潜水面，柱体高为含水层厚度 h，则渗流控制方程为

$$\frac{\partial(hv_x)}{\partial x} + \frac{\partial(hv_y)}{\partial y} + R = \mu\frac{\partial h}{\partial t} \tag{2-101}$$

式中，v_x，v_y 为 x，y 方向的渗流速度；R 为降水入渗量；μ 为给水度；t 为时间；h 为含水层厚度，$h = H - b$，H 为潜水面绝对高程，b 为排土场基底绝对高程。

排土场稳定性计算需要计算出最危险的情况，也为某次降雨地下水能达到的最高位置，因此只计算稳定流即可，式（2-101）稳定流表达式为

$$\frac{\partial(hv_x)}{\partial x} + \frac{\partial(hv_y)}{\partial y} + R = 0 \tag{2-102}$$

将式（2-99）、式（2-100）代入式（2-102）得到

$$\frac{\partial}{\partial x}\left\{\frac{h}{J}\left[-\frac{a}{2b} + \sqrt{\left(\frac{a}{2b}\right)^2 + \frac{J}{b}}\right]\frac{\partial H}{\partial x}\right\} + \frac{\partial}{\partial y}\left\{\frac{h}{J}\left[-\frac{a}{2b} + \sqrt{\left(\frac{a}{2b}\right)^2 + \frac{J}{b}}\right]\frac{\partial H}{\partial y}\right\} + R = 0 \tag{2-103}$$

令

$$T = \frac{h}{J}\left[-\frac{a}{2b} + \sqrt{\left(\frac{a}{2b}\right)^2 + \frac{J}{b}}\right] \tag{2-104}$$

则式（2-103）可写为

$$\frac{\partial}{\partial x}\left(T\frac{\partial H}{\partial x}\right) + \frac{\partial}{\partial y}\left(T\frac{\partial H}{\partial y}\right) + R = 0 \tag{2-105}$$

综上所述，降雨条件下排土场饱和地下水运动非线性稳定流问题的数学模型如下

$$\begin{cases} \dfrac{\partial}{\partial x}\left(T\dfrac{\partial H}{\partial x}\right) + \dfrac{\partial}{\partial y}\left(T\dfrac{\partial H}{\partial y}\right) + R = 0 & \text{在 } \Omega \text{ 内} \\ H = H_b(x,y) & \text{在 } \Gamma_1 \text{ 上} \\ T\dfrac{\partial H}{\partial x}\cos(n,x) + T\dfrac{\partial H}{\partial y}\cos(n,y) = q & \text{在 } \Gamma_2 \text{ 上} \end{cases} \tag{2-106}$$

式中符号意义同式（2-81）。

上述数学模型中偏微分方程为非线性方程，一般用迭代法求解，采用有限元法进行地下水运动模拟比较合适。

根据有限元方法可计算得到某次迭代时的各单元水力坡降 J

$$J = \sqrt{\left(\frac{\partial H}{\partial x}\right)^2 + \left(\frac{\partial H}{\partial y}\right)^2} \tag{2-107}$$

对于一般的三角形有限单元

$$\frac{\partial H}{\partial x} = \frac{1}{2A}(b_i H_i + b_j H_j + b_m H_m) \tag{2-108}$$

$$\frac{\partial H}{\partial y} = \frac{1}{2A}(c_i H_i + c_j H_j + c_m H_m) \tag{2-109}$$

式中，A 为三角形单元面积；H_i，H_j，H_m 为三角形三个节点的水头值，而

$$\begin{aligned} b_i &= y_j - y_m, \quad & c_i &= x_m - x_j \\ b_j &= y_m - y_i, \quad & c_j &= x_i - x_m \\ b_m &= y_i - y_j, \quad & c_m &= x_j - x_i \end{aligned} \tag{2-110}$$

式中，x_i，x_j，x_m 为三角形三个节点的 x 方向坐标值；y_i，y_j，y_m 为三角形三个节点的 y 方向坐标值。

2.3.6.3 工程实例

大孤山铁矿原采用铁路运输排土，深部运输则改为胶带运输排土机排土。排土场设在采场上盘的吴家窑、朱家峪和洼子峪，占地 $384 \times 10^4 m^2$。铁路运输排土场最高标高为160m，最低标高约为130m，每年排土量约9Mt。胶带排土场位于铁路排土场之上，面积约 $2km^2$，一期排土标高200m，受土量172Mt，二期排土标高230m，受土量85Mt。

矿区西南90km处有辽东湾，因此矿区气候较温和，接近海洋性气候。年降雨量495~995mm，平均为722.1mm，降雨多集中在7~9月份，最多的是7月份，雨季时的阴雨连绵天气一般可达2~3天，小时降雨量可达93.5mm。

大孤山河是排土场区最大的地表水系，由南而北经排土场西侧和北侧流过，河水汇入沙河。

排土场可看做一个较大的地表蓄水体，排土场拦截了部分大气降水，然后再缓慢释放出。

排土场地下水主要来源为大气降水。排土场地下水总的流向是自东南向西北，排土场西南部，由于深凹露天采矿场的存在，地下水局部向西南方向流动，排土场的逐年堆高，使地下水流向局部变为向北面和东面。排土场地下水主要向大孤山河排泄，西南部局部向露天采矿场排泄。

按排土场散体物料块度分布规律研究结果进行散体试样的制备，使粒级分布尽量模拟不同的现场散体结构，试验级配见表2-29。

表 2-29 渗透试验级配

粒级/mm	40～20	20～10	10～5	5～2	<2
级配Ⅰ各粒级质量/kg	4.164	4.965	6.395	3.656	7.257
级配Ⅱ各粒级质量/kg	5.083	10.467	4.153	2.023	3.992
级配Ⅲ各粒级质量/kg	6.270	10.119	5.730	1.593	3.154

试验测定结果见表 2-30。计算时可根据不同排土场部位选用相应的 a、b 值。

表 2-30 试验测定的 a、b 值

级配组	级配Ⅰ	级配Ⅱ	级配Ⅲ
$a/s\cdot cm^{-1}$	36.654	16.22	6.34
$b/s^2\cdot cm^{-2}$	21.236	31.72	55.138

根据邻近铁矿排土场实测资料计算的排土场降水入渗补给系数为 0.42，考虑大孤山铁矿排土场沟谷后部尾矿水的部分补给情况，取排土场降水入渗补给系数为 0.50。

降水过程的选择应考虑到排土场地下水排泄的滞后性和降水过程的代表性，大孤山铁矿连续 3 日最大降雨量达 249.2mm，使铁矿采场东南帮产生 3 处滑坡，西北端局部土质边坡滑坡，因此，取 3 日连续最大降雨量 249.2mm 作为计算降水过程。

排土场线性与非线性渗流地下水分布有限元计算结果及对比见表 2-31（表中未列出的节点号不在渗流区内，已剔除）。

表 2-31 线性渗流与非线性渗流计算各节点水位对比

节点号	线性/m	非线性/m	水位差/m	节点号	线性/m	非线性/m	水位差/m	节点号	线性/m	非线性/m	水位差/m
16	67.20	67.55	0.35	41	66.07	66.43	0.36	69	68.87	69.37	0.50
17	65.46	65.75	0.29	42	67.06	67.52	0.46	70	70.20	70.81	0.61
18	64.29	64.57	0.28	43	68.47	69.04	0.57	71	71.26	71.97	0.71
19	62.54	62.86	0.32	44	68.69	69.29	0.6	72	71.28	72.00	0.72
20	63.09	63.69	0.6	45	68.97	69.57	0.6	73	71.32	72.04	0.72
21	64.61	64.93	0.32	46	66.86	67.38	0.52	74	69.17	69.77	0.60
22	65.78	66.23	0.45	47	66.20	66.58	0.38	75	68.06	68.47	0.41
23	66.01	66.52	0.51	56	66.04	66.47	0.43	77	69.66	70.21	0.55
24	65.23	65.72	0.49	57	71.41	71.99	0.58	84	72.76	73.40	0.64
25	64.54	64.97	0.43	58	72.32	72.86	0.54	85	73.87	74.49	0.62
26	63.72	64.22	0.5	59	73.62	74.12	0.50	86	74.46	76.77	2.31
34	66.03	66.40	0.37	60	73.68	74.13	0.45	87	79.17	79.52	0.35
35	69.92	70.33	0.41	61	73.15	73.56	0.41	88	76.84	77.26	0.42
36	70.43	70.79	0.36	62	72.71	73.08	0.37	89		76.84	
37	70.11	70.42	0.31	63	73.55	73.92	0.37	90		79.01	
38	67.54	67.83	0.29	64	74.43	74.79	0.36	91	79.09	79.51	0.42
39	65.10	65.47	0.37	65	71.34	71.63	0.29	92	74.12	74.47	0.35
40		65.62		66	68.46	68.69	0.23	93	71.05	71.17	0.12

续表 2-31

节点号	线性 /m	非线性 /m	水位差 /m	节点号	线性 /m	非线性 /m	水位差 /m	节点号	线性 /m	非线性 /m	水位差 /m
97	71. 70	72. 12	0. 42	160	82. 23	82. 72	0. 49	207	83. 66	84. 69	1. 03
98	73. 17	74. 00	0. 83	161	82. 38	82. 67	0. 29	208	83. 54	84. 58	1. 04
99	78. 09	78. 45	0. 36	164	81. 80	82. 86	1. 06	209	83. 15	84. 22	1. 07
100	73. 20	74. 02	0. 82	165	80. 99	81. 89	0. 90	210	83. 21	84. 31	1. 10
101	71. 79	72. 59	0. 80	166	80. 30	81. 31	1. 01	211	83. 81	85. 01	1. 20
112	82. 50	82. 67	0. 17	167	80. 15	81. 17	1. 02	212	83. 61	84. 98	1. 37
113	81. 42	81. 81	0. 39	168	80. 88	81. 94	1. 06	213		85. 56	
114	80. 07	80. 50	0. 43	169	81. 80	81. 84	0. 04	222		87. 82	
115	80. 07	80. 54	0. 47	170	80. 20	81. 28	1. 08	223	85. 02	85. 64	0. 62
116	78. 48	78. 89	0. 41	171	81. 36	82. 52	1. 16	224	85. 18	86. 13	0. 95
117	75. 62	75. 98	0. 36	175	85. 09	85. 58	0. 49	225	85. 02	85. 86	0. 84
121	71. 85			176	84. 75	85. 25	0. 50	226	84. 68	85. 65	0. 97
122	74. 71	75. 74	1. 03	177	84. 97	85. 49	0. 52	227	84. 10	85. 12	1. 02
123	76. 50	77. 43	0. 93	178	84. 56	85. 10	0. 54	228	84. 00	85. 05	1. 05
124	76. 22	77. 14	0. 92	179	83. 71	84. 27	0. 56	229	83. 89	84. 96	1. 07
125	74. 39	75. 26	0. 87	180	83. 14	83. 65	0. 51	230	84. 17	85. 26	1. 09
133	83. 97	84. 42	0. 45	183	83. 48	84. 56	1. 08	231	84. 65	85. 75	1. 10
134	82. 94	83. 34	0. 4	184	83. 18	84. 25	1. 07	232	84. 81	85. 88	1. 07
135	83. 29	83. 76	0. 47	185	81. 73	82. 76	1. 03	243		88. 37	
136	81. 62	82. 06	0. 44	186	81. 52	82. 56	1. 04	244	85. 46	86. 63	1. 17
137	81. 99	82. 47	0. 48	187	82. 62	83. 67	1. 05	245	85. 20	86. 20	1. 00
138	80. 75	81. 25	0. 50	188	82. 81	83. 85	1. 04	246	84. 91	85. 94	1. 03
139	80. 76	81. 31	0. 55	189	81. 72	82. 80	1. 08	247	84. 53	85. 55	1. 02
140		81. 81		190	81. 79	82. 91	1. 12	248	84. 32	85. 39	1. 07
145	78. 53	79. 44	0. 91	191	83. 06	84. 23	1. 17	249	84. 74	85. 81	1. 07
146	77. 99	78. 95	0. 96	192	83. 33	84. 54	1. 21	250	85. 47	86. 61	1. 14
147	78. 84	79. 84	1. 00	193		85. 33		251		87. 38	
148	76. 84	77. 78	0. 94	197	85. 20	85. 68	0. 48	258	85. 66	86. 77	1. 11
149	77. 04	78. 48	1. 44	200	85. 19	85. 71	0. 52	259	85. 34	86. 40	1. 06
154	84. 47	84. 96	0. 49	201	84. 96	85. 52	0. 56	260	84. 94	86. 00	1. 06
155	84. 47	84. 98	0. 51	202	84. 79	85. 35	0. 56	261	85. 37	86. 46	1. 09
156	83. 92	84. 42	0. 50	203	84. 70	85. 32	0. 62	262	85. 44	86. 54	1. 10
157	83. 05	83. 55	0. 50	204	84. 70	85. 42	0. 72	263	85. 82	86. 02	0. 20
158	82. 98	83. 50	0. 52	205	84. 80	85. 66	0. 86	268		87. 80	
159	82. 02	83. 51	1. 49	206	84. 28	85. 29	1. 01	269	83. 68	86. 86	3. 18

从表2-31中可看出，非线性计算渗流区域比线性计算渗流区域大，非线性计算渗流区节点数比线性计算渗流区节点数多，所有节点的非线性渗流计算水位均比线性渗流计算水位高，最大差值非线性渗流计算水位比线性渗流计算的水位高3.18m。

以上计算结果说明，应用非线性渗流来计算降雨汇流排土场饱和地下水运动问题，对排土场稳定性分析来说偏于安全。

2.4 排土场滑坡机理及其影响因素

2.4.1 概述

露天矿排土场稳定性对于矿山安全生产都具有重要的意义。在我国重点冶金矿山中，露天开采占70%以上。近年来随着露天开采规模的日益扩展，露天矿排土场除了占用大量的山林、耕地和造成严重的环境污染之外，排土场的滑坡及泥石流也给矿山安全生产带来严重灾害。为了矿山安全生产和控制排土场可能产生的灾害，需要对排土场稳定性进行研究并采取相应的治理措施。

很多矿山排土场多建造在丘陵和山谷地区，地形起伏变化大，条件复杂，地形比高一般从几十米到300m，排土场地基地形坡度一般为10°~50°；地基多有表土和软岩覆盖层，厚度从0.5m到10m左右。基岩比较稳固，承载能力较强，排土场地基不稳往往是由于表土层松软，受外载荷作用而产生滑动。

矿山排土场的灾害形式因地质、地理、气候等自然条件不同而异，按其对环境危害的表现形式，大体上可分为三大类：

（1）排土场滑坡。排土场滑坡是排土场灾害中最为普遍、发生频率最高的一种，因松散岩土在自身应力和外部条件影响下产生大规模错动和滑坡，并对环境造成破坏性危害，按排土场滑坡产生机理又分为排土场与基底接触面滑坡、排土场沿基岩软弱层滑坡和排土场内部滑坡三种类型。

（2）排土场泥石流。大气降雨和地表水对排土场散体的浸润和冲蚀作用使排土场边坡初始稳定状态发生改变，其稳定性条件迅速恶化，初期排土场为三元介质体（固体颗粒、空气和附着水三相组成）而转变为液固相流体流动——泥石流对环境造成很大的危害；排土场泥石流从成因上一般分为水动力型泥石流和滑坡型泥石流。水动力成因泥石流是大量松散的固体物料在动水冲刷作用下沿陡坡地形急速流动，堆积在汇水面积大的山谷地带。滑坡型泥石流是岩土遇水软化，当含水量达一定量时，便转化为黏稠状泥石流；它也可能由滑坡体在雨水作用下直接转变为泥石流。

（3）排土场环境污染。堆弃在排土场上的岩土会产出有毒气体或液体，携带有害粉尘或泥沙对排土场周围环境、空气、水源和农田造成污染性危害。

由于排土作业时散体颗粒的重力分选作用，微细颗粒、中小颗粒、大块岩土石自然地分布在排土场坡面的上部、中部、下部。微细颗粒只分布在坡顶以下1/3边坡范围内。国内外露天矿排土场统计资料证实，当排土场中散体粒径小于5mm的细粒含量大于15%~20%时，就会发生排土场泥石流；当粒径小于5mm细粒含量大于40%时，就会失稳滑坡。微细黏粒含有大量的孔隙水（结晶水、薄膜水、自由水），当薄膜水厚度增加时，水分子之间的黏滞力减小，土粒之间容易滑动，单个土粒周围存在毛细水和重力水，重力水是重力作用下在土中移动的自由水，具有溶解能力，能够传递静水压力，并在水头作用下产生动水压力而影响土体稳定性，产生滑坡及泥石流。

2.4.2 排土场稳定性的影响因素

排土场的稳定状态往往受到地质条件、排土工艺和外界条件等因素的影响。为了矿山安全生产，要及时掌握排土场的稳定状态，并了解特定条件下排土场稳定性的影响因素，这对于制定相应的治理措施是十分重要的。概括起来影响矿山排土场稳定状态的因素有如下几点：

（1）岩土物料的力学性质；

（2）排土场地基的倾角及其岩土性质；

（3）排土工艺和排土场边坡高度；

（4）地表水及地下水的影响。

2.4.2.1 岩土物料的力学性质

排土场堆积的散体物料是矿山开采剥离的各种风化的岩石及亚黏土，它是影响排土场稳定性以及泥石流形成的第一条件。这些废石的颗粒和力学性质随着开采方法不同和岩石的性质不同而变化。

排土场物料的力学特性是评价排土场稳定性的重要指标。从理论上讲，堆置坚硬的岩石，块度又比较均匀，其边坡角等于自然安息角条件下，排土场的高度可以很高，而且排土场的稳定性与其高度是无关的。但是，如果排土场是由黏土和岩石混合构成的，则情况就不大相同了。因为排土场稳定性决定于物料的力学性质（黏结力和内摩擦角），而力学性质又与物料的块度组成、分布状况、岩石与土壤构成比例、湿度或含水量等有关。松散介质体的力学性质还与岩块的形状和表面粗糙度以及岩石遇水风化、水解等因素有关。排土场物料属于松散介质堆积体，它的稳定性状态要根据具体条件来分析决定。

排土场物料中黏土和易水解风化岩石的含量及其内摩擦角具有线性相关，地表土和风化软弱岩层可以显著降低排土场的力学指标和排土场的高度。据国外矿山排土场统计资料，当黏土和水解性岩石含量超过40%，台阶高度超过18m时，排土场则出现频繁或严重的滑坡。

排土场松散岩土物料的变形特征受其物理力学性质、粒度组成、密度、湿度及载荷等因素影响。新堆置的排土场主要是压缩沉降，松散体在自重力和外载荷作用下逐渐压实和沉降，由于孔隙缩小和被细颗粒充填而引起密度增加和体积减小。因物料的自然分级结果，边坡上部集中分布细颗粒和第四纪黏土，所以其压缩沉降量较大，而边坡下部分布的粗颗粒压缩率小。排土场沉降变形过程随时间及压力而变化，在排土初期的沉降速度大，随着压实和固结而逐渐变缓。据冶金矿山排土场观测资料，它的沉降系数为1.1~1.2，沉降过程延续数年，但在第一年的沉降变形占50%~70%，是产生滑坡事故的关键性一年。

排土场松散体物质原则上是没有黏结力的，但是实验表明排土场的散体岩土物料还是或多或少具有一定的黏结力，其黏结力大小取决于充填到较大岩块之间孔隙中的黏土和细颗粒岩块（粒径小于8mm的）所占的比例，排土场松散岩体经过压实以后而产生了黏结力。一般情况下，排土场散体岩土的黏结力都很小。其主要力学参数还是内摩擦角。而内摩擦角大小又与岩石性质和块度组成有关。

但排土场岩土经过压实和胶结而具有一定的黏结力，它决定于细颗粒和黏土的含量，当细颗粒增加，松散体的黏结力增大而摩擦角减小；细微黏粒岩土和亚黏土黏结力和内摩擦角都很低，在地下水的作用下其几乎为零。若粗颗粒增加，组成试体骨架的刚性提高，于是内摩擦角增大。由于排土场边坡岩土的自然分级，上下不同高度的粒度组成差别很大，因而其力学性质也不尽相同。

由于排土场散体物料的应力应变关系比较复杂，一般人们都简化为线性-弹性体，即以简单的变形模量和泊松比为基础求解各类变形问题。而实际散体介质在很大的应力范围内是非线性的，并随着三轴试验时围压增加而非线性明显。在剪切初期的低围压状态下由于颗粒的位移，一些颗粒充填至附近的孔隙中，此时出现试体压缩，应力-应变关系近似直线，反映试体的准弹性特征；随着压力增加，剪切变形增大，相互咬合的颗粒出现转动、抬起及超越，咬合力愈大，剪胀现象愈强，当围压很高时则剪胀现象减弱。

2.4.2.2 水文地质条件

大气降水和地表水系对于排土场稳定性的影响很大，有时起着决定性的作用，据调查资料，矿山因水文条件而酿成排土场滑坡事故的例子约占总数的50%。这说明了排土场物料中含水量高，或受水的浸润大大降低了其力学性质和稳定性，因此地表水和地下水对排土场的稳定状态起着重要的作用。

对于尚未压实而所排弃的物料称作三相介质体（岩土、水和充填在孔隙中的空气）。随着排土场高度增加，其压力增大，孔隙缩小。当空气被挤出时，废石堆就变成两相介质体。若继续增加高度，压力增高而把排土场下部的水挤出，水分从排土场下部被挤向上部。这样从下部挤出的水分与从排土场表面渗透下来的水分共同形成高含水层（图2-42），于是含水层便构成了滑坡体的潜在滑面。

据美国24个露天矿排土场的观测统计资料表明，排土场中黏土和易水解风化岩石的含量及其内摩擦角具有线性相关，软弱岩层对于排土场的力学指标和排土场高度有显著降低，当黏土和水解性岩石含量超过40%，台阶高度超过18m，土场则出现频繁或严重的滑坡；当黏土含量在20%~40%之间，则滑坡出现并不严重（图2-43）。

排土场物料的力学性质也与湿度和含水量有显著的关系。根据实验室试验，当松散介质体的湿度较小时，随着湿度增加其力学指标偏高，当湿度再增加则力学参数逐渐下降，湿度继续增高达到饱和状态时，便对排土场有破坏性的影响。

我国露天矿排土场由于雨水或地表水的作用而引起滑坡破坏的案例占滑坡总案例的50%左右。大多数排土场滑坡都发生在雨季或一场雨后。在南方由于雨水大则会产生排土场泥石流。据美国15个煤矿排土场的资料，废石堆中含水

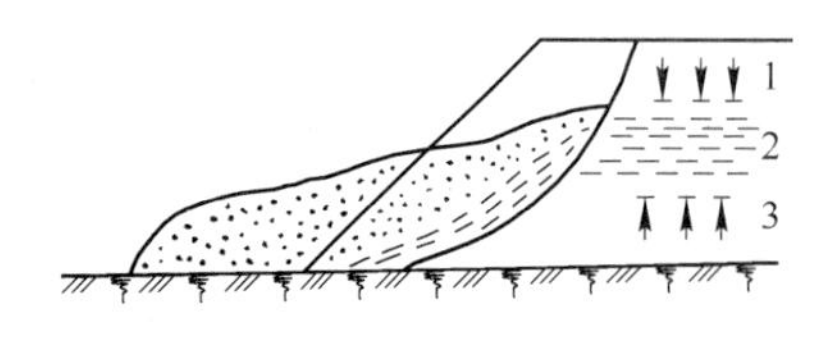

图2-42 排土场的高含水层引起滑坡

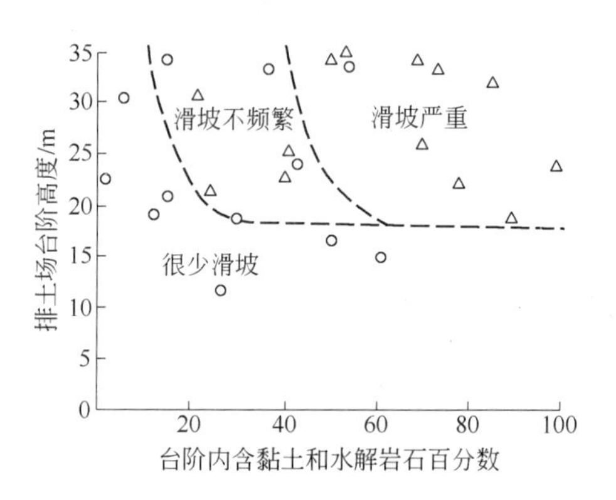

图2-43 排土场软岩含量对其稳定性的影响

量大小与其内摩擦角呈明显的线性相关。

雨水和地表水还可能浸润到排土场底部与地基的接触带，并降低其抗剪强度而形成软弱带。结冰和化冻也可能在排土场中形成软弱带。黏土质或风化岩石构成的排土场坡面容易受雨水的冲刷而被侵蚀成冲沟，严重者可形成滑坡或泥石流。一般排土场都坐落在山区沟谷之上，地表汇水和地下水的排泄都将流入山沟和低洼区，这些流水通过排土场坡脚或底部，使得排土场受到冲刷或破坏，严重者也可能形成泥石流或水石流。如永平铜矿西北排土场高度200m，1978年由于雨水作用而产生$16\times10^4\text{m}^3$的滑坡和泥石流，危害农田数百亩。如潘洛铁矿大格排土场和云浮硫铁矿山前和山后排土场曾发生过的泥石流灾害，都是由于大雨对排土场的冲刷而造成的。

从排土场稳定性机理以及泥石流的形成过程来看，水的作用主要表现在对固体物质的浸润作用和冲蚀携带作用。排土场是废石的储存区，往往也是各种水的汇集区，从而使固体物质得以大量充水，达到饱和和过饱和状态，物质体的结构被破坏，摩擦力减小，使得排土场失稳而出现滑坡，同时也为泥石流产生创造了条件，补给泥石流的水体中不仅有地表水，而且还有地下水补给。在影响泥石流的水体中，潜水含水层常沿滑坡体滑动面、滑坡体破裂面与土块破裂面分布，由此促使岩石块体的平衡条件遭破坏而滑动，并产生泥石流。碳酸盐类裂隙岩石内的水体从地下通道中流出，冲刷地下水出露处的岩石，从而成为基岩和覆盖物强烈破坏源地，最终产生泥石流。而雨量，雨强的大小又是激发泥石流的直接原因。可见，控制微细粒分布是防止排土场滑坡、排土场泥石流的基础。观测地下水和雨量、雨强的大小也是预测泥石流产生的重要指标。

地下水对排土场岩石的物理作用是使岩石碎裂，其化学作用主要表现为水化作用和脱水作用，从而导致岩石松散、破碎或改变其化学成分。通过散体物料的三轴剪切试验表明，当试体围压不高时，剪切强度包线能较好地符合摩尔-库仑强度准则；在围压增大时，应力-应变关系曲线明显弯曲，呈非线性。邓肯模型能够反映散体介质的弹性非线性特征。随试体含水量增加，内摩擦角急剧变小，黏结力略有增加。在饱水状态下黏结力达到最大值，而内摩擦角等于零。

据美国M. 道格拉斯对15个露天煤矿排土场的研究发现，物料内摩擦角随含水量增大而减小，在含水量为6%～25%的范围内，湿度每增加1%，内摩擦角降低2°，呈线性相关，其相关数$\gamma=0.84$。

排土场废石体内地下水的静水压力和浮托力：当地下水赋存于排土场松散岩土内时，水对裂隙两壁产生静水压力V（图2-44）。其大小为

$$V=\frac{1}{2}\rho_{\mathrm{w}}Z_{\mathrm{u}}\tag{2-111}$$

式中，ρ_{w}为水的密度；Z_{u}为张裂隙充水深度。

当张裂隙中的水沿着破坏面继续往下渗流至坡脚出坡面时，沿此坡面产生的浮托力U（图2-45），其大小近似为

$$U=\frac{1}{2}\rho_{\mathrm{w}}h_{\mathrm{w}}H_{\mathrm{w}}\cos\varphi_{\mathrm{w}}$$

式中，h_{w}为滑面中心的压力水头；H_{w}为地下水位高度；φ_{w}为滑面倾角。

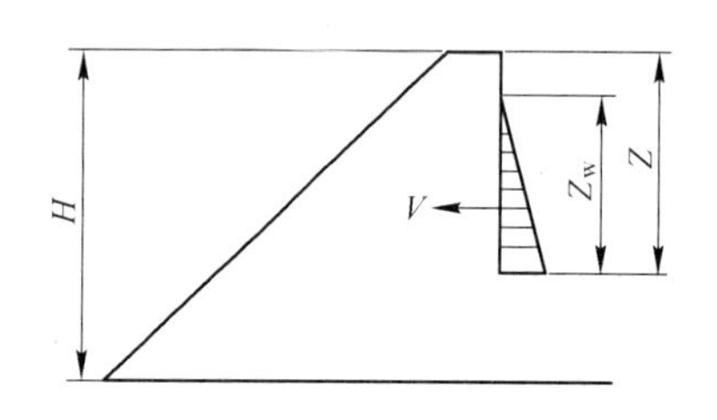

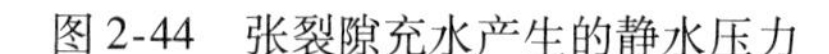

图 2-44 张裂隙充水产生的静水压力

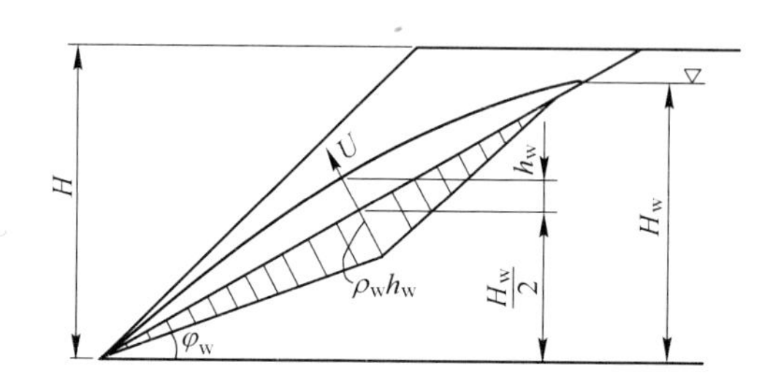

图 2-45 地下水在松散岩土内产生的浮托力

动水压力或渗透力：当地下水在松散岩土流动时，受到土颗粒或岩石碎块的阻力。水要对土颗粒或岩石碎块施以作用力，以克服它们对水的阻力，这种作用力称为动水压力或渗透力 D，其大小近似为

$$D = n\rho_w I S_p \tag{2-112}$$

式中，n 为孔隙度小于孔隙率；I 为水力坡度；S_p 为土体或岩体中渗流部分的面积。

降雨与泥石流的形成密切相关，激发泥石流是短时暴雨过程中或雨后的某个时刻，泥石流形成之前的降雨是激发泥石流的直接原因，而之后的降雨只对泥石流的持续时间及其规模起作用。泥石流暴发的激发动力，雨强的大小（10min 或 60min 雨强），是预测泥石流产生的重要指标。

2.4.2.3 地基软岩和地形坡度的影响

地形地貌是决定排土场滑坡和产生泥石流的另一重要因素。为了能加大排土场堆积容量，少占地，矿山排土场大多选择在地势比较陡峭的山坳、山沟里，从上往下排土时，所形成的排土场边坡角往往是由所排弃废石的安息角决定的，因为废石的岩性和粒度不同而形成的边坡自然安息角也不同。对于在陡峭地基上所形成的排土场边坡大多也比较陡，这种高台阶排土场的稳定性也比较差，往往产生滑坡和泥石流；尤其是在雨水和地表水的作用下，高台阶陡峭的边坡使得水和土质浆体沿着排土场的凌空面做快速运动，而影响泥石流产生的规模与流动速度。

当地基是坚硬岩层而且比较稳固，且排土场与地基的接触面又比较光滑，含有薄层黏土受水浸润或分布有腐殖层时，会产生废石与地基接触面之间的滑坡，多数情况发生在倾斜地基面的条件下。所以说地形坡度直接影响排土场的稳定性。

（1）当倾角较小或接近水平时，地基面对排土场的稳定性影响较小，如果地基表土软岩层较薄，则经过排土场压实固结后，对于排土场稳定性影响不大。但如果地基的软弱岩层较厚，即使地基的倾斜角呈水平或平缓时，滑动面首先出现在地基软岩层内部，呈圆弧滑面并牵引上部废石边坡滑动，而组合单一滑面。

（2）如果地基的倾斜角比较大时，则沿地基软弱岩层的滑坡还要严重一些，因为这时沿着滑面的剪应力随着地基顺坡倾角的增大而增加。即使地基是硬岩不含软弱层，当其坡角大于岩石内摩擦角和自然安息角时，容易出现沿地基面的滑坡，这时地基成为自然滑动面。例如澳大利亚 Fording 矿务局所属 11 个排土场的观测资料表明，它们的排土场高度 30～200m，坐落在 10°～26°倾角的山坡地带，其稳定性良好，但地基坡度超过 24°～26°时，其排土场便出现滑坡，或者要在坡脚采取稳坡措施。例如东川汤丹铜矿菜园沟排土场建在高山深谷之中，山坡陡，高度约400m，至今所排弃的岩石量只是其排土场容量的很小一部分，所以它的排土设备一直在基岩上排弃，废石都沿着陡坡落到坡底，尚未形成稳定的排土场边坡，但是这样的排土场容易形成泥石流。

如果地基是倾斜和缓倾斜坡面，则排土场的稳定性主要是考虑地基含软弱岩层和地表水的影响，那时滑坡会沿着地基软弱岩产生。如果地基的倾斜角比较大时，则沿地基软弱岩层的滑坡还要严重一些，因为这时沿着滑面的剪应力随着地基顺坡倾角的增大而增加。即使地基是硬岩不含软弱层，当其坡角大于岩石内摩擦角和自然安息角时，容易出现沿地基面的滑坡，这时地基成为自然滑动面。那么在排土过程中岩石土壤即便在坚硬的地基上也停留不住，而要滚到坡底，所以此种地基上的排土场会经常滑坡，遇上雨水还会发生泥石流及水石流灾害。

当排土场底部原地表覆盖有第四纪表土或坡积层或腐殖土等承载能力比较弱的岩土层，它们的抗剪强度和承载能力小于废石堆内部的剪切强度和废石堆与地基接触面之间的剪切强度时，排土场的滑动形式首先表现在地基软弱层的底鼓和滑动，然后导致整个土场的滑坡。如排土场堆置在松软土层、坡积土、昔格达土层或原水池、原沉淀池及地表植被之上，都容易导致排土场底鼓滑坡。这类沿软岩地基的排土场滑坡一般占排土场滑坡灾害的30%以上，例如近年来我国露天矿发生的多起排土场大滑坡都是软岩地基引发的（当然还有地下水的作用），如：

（1）1991年10月29日，平朔安太堡煤矿南排土场靠工业广场一侧发生大规模滑坡。南排土场滑坡之前，排土场坡高135m，边坡角18.6°～20.6°，排弃量$0.98\times10^{8}m^{3}$，滑坡后其滑体最大走向长度1095m，滑后倾向覆盖最大长度665m（其中滑体宽420m，前缘坡底冲出距离245m），滑体垂高135m，滑落体积约$1\times10^{7}m^{3}$。滑坡造成矿区7台设备陷于滑体内，致使平鲁公路1000m堵塞，750m毁坏，滑坡体前缘冲入工业广场，摧毁并埋没了洗车间、灯桥、矿大门守卫室等设施，刘家口水源供电线路中断，排水沟被埋600m，滑体前缘紧逼供水塔，临近办公楼和更衣室。这次滑坡不仅造成了重大的经济损失，而且严重威胁着工业广场的安全与生产的正常运营。这次滑坡的主要原因是排土场基底为第四系黄土，除黄土层本身强度外，其中还有随含水量及压力增加、强度急剧下降的软塑粉色黏土层，直接影响到了排土场的稳定。

（2）太钢尖山铁矿南排土场于2008年8月1日凌晨发生寺沟8.1大滑坡。寺沟排土场的边坡高度约为30m，基底为黄土，地面坡度为12°～15°，场地处于中低山丘陵区，滑坡区及附近为典型的黄土梁地貌形态，山梁连续完整，两侧发育众多的沟谷，沟谷多为V字形。现场地质调查表明，边坡脚处有地下水出露，滑坡体的后缘比前缘的高差约113.6m，整体坡度约12°。滑坡体纵长平均498.3m，横宽平均141.7m，滑坡体体积约$196.3\times10^{4}m^{3}$，其中渣土体积约$109.3\times10^{4}m^{3}$。滑坡体弧形状波痕在前缘和中段形成朝向坡顶，前缘隆起带在滑坡发生初期以隆起上升为主，当整体滑坡形成后隆起部分被向前推出，以水平位移为主。此次滑坡显示为因坡脚地基失稳而表现的牵引式滑坡。

当排土场地基较为软弱，在上部排土场作用下产生滑移和底鼓，进而牵引上部土场滑坡。尖山铁矿南排土场寺沟8.1滑坡表现出的滑坡主要机理是因下部选矿，掏空坡脚，致使后缘排弃物临空，支撑约束力减少，由于上部滑体的挤压，致使下部黄土地基塑性流动，在滑体前缘呈波状隆起（其隆起中心距排弃坡脚数十米）。继而诱发处于极限平衡状态的黄土地基，形成新的上一级滑体的破坏。

（3）攀枝花米易中和铁矿排土场于2011年2月27日凌晨发生大滑坡，造成严重的生命和财产损失。该排土场高度为40～60m，排土场地基为第四纪粉红色黏土，厚约3～8m，地面倾角约5°～17°，滑坡体发生前并无明显征兆，滑移速度很快，滑体沿着黏土地基冲出数百米远，破坏了民房和公路，滑体由后缘到前缘的长度近1000m，滑体宽约80～120m，滑坡体总量约$(80 \sim 90) \times 10^4 m^3$。

米易中和铁矿排土场滑坡的原因是典型的软岩地基土层在排土场压力和地下水浸润作用下（滑体剪出口发现地下水溢出）发生大滑坡。如果在排土场堆置前就及时按设计要求清除软岩地基黏土层，然后再进行排土或在地基上用大块硬岩稳定地基压住坡脚等工程处理措施，可避免排土场严重滑坡的发生。

软岩土层和腐殖土地基的处理：这类排土场地基上往往覆盖有植被、腐殖土或薄层表土，是造成排土场滑坡的主要原因，因此要在进行排土之前，利用推土机或其他工具把表土层（包括植被杂草）移除掉。如果地基平坦也可以在事前堆置部分大块岩石进行预压实，破坏掉地基上的软弱层。当地基上有溪流经过或雨水汇积或泉水等，一定要在排土之前进行处理，把水体引流到排土场范围以外，并在上游拦截，进行排水疏干，杜绝这些引起将来排土场出现滑坡、泥石流等灾害的隐患。

2.4.2.4　排土工艺和堆置高度的影响

排土工艺及堆置顺序对于排土场稳定性的影响同样是不可忽视的因素，例如在同一排土场不同时间排弃软硬不同性质的岩石或分层排弃表土和岩石，这样在排土场的剖面上便形成倾斜的层状结构，其中软弱层便成了潜在的滑动面。所以排土场的堆置顺序要把岩石和土壤进行混排或分别堆置在不同位置，在排土场底部要避免排弃表土和风化岩石，而要首先排弃坚硬的大块岩石作为垫层或透水层。

不同的排土工艺对排土场稳定性影响也不同，这主要反映在采用不同排土工艺和设备上，而排土场高度及物料的压实程度（密度）不一样，排土线延伸速度也不同；同时排土设备质量不同，它对排土场的外载荷也不同。铁路排土场、汽车排土场和胶带运输机排土场三者相比，汽车运输的排土场台阶高度较高，一般达到60～100m以上。而铁路排土场的台阶高度一般为20～25m，但是它的稳定条件较好，因为一次堆置高度不大，还要受到两次外荷载的作用，一次是电铲作业时的压实，然后是铁路轨道和机车的反复作用，同时因移道周期在2～3个月，松散岩石可以有较长时间的沉降和压缩变形，这些条件是其他排土工艺所不及的。正如汽车排土场上部虽然有汽车和推土机的反复压实作用，但是因为一般堆置高度较大，排土场下部得不到压实。据国外某些文献报道，载重180t大型汽车在70m高的排土场上作业时，排土场的最大承压面位于坡顶以下10～15m的范围，此外随着排土线的外延和推进，排土设备经常处在新排弃的物料上作业，这样由于排土场高度较大，在得不到充分沉降的情况下又堆置了新岩土，所以汽车排土场的变形、滑坡较频繁，设备安全事故也较多。胶带运输的土场台阶高度比铁路土场要高，在40～60m之间。由于它的台阶高度较大，平均块度又较小，因此它的稳定性对于大型移动式皮带机的安全也特别重要。

另外排土设备质量（重达几十吨、几百吨），对于排土场稳定性也有明显的影响，特别是设备的动载荷往往超过它们本身压力的若干倍（约9～11倍）。设备的动载荷及爆破震动等外力可能对土层产生冲击挤压而引起滑坡。

2.4.3　排土场变形特征和滑坡形式

露天矿排土场的物料是由松散的岩土堆积而成的三相介质体（固体颗粒、水、空气）。排土场边坡稳定状态和原岩体边坡的稳定性一样，对于矿山安全生产具有重要的意义。因为排土场在自重力和外力作用下产生压缩沉降、变形、滑坡及泥石流，给设备、工业建筑物和人身安全都会带来威胁。同时研究排土场的变形特征对于完善排土场设计和排土工艺以及采取合理的治理措施都是十分重要的。

当排土场岩土物料的细颗粒含量较高时，随着其沉降和压实，在排土场下部产生孔隙压力，随着水分的渗出和土体的固结，孔隙压力的扩散和消失，排土场沉降将逐渐减弱和稳定下来。

按照滑动面的形状和位置及其产生滑动的原因，可以将所有排土场的滑坡分为三类：沿排土场内部滑动面的滑坡（图2-46a）；沿废石堆和地基接触面的滑坡（图2-46b）；沿地基软岩层的滑坡（图2-46c）。后两种类型滑坡与地基的岩性和坡度有关。

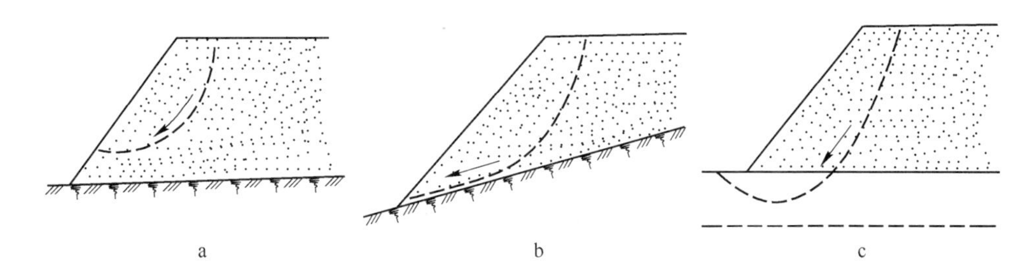

图2-46　排土场与基底滑坡类型

在国外已知的最严重的一次排土场崩塌事故是1966年英国南威尔士的阿伯番煤矿矸石堆的大滑坡。这次事故夺去了144条人命。因此英国于1969年制定的矿山（排土场）法中规定每个矿山要有确保排土场安全的技术措施。

我国冶金矿山开采的矿石量大部分是由露天矿开采的，所以一些老矿山和大型露天矿历年来排弃了大量的剥离岩土，这些矿山的排土场的高度和面积还在逐年增长，而排土场的稳定性灾害已成为矿山工作者日益关注的问题。例如，海南铁矿6号排土场1973年8月在连续两天大雨之后滑坡了几十万立方米的岩土，排土场被迫停产80多天。兰尖铁矿于1979年12月排土场台阶上产生滑坡，体积达$200\times10^4m^3$，冲垮了运输主平硐50m，停产半年，损失222.7万元。其他如排土场的开裂、沉陷和部分塌方是经常发生的现象。尤其是汽车运输的高台阶排土场经常受到排土场失稳的威胁。

2.4.3.1　排土场内部滑坡

排土场在自重力作用下逐渐产生压密和沉降，其变形特征主要表现为下沉和裂缝。如果排土场的岩石为坚硬岩石，地基稳固，当排土场边坡角等于岩石自然安息角时（一般在34°~37°的范围），则排土场是稳定的，不会出现滑坡，而且高度不受限制。但是，如果地基为松软岩层或有地下水作用，或者地基稳固，而排弃的岩土为松软岩石或含表土的软弱层，那么排土场会经常出现滑坡。排土场内部的滑坡（图2-47）是指地基岩层稳固，由于物料的岩石力学性质，排土工艺及其他外界条件（如外载荷和雨水等）所导致的排土场失稳现象，其滑动面出露在边坡的不同高度。

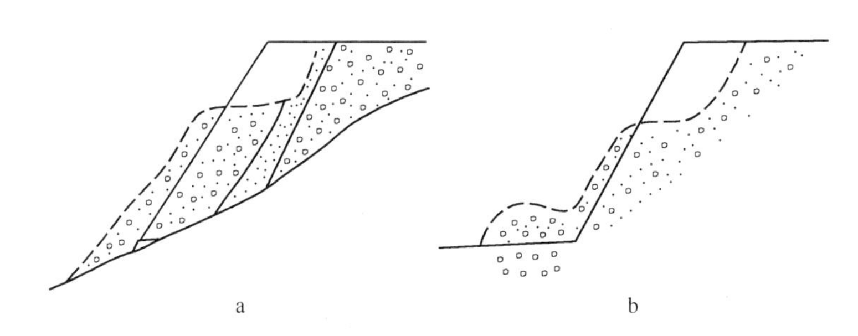

图 2-47 排土场内部滑坡

a—沿内部软弱夹层的滑坡；b—松散体内部滑坡

对于排土场岩石坚硬，块度较大时，其压缩变形较小。当新排弃的岩石较破碎或含土量较多，且湿度较高时，则初期的边坡角较陡（38°～42°），随着排土场高度增加，继续压实和沉降，于是排土场内部出现孔隙压力的不平衡和应力集中区。孔隙压力降低了潜在滑动面上的摩擦阻力，并导致滑坡。在边坡下部的应力集中区产生位移变形或边坡鼓出，便牵动上部边坡下沉、开裂和滑移。最后形成弧形的边坡面，即上部陡、中部缓、下部更平缓的稳定边坡，其边坡角（直线量度）通常等于25°～32°。

排土场内部的滑坡多数与物料的力学性质有关，如排弃软弱岩石，或表土较多时，在排土场受到大气降雨和地表水的浸润条件下，会严重恶化排土场的稳定状态。很多矿山排土场滑坡的例子都是因为雨水而成为诱发因素。

例如，海南铁矿在6号排土场东部，1973年8月25日，连续两天大雨之后产生几十万立方米的大滑坡，滑体长158m，宽48m，下沉15m。致使排土场停产80多天。同样，在8号排土场于1978年9月8日出现了大滑坡，滑体长200m，宽140～45m，下沉25m。电铲、机车和矿车随滑体一齐下滑，排土场停产20多天。

兰尖铁矿尖山土场1510m台阶于1979年12月产生排土场内部的大滑坡，其原因是由于地基地形较陡（40°以上），实行岩土分层排弃，中间形成软弱层成为滑动面。滑坡量达$2\times10^6m^3$（$300m\times214m\times30m$），从200m高的陡边坡上滑落下来的岩石和表土冲垮了运输主平硐50m，开裂104m，造成停产半年。

弓长岭铁矿黄泥岗排土场，段高为50～70m，1979年一场雨后，山坡汇水渗流到排土场底部早期堆置的风化岩土内，因而形成软弱面引起滑坡。当时一列矿车刚开到准备卸车，随即发现铁轨一侧出现裂缝，于是列车马上开走，电铲未来得及开走，就随着滑体下滑了40m，由于滑体是整体滑动的，因此，电铲仍旧立在平台上未倒。坡脚处的岩石也滑出几十米远。

攀枝花朱家包包铁矿1号排土场自1978年至1979年先后3次发生滑坡共计滑坡量$36\times10^4m^3$。原因是在基建剥离期大量砂质黏土和黏质砖土排弃在排土场的底层，后期又覆盖上坚硬块石，形成软弱夹层，因而导致滑坡。

永平铜矿南部排土场堆置的岩土多半是基建剥离的表土和风化岩石（占60%～80%），加上雨水的作用，大大降低了岩土的力学性质。如在334m平台1980年6月雨后的第三天排土场突然下滑，速度很快，含泥水的岩石最大冲出209m远，一直冲到对面的山坡上，覆盖了公路30多米，影响交通1个多月。1982年6月这个排土场的310m平台又相继发生过3次小型滑坡（大多发生在雨后），滑坡区长100~200m，下沉达5~10m。

加拿大Natal城附近的一个露天矿排土场在1968年发生滑坡，约有300~400kt废石滑到山脚，覆盖了243.8m（800英尺）长的一段公路。排土场高198m（650英尺），边坡上部坡角等于40°，中部为38.5°，下部为34°。滑坡后下部边坡角变为22°。采场内的水经过土层导入排土场，由于孔隙水压力的作用而减小了边坡抗剪强度。另外冬季大量的积雪覆盖在边坡上增加了荷载。在滑坡前两天露天矿距排土场顶部76.2m（250英尺）的位置上爆炸了13.6t（3万磅）的炸药。这对于滑坡也起了促进作用，后来打了排水孔进行疏干才使滑坡稳定下来。

另外，排土场失稳的灾害中最严重的是矿山泥石流，多发生于南方多雨的山区排土场。自20世纪70年代初期，一些矿山已先后发生多起泥石流灾害，对于矿山构筑物和农田都造成了严重的损失。

2.4.3.2　沿地基接触面滑坡

滑坡沿着地基上的软弱接触带（即滑动面）产生（图2-48），虽然水平地基也会出现这类滑坡，但多数是在倾斜地基条件下发生的，特别是堆置在倾角较陡的山坡上的排土场（山坡型排土场）很容易产生滑坡。因为，当排土场与地基接触面之间的抗剪强度小于排土场本身的抗剪强度时便会产生这类滑坡。这是在地基与排土场物料接触面之间形成了软弱的潜在滑动面。如在矿山基建初期，大量的表土和风化岩土都排弃在排土场的下部形成了软弱层。若原地基上生长有树木和植被，腐殖土层较厚，被排土场覆盖后，植物腐烂，它和腐殖土一样都成了潜在的滑动面。如遇到雨水和地基倾角大时，就会加剧排土场沿地基接触带的滑坡。

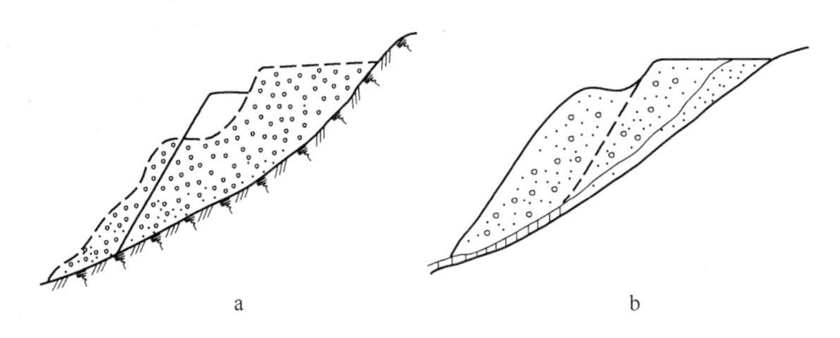

图2-48　沿地基接触面滑坡
a—沿地基接触面滑坡；b—沿地基表土层滑坡

很多矿山排土场的滑坡事例都属于这种类型的滑坡。例如，海南铁矿排土场自然地形陡峭，一般坡度为28°~43°，地表有3~4m厚的坡积土，地处沟谷多含水，地表树木杂草丛生，这些地形被压在排土场之下，再经过雨季，树木腐烂形成软弱夹层。由于排弃的岩土多为强风化的透辉角闪石灰岩、绢云母片岩和白云质结晶灰岩等，而这些岩石和风化土占总剥离量的75%以上，其粒度分布中，粒径小于100mm的占60%~65%，这些强风化岩石的特点是吸水性强，黏结力弱，遇水松软，失水干燥后则呈粉末状，因此排土场历年来滑坡频繁。据1969年至1976年统计，大小滑坡共发生39次。1973年8月25日，在连续两天大雨之后有四条排土线同时出现滑坡，其中以第六土场东边的滑坡较严重，引起了三条铁路路基破坏。滑坡范围长158m、宽48m、下沉15m，滑坡量几十万立方米，造成停产80多天，又如1978年9月8日在第八土场发生一次大滑坡，滑体长约200m，宽40～50m，错动高度25m，造成电铲、电机车和矿车随滑体下滑，停产20多天。

歪头山铁矿下盘排土场10号铲自1991年6月以来先后发生多起滑坡。首次滑坡发生于1991年6月13日，滑体长13m，厚10多米，台阶高45m左右，滑坡总量约6万多立方米。滑坡发生时，滑体滑动速度很快，滑体表面成波浪形。严重影响了矿山排土正常生产，其中8月8日晚的滑坡造成数十米长铁轨及枕木被拉弯折断，沉降2～3m，停产2天，排土车间用推土机等设备重新平整路面铺道后才恢复进车排土。歪头山铁矿下盘排土场190土线目前距国家主要铁路干线沈丹线仅70～200m。滑体前缘已从原台阶坡脚部位向前推进了60多米。滑坡原因是由于黏土层地基和地表植被的影响，以及局部地基沟谷地下水的渗入作用，造成沿地基接触面的滑坡，现场调查可看到滑体剪出面上的腐烂的植被草皮。

2.4.3.3 软弱地基底鼓滑坡

排土场稳定性首先要分析基底岩层构造、地形坡度及其承载能力。当基底坡度较陡，接近或大于排土场物料的内摩擦角时，易产生沿基底接触面的滑坡。如果基底为软弱岩层而且力学性质低于排土场物料的力学性质时，则软岩基底在排土场荷载作用下必产生底鼓或滑动，然后导致排土场滑坡。

在排土初期，基底岩土开始被压实。当堆置到一定高度时，基底进一步压实达到最大的承载能力，但尚未到极限状态，但当排土场继续加载时，尤其是坐落在倾斜软弱地层上的排土场，由于地基受排土场压力而产生滑动和底鼓，然后牵动排土场滑坡（图2-13、图2-49）。这类牵引式滑坡是排土场破坏事例中经常遇到的。在调查的冶金矿山排土场重大滑坡事故统计中共计40多例，其中因软弱地基引起滑坡的约占1/3；因此在选择场址时对于软弱地基应采取相应的技术措施来处理，不能盲目排土。

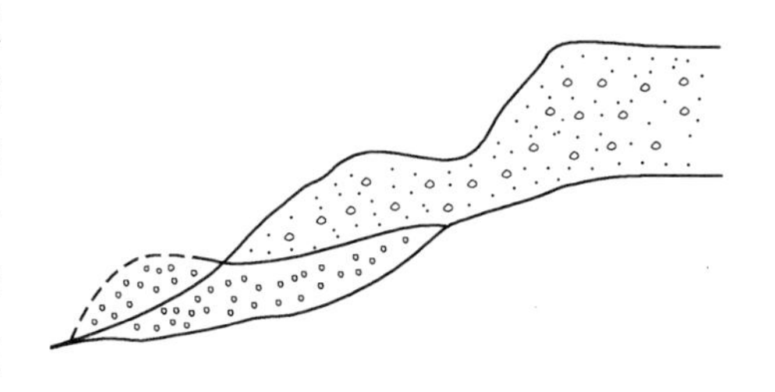

图2-49 沿厚层软岩地基内的滑坡

地基为软弱层引起滑坡和底鼓可分下列两种情况：一种是第四纪表土层和风化带，在山坡坡底和沟谷含冲积层及腐殖层较厚，受地表水的浸润作用，其承载能力降低，极易产生滑动；另一种是因人为活动而形成的软弱地层，如很多矿山的排土场坐落在尾矿池上（由废石筑坝）或排土场的地基原来为小的水库、水塘淤积层及稻田耕地等。

例如，齐大山铁矿二道排土线的沟筒子地段，排土场堆置高度为52m，地基为山坡沉积物，厚度约3.4～4m。由于沟底渗水，地表土含水饱和后，在排土场压力作用下产生底鼓和滑动，坡脚滑移了200多米远，沟底翻出了黑色的泥浆，原沟底上的小树向下飘移。从1983年5月16日到22日先后滑动了10次，牵动了上部排土场的滑坡，滑体长约100m，总量为$3.5\times10^4m^3$。

歪头山铁矿下盘排土场224m土线延伸铁路路基时，由于地基为松软的淤泥和沉积物，在路基压力作用下，产生底鼓3.5m高，路基水平位移达40m，造成10m宽，70～80m长的一段路基的下沉，地基下沉量达到3m，而且几次填方堆置路基，连续出现了几次滑移，使得路基长期未能形成。

东鞍山铁矿和大孤山铁矿利用废石筑坝，排土场建在尾矿池上，曾屡次发生滑坡。如东鞍山铁矿曾出现五次这类滑坡。排土场的段高38m，宽100m，由于尾矿池渗水管在排土线下通过，淤积有尾矿砂3～5m厚，曾于1975年4月的某天上午9点10分，一列矿车卸土后刚离开，到9点20分排土场边坡便下滑100多米，坡底线滑移了30多米，滑坡的响声很远都能听到，地基鼓起约10m，滑体长400多米，落差17～20m。

攀枝花朱家包包铁矿Ⅰ号排土台阶段高受地形控制为30～160m，地基土层局部含砂质黏土（昔格达层）不透水而又含水，遇水变软在排土场压力作用下产生底鼓。1981年7月4日发生大滑坡，滑坡量$15\times10^4m^3$。当时机车正在卸土，发现地表裂缝、轨道断开，待电铲退出险区后，四节车厢便随滑体滑下去了。造成80多米轨道被拉弯折断。

金堆城钼矿通往Ⅲ号排土场的干线公路路基曾发生大滑坡，损失严重。洪积层路基系山坡折返式高阶段填方，路基宽18m。公路填方坡脚处、沟底以及河边都积存有淤泥质亚黏土，厚薄不一，厚者达10多米。该区原是芦苇塘，在连阴雨的第三天发生滑坡，滑体上有一水井，地下水位仅为0.3m，分析当时的滑坡原因主要是和亚黏土的承载能力低及地下水的作用密切相关，因为亚黏土在含水条件下，内摩擦角为12°～21°，黏结力为28～78kPa，地基承载后产生塑性变形而产生剪切破坏。滑坡发生于1979年3月31日，塌方体积$4.8\times10^4m^3$。其中路基填方为$2\times10^4m^3$，地基土岩为$2.8\times10^4m^3$。滑体顶宽105m、底宽150m，纵坡长195m，覆盖面积2万多平方米，厚度3～7m。直到8：05滑体以3～5cm/min的速度向前翻滚抵至河床，堆积成鼓丘和滑舌。滑坡前一个农民和两个小学生亲眼看见树木抖动、地面突起、一声闷响、土壤翻滚。直径30cm的大树连根拔起，拦腰切断，推出数十米之外，滑坡过程仅历时几分钟，摧毁了位于路堤下方50m外的所有建筑物，覆盖了大面积农田，堵塞了河流，中断了运输，4人丧命，数十间房屋倒塌。

澳大利亚东北部一个大型露天煤矿91.4m（300英尺）高的排土场产生滑坡，当时停留在坡顶上的一台$45.87m^3$（60立方码）的索斗铲受到破坏，滑落下来的岩石掩埋了未开采的煤层，使煤层下面的岩层中孔隙水压力造成了底鼓现象。排土场的地基是泥岩，成了滑动面，后来加强了排土场的排水疏干措施，才使滑动逐渐稳定下来。

前苏联乌拉尔某露天铜矿坐落在平缓的含水泥岩上，排土场高度为35～40m，1971年地基受压开始变形，一年半后边坡下沉了15m，变形范围扩展到坡脚以外1400m处，使表土层出现波浪式的底鼓，最大鼓起高度达12m。经过计算，泥岩表土层的临界抗压强度等于0.24～0.43MPa，而地基所承受排土场的压力为0.7～0.78MPa，大于允许值的1倍。

加拿大东部Fording煤矿2号排土场高200m，地基倾角5°～31°，一个台阶排土，岩石为泥岩、砂岩、页岩和表土，内摩擦角33°，排土场边坡角等于40°，自1972年至1974年先后发生了4次滑坡。

2.5 排土场泥石流的形成和分析

2.5.1 排土场泥石流形成特点

我国现有重点冶金矿山70%以上是露天开采，每年剥离排放岩土量超过20亿吨，占地超过5000hm²，这些高台阶、集中堆集的松散体岩土为泥石流的形成提供了丰富的物料来源。近30年来，先后发生大规模矿山排土场泥石流灾害的露天矿山有：海南铁矿、潘洛铁矿、泸沽铁矿、铁坑铁矿、云浮硫铁矿、永平铜矿、昆阳磷矿、东川矿务局、四川石棉矿、德兴铜矿和攀枝花兰尖铁矿等（表2-32）。

表2-32 我国部分矿山泥石流活动的统计

矿山名称	沟谷名称	固体物质总储量 /m^3	流域面积 /km^2	沟床比降 /%	山坡坡度 /(°)	年降雨量 /mm	泥石流活动情况
泸沽铁矿	盐井沟	8×10^6	13.6	14.4	35	1000	剥离土，1970年发生泥石流，损失严重
	汉罗沟	51×10^4	2.1	18.8	>35	1000	筑路弃土，1972年爆发泥石流，损失严重
兰尖铁矿	无名沟	28.24Mt				877	
太和铁矿	泡石头沟		52	12.7	30		
四川石棉矿	后沟	50×10^6	7.4	23	30~37	1272	剥离土，多次发生小规模泥石流
新康石棉矿	大洪沟		61	14	30		
四川蛇纹矿	家 沟		2.05	26.6	30~45		
东川汤丹矿	小菜园沟	15×10^6	9.7			850	剥离土，1974年多次爆发泥石流
因民矿	大水沟		47	11.1	30		
落雪矿	因民沟	1×10^6	47	11.1	30	850	坑道弃渣，1973年爆发泥石流
烂泥坪矿	黄水沟		91	5			
易门狮山分矿	菜园河		42	5.2			
	无名沟		16.2	8.1			
昆阳磷矿	歪头山		2.2	9.4	40~50		
永平铜矿	大垄沟	16×10^4	0.6	13.7	45		1978年6月西北排土场暴雨后引起泥石流冲垮农田167亩、污染800亩
云浮硫铁矿	三水围沟	1×10^8	0.2	14.5	30~40	1550	1972年爆发泥石流，损失很大
海南铁矿	七条山沟	70×10^6		15	30~40	1536	1959年以来经常爆发泥石流，危害严重
潘洛铁矿	大格土场	750×10^4	0.4	34	35	2000	剥离土，1972年6月发生泥石流，1976年、1983年又相继发生
石碌铜矿	废石边坡	1188×10^4				2369	坡面冲刷形成泥石流并污染环境

例如，海南铁矿排土场发生多次滑坡和泥石流，形成了两个泥石流区，山前泥石流区和山后泥石流区。1959～1979年共堆置含80%黏土的岩石1200多万立方米。泥石流流通区长2～3km。1973年8月6日排土场发生30多万立方米的大滑坡，然后经过雨水或沟谷流水的冲刷而形成大规模的泥石流。

云浮硫铁矿的3个排土场累计排土量2000多万立方米，先后形成了6条泥石流沟。1972年11月因台风和暴雨的影响，大台及东安坑两个排土场发生的泥石流随峰远河洪水直泻而下，淹没了水田151hm^2、旱地43hm^2。1975年6月发生第二次泥石流，危害更为严重，排土场汇水面积0.3km^2的泥石流把下游的窄轨铁路、桥梁、相邻公路都冲垮了，漫溢河水冲垮了河堤28处，长达4187m，1334hm^2农田受灾，并冲毁厂房和水轮泵站一处，共赔款61万多元。

四川泸沽铁矿汉罗沟地段，1972年暴发泥石流将筑路排弃的土石冲走$10\times10^4m^3$，淤埋了成昆铁路新村车站和一段公路，给交通运输带来了严重危害。四川省蛇纹石矿1970～1973年修建的矿山公路通过胥家沟一段，在800m水平距离内有六个折返线，由于削坡和开挖土方量大，弃土约$40\times10^4m^3$。致使山坡和沟床里松散物料急剧增加，经雨水冲刷便沿山坡下滑，把大量的沿途坡积物和在沟床里的堆积物冲走，形成大规模的泥石流。

云南东川矿务局落雪矿大莽地坑口，掘进排弃的废石约$40\times10^4m^3$，堆积在沟谷和山坡两侧，成为泥石流的固体物料来源。1966年一次泥石流冲毁两幢房屋。1979年7月排弃在大水沟内的掘进废石受暴雨作用而溃决，形成很大的泥石流冲毁了下游一座净高为9m的人行桥梁。落雪矿龙山坑口由于掘进中的废石，在沟内零散堆积，成为泥石流货源，致使大水沟连年暴发泥石流。这个矿务局的矿山多年发生的泥石流把大量的固体砂石冲走带入金沙江与大水沟汇合处。形成规模巨大的堆积扇，把金沙江河道宽度压缩三分之一，成为一个险滩，妨碍了航道的运输。

江西永平铜矿西北部排土场两年内在0.3km^2的面积上排弃的土石方达$16\times10^4m^3$。由于山坡陡（30°～40°），废石边坡高达160m。1978年6月连降23h大雨，暴发了一场泥石流，导致干砌块石坝溃决，危害下游农田167亩，污染面积达800亩。另外福建潘洛铁矿大格排土场1972年6月期间，由于连降大雨，排土场多次形成泥石流，冲毁了下游拦沙坝，直接威胁了铁路桥梁的安全。

排土场丰富的松散岩土物料来源，为泥石流的形成和活动创造了极为有利的条件，在经济日益发展的今天，人类活动日趋频繁，矿山排土场泥石流灾害不断加剧，已成为我国矿山主要危险源之一。准确预报和有效防治泥石流灾害已成为发展经济，保障矿区及周边人民生命财产安全的一项重要任务。

2.5.2 排土场泥石流的形成机理

泥石流是发生在沟谷中或山坡上的一种饱含泥沙、石块和巨砾的固液两相流体，它介于山崩、滑坡等块体重力运动与流水等液相体运动之间，呈黏性层流或稀性紊流状态，是各种自然营力（地质、地貌、水文、气候等）和人为因素综合作用的结果。泥石流是一种快速运动的两相流体，可在很短时间内排泄几十万到几百万立方米的物料，它给自然环境和人们生产活动，道路、桥梁、房屋、农田等造成严重的破坏和灾害。由于山岩风化、滑坡、崩塌或人工堆积在陡峻山坡上的大量松散岩土物料充水饱和，形成一种溃决，称为天然泥石流。泥石流中含大量泥沙石块，砂石含量15% ~80%的泥石流体（密度为1.3 ~ 2.3t/m³）在重力作用下沿陡坡和沟谷快速流动，形成一股能量巨大的特殊洪流（泥石流）。

形成排土场泥石流必须具备3个基本条件：第一，泥石流区有丰富的松散岩土；第二，山坡地形陡峻和较大的沟床纵坡；第三，泥石流区的上中游有较大的汇水面积和充足的水源。矿山泥石流多数以滑坡和坡面冲刷的形式出现，即滑坡和泥石流相伴而生，迅速转化难以截然区分，所以又可分为滑坡型泥石流（黏性）和冲刷型泥石流（稀性）。

一般认为排土场散体岩土中细颗粒（小于5mm）含量大于40%，黏粒（小于0.05mm）含量15% ~20%时易形成泥石流。因为黏粒粒径小，范德华力和黏附力作用明显，使黏粒有较强的亲水性，同时因比表面积大、遇水很快形成水膜，并保持一部分束缚水和封闭自由水，即是排土场内部多含孔隙水并具有较强的持水性，当雨水入渗排土场后再缓慢地渗流出坡脚，若孔隙水增加到饱和状态时松散体便出现破坏和流动，而形成泥石流。据矿山泥石流观测资料，排土场易产生滑坡型和冲蚀型两种泥石流。

2.5.2.1 冲蚀型泥石流

排土场坡面受雨水冲刷而形成泥石流称为冲蚀型泥石流，坡面冲刷与降雨强度、岩土性质、颗粒级配等因素相关。当细颗粒含量高，入渗系数小，地表径流汇于坡面，冲蚀细粒岩土，使坡面逐渐形成冲沟，进而导致滑坡和泥石流的形成。根据R. A. 拜格诺的颗粒流理论，黏滞流体中的固体颗粒在动能作用下彼此撞击频繁，使颗粒及相邻滑移层间动量交换，进而使流体中的固体颗粒具有弥散压力，被水软化成似液态的泥化母岩（如黏土、风化岩）与岩土块及水混合成浆体（固液相）在滑坡势能转化来的动能作用下，促使滑体向流动转化，形成泥石流。重力成因冲蚀型泥石流是岩土遇水软化，当饱水后便转化为黏稠状泥石流体，即在地表径流的作用下滑坡体可以直接转变为泥石流。排土场泥石流多数以滑坡和坡面冲刷二者共同作用形式出现，即滑坡和泥石流相伴而生。

排土场泥石流的产生与岩土的物理、力学性质有很大的关系，尤其是岩土中的高岭土、滑石、蒙脱石、伊利石、三水铝石等矿物，这些矿物颗粒具有较强的水化性，遇水后有明显的分散性和膨胀性，水质呈酸、碱性时，水化性更强，如永平铜矿水质呈酸性（pH值为2 ~3）。岩土受水浸湿后产生的膨胀力是泥石流产生的促发因素之一。

排土场受水动力作用而形成冲蚀型泥石流有两种形式：

（1）排土场坡脚形成冲蚀型泥石流。排土场坡脚的冲蚀型泥石流，是由大量的松散物料堵塞在汇水大的沟谷地带，以动水冲刷形成泥石流。大部分矿山排土场坡脚都不易形成冲蚀型泥石流。而经暴雨冲刷形成含砂洪水的较多。

在排土场中后期，原沟道基本堵塞，在较长的沟道内分布的许多巨砾，大大小小的石块混合在一起，构成非均质的床面，水流要破坏这样的床面，形成冲蚀型泥石流，必须能启动床面上的大石块，否则只是少数小石块的搬运和床面的粗化过程。一定的水流强度所能启动的石块粒径可用希尔公式计算

$$D = \frac{\rho_c RJ}{0.06(\rho_s - \rho_c)} \tag{2-113}$$

式中，ρ_c 为泥石流密度；ρ_s 为泥沙石块密度；J 为水力坡度，用沟床比降代替；R 为水力

半径，近似用水深代替。

除上述临界启动拖曳力分析之外，还可用临界启动流速进行分析，一般选用适合于无黏性松散物料的启动流速公式——沙漠夫公式计算

$$V_1 = 4.6H^{1/6} \cdot d^{1/2} \tag{2-114}$$

式中，H 为平均水深；d 为石块最大粒径。

洪水流速可用下式计算

$$V_2 = \frac{1}{n}R^{2/3} \cdot J^{1/2} \tag{2-115}$$

式中，n 为糙率系数；J 为沟床比降。

当 $V_2 > V_1$ 时，可形成冲蚀型泥石流，否则不能。

(2) 排土场坡面形成冲蚀型泥石流。排土场坡面受雨水的冲刷易形成冲蚀型泥石流和含沙洪水，如潘洛铁矿大格排土场、永平铜矿西北部排土场、海南铁矿的1～4号排土场和德兴铜矿杨桃坞排土场坡面都形成了较大的冲沟。排土场坡面冲刷与大气降雨、排土场的边界条件、岩土的物理力学性质、颗粒大小和级配等因素有关。

排土场坡面产生冲蚀型泥石流可用希尔兹公式计算，散体均质颗粒的启动拖曳力等于

$$\tau_c = f_o(\rho_s - \rho_c)d \tag{2-116}$$

式中，f_o 为动床阻力系数，一般取0.06；ρ_s 为泥沙颗粒密度；ρ_c 为含沙洪水密度。

然而，排土场散体均为非均质颗粒，因此，式中的 d 应采用坡面上最大粒径，另外，泥沙颗粒的启动除受水流剪切力以外，还受重力坡向分力的作用，故坡面上的泥沙颗粒启动拖曳力 τ'_c 需修正为

$$\tau'_c = f_o(\rho_s - \rho_c)d_{max}\left(1 - \frac{\tan\theta}{\tan\phi}\right)\cos\theta \cdot f_R \tag{2-117}$$

式中，θ 为坡面角，排土场坡面角一般为30°～38°；ϕ 为颗粒自然休止角；f_R 为坡面颗粒间楔持力修正系数，以散体颗粒大小和磨圆度确定。

泥沙颗粒启动时床面剪切力为

$$\tau_o = \rho\mu_x^2 = \gamma hJ \tag{2-118}$$

式中，ρ 为水的密度；μ_x 为摩阻流速；γ 为水的堆密度；J 为水力坡度，以坡降代替。

当 $\tau_o > \tau'_c$ 时，坡面散体即被雨水启动，易形成冲蚀型泥石流和含沙洪水。

事实上，并非所有的降雨都会产生岩土流失或冲蚀型泥石流，只有足够强度的降雨才会形成上述现象，这就是所谓的临界降雨强度，Hudson 曾用降雨能量的方法进行过计算，确定美国各大金属矿的松散物料小于100mm颗粒被冲刷的临界降雨强度为25.4mm/h，但各排土场散体物料的级配还有很大区别。

2.5.2.2 滑坡型泥石流

滑坡型泥石流的形成过程分为两个阶段，即由滑坡阶段逐渐发展到流动阶段。在滑坡过程中滑体释放的势能绝大部分转化为动能，并形成黏滞流体的碎屑流。根据颗粒流理论，黏滞流体中的固体颗粒呈分散体系，具有弥散压力；此时若有足够的雨水或地表水渗入，散体中的泥化母岩发生水解，与岩块及水混合形成似液态的浆体，在有较大纵坡的沟

床上流动，便形成泥石流。排土场也可以受雨水及地表径流的侵蚀而产生滑坡破坏，致使滑坡和泥石流相伴发生，最后导致泥石流体的形成。滑坡型泥石流的预测与定量分析，均以排土场滑坡分析为依据，同时考虑雨水作用因素来综合分析评价产生泥石流的规模与危害。

滑坡型泥石流的形成条件和一般泥石流有明显不同，它的特点是滑坡体位于斜坡上，即滑坡的剪出口不是斜坡的底部而是斜坡的中、上部，因而具有较大的位能，此时滑坡体的稳定性仍处于临界状态。当斜坡的坡度较陡时，滑体前部有较大的滑坡空间或通道，在外部条件作用下（如降雨、震动等）使得滑体滑出后，其位能很快地转化为动能。连续的大气降水，地下水的动水压力和静水压力的增大都是形成滑坡型泥石流的触发条件。滑坡型泥石流有两种形式：一种是排土场含细颗粒较多的松散物料充水后，直接转变为泥石流体，也称为渗水型泥石流；另一种是排土场滑坡进而发展为泥石流。

滑坡型泥石流的产生与所排弃岩土的物理、力学性质及粒级组成有很大关系，此外，水对泥石流的产生起决定作用。它对散体的作用分为静水和动水作用，静水作用导致散体 c、φ 值降低，增加岩土颗粒间的润滑性及本身的质量；动水作用主要是坡面冲刷和冲蚀。

据美国 Pater M. 道格拉斯对美国 24 个露天矿的观测统计，若排土时松散物料细粒含量较多，小于 5mm 的细颗粒土超过 35% ~40%，排土场易失稳，当黏粒（小于 5mm）含量大于 5% 时，排土场易形成泥石流。黏土矿物在渗水型泥石流中取决定性作用，由于黏粒本身粒径小，范德华力和黏附力明显，使黏粒具有较大的亲水性；虽然排土场中黏土矿物的含量不大，但其比表面积却很大，可以将体积大于数万倍以上的砂、砾、石块包裹起来，在一定含水量及其他条件下，大量流失，直接或间接地形成泥石流。黏土及细粒级含量较大的排土场中、上部，在大降雨的初期，散体本身的吸水性强，雨强小于散体的稳定入渗值，未达到饱和而仍能处于稳定状态，随着雨强达到或超过散体的稳定入渗值后，上部松散岩土饱和或过饱和，其力学性质将大大降低而失去稳定，开始向下蠕动，松散体由固态转变为流态，并逐渐演变为泥石流，它主要发生在新排弃的含黏土量大的排土场上部或陡倾边坡部位，规模一般为中小型。

排土场的滑坡不仅给泥石流的形成提供了丰富的固体物料，而且排土场本身的坡度较陡，达 32° ~38°，滑体在经历一段落差后，滑体释放的势能绝大部分转化为动能，由于滑坡的高速运动，在动能自我消耗的基础上形成了类似黏滞流体的碎屑流，根据 R. A. 拜格诺（Pagnold）的颗粒流理论，黏滞流体中的固体颗粒彼此撞击频繁，使相邻滑层间有动量交换，流体中的固体颗粒呈分散体系，并具有弥散压力，此时，若有足够的雨水渗入，且散体中存在一定的泥化母岩，如德兴铜矿排土场的黏土、亚黏土等，发生水解后与硬岩块及水相结合形成似液态的浆体，在滑坡动能的作用下，由于沟床有较大的纵坡，进一步促使滑坡向泥石流转化，便形成泥石流。

由滑坡演变成的泥石流，除降雨作用之外，泥化母岩起举足轻重的作用，主要表现为：

（1）泥化母岩水解后与水及硬岩相结合形成似液态的浆体——宾汉流体，在流动过程中，几乎丧失抗剪强度；

（2）把黏度传递给泥石流体，使其具有整体流动特性；

（3）使泥石流体获得一定的承载力，可支承泥石流体中一定块度的岩块在其上漂浮。

总之，形成滑坡型泥石流必须具备以下几方面条件：

（1）滑坡经历一段落差后，获得足够的动能，且在运动过程中形成类似黏滞流体的碎屑流；

（2）排土场散体含有足够的泥化母岩；

（3）滑坡的同时有充足的大气降水和地表水补给。

滑坡型泥石流兼有滑坡和泥石流的某些特点，具有弯曲和流动的特点，呈长条状和带状停积沟谷之中，其滑移和流动的距离越长，泥石流的形态越明显。

（1）滑坡型泥石流呈单峰型，一次性从发生、运动到停止，是在短时间内完成的，这与以阵流和多峰性连续流为特征的泥石流有明显的不同。

（2）滑坡型泥石流的运动速度远远大于一般的泥石流，可达每秒数十米，由于其运动的动能是由滑体的位能直接转化而来，能量损失主要是摩擦等，因此，它的运动速度应按能量守恒原理计算，不能套用一般的黏性泥石流流速计算公式。

A. E. 夏德格指出，滑坡在向下快速滑移过程中，其滑体质量 m 在滑距 Δs 的滑动速度若为 V，则

$$\Delta\left(\frac{1}{2}mV^2\right) = mg \cdot \Delta s \cdot \sin\beta - \Delta s \cdot mg \cdot f \cdot \cos\beta$$

如图 2-50 所示

$$\Delta s \cdot \sin\beta = \Delta h, \quad \Delta s \cdot \cos\beta = \Delta x$$

上式可简化为

$$\frac{1}{g}\Delta\left(\frac{1}{2}V^2\right) = \Delta h - f \cdot \Delta x \tag{2-119}$$

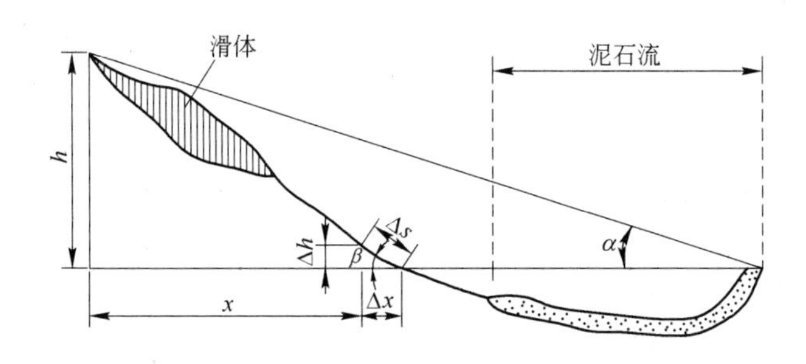

图 2-50 滑坡形成泥石流示意图

由于滑动从静止状态开始，而最终又达到静止状态，所以从滑坡的起点到终点进行积分得

$$h - fx = 0 \qquad f = \frac{h}{x} = \tan\alpha$$

对于滑坡型泥石流而言，可以把 f 作为综合平均摩擦系数看待。则滑坡泥石流的最大流速可用下式计算

$$V_{max} = \sqrt{2g(\Delta h - f\Delta x)} \tag{2-120}$$

（3）滑坡型泥石流具有极大的冲击力和巨大的气浪压力。

2.5.3 排土场泥石流的研究方法

排土场泥石流的研究方法主要有：

（1）泥石流过程实地观测考察法。矿山排土场泥石流过程的实地观测主要是测定泥石流的运动特性、力学性质和有关参数，研究泥石流发生、发展、冲淤的动态变化过程。实地观测分为四个方面：物源变化的动态观测、地形条件的动态观测、水动力条件的动态观测和堆积过程的动态观测。选择典型的泥石流沟道，分段设置观测断面，在物源区和形成区主要观测泥石流物源地即排土场松散体启动方式、物质动态变化特性，还要用气象—水文法确定泥石流爆发动力条件的动态变化以及水、土、石渣的混合过程并进行实地定量的现场试验。

（2）排土场泥石流信息获取法。掌握第一手资料、获取泥石流形成的信息，是排土场泥石流研究的最基本的方法。对大中型露天矿排土场发生的泥石流进行较全面的统计分析，获得排土场泥石流形成条件、分布规律、冲淤特征、灾害程度、方式和范围等的信息资料。完善泥石流灾害诊断的专家系统，对准确预测预报泥石流灾害起到积极推动作用。

（3）泥石流模拟试验法。根据相似性原理，将典型泥石流沟，按一定比例尺缩小，呈现于模型台上，人为控制水、土条件，在物源区按不同的比例，堆积各种松散物质，并按结构特征进行层构互换试验，以观测泥石流的全过程，进行动态研究和分析。

（4）建立泥石流数学模型。数学模型就是把复杂的研究对象转变成数学问题，经过合理的简化后，建立一个能用数学方法揭示研究对象规律性的数学关系式。如建立排土场稳定性的极限平衡力学模型、稳定性评价的神经网络模型、泥石流启动时的临界降雨量的数学模型、泥石流灾害的预测预报模型。

涉及泥石流的研究方法很多，但最基本的研究方法都是要掌握大量的实际资料，特别是直接调查和第一手研究资料，深入灵活地掌握、分析、综合这些资料所必需的理论和知识。实际资料是一切科学研究的基础，在此基础上分析研究才能做出理论上的概括和总结，才能正确地预测预报泥石流灾害，才能把泥石流灾害减小到最低限度。

2.5.3.1 基于实际资料的排土场泥石流临界雨量分析

泥石流的预防是泥石流研究工作的宗旨，要预防泥石流的暴发，必须预测泥石流暴发的可能性，这个问题，在自然泥石流领域国内外已有不同程度的研究。如日本的池谷浩（1973）、奥田节夫及我国的陈景武（1981），以降水量及其强度为指标预测泥石流暴发的可能性；苏联的 T. M. 布思季朴克洛夫（1977）用 M-1800 热力轴线预测不同坡面上泥石流发生的概率；A. Baido（1971）以坡度和固体物质储备量为依据，认为坡度为 20°～30°，有地下水出露及堆积物存在的地区是危险的泥石流地区。而对于排土场松散体来说，降雨泥石流的发生，有一个最低的激发雨量，这个雨量称为泥石流形成的临界雨量。泥石流的临界雨量是对降雨泥石流进行发生可能性预报的重要依据，正确研究和认识不同排土场的临界雨量具有重要的意义。

用降雨资料分析临界雨量是否符合实际，关键在于雨量资料的代表性。因此，分析泥石流的临界降雨量，最好使用流域接近泥石流形成区的雨量资料，也就是排土场区域的降雨资料。

根据永平铜矿排土场泥石流的观测资料，对该矿泥石流发生的条件及可能性进行研究和分析。

A　永平铜矿排土场泥石流与降雨关系分析

a　永平铜矿气候特征、降雨频率和降雨强度

永平地区属我国南方亚热带北部边缘的多雨地区，干湿季分明，每年的3～7月为雨季，降雨量占年降雨量的74%；10月至次年1月为旱季，旱季降雨量只占年降雨量的14.9%。雨型呈单峰型分布，6月降水量最多，占年降水量的17.9%，4月、5月次之。图2-51为永平铜矿年度最大日降雨量和最大7日降水量变化曲线，表2-33为各量级降水的月平均降水日数，表2-34为各量级月降水保证率（以上均引自铅山县气象站1961～2000年统计值）。

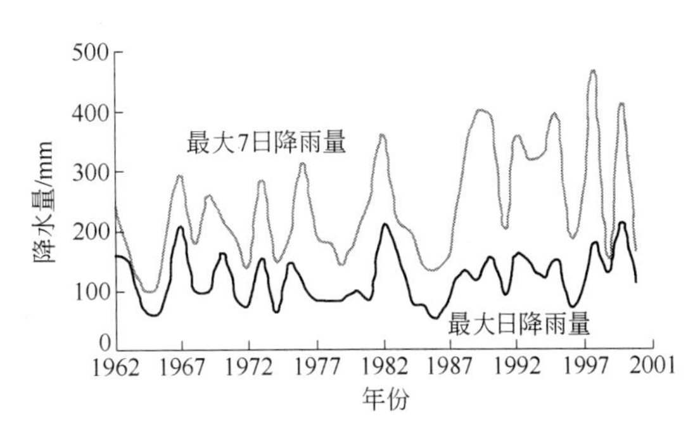

图2-51　永平铜矿1962～2001年中最大的日和周降雨量统计

由表2-34可以看出，4月、5月、6月降水量为150～200mm的保证率为77%～96%，不小于200mm的保证率为62%～88%，根据永平铜矿1978年以来资料统计（表2-35），排土场出现的泥石流滑坡、坍塌、坡脚蠕动及坡面冲刷等都集中在降雨频率高、强度大的雨季。

表2-33　各量级雨量统计（1961～2000年）　（d）

量级/mm	1	2	3	4	5	6	7	8	9	10	11	12	同一量级全年合计天数
0.1～4.9	10.15	8.81	10.12	9.65	7.8	7.15	6.65	7.15	6.62	6.38	6.54	9.08	96.11
5.0～9.9	2.23	3.23	3.5	3.15	3.23	2.85	1.46	1.23	1.69	1.19	1.58	1.81	27.15
10.0～24.9	0.27	0.92	2.00	2.88	3.00	2.58	1.46	1.19	0.73	0.158	0.35	0.23	16.19
25.0～49.9		0.19	0.38	0.88	1.04	1.46	0.72	0.27	0.12	0.27	0.04	0.04	5.41
50.0～99.9		0.04	0.23	0.69	0.38	1.27	0.62	0.23	0.19	0.08		0.04	4.27
100.0～149.4				0.12	0.04	0.24	0.08						0.48
150.0～199.9				0.04	0.04	0.04							0.12
≥200.0					0.04	0.04							0.08
合　计	12.65	13.19	16.23	17.41	16.08	15.63	10.99	10.07	9.50	8.35	8.51	11.20	149.81

表2-34　各量级月降水保证率（1961～2000年）　（%）

量级/mm	1	2	3	4	5	6	7	8	9	10	11	12
0.1～4.9	100	100	100	100	100	100	100	100	100	100	100	100
5.0～9.9	96	100	100	100	100	100	100	96	100	96	96	96
10.0～24.9	96	100	100	100	100	100	96	96	100	96	96	92

续表 2-34

量级/mm	1	2	3	4	5	6	7	8	9	10	11	12
25.0～49.9	77	100	96	100	100	100	92	85	92	85	69	73
50.0～99.9	62	92	96	100	100	100	88	73	77	65	62	38
100.0～149.4	35	54	88	100	96	96	68	40	36	28	20	24
150.0～199.9	0	15	65	92	77	96	52	20	20	0	4	0
≥200.0	0	15	50	62	62	88	20	12	4	0	0	0

表 2-35 永平铜矿排土场泥石流滑坡、坍塌统计

序号	时间	地点	破坏形式	规模/m^3	流程/m	特征	备注
1	1978.6.12	西北部排土场 3号支沟（394m）	泥石流	3100～7900	300	黏性 稀性	先为黏性泥石流经1号、2号、3号支沟汇合处稀释为稀性
2	1980.6.7	南部排土场 334m水平	泥石流		150～200	黏性	淹没30多米公路，堵塞一个月
3	1981.5.2	南部排土场 310m水平	下沉10m	长100～200m，宽100m			未造成损失
4	1981.8.1	南部排土场 310m水平	下沉5m	长100m，宽50m			310m水平多次滑塌，降为294m
5	1982.6	南部排土场	下沉				推土机下陷
6	1983.5	南部排土场 310m水平	下沉				32t汽车后轮下陷，距边沿3m
7	1985.3.1	西北部排土场 1号支沟	滑坡泥石流	20000 2000	200	黏性	滑坡体的一部分转变为泥石流
8	1985.6.4	南部排土场 274m水平东段	滑坡	规模较小			大量岩土受雨水冲刷形成含砂洪水
9	1985.6.2	南部排土场 250m水平	滑坡	规模较小			形成大量含砂洪水
10	1986.4.10	南部、西北部排土场	滑坡	规模较小			形成大量含砂洪水
11	1986.4.20	西北部排土场 3号支沟	泥石流	规模较小		黏性	
12	1986.4.14	南部排土场 250m水平	滑坡	规模较小			
13	1986.4.17	南部排土场 250m水平	滑坡	规模较小			
14	1986.4.19	南部排土场 250m水平	泥石流	规模较小		黏性	
15	1986.4.20	南部排土场 250m水平	泥石流	规模较小		黏性	

续表 2-35

序号	时 间	地 点	破坏形式	规模/m^3	流程/m	特 征	备 注
16	1986. 4. 25	南部排土场 274m 水平	滑坡	规模较小			
17	1986. 4. 28	南部 274m、西北部 296m 排土场	滑坡、泥石流	规模较小 3000	250	稀性	
18	1986. 5. 3	南部 274m 排土场	滑坡	规模较小			形成大量含砂洪水
19	1986. 5. 10	南部 274m 排土场	泥石流	约 20000	300 ~ 310	黏性	
20	1986. 5. 13	南部 250m 排土场	滑坡	规模较小			
21	1986. 5 ~ 7	南部 270m 排土场坡脚	缓慢移动，平均 0. 463m/d				
22	1986. 6. 1	西北部小垅坞沟	含砂洪水冲毁竹笼坝	冲开 3 米多			
23	1986. 6. 2	西北部小垅坞沟	含砂洪水冲毁竹笼坝				
24	1986. 6. 23	西北部小垅坞沟	含砂洪水冲毁竹笼坝	冲开 3 米多			
25	1986. 7. 1	西北部小垅坞沟	含砂洪水冲毁竹笼坝	冲开 8 米多			
26	1986. 6. 1	南部 250m 排土场	滑坡	100000	滑程 100		

b 降雨量的年际变化

永平地区降雨量的年变化率较大，1961 ~ 2000 年 40 年的平均降雨量为 1744. 5mm，降雨量最多的 1975 年为 2702. 3mm，最少的 1971 年 1020. 3mm，差值为 1680mm。降雨量的年相对变化率最大为 54. 9%，最小为 0. 1%，平均相对变化率为 16. 6%，1985 年、1986 年属少雨年。通过对降雨、径流、排土场动态观测找出泥石流产生的条件，进而对排土场泥石流暴发的可能性进行预测。

c 利用月降雨量、径流量随时间变化曲线预测泥石流

由南部、西北部排土场观测站，1985 年 4 月至 1987 年 4 月的降雨量、径流量与时间变化关系可以分析出，排土场发生破坏——泥石流、滑坡、沉降等都发生在持续一个月左右的大暴雨（约大于 175mm/月）之后，丰水期开始时，虽降水很大，但排土场产生破坏的可能性很小，降水渗入排土场内部，使其逐步饱和，当排土场达到饱和或过饱和后，径流量迅速增大，排土场的破坏，都在径流量处于高峰期（南部约大于 $9\times10^4 m^3$/月，西北部约大于 $5\times10^4 m^3$/月），如南部排土场 1986 年 4 ~ 7 月，西北部 4 ~ 6 月。这样，就可以作出降水及径流的强度线，当降雨持续大于 175mm/月时，同时南部径流约大于 $9\times10^4 m^3$/月，西北部约大于 $5\times10^4 m^3$/月，遇短时强降雨，有可能暴发泥石流，应采取适当的防治措施。在有气象站为条件下，可以直接根据遥测雨量计的降雨自记曲线及遥控流量计自记曲线，作出预测。

B 用实效雨量与雨强曲线进行预测

a 前期雨量计算的日界划分

泥石流发生的当日降雨、当日降雨量及前期降雨或前期降雨量，目前国内外有不同定义，日本的濑尾克美把泥石流发生的降雨过程，在当日降雨过程前后各相隔24h以上无降雨出现时，这场降雨过程称为一次连续降雨过程，即前期雨量的日界为24h无雨，在永平铜矿排土场条件下，如按24h无雨为连续雨量的分界日，则许多情况下，难以把多次泥石流的降雨分隔开。考虑到这一情况，把泥石流发生的当日降雨过程，规定在前后各相隔12h以上无降雨出现时，这场降雨过程称为一次连续降雨过程，即前期雨量的日界为12h。

b 前期实效雨量、总实效雨量

泥石流暴发均出现在降水过程中或以后的某一时刻，以前的降水是泥石流激发的直接降水，某一时刻以后的降水，只对泥石流暴发的持续时间、规模及特性起作用。

泥石流的发生不仅是当日降雨的作用，前期降水对其有很大影响。前期排土场含水量多，孔隙水压力高，发生泥石流的临界雨强则偏低；前期土壤含水量少，孔隙压力低，发生泥石流的最低当场降雨量偏高。因此，应把前期排土场含水量和当场降雨量作为整体因素来考虑。由于前期排土场含水量实际测定比较困难，采用前期实效雨量，来间接表示排土场含水量的多少。由于发生本次泥石流的前1天至若干天的降雨对本次泥石流暴发的影响是一个递减函数，这里需引进衰减系数 a_t，$a_t = R^t$，式中 R 为一待定常数，依该地区的纬度、日照强弱、蒸发量和土壤渗透能力等而定。衰减系数 a_t 随日数的前推越来越小，反映降水通过渗透、蒸发、植物吸收后残留在土壤里雨量对本次泥石流的影响程度。

前期实效雨量用下式计算

$$P_{ao} = \sum_{t=1}^{n} P_t \cdot a_t \tag{2-121}$$

式中，P_{ao} 为前期实效降雨量，mm；P_t 为前日的当日降雨量，mm；n 为降雨对泥石流的影响日数；a_t 为衰减系数。

永平铜矿排土场纬度低、日照强、蒸发量大、土壤渗透能力强，永平铜矿月平均蒸发量及月平均降雨量见表2-36，永平铜矿近5年月平均相对湿度见表2-37。

表2-36 近5年永平矿区降雨量、蒸发量 (mm)

月份	类 别	2002年	2001年	2000年	1999年	1998年
1	降雨量	23.6	107.0	76.3	61.7	18.2
	蒸发量	51.2	18.0	42.7	29.7	45.6
2	降雨量	107.3	67.3	94.5	137.6	77.6
	蒸发量	53.8	47.9	51.9	25.5	44.9
3	降雨量	216.9	121.9	269.6	206.9	258.5
	蒸发量	35.4	73.1	38.6	34.5	75.9
4	降雨量	306.0	371.0	170.9	75.7	256.6
	蒸发量	83.0	93.9	85.9	115.6	74.6
5	降雨量	147.8	364.3	143.0	150.8	101.9
	蒸发量	129.7	96.7	114.5	133.2	192.9
6	降雨量	255.0	452.8	285.0	236.0	237.2
	蒸发量	105.6	99.2	125.1	142.6	145.5

续表 2-36

月份	类　别	2002 年	2001 年	2000 年	1999 年	1998 年
7	降雨量	389.0	112.2	200.0	66.1	91.6
	蒸发量	148.9	174.7	244.2	213.6	226.0
8	降雨量	52.5	202.7			58.4
	蒸发量	218.3	161.4	251.8	197.6	241.2
9	降雨量	124.9	80.3	56.8		73.8
	蒸发量	121.9	111.3	141.3	116.5	173.6
10	降雨量	133.6	27.3	17.5		75.5
	蒸发量	70.1	106.1	123.3	89.4	101.6
11	降雨量	46.2	11.3	11.9		50.3
	蒸发量	54.8	88.5	69.0	66.1	55.4
12	降雨量	57.1	109.5	18.1		12.9
	蒸发量	44.2	48.1	63.4	38.9	59.5
年平均	降雨量	1860.0	2027.6	1166.6	1290.0	1321.9
	蒸发量	1096.4	1098.9	1351.6	1203.1	1436.7

表 2-37　近 5 年矿区相对湿度

年　份	相对湿度												
	1	2	3	4	5	6	7	8	9	10	11	12	年平均
1998		84	84	83	77	86	79	69	79	84	80	78	80
1999	86	78	81	81	84	87	77	79	82	81	82	87	82
2000	83	82	88	83	82	86	72	66	78	75	80	79	80
2001	84	86	86	76	80	81	75	76	82	82	77	82	81
2002	75	76	75	87	70	81	73	69	71	75	80	72	76
月平均	82	81	83	82	79	84	76	78	78	79	80	80	

从表 2-36 可以看出，永平铜矿蒸发量较大，年平均蒸发量 1237.3mm，7、8 两月的蒸发量最大。5 年中，2 ~ 6 月降水量均大于蒸发量，7 月至次年 1 月出现过月蒸发量大于当月降雨量。矿区各月相对湿度比较稳定。

永平铜矿排土场的渗透性很好，由于排土场块度分布规律的作用，现场渗透试验在排土场上部的渗透系数小于整体平均渗透系数，现场渗透试验在排土场上表面下 1m 用试坑法进行，试验结果为 $1.75 \times 10^{-3} \sim 6.80 \times 10^{-3}$cm/s，实验室用 0 ~ 20mm 适当级配的岩石替代，模拟排土场上部渗透系数，平均 3.93×10^{-3}cm/s，与现场实验结果相吻合。实验测得排土场的整体渗透系数为 1.10×10^{-2}cm/s，南部排土场 274 台阶高近 70m，水力坡度近似按排土场的地基坡降计算 $i = 0.2493$，则

$$V = K \times i = 9.5 \times 0.2493 = 2.37\text{m/d}$$

$$T = 70/2.37 = 29.5\text{d}$$

西北部 290m 水平坡高 95m，i 近似为 0.466，则

$$V = K \times i = 9.5 \times 0.466 = 4.43\text{m/d}$$

$$T = 95/4.43 = 22\text{d}$$

式中，T 为某次降雨从坡顶渗透到坡底的时间。

再考虑水量蒸发及降雨本身历时，取 $n = T = 30$，n 为某次降雨对本次泥石流的影响周期，即一次降水，经过30天后，对本次泥石流的暴发就基本没有影响了。取 $R = 0.85$，$a_t = 0.85^{30} = 7.63 \times 10^{-3} < 10^{-2}$，即经 a_t 的修正逐日递减，30天后，此次降雨的影响小于百分之一。

$$p_{ao} = \sum_{t=1}^{30} p_t \times 0.85^t$$

泥石流暴发前的当日降雨量 h 直接参与泥石流的形成。$P_a = P_{ao} + h$，P_a 为该场泥石流暴发起作用的雨量，称为总实效雨量。见表2-38和表2-39。

表2-38 永平铜矿南部排土场当日雨量、总实效雨量统计计算

序号	时 间	h/mm	P_a/mm	I_{60}/mm	I_{10}/mm	排土场及泥石流动态	输沙量/t
1	1980. 6. 7	56. 7	94. 9	29. 0	5. 0	DF	
2	1981. 5. 2	78. 1	130. 7	47. 7	8. 0	DN	
3	1981. 8. 1	13. 9	64. 1	10. 8	3. 0	DN	
4	1985. 3. 19	21. 1	48. 7	4. 6	2. 2	DF	
5	1985. 5. 9	23. 0	24. 5	23. 0	0. 07	SW	197. 7
6	1985. 5. 13	5. 2	18. 0	5. 2	2. 6	SW	19. 0
7	1985. 5. 14	4. 3	20. 0	4. 3	2. 9	SW	14. 5
8	1985. 5. 15	9. 8	17. 0	2. 3	1. 0	SW	9. 9
9	1985. 5. 19	3. 4	12. 2	3. 0	0. 8	SW	17. 5
10	1985. 5. 26	50. 7	54. 7	7. 6	1. 3	SW	118. 8
11	1985. 5. 27	0. 0	46. 5	0. 0	0. 0	SW	79. 5
12	1985. 6. 4	44. 9	46. 6	19. 5	3. 25	S，SW	
13	1985. 6. 5	34	73. 6	7. 8	1. 3	SW	289. 9
14	1985. 6. 6	4. 3	66. 9	2. 1	0. 4	SW	112. 5
15	1985. 6. 7	0. 0	56. 8	0. 0	0. 0	SW	54. 2
16	1985. 6. 8	0. 0	48. 3	0. 0	0. 0	SW	27. 4
17	1985. 6. 9	0. 0	40. 9	0. 0	0. 0	SW	0. 57
18	1985. 6. 25	20. 5	25. 0	2. 3	0. 4	SW	135. 7
19	1985. 6. 26	30. 6	32. 5	8. 9	1. 5	SW	277. 5
20	1985. 6. 27	12. 0	29. 7	10. 7	8. 1	S，SW	540. 1
21	1985. 6. 30	0. 0	18. 2	0. 0	0. 0	W	0. 71
22	1985. 7. 4	13. 7	23. 6	10. 3	1. 7	W	0. 2
23	1985. 7. 15	15. 4	20. 0	15. 4	3. 85	SW	6. 2
24	1985. 7. 22	12. 1	20. 1	12. 1	2. 0	SW	30. 3
25	1985. 7. 23	14. 3	31. 5	1. 2	0. 2	W	0. 3
26	1985. 8. 3	17. 6	33. 3	15. 3	3. 1	SW	201. 4

续表 2-38

序号	时 间	h/mm	P_a/mm	I_{60}/mm	I_{10}/mm	排土场及泥石流动态	输沙量/t
27	1985. 8. 6	16. 7	38. 0	16. 7	5. 5	SW	423. 9
28	1985. 8. 19	13. 1	25. 7	8. 3	1. 6	SW	63. 0
29	1985. 8. 23	2. 7	17. 3	2. 7	2. 7	W	0. 2
30	1985. 9. 2	15. 9	20. 4	1. 6	0. 3	W	0. 1
31	1985. 9. 5	9. 9	25. 0	9. 9	5. 0	SW	25. 9
32	1985. 9. 11	7. 7	16. 2	7. 7	3. 9	W	0. 008
33	1985. 9. 23	5. 9	18. 5	5. 9	2. 4	W	1. 0
34	1986. 2. 5	14. 1	25. 3	1. 2	0. 2	W	0. 2
35	1986. 2. 17	22. 4	32. 1	1. 3	0. 4	W	0. 5
36	1986. 3. 10	29. 1	52. 9	6. 7	1. 1	SW	2. 2
37	1986. 3. 14	51. 9	77. 3	19. 9	3. 3	SW	323. 5
38	1986. 3. 15	12. 0	77. 7	5. 6	0. 9	SW	130. 0
39	1986. 3. 30	33. 9	76. 7	3. 4	0. 6	SW	85. 1
40	1986. 4. 1	4. 5	60. 0	0. 9	0. 5	SW	16. 5
41	1986. 4. 10	35. 7	61. 8	28. 5	11. 4	S, SW	65. 7
42	1986. 4. 11	8. 8	61. 4	1. 3	0. 2	SW	70. 6
43	1986. 4. 14	38. 1	95. 8	6. 0	1. 0	S, SW	44. 5
44	1986. 4. 15	1. 1	83. 6	0. 6	0. 1	SW	28. 2
45	1986. 4. 17	35. 0	96. 7	9. 8	1. 6	S, SW	22. 3
46	1986. 4. 19	7. 6	86. 0	2. 1	0. 6	DF	
47	1986. 4. 20	21. 7	94. 7	4. 1	0. 7	DF	
48	1986. 4. 25	17. 2	72. 7	8. 0	1. 2	S, SW	29. 9
49	1986. 4. 28	13. 5	82. 9	5. 0	0. 9	S, SW	41. 6
50	1986. 5. 3	16. 0	84. 1	3. 5	0. 6	S, SW	236. 8
51	1986. 5. 10	14. 0	40. 9	11. 6	2. 0	DF	
52	1986. 5. 13	7. 5	33. 7	4. 5	2. 3	S	
53	1986. 6. 18	7. 2	52. 4	7. 2	1. 2	SW	1. 1
54	1986. 6. 19	25. 3	52. 9	5. 7	5. 7	SW	9. 2
55	1986. 6. 20	24. 0	68. 8	18. 7	3. 1	SW	17. 3
56	1986. 6. 22	29. 6	79. 3	29. 6	16. 5	SW	309. 0
57	1986. 6. 23	35. 7	93. 1	14. 2	7. 4	SW	176. 4
58	1986. 7. 1	46. 3	79. 8	46. 3	19. 9	SW	
59	1986. 8. 4	4. 5	9. 0	4. 5	0. 75	S	
60	1986. 8. 5	3. 7	11. 2	3. 7	0. 9	SW	1. 1
61	1986. 8. 14	28. 5	31. 0	16	2. 7	SW	14. 3

注：h 为当日降雨量，mm；P_a 为总实效雨量，mm；I_{60} 为 1h 雨强，mm；I_{10} 为 10min 雨强，mm；DF 为泥石流；S 为滑坡；SW 为高含沙洪水；W 为一般洪水。

表 2-39 永平铜矿西北排土场当日雨量、总实效雨量统计计算

序号	时 间	h/mm	P_a/mm	I_{60}/mm	I_{10}/mm	排土场及泥石流动态	输沙量/t
1	1978. 6. 12	81. 5	143. 4	29	9. 7	DF	
2	1985. 3. 19	21. 1	48. 6	4. 6	2. 2	DF	
3	1985. 5. 9	35. 2	41. 7	18. 0	3. 0	SW	
4	1985. 5. 13	17. 3	40. 1	8. 5	2. 3	SW	
5	1986. 3. 10	43. 2	52. 9	5	0. 9	SW	
6	1986. 3. 13	33. 6	57. 7	3. 3	0. 6	SW	
7	1986. 3. 20	32. 1	64. 3	5. 1	0. 9	SW	
8	1986. 3. 21	5. 5	65. 0	0. 4	0. 1	SW	
9	1986. 3. 27	35. 2	68. 0	3	0. 5	SW	
10	1986. 3. 30	32. 7	76. 7	2. 7	0. 5	SW	
11	1986. 4. 10	31. 3	64. 8	7. 8	1. 3	S，SW	输沙量大
12	1986. 4. 13	18. 2	64. 7	4. 3	0. 7	SW	
13	1986. 4. 14	41. 5	95. 8	5. 5	0. 9	SW	
14	1986. 4. 17	29. 0	96. 7	3. 8	0. 6	SW	
15	1986. 4. 20	22. 3	94. 7	4. 3	1. 5	SW	
16	1986. 4. 24	11. 7	65. 3	11. 7	5. 9	SW	输沙量大
17	1986. 4. 25	19. 5	72. 7	5. 1	0. 9	SW	
18	1986. 4. 28	15. 4	82. 9	7. 1	1. 3	DN，DF	
19	1986. 5. 3	16. 2	84. 1	2. 0	0. 5	SW	
20	1986. 5. 10	6. 8	40. 9	3. 5	1. 1	SW	
21	1986. 5. 13	12. 4	33. 7	8. 1	2. 3	SW	池内沙深 13cm
22	1986. 5. 20	17. 2	24. 9	5. 7	1. 0	SW	
23	1986. 5. 29	28. 0	29. 7	10. 5	1. 8	SW	
24	1986. 6. 1	25. 9	46. 7	15. 9	2. 7	S	冲毁竹笼坝
25	1986. 6. 2	24. 7	67. 0	20. 1	3. 7	S	冲毁竹笼坝
26	1986. 6. 18	9. 7	32. 4	2. 3	0. 8	SW	
27	1986. 6. 19	30. 3	52. 9	9. 0	1. 5	SW	池内沙深 15cm
28	1986. 6. 20	32. 7	68. 8	22. 3	3. 7	SW	池内沙深 17cm
29	1986. 6. 22	17. 4	79. 3	10. 7	1. 8	SW	池内沙深 9cm
30	1986. 6. 23	34. 9	93. 1	14. 2	2. 7	S	冲毁竹笼坝
31	1986. 7. 1	19. 8	59. 1	19. 7	3. 3	S	冲毁竹笼坝
32	1986. 7. 3	17. 1	68. 5	11. 7	2. 0	SW	池内沙深 15cm

泥石流暴发时刻多出现在降水过程的峰值降水之中，峰值降雨的大小用暴雨强度来表示。峰值降水的时间相对较短，通常只有数分钟或 10min。日本的奥田节夫认为，泥石流的激发因素是 10min 雨强，根据永平铜矿的气候等条件，选择 10min 和 60min 两个雨强值

作为分析、研究的指标。

C　泥石流临界雨量及其表达式的确定

通过以上分析，可以认为，前期降雨量是泥石流形成的潜在因素，10min（I_{10}）或60min（I_{60}）雨强是泥石流暴发的激发动力。

由于不同地区的补给物质的物理、力学、化学性质、地表状态和沟床纵坡都不同，假若在同一前期降水的前提下，泥石流暴发所要求的10min或60min暴雨强度也会不同，补给物质的固体颗粒直径越大，沟床纵坡越小，则泥石流暴发所要求的10min暴雨强度就越大，反之则越小，但是，针对同一地区来说，以上两个因素是相对稳定的，主要取决于水源的作用。

根据永平铜矿1978～2002年调查，观测到的排土场泥石流、含沙洪水、滑坡、沉降等破坏的当时降雨、总实效雨量、小时雨强、10min雨强等资料（表2-36和表2-37），绘制出10min雨强I_{10}与总实效雨量P_a关系图及小时雨强I_{60}与总实效雨量关系图。短历时雨强I_{10}、I_{60}作为纵坐标，总实效雨量P_a为横坐标，作出各次事件降雨的散点图，如图2-52～图2-55所示。在图中，作出泥石流暴发的暴雨临界线（critical line，C. L）。所谓临界线，是指在一定的前期降雨条件下，泥石流暴发所要求10min或60min雨强等于或大于临界线的降雨过程，很可能泥石流暴发。

根据图2-52～图2-55可以拟合出永平铜矿排土场泥石流暴发临界雨量线的表达式。

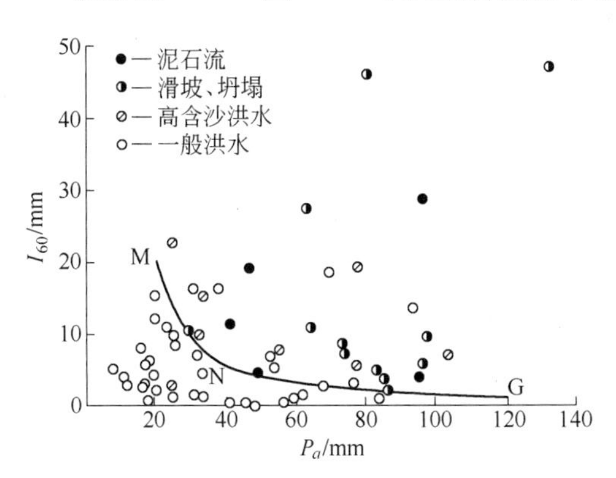

图2-52　南部排土场（$I_{60}-P_a$）泥石流预报图

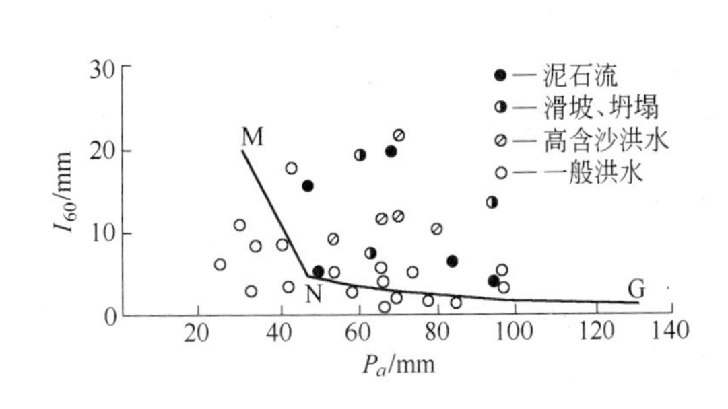

图2-53　西北部排土场（$I_{60}-P_a$）泥石流预报图

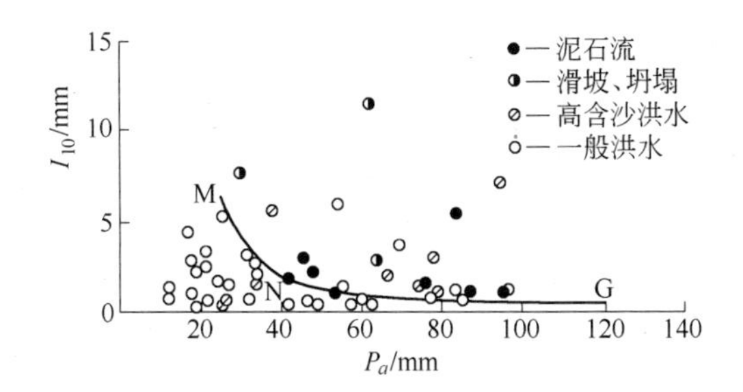

图2-54　南部排土场（$I_{10}-P_a$）泥石流预报图

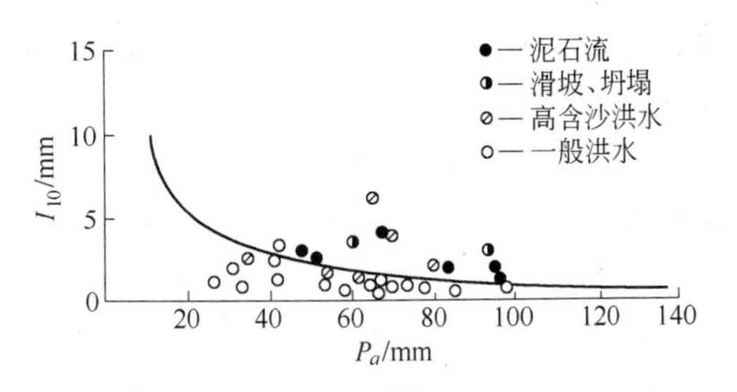

图2-55　西北部排土场（$I_{10}-P_a$）泥石流预报图

从图2-52可见，永平铜矿南部排土场P_a-I_{60}关系图，其临界雨量线C. L为

MN 段

$$I_{60} = A/P_a + B \qquad A = 218.1818 \qquad B = 16.2727$$

NG 段

$$I_{60} = A/P_a + B \qquad A = 345.5355 \qquad B = -2.7646$$

从图 2-53 可见，西北部排土场 $P_a - I_{60}$ 关系图，其临界雨量线 C. L 表达式

MN 段

$$I_{60} = A/P_a + B \qquad A = 0.3333 \qquad B = 20.0001$$

NG 段

$$I_{60} = A/P_a + B \qquad A = 165.4054 \qquad B = 5.5405$$

从图 2-54 可见，永平铜矿南部排土场 $P_a - I_{10}$ 关系图，其临界雨量线 C. L 表达式为

MN 段

$$I_{10} = A/P_a + B \qquad A = 293.3333 \qquad B = -5.9333$$

NG 段

$$I_{10} = A/P_a + B \qquad A = 76.4620 \qquad B = -0.4845$$

从图 2-55 可见，永平铜矿西北部排土场 $P_a - I_{10}$ 关系图，其临界雨量线 C. L 表达式为

$$I_{10} = A/P_a + B \qquad A = 114.1181 \qquad B = -0.4919$$

在图 2-52 ~ 图 2-55 中，泥石流的规律随着点位高出临界线（C. L）的距离而变化，点位距临界线上方越远，其规模越大，反之越小，而且，前期实效降水量大，暴发的泥石流规模也大。泥石流规模还受各时期排土场岩性变化的影响。

用上述方法分析预报泥石流的可靠性在 40% ~70% 之间。用 10min 雨强作为预报指标的可靠性高于以小时雨强作为预报指标的可靠性。图 2-52 及图 2-53 的可靠性分别为 50%、40%，图 2-54 及图 2-55 可靠性分别为 62%，在应用过程中，不断校正、补充提高其可靠性。

D 泥石流预报

要对排土场泥石流进行预报，必须确定“警戒基准线”，这样就把临界基准线作为警戒基准线。在当日降雨后，每隔一定的时间，一般 10 ~ 20min，统计降雨量和雨强值，算出总实效降雨量，将其作为横坐标，雨强值 I_{60}、I_{10} 作为纵坐标，在图上点出相关点，并连接成折线，称为蛇形线，如图 2-56 所示。

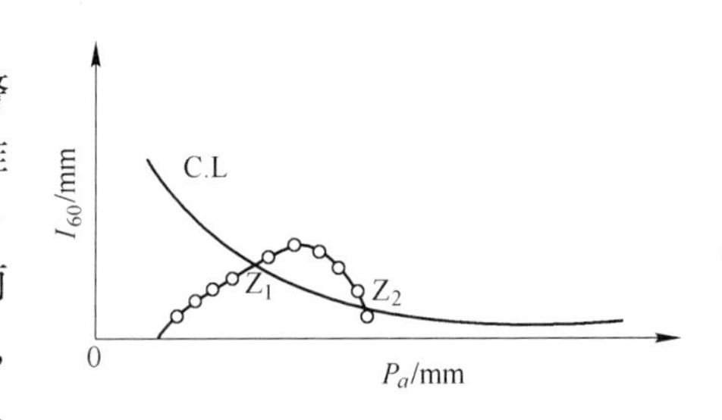

图 2-56 泥石流蛇形预报图

当蛇形线越过警戒基准线 Z_1 时，就可发出警戒信号，采取适当的防护措施，在预报的同时可不断修正临界雨量线和警戒基准线。

2.5.3.2 基于模糊相似原则的临界降雨量分析

作为软性防治措施的关键，暴雨泥石流的预报研究日益得到重视，而泥石流临界雨量的确定，又是对降雨泥石流进行发生可能性预报首先必须解决的问题。目前对有长期雨量观测资料的排土场区域，通过对雨量资料的分析即可确定泥石流暴发的临界降雨量值，对于大量无足够雨量观测资料的排土场区域则无能为力。因此，根据不同矿山排土场区域自然地理环境、地质地貌、土壤岩性、固体物质储备情况、排土场的堆置情况所发生的泥石

流所需降雨条件的类似之处，利用这种模糊相似关系，对无雨观测资料的排土场区域，以其参考相似条件而大致确定出无资料的排土场区域发生泥石流的临界雨量范围，还是可能的。对于泥石流形成运动而言，泥石流系统是一个非确定性系统，其初始状态是由许多因素所组成的模糊集合，排土场形成泥石流的条件是模糊初始场中的条件，两个不同矿山排土场形成泥石流的相似是三维空间中多个物理量之间的相似，这种相似也只能在模糊概念下的相似，显然用精确数学来处理这种相似性已为不适。故采用模糊相似选择的方法，以有足够雨量观测资料的泥石流沟作为比较样本，对于一定特征的排土场泥石流，都可以由其反映流域特征的各个因子计算出排土场形成泥石流的条件和各比较样本之间的相似程度，并以相似度足够高的比较样本的临界降雨条件作为参考标准，通过推理分析从而确定该排土场形成泥石流的临界雨量。

由于德兴铜矿历史上的泥石流观测资料不全，难以确定排土场泥石流的临界雨量，这里选择 4 条与德兴铜矿西源、祝家排土场最相似的泥石流沟，以其临界雨量值作为德兴铜矿排土场的参考值。

A　比较样本和相似因子的选择原则

比较样本的选择标准有两条：（1）必须有较长期的雨量观测资料；（2）此沟应具有一定的代表性。为此，选择永平铜矿西北部排土场 3 号支沟、永平铜矿南部排土场董家坞沟、云南大盈江浑水沟、云南蒋家沟作为比较样本，记为 Aki，分别以德兴铜矿西源排土场、祝家排土场作为固定样本，记为 Aoj。这几条沟的地理、气候、地形情况与德兴铜矿较为接近，尤其是永平铜矿与德兴铜矿相距直线距离仅 100km 左右，两地的地理、地形、气候极为相近。永平铜矿 1958 ~ 1983 年年平均降雨量为 1744.5mm，日最大降雨量为 206.4mm，小时最大降雨量为 60.3mm，降雨集中在 4 ~ 6 月份，降雨量占全年的 48.5%；德兴铜矿同期年平均降雨量 1882mm，日最大降雨量 216.0mm，小时最大降雨量 61.8mm，降雨量都集中在 4 ~ 6 月份，降雨量占全年的 48%，另外，排土场的岩性条件和块度组成也较为相似。

相似因子的选择原则是：（1）该因子与泥石流发生关系密切；（2）彼此相关性强的几个因子中，只能选择一个。根据排土场泥石流的成因及机理，选定 6 个相似因子，见表 2-40、表 2-41。

表 2-40　比较样本相似因子

沟　名	形成区山坡及排土场平均坡度/(°)	主沟平均比降/%	形成泥石流主要岩性 Q	年平均降雨量/mm	年降雨集中度 P	汇水面积/km²
	$C1$	$C2$	$C3$	$C4$	$C5$	$C6$
永平铜矿南部排土场 A1	34.5	120	3	1744.5	2	1.34
永平铜矿西北部排土场 A2	34.5	167	3	1744.5	2	0.24
蒋家沟 A3	36.5	152	4	1000	4	45.10
大盈江浑水沟 A4	36.0	136		850	4	4.50

注：1. 表中形成泥石流主要岩性 Q 的数字表示意义：1 为硬岩；2 为软硬岩相间，土较少；3 为软硬岩相间，土较多；4 为软岩及土。

2. P 为年降雨集中度，P = 4 表示 3 个月最大降雨占全年降雨的 65% 以上；P = 3 表示 3 个月降雨量占全年降雨量的 55% 以上；P = 2 表示占全年降雨量的 45% 以上；P =1 表示占全年降雨的 45% 以下。

表 2-41 固定样本相似因子

沟 名	形成区山坡及排土场平均坡度/(°)	主沟平均比降/%	形成泥石流主要岩性 Q	年平均降雨量/mm	年降雨集中度 P	汇水面积/km²
	C1	C2	C3	C4	C5	C6
祝家排土场 A_{k1}	35	130	2	1882	2	4.60
西源排土场 A_{k2}	35	120	2	1882	2	2.30

B 相似原理及其实现

对于固定的一个相似因子 C_i，其海明（Hamming）距离定义为

$$d_{ki} = |x_k - x_i|$$

$$d_{kj} = |x_k - x_j|$$

其中，x_i、x_j、x_k 是 A_i、A_k 中给定因子的特征值。其相似优先比为

$$\begin{cases} \dfrac{d_{kj}}{d_{kj} + d_{ki}} & (i,j = 1,\cdots,n) \\ 0 & (i = j) \end{cases} \tag{2-122}$$

根据式（2-122）可计算出 6 个因子 $C_1, C_2, \cdots, C_6$ 的 6 个模糊相关矩阵中的所有元素

$$R^{(n)} = \begin{bmatrix} \gamma_{11} & \gamma_{12} & \cdots & \gamma_{1n} \\ \gamma_{21} & \gamma_{22} & \cdots & \gamma_{2n} \\ \vdots & \vdots & & \vdots \\ \gamma_{n1} & \gamma_{n2} & \cdots & \gamma_{nm} \end{bmatrix} \tag{2-123}$$

首先以祝家排土场作为固定样本来计算

$$R_1^{(1)} = \begin{bmatrix} 0 & 0.50 & 0.75 & 0.67 \\ 0.50 & 0 & 0.75 & 0.67 \\ 0.25 & 0.25 & 0 & 0.40 \\ 0.33 & 0.33 & 0.60 & 0 \end{bmatrix}$$

$$R_1^{(2)} = \begin{bmatrix} 0 & 0.79 & 0.69 & 0.37 \\ 0.21 & 0 & 0.37 & 0.14 \\ 0.31 & 0.63 & 0 & 0.21 \\ 0.63 & 0.86 & 0.79 & 0 \end{bmatrix}$$

$$R_1^{(3)} = \begin{bmatrix} 0 & 0.50 & 0.67 & 0.50 \\ 0.50 & 0 & 0.67 & 0.50 \\ 0.33 & 0.33 & 0 & 0.33 \\ 0.50 & 0.50 & 0.67 & 0 \end{bmatrix}$$

$$R_1^{(4)} = \begin{bmatrix} 0 & 0.50 & 0.86 & 0.88 \\ 0.50 & 0 & 0.86 & 0.88 \\ 0.14 & 0.14 & 0 & 0.54 \\ 0.12 & 0.12 & 0.46 & 0 \end{bmatrix}$$

$$R_1^{(5)} = \begin{bmatrix} 0 & 1 & 1 & 1 \\ 0 & 0 & 1 & 1 \\ 0 & 0 & 1 & 0.5 \\ 0 & 0 & 0.5 & 0 \end{bmatrix}$$

$$R_1^{(6)} = \begin{bmatrix} 0 & 0.57 & 0.93 & 0.03 \\ 0.43 & 0 & 0.90 & 0.02 \\ 0.07 & 0.10 & 0 & 0.01 \\ 0.97 & 0.98 & 0.99 & 0 \end{bmatrix}$$

有了6个相关矩阵后，再就每一个矩阵顺序由大至小地选取 λ 值，且正 $\lambda[0, 11]$，以首先达到除对角线元素外，全行为1的 λ 截矩阵所对应的比较样本和 A_{k1} 最为相似，并记序号为1，然后删除该比较样本所对应的行、列后，再降低 λ 值，依次求取相似比较样本号，并分别记为序号"2"、"3"、"4"得表2-42。

对于各比较样本，某个相似因子序号越小，则说明与固定样本对应因子的相似程度越高。表示6个相似因子综合起来的相似程度，其值越小，整体相似程度越高，同理得到以西源排土场作为固定样本的相似性表（表2-43）。

表 2-42　祝家排土场与比较样本相似性

比较样本	$C1$	$C2$	$C3$	$C4$	$C5$	$C6$	$\sum_{i=1}^{6} C_i$
永平铜矿南部排土场董家坞沟 A1	1	2	1	1	1	2	8
永平铜矿西北部排土场3号支沟 A2	1	4	1	1	1	3	11
蒋家沟 A3	3	3	2	2	2	4	16
大盈江浑水沟 A4	2	1	1	3	2	1	10

表 2-43　西源排土场与比较样本相似性

比较样本	$C1$	$C2$	$C3$	$C4$	$C5$	$C6$	$\sum_{i=1}^{6} C_i$
永平铜矿南部排土场董家坞沟 A1	1	1	1	1	1	1	6
水平铜矿西北部排土场3号支沟 A2	1	4	1	1	1	3	11
蒋家沟 A3	3	3	2	2	2	4	16
大盈江浑水沟 A4	2	2	1	3	2	2	12

由表2-42、表2-43可看出，西源排土场、祝家排土场与永平铜矿南部排土场最为相似，次之为大盈江浑水沟和永平铜矿西北部排土场。因此，借用永平铜矿南部排土场临界雨量线作为德兴铜矿西源排土场、祝家排土场泥石流暴发的临界雨量线（图2-57、图2-58），即一定的前期降雨条件下，泥石流暴发所要求的10min或60min的最低雨强线。临界线以下为不暴发区，该区的降雨一般不会暴发泥石流；临界线以上为暴发区，具备前期雨量和激发雨量的情况下，很可能暴发泥石流。

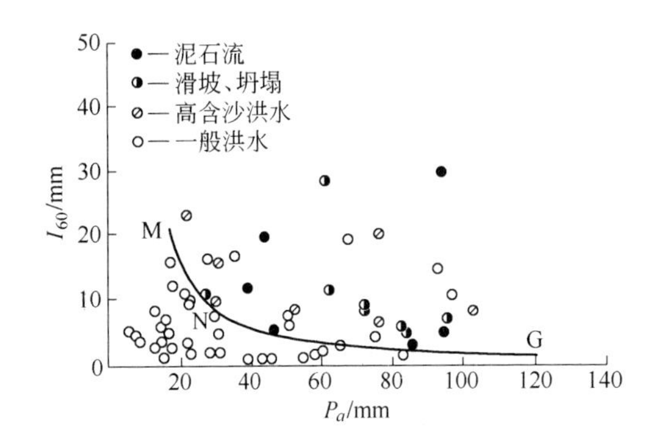

图 2-57 总实效雨量 P_a 和 60min 雨强 I_{60} 与排土场泥石流暴发的关系

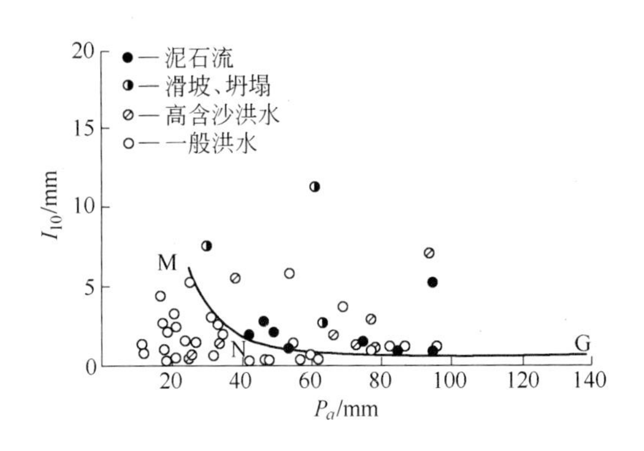

图 2-58 总实效雨量 P_a 和 10min 雨强 I_{10} 与排土场泥石流暴发的关系

P_a-I_{60} 临界雨量线方程为

$$I_{60} = \frac{A}{P_a} + B$$

MN 段

$$A = 218.18 \qquad B = 16.27$$

NG 段

$$A = 345.53 \qquad B = 0.48$$

P_a-I_{10} 临界雨量方程为

$$I_{10} = \frac{A}{P_a} + B$$

MN 段

$$A = 293.33 \qquad B = -5.93$$

NG 段

$$A = 76.46 \qquad B = -0.48$$

排土场泥石流的规模随着点位高出临界线（C. L）的距离而变化，点位距临界线上方越远其规模愈大，反之则小。而且，前期实效降水量大，暴发的泥石流规模也大。泥石流规模还受各时期排土场岩性变化的影响。

由于德兴铜矿排土场与永平铜矿排土场的相似程度是相对的，不是绝对的，因此，将永平铜矿南部排土场泥石流的临界雨量线作为德兴铜矿排土场泥石流的临界雨量线只作为参考值。但以此作为德兴铜矿排土场泥石流预报的初步判据还是很有价值的。在以后的监测预报中对临界雨量线不断修正。

统计预报一直是泥石流预报研究中主要的使用方法，但统计预报要求以一定数量的输入、输出记载资料为基础，这个条件对大多数排土场泥石流沟都不具备，所以其使用范围受到限制。模糊相似选择方法可以部分地弥补这个缺陷，把有限的少数沟谷的统计资料引申到大量的无资料的泥石流沟上去指导预报。

相似理论分析一直在水文、气象等学科的研究中得到广泛的应用，在泥石流预报的研究中也早就是专家们进行主观预报所使用的主要方法之一。模糊相似选择法确定泥石流沟危险雨情区的过程，基本上是模拟专家判别的思维过程，即对提供的信息，运用以前所积累的知识进行对比分析处理，再经过逻辑推理作出决策。整个判别过程既有数值计算也有逻辑推理，数值计算中的许多因素是由专家经验决定的，逻辑推理使用的则主要是试探性的专家知识，用计算机可以实现一个专家系统模式。

3 排土场稳定性分析方法

排土场稳定性研究与分析是20世纪80年代以来随着露天矿排土工程研究的发展而发展起来的，它借鉴并吸取了边坡稳定性研究与分析技术，在排土场散体结构、滑坡机理等方面开展了大量研究，根据排土工艺特点及散体岩石自然堆积运动规律，研究了由散体岩石堆置的排土场内部结构及破坏模式；研究了散体岩石的本构模型、变形模型；运用新技术、新方法开发了适合排土场散体岩石特性的稳定性分析程序；由此形成了一整套排土场稳定性研究、分析方法与程序，该技术的完善与发展同时也推动了边坡稳定性研究的完善与发展。

与边坡稳定性分析相同，排土场稳定性分析方法主要有3个方面：（1）常用的极限平衡分析法；（2）数值分析法；（3）可靠性分析法（又称随机概率法）。极限平衡分析法有毕肖普(Bishop)法、简布(Janbu)法、余推力法、Sarma 法及 Morgensterm-Price 法等，该方法因其计算简便而广为采用。数值分析法有有限单元法、离散元法、有限差分法等，其中非线性有限单元法因对排土场散体岩石变形特性研究充分，分析结果与观测结果一致而得到应用和发展，并已成为排土场稳定性主要分析方法之一。传统的极限平衡分析法将各种参数作为定值，没有考虑各个参数具有随机变量的特点，而可靠性分析法是将安全系数与边坡可靠性相联系，使边坡分析既安全又可靠。

排土场及边坡工程稳定性评价，在确定了边坡几何尺寸及内部结构的情况下，对可能的滑动面有一个可变区间，需确定最小安全系数（或最大破坏概率）的滑动面，人为的判断可能带来很大的误差；多位置的搜寻工作量很大且费时。采用最优化技术搜寻临界滑动面是一种有效、快速而精确的方法。在排土场稳定性极限平衡分析及可靠性分析中采用该方法，可大大减小计算工作量。

排土场稳定性研究不仅是评价排土场稳定性状况的问题，而且发展成为研究在保证排土场稳定的条件下提高排土效率，提高土地利用率，即根据试验参数确定出合理的排土高度等工艺参数。

排土场压缩变形规律研究表明，排土场散体岩石在排弃后，随着时间的变化，其总沉降率高达10%～20%。这表明排土场散体岩石的物理、力学强度不是固定不变的，而是随着时间的流逝由于压实而发生变化。同样，排土场地基软岩在排土场堆积载荷作用下，随着孔隙水压力消散而固结。这些物理、力学参数变化过程在很大程度上依赖于工艺因素。在排土场稳定性评价中，应考虑工艺因素与物理力学性质的关系，开展排土场稳定性动态评价。

3.1 极限平衡分析法

以条分法和极限平衡原理为基础的极限平衡分析法是边坡稳定性研究最常用的分析方

法，因考虑条块间力的假定条件及破坏面形状的不同，极限平衡法形成了考虑圆弧滑动面的 Bishop 法，考虑任意形状滑动面的 Sarma 法、Janbu 法、Morgenstern-Price 法、余推力法等。这些方法对滑体力平衡条件等均已进行了深入的研究，目前已发展成对滑面形状和静力平衡条件均不作简化的严格方法。

用极限平衡法进行边坡稳定性分析，需要分两步进行计算：

第一步，确定可能的滑动面形态，选用相应的公式分析其稳定性安全系数；

第二步，从许多可能的滑动面中，确定最小安全系数的临界滑动面，并计算出安全系数等参数。

3.1.1 稳定性计算的基本公式

3.1.1.1 Bishop 法

Bishop 法适用于圆弧滑动面的稳定性计算，且满足所有条块力的平衡条件，其计算式为

$$F_s = \frac{\sum \frac{1}{m_{\alpha_i}} \{c_i \cdot b_i + [W_i - u_i b_i + (X_i - X_{i+1})] \tan\varphi_i\}}{\sum W_i \sin\alpha_i + \sum Q_i \frac{e_i}{R}} \tag{3-1}$$

$$m_{\alpha_i} = \cos\alpha_i + \frac{\tan\varphi_i \cdot \sin\alpha_i}{F_s} \tag{3-2}$$

式中，E_i 和 X_i 分别表示法向和切向条间力；W_i 为条块自重；Q_i 为水平向作用力；c_i，φ_i 分别为材料的有效黏结力和内摩擦角，其他符号见图 3-1。

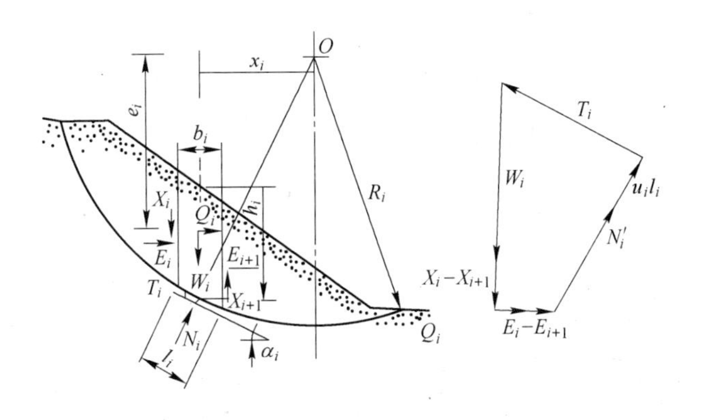

图 3-1 Bishop 法示意图

式（3-1）中各条块间作用力 X_i 是未知的，通过迭代可求出满足每一条块力平衡条件的安全系数 F_s。精确的 Bishop 法计算比较复杂，为此，Bishop 提出了假定 $X_i = 0$ 的简化法。研究表明，简化 Bishop 法与精确计算方法的计算成果很接近。

3.1.1.2 Janbu 法

Janbu 法适合于分析滑面较浅时的任意形状滑动面，该法假定条块间力的作用点位于条块下 1/3 点，能满足所有条块的力平衡条件，安全系数 F_s 的计算式

$$F_s = f_0 \frac{\Sigma X/(1 + Y/F_s)}{\Sigma Z + \Sigma Q_i} \tag{3-3}$$

式中，$X = [c' + (\rho h - \rho_w h_w) \cdot \tan\varphi'](1 + \tan^2\alpha)\Delta x$；$Y = \tan\alpha \cdot \tan\varphi'$；$Z = \rho \cdot h \cdot \Delta x \cdot \tan\alpha$；$Q_i$ 为水平作用力。

近似的改正系数

$$f_0 = 1 + k[d/L - 1.4(d/L)^2]$$

当 $c' = 0$ 时，则 $k = 0.31$；

当 $c' > 0$，$\varphi' > 0$ 时，则 $k = 0.50$。

上列各式中，c'，φ'为材料有效黏结力和内摩擦角；ρ，ρ_w 分别为岩石和水的密度；其他符号见图 3-2。

3.1.1.3 余推力法

余推力法适用于任意形状的滑动面。该法假定条块间力的合力与上一条块底面相平行，其计算式为

$$P_i = \frac{W_i \cdot \sin\alpha_i - [c'l_i + (W_i\cos\alpha_i - \mu_i l_i) \cdot \tan\varphi_i']}{F_s} + P_{i-1} \cdot Z_i \tag{3-4}$$

$$Z_i = \cos(\alpha_{i-1} - \alpha_i) - \frac{\tan\varphi'}{F_s} \cdot \sin(\alpha_{i-1} - \alpha_i)$$

式中，c'，φ'为材料有效黏结力和内摩擦角，其余符号见图 3-3。

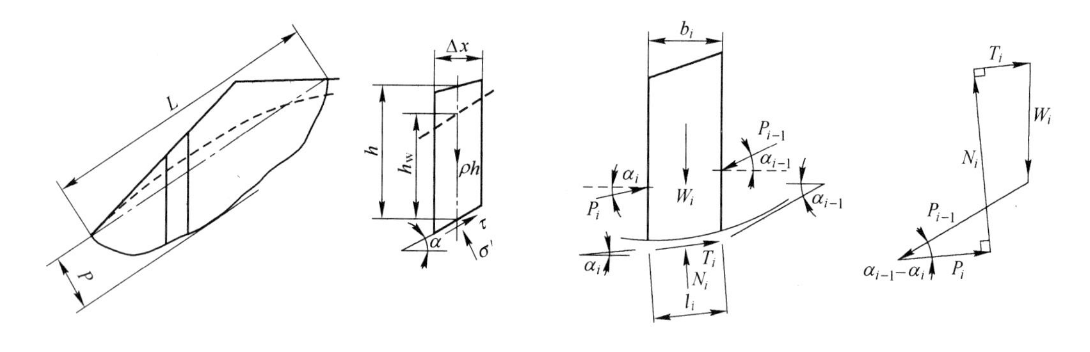

图 3-2 Janbu 法示意图

图 3-3 余推力法示意图

3.1.1.4 Sarma 法

Sarma 法是考虑滑体内任意倾斜条块间界面，适用于任意形状滑动面的一种方法。其计算式为

$$K_c = \frac{a_n + a_{n-1}e_n + a_{n-2}e_n e_{n-1} + \cdots + a_1 e_n e_{n-1}\cdots e_3 e_2}{P_n + P_{n-1}e_n + P_{n-2}e_n e_{n-1} + \cdots + P_1 e_n e_{n-1}\cdots e_3 e_2} \tag{3-5}$$

式中

$$a_i = \frac{W_i\sin(\varphi_i' - \alpha_i) + R_i\cos\varphi_i' + S_{i+1}\sin(\varphi_i' - \alpha_i - \delta_{i+1}) - S_i\sin(\varphi_i' - \alpha_i - \delta_i)}{\cos(\varphi_i' - \alpha_i + \overline{\varphi}_{i+1}' - \delta_{i+1}) \cdot \sec\overline{\varphi}_{i+1}}$$

$$P_i = \frac{W_i \cos(\varphi_i' - \alpha_i)}{\cos(\varphi_i' - \alpha_i + \varphi_{i+1}' - \delta_{i+1}) \cdot \sec\overline{\varphi}_{i+1}'}$$

$$e_i = \frac{\cos(\varphi_i' - \alpha_i + \varphi_i' - \delta_i)\sec\overline{\varphi}_i'}{\cos(\varphi_i' - \alpha_i + \overline{\varphi}_{i+1}' - \delta_{i+1}) \cdot \sec\overline{\varphi}_{i+1}'}$$

$$R_i = c_i' b_i \sec\alpha_i - U_i \cdot \tan\varphi_i'$$

$$S_i = c_i' d_i' - P_{wi} \cdot \tan\overline{\varphi}_i'$$

$$\overline{\varphi}_1' = \delta_1 = \overline{\varphi}_{n+1}' = \delta_{n+1} = 0$$

$$P_{wi} = \frac{1}{2}\gamma_{wi} \cdot Z_{wi}^2 / \cos\delta_i$$

$$c_i' = \frac{c_i}{F_s}, \quad \overline{c}_i' = \frac{\overline{c}_i}{F_s}, \quad \tan\varphi_i' = \frac{\tan\varphi_i}{F_s}, \quad \tan\overline{\varphi}_i' = \frac{\tan\overline{\varphi}_i}{F_s}$$

式中，c_i，φ_i，$\overline{c}_i$，$\overline{\varphi}_i$ 分别为底滑面及斜界面的有效黏结力及内摩擦角，其余符号见图 3-4。

计算时将不同强度储备系数 F_s 引入，代入式（3-5）求出不同的 K_c 值，然后绘制 $K_c - F_s$ 曲线，求出相对应于 K_c 的 F_s 值。

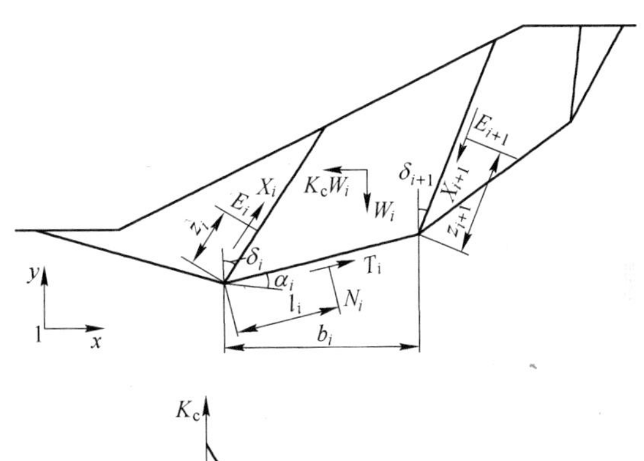

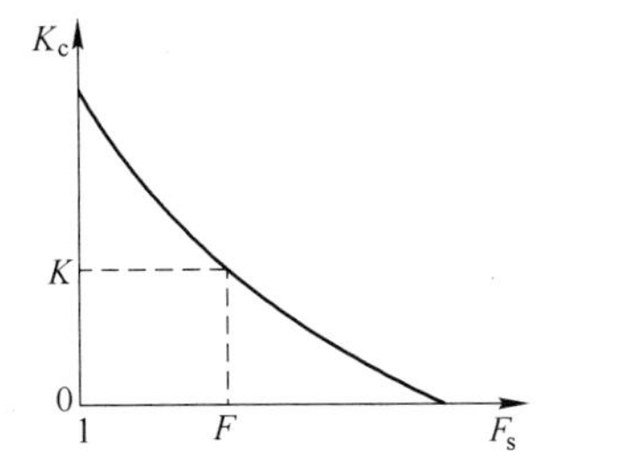

图 3-4 Sarma 法示意图

3.1.2 临界滑动面的优化方法

边坡稳定性分析中，能否求出最小安全系数（或最大破坏概率）滑动面，从而求出边坡的实际稳定状态，是边坡稳定性分析成败的关键之一。传统的边坡稳定性分析寻求临界滑面比较粗糙，往往判断出数个可能的潜滑面分别求安全系数，取其最小者作为临界滑面。20 世纪 80 年代初，国内外研究用变分法分析边坡稳定性，但由于该方法对于包含较复杂地层岩性及地下水的情况难以求解，因而受到限制。在此之后，有些学者注意开始研究最优化方法在边坡稳定性分析的应用，研究了以简单的瑞典条分法为基础的平面型破坏面、圆弧形破坏面临界滑面搜寻程序，该程序因瑞典法考虑的力的平衡条件简化多、精度差而受到限制。20 世纪 80 年代末，一些学者开展了通用的临界滑面最优化程序的开发，从而使传统的边坡稳定性分析技术更趋完善。对于排土场临界滑面的优化，我们在研究了排土场结构特点的基础上，建立了通用的优化计算程序。

3.1.2.1 排土场任意形状破坏面临界滑面的优化

A 最小安全系数优化基本公式

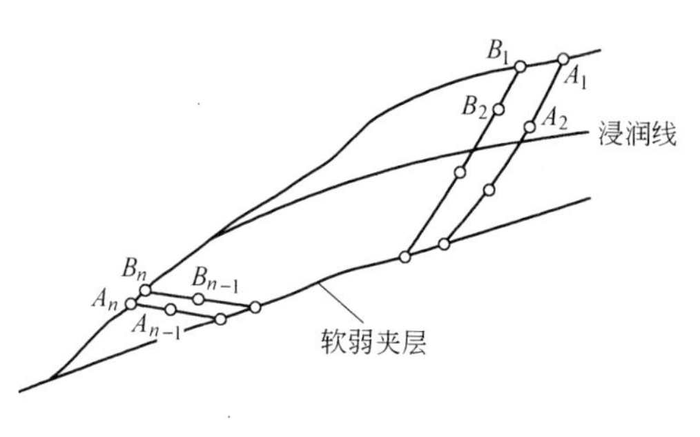

图 3-5 滑面及控制点

设某一边坡的滑动面由连接 n 个点 A_1，A_2，…，A_n 的直线或曲线组成（图 3-5），则该滑面的安全系数 F_s 可表达为 n 个点的坐标 x_1，y_1，x_2，y_2，…，x_n，y_n 的函数

$$F_s = F(x_1, y_1, x_2, y_2, \cdots, x_n, y_n) \quad (3\text{-}6)$$

这一函数根据稳定性分析公式的不同而不同。

以上函数式 n 个点中，根据滑面的边界条件，仅有部分（设 m 个）是独立变量，其余 $2n-m$ 个点可以认为是不动的。设 Z 为 m 个独立变量的向量，则有

$$F_s = F(Z) \quad (3\text{-}7)$$

式（3-7）即为优化目标函数。

最优化方法就是在给定的初始向量 Z^0 附近，求使 F_s 获得极小值的 $F_{s,\min}$ 的向量 $Z+\Delta Z$。

B 排土场临界滑面优化的边界条件

排土场临界滑面优化，视不同计算剖面，优化目标函数变量有许多限制条件。这些边界条件包括：

（1）滑面端点如位于边坡平台或水平地基上时，则其坐标等于固定的平台标高或地基标高。如位于斜坡面或倾斜地基上，则 Y 坐标随斜坡面或地基面的起伏而变化（图 3-6）。

（2）排土场内部根据岩石块度分布分层选取力学强度参数，因而在台阶各分层部位被划分为分层界面，如地基水平，则其分层界面为水平，穿过该界面滑面的 Y 坐标保持不变。否则这些分层界面为与地基倾向一致的斜面，因而其 Y 坐标随界面的起伏而变化（图 3-7）。

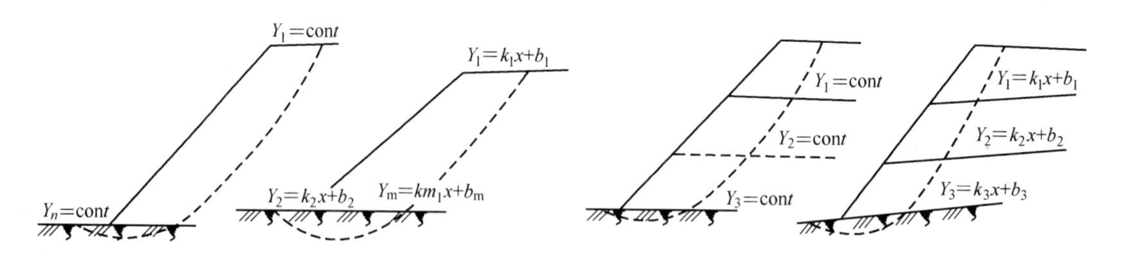

图 3-6 滑面优化端点边界条件　　图 3-7 滑面优化内部分层边界条件

（3）在地基软岩较薄的情况下，可认为滑面出口点位于坡脚点，X，Y 坐标固定不变。

（4）在实际计算中，无论是斜坡面，倾斜地基面，或分层界面，因滑动面变化范围不大，都可在计算剖面上将这些面局部上用直线代替，因而穿过这些部位的滑动面点 Y 坐标可表示为 X 的线性函数。

根据上述边界条件，可以得出，优化目标函数变量中仅 X 坐标为独立优化变量，Y 坐

标均可表示为 X 的函数或保持不变。

C 优化计算方法及优化计算程序

排土场临界滑面优化边界条件分析表明，排土场临界滑面优化目标函数可化为无约束的非线性优化问题。对于这一问题可采用多种方法求解，如求函数偏导数的共轭梯度法和不求函数偏导数的 Nelder-Mead 法（又称加速单纯形法）。这两种方法分别介绍如下。

a 共轭梯度法

共轭梯度法优化计算步骤如下：

(1) 选取初始点 $Z^{(1)}$ 及判别收敛的正数 ε。若 $|F_z(Z^{(1)})| \leqslant \varepsilon$，则迭代停止；否则进行 (2)。

(2) 令 $k=1$，$G^{(1)} = -F_z(Z^{(1)})$。

(3) 求 S_k 使 $F(Z^k + S_k Z^{(k)}) = \min F(Z^{(k)} + SZ^{(k)})$。

(4) 令 $Z^{(k+1)} = Z^{(k)} + S_k Z^{(k)}$。

(5) 若 $|F_z(Z^{(k+1)})| < \varepsilon$，则迭代停止；否则，若 $k \neq n$，则 $Z^{(1)} = Z^{(n+1)}$，进行 (1)，若 $k=n$，则算出：

$$v_k = \frac{|F_z(Z^{k+1})|^2 - F_z(Z^{(k+1)})^T F_z(Z^{(k)})}{|F_z(Z^{(k)})|^2}$$

令 $Z^{(k+1)} = -F_z(Z^{(k+1)}) + v_k Z^{(k)}$；

令 $k = k+1$，进行 (3)。

共轭梯度法需计算 F 对自变量向量 Z 各分量的偏导数。按稳定性计算目标函数形式的不同可以采用直接求导和数值求导方法。程序计算见图 3-8。

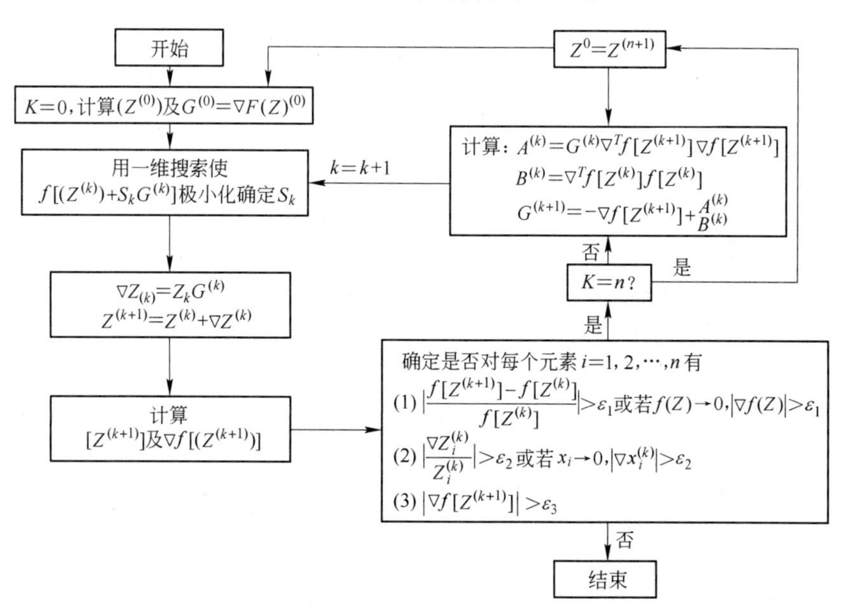

图 3-8 共轭梯度法最小 F_s 优化程序

b Nelder-Mead 法

Nelder-Mead 法又称可变多面体法，是经过改进的正常单纯形法，其基本思路如下：

以二元函数为例，设$f(x) = (x_1, x_2)$（图3-9），给定初始点$x^{(0)} = (x_1^{(0)}, x_2^{(0)})$后，按一定步长求3个点1、2、3，组成一个三角形，计算3点的函数值f_1、f_2、f_3，比较看出f的最大值（如f_3），求f_3关于1、2两点中点的对称点4，再令1、2、4三点组成新的三角形，重复上述步骤，直到求出满意解。

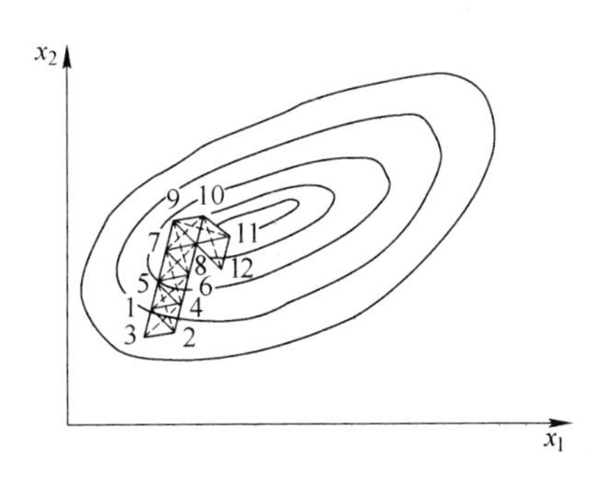

图3-9 二元单纯形优化过程示意图

正常单纯形法在求解f最大值的反射点时，采用对称法，Nelder-Mead 法寻求对称点时则视各f值进行放大或缩小。因此，多面体在计算中是变形的。

Nelder-Mead 法程序见图3-10。根据上述原理编制的 JNMO 优化程序含有一个主程序及子程序 START、SUMR。子程序 START 计算多面体顶点坐标值；子程序 SUMR 计算目标函数值，该子程序可为稳定性分析的各种计算方法程序。

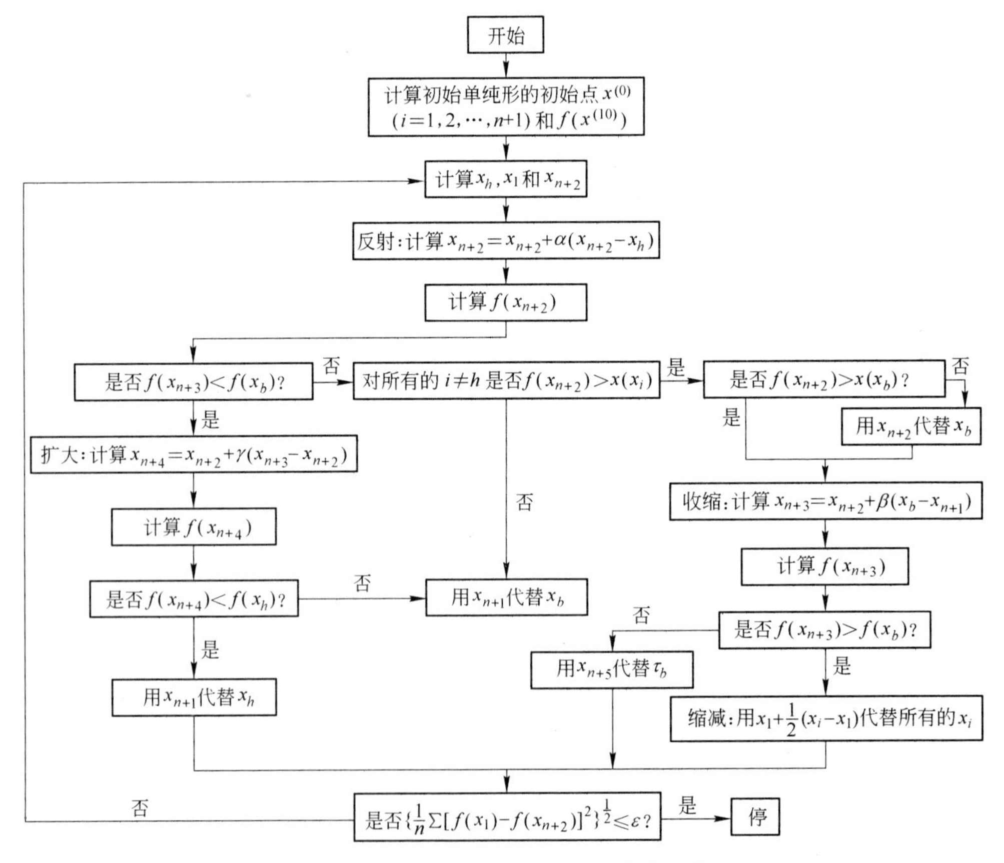

图3-10 Nelder-Mead 法最小F_s优化程序

3.1.2.2 圆弧破坏最小安全系数滑面的优化

圆弧破坏最小安全系数滑面的优化，因破坏面形状为已知，因此，优化的变量仅为圆

心坐标 x_0，y_0 和圆弧半径 R。如果确定了圆弧的滑面出口点的坐标，则其圆心坐标与半径间存在着一定的关系。以滑面出口点为坐标原点，x_0、y_0、R 的关系为

$$R^2 = x_0^2 + y_0^2$$

由此得出，圆弧破坏滑面的优化目标函数式为

$$F_s = F(x_0, y_0, R) \tag{3-8}$$

或

$$F_s = F(x_0, y_0) \tag{3-9}$$

这一优化目标函数的解法与任意形状滑面的优化计算方法相同，其计算更为简单。

圆弧破坏面安全系数计算目标函数一般采用简化 Bishop 法稳定性分析公式，针对该方法编制了 Bnmo（即：Bishop Nelder-Mead Optiting Program）计算程序。

3.2 三维极限平衡分析

3.2.1 三维极限平衡分析

在已往的二维边坡或排土场稳定性分析方法中，所有的稳定性问题都统统压缩到一个有限的二维模型框架中，因此，边坡的端部效应、滑面的侧向弯曲、边坡的平面弯曲以及侧向的非均质性等因素常常被忽略了。这种简化对稳定性系数的影响很多情况下可以不作考虑，但是有些情况下在不能定量评价忽略潜滑面的三维特征所产生的影响时，简单的二维简化可能带来很大的误差；例如：（1）狭窄的破坏面；（2）承载边坡或开挖边坡；（3）边坡的几何尺寸、性质或水文条件沿坡肩方向变化等情况。对于这些问题应采用三维方法。

过去十几年中三维方法得到很大的发展，大多是对二维分析方法在考虑三维效应下的扩展。Baligh、Azzouz(1975) 和 Chen、Chameau(1982) 考虑黏质边坡滑动面的端部效应扩展了普遍条分法，他们假定的滑动面由一有限长度的柱状体附加一楔体或锥体构成。Anagnosti(1969) 对 Morgenstern-Price 法进行扩展提出了一个更为精确的方法，认为类似的三维分析需要比二维分析多 3 倍的静力平衡条件假设来满足全部的 6 个平衡方程。他计算的安全系数增加 50% 以上，但这一方法只能用于某些特殊的滑面。

Hovland（1977）提出了一种普遍方法，这一方法忽略了条柱间的作用力。Chen 和 Chameau(1983) 指出 Hovland 方法偏于保守，但他们采用的一些假设和计算结果引起了人们的争议（Hutchison 和 Sarma 1985；Hungr 1987）。Xing(1988) 提出了在 Spencer 方法基础上扩展的一种比较简单的计算方法。

简化毕肖普法忽略了分条间垂向剪力的作用，对它进行三维扩展时也不需要采用多于其二维方法中所做出的假设。因此，扩展的计算方法既简单而又有效，也正如它的二维方法一样，如果在滑动过程中，滑体内部有很大的变形时，这种忽略了条柱间剪力作用的计算方法趋于保守。但对于那些旋转和对称滑面是比较准确的，因此，适用范围还是相当广泛的。

尽管三维方法研究在国外已取得了很大进展，但国内在边坡稳定性分析中采用三维方法的并不多见，人们仍然习惯于传统的二维分析方法。在开展的排土场稳定性研究中，把这一技术应用于排土场稳定性分析，对简化毕肖普法和简布法进行了三维扩展，并且编制

了三维稳定性分析的优化计算程序，采用优化方法进行滑动面最小安全系数的搜寻。

三维极限平衡分析方法是对二维毕肖普法和简布法的扩展，三维毕肖普法同样是基于毕肖普（1985）所提出的两个基本假设：

（1）不计条柱间铅垂方向的剪力作用（图3-11）；

（2）按每个条柱的铅垂向力平衡和整个滑体的力矩平衡求解其他未知数，不考虑纵向(Y)和横向(X)的水平力平衡条件。

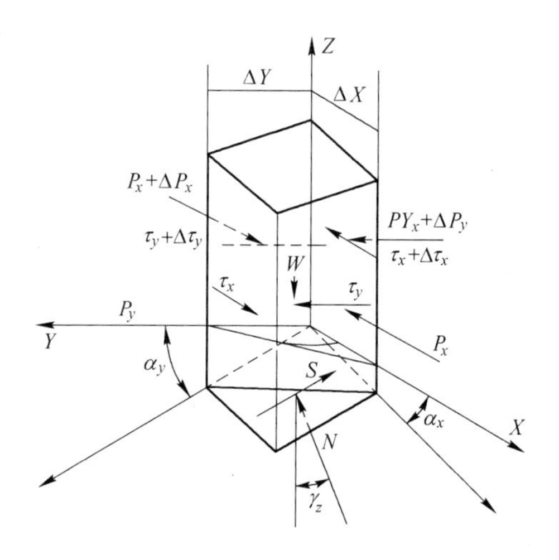

图 3-11 单一条柱上的受力图（不计条柱侧面上的铅垂剪力）

如图 3-11 所示，根据铅垂方向力的平衡条件，可求出每个条柱底面上的总的法向力如下

$$N = \frac{W - cA\sin\alpha_y/F + uA\tan\varphi\sin\alpha_y/F}{m_a} \tag{3-10}$$

式中，W 为条柱的总重力；u 为条柱底面中心处的孔隙水压力；A 为底面面积；c 为黏结力；φ 为摩擦角；F 为安全系数。其中

$$m_a = \cos r_z\left(1 + \frac{\sin\alpha_y\tan\varphi}{F\cos r_z}\right)$$

条柱的底面积 A 和倾角 r_z 是滑面倾向的函数，α_y 是滑面在 Y 向的倾角，α_x 是滑面在 X 向的倾角。

条柱底面的实际面积

$$A = \Delta x\Delta y\frac{(1 - \sin^2\alpha_x\sin^2\alpha_y)^{1/2}}{\cos\alpha_x\cos\alpha_y} \tag{3-11}$$

倾角也可由下式求出

$$\cos r_z = \left(\frac{1}{\tan^2\alpha_y + \tan^2\alpha_x + 1}\right)^{1/2} \tag{3-12}$$

滑体在平面上被划分为统一宽度的几排条块，如图 3-12 所示。

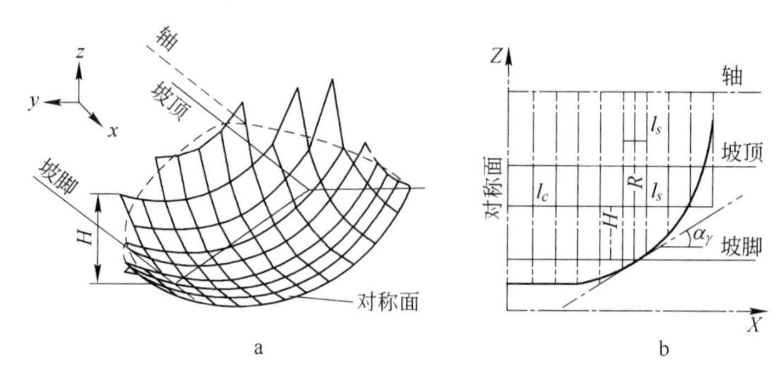

图 3-12 单元条柱的划分

对于平行 x 向一水平轴，求整个滑体的力矩平衡，得出安全系数的计算式为

$$F = \frac{\Sigma[cAR + (N - uA)R\tan\varphi]}{\Sigma WX - \Sigma Nf\cos r_z/\cos\alpha_y + \Sigma KWe + Ed} \tag{3-13}$$

式中，R，X 和 f 分别是抗滑力、条柱重力和条柱底面法向力的力臂；K 为地震加速度与重力加速度 g 的比值，所产生的水平地震力作用在每个条柱的中点上，其力臂为 e；E 是所有外载荷的水平分量之和，其力臂为 d（铅垂分量计入条柱二重力之中）。

对于旋转滑面来说，参考轴也是旋转轴，在每个条柱上 f 均为零。对于非旋转轴而言，式(3-13)的计算结果将取决于参考轴的位置。

在滑体的运动方向(Y 向)上取力的水平向平衡，得到安全系数的计算式

$$F = \frac{\Sigma[cA\cos\alpha_y + (N - uA)\tan\varphi\cos\alpha_r]}{\Sigma N\cos r_z\tan\alpha_y + \Sigma kW + E} \tag{3-14}$$

这就是简布简化法的三维算式，在此没有修正系数。

对于圆柱滑面而言，α_x 等于零，方程式(3-13)和式(3-14)均退化为二维方法。

3.2.2　计算实例

歪头山铁矿下盘排土场三维极限平衡分析根据各剖面的几何条件选择了 6 个剖面进行三维稳定性分析（表 3-1、表 3-2），同时与二维分析方法进行比较，分析结果如下：

（1）由于三维稳定性分析考虑滑体端部的影响，三维稳定性分析方法求得的安全系数大于二维计算值。

表 3-1　排土场内部滑坡稳定性计算结果

边坡类型	剖面号	地下水	地震系数	F_{3D}	F_{2D}	$\frac{F_{3D}-F_{2D}}{F_{2D}}\times 100\%$
土质坡	3	有	0	1.2269	1.1959	2.59
		有	0.05	1.1265	1.1096	1.52
	4	有	0	1.1720	1.1442	2.43
		有	0.05	1.0717	1.0484	2.22
混合坡	1	有	0	1.2886	1.2551	2.67
		有	0.05	1.1873	1.1547	2.82
	5	有	0	1.3827	1.3560	1.97
		有	0.05	1.2726	1.2486	1.92
块石坡	2	有	0	1.4003	1.3632	2.76
		有	0.05	1.2871	1.2581	2.30
	9	有	0	1.3315	1.3038	2.12
		有	0.05	1.2463	1.2012	3.72

注：F_{3D}为三维极限平衡分析安全系数；F_{2D}为二维极限平衡分析安全系数。

表 3-2 沿地基滑坡极限平衡分析结果

边坡类型	剖面号	地下水	地震系数	F_{3D}	F_{2D}	$\frac{F_{3D}-F_{2D}}{F_{2D}}\times 100\%$
土质坡	3	有	0	1.1900	1.1079	7.42
		有	0.05	1.0679	1.0082	5.92
	4	有	0	1.1506	1.0776	6.77
		有	0.05	1.0249	0.9817	4.40
混合坡	1	有	0	1.1866	1.1465	3.50
		有	0.05	1.0885	1.0450	4.16
	5	有	0	1.2365	1.1871	4.16
		有	0.05	1.1241	1.0806	4.03
块石坡	2	有	0	1.2717	1.2244	3.86
		有	0.05	1.1707	1.1148	5.01
	9	有	0	1.3182	1.2406	6.10
		有	0.05	1.2000	1.1359	5.64

（2）对排土场内部滑坡，三维安全系数略大于二维安全系数，两者差值平均 2.42%，最大 3.75%。但对通过软地基滑坡的滑动面，三维安全系数比二维安全系数相差较大，两者差值3.5% ~7.42%，平均 5.08%，这是由于三维滑体端部并未穿过地基表土层的缘故（图 3-13）。

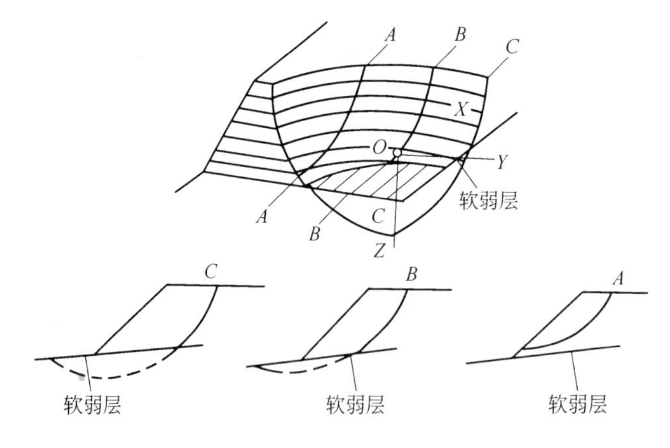

图 3-13 沿软地基三维稳定性分析模型及不同剖面比较

3.3 非线性有限单元法

3.3.1 非线性有限单元法的基本公式及分析计算软件

有限单元法现已成为结构工程、岩体工程等确定工程体应力状态、受力分析及其安全度的主要分析方法之一，有的工程甚至以有限元法作为工程体最主要的分析方法。这不仅是因为近年来对岩体、土体本构模型的研究充分，而且是因为有限单元法经过了不少工程实例及模型试验的检验。在排土工程中，由于已深入地研究了散体岩石的变形特性，因而有限单元法成为排土场变形分析、应力分析及稳定性分析的主要方法之一。

3.3.1.1 基本原理

有限单元法基本原理是将连续体（如排土场体）离散化成小的单元体，单元体之间用铰连接，然后将单元重力等转化成节点力，根据虚功原理，求出单元体的节点力与节点位移之间的关系。这样，连续体的问题即转化为结构系统问题求解。

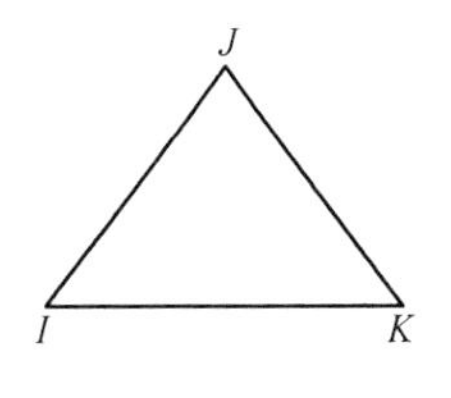

图 3-14 三角形单元

图 3-14 表示离散化的一个典型三角形单元，假设 3 个节点 I，J，K 的坐标分别为(X_i, Y_i),(X_j, Y_j),(X_k, Y_k)令

$$\begin{aligned} b_i &= (Y_i - Y_k), \quad b_j = (Y_k - Y_i), \quad b_k = (Y_i - Y_j), \\ c_i &= -X_j + X_k, \quad c_j = -X_k + X_i, \quad c_k = -X_i + X_j \end{aligned} \tag{3-15}$$

那么单元的面积为

$$A = \frac{1}{2}\begin{bmatrix} 1 & X_i & Y_i \\ 1 & X_j & Y_j \\ 1 & X_k & Y_k \end{bmatrix} \tag{3-16}$$

单元矩阵为

$$[\boldsymbol{K}]_{rs} = \begin{bmatrix} K_{ii} & K_{ij} & K_{ik} \\ K_{ji} & K_{jj} & K_{jk} \\ K_{ki} & K_{kj} & K_{kk} \end{bmatrix} \tag{3-17}$$

其中每个 $\boldsymbol{K}_{rs}$都是 2×2 方阵：

$$\boldsymbol{K}_{rs} = \frac{E(1-\mu)\cdot t}{4(1+\mu)(1-2\mu)A}\begin{bmatrix} k_{11} & k_{12} \\ k_{21} & k_{22} \end{bmatrix} \tag{3-18}$$

$$(r,s = i,j,k)$$

式中

$$\begin{aligned} k_{11} &= b_r b_s + \frac{1-2\mu}{2(1-\mu)}c_r c_s \\ k_{12} &= \frac{\mu}{1-\mu}b_r c_s + \frac{1-2\mu}{2(1-\mu)}c_r b_s \\ k_{21} &= \frac{\mu}{1-\mu}c_r b_r + \frac{1-2\mu}{2(1-\mu)}b_r c_s \\ k_{22} &= c_r c_s + \frac{1-2\mu}{2(1-\mu)}b_r b_s \end{aligned} \tag{3-19}$$

式中，E，μ，t 分别是弹性模量、泊松比和厚度，对平面应力问题，需将 $E/(1-\mu^2)$ 和 $\mu/(1-\mu)$ 分别换成 E 和 μ。

单元平衡方程为

$$[K]_c\{\delta\}_c = \{R\}_c \tag{3-20}$$

式中

$$\{\delta\}_c = \{\delta_{xi}, \delta_{yi}, \delta_{xj}, \delta_{yj}, \delta_{xk}, \delta_{yk}\}^T$$

$$\{R\}_c = \{R_{xi}, R_{yi}, R_{xj}, R_{yj}, R_{xk}, R_{yk}\}^T$$

组合整个结构体的平衡方程可得到

$$[K]\cdot\{\delta\} = \{R\} \tag{3-21}$$

式中，$[K]$，$\{\delta\}$，$\{R\}$分别为劲度矩阵、节点位移和节点载荷列阵。

3.3.1.2 排土场非线性有限元分析程序

有限单元法能否成功地应用于工程分析，程序与工程特点的符合程度是其关键所在。适合于排土场松散岩石特性的有限元程序必须适合排土场散体岩石的非线性特性、破坏特性及排土工程的特点。

A 非线性特性

工程中散体岩石的应力-应变模型常用弹性非线性模型来表示。20 世纪 80 年代，在岩体工程广泛研究弹塑性模型的情况下，散体岩石弹性非线性模型研究得到了最快速的发展，散体岩石弹性非线性模型主要有 E-μ 模型、K-G 模型、南京水科院模型等等，目前 K-G 模型应用最为广泛。排土场散体岩石的应力-应变特性对上述模型都较符合。研究表明散体岩石应力-应变以改进的 K-G 模型即 E-B 模型更为合适。

B 散体岩石抗剪破坏及破坏-恢复强度特性

散体岩石具有不抗拉或低抗拉特性，剪切破坏按非线性应力-应变关系及摩尔-库仑破坏准则求得，其公式为

$$\frac{1}{2}(\sigma_1 - \sigma_3) = \frac{c\cdot\cos\varphi + \sigma_3\cdot\sin\varphi}{1 - \sin\varphi} \tag{3-22}$$

式中，σ_1，σ_3 为单元的大、小主应力；c，φ 为单元材料的黏结力和内摩擦角。

散体岩石剪坏（或）拉坏后，单元材料弹模接近于零。如应力重新转移，单元恢复到正常应力状态，则其强度特性均恢复到正常状态。

C 排土场堆置边坡特性

排土场边坡属于堆置边坡，它不仅随排土过程而逐渐施加荷载，而且由于排土场堆积过程中岩块的分级，在排土场内形成自上而下岩石块度由小变大的特性。同样，排土场散体岩石的力学参数、变形参数、渗透性也具有类似的特性。排土场散体岩石孔隙率大，渗透性能较好。

根据排土场散体岩石特性，排土工程特点，我们研制了适合排土场稳定性分析的非线性有限元计算程序 DPFEM。程序总框图如图 3-15 所示。程序说明如下：

（1）基本功能。DPFEM 程序可分析各向同性、异性弹性非线性平面应力或平面应变问题，可处理自重载荷，集中载荷，渗流载荷及均布载荷情况，所用元素是四边形和三角形单元。本程序能处理 1700 个节点、1700个元素及 10 种不同材料的分析课题。本程序包含许多输入数据的校核工作，当错误找到时，能对错误作描述，并停止程序的执行。

（2）非线性分析方法。DPFEM 程序对以 E-B 模型表示的弹性非线性问题，采用增量

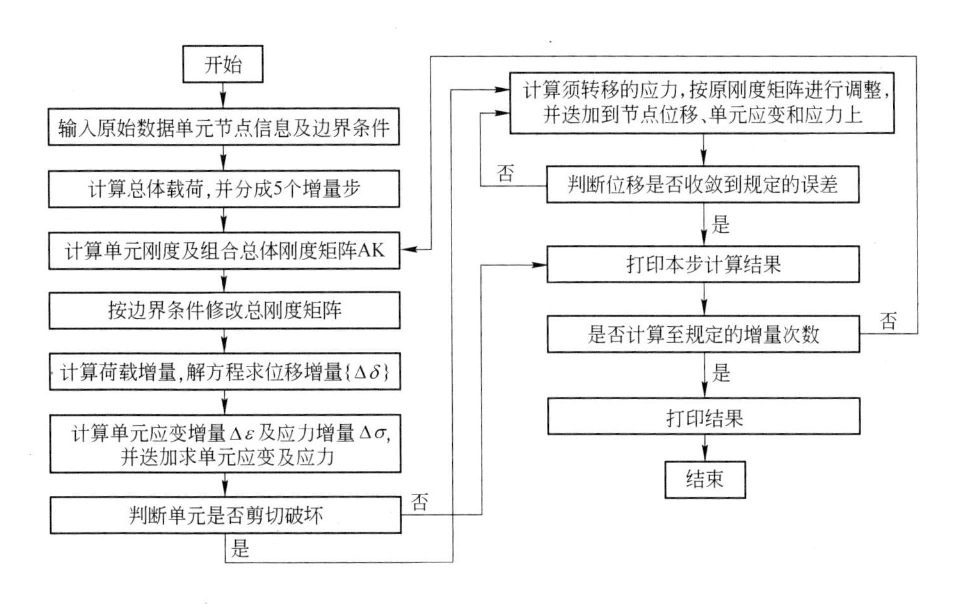

图 3-15 DPFEM 程序总框图

法求解。由于应力-应变关系为双曲线形式，即在同等应力增量情况下，在低应力区，应变变化较小，在高应力时，应变变化较大，因而计算中将各增量步取先大后小的不等量值，程序中设计的增量步分 5 个，各增量步增量依次为总载荷的 2/5，1/4，1/6，1/10，1/12。

（3）渗流节点载荷的计算。DPFEM 中未加入渗流计算程序，但考虑了按渗流计算成果计算渗流场所产生的静水压力和动水压力。

对三角形单元，设 i，j，k 各点的水头为 φ_i，φ_j，φ_k，则各节点施加荷载的计算式为

$$P_x = -\frac{\rho_w \cdot t}{6}(b_i\varphi_i + b_j\varphi_j + b_k\varphi_k)$$

$$P_y = -\frac{\rho_w \cdot t}{6}(c_i\varphi_i + c_j\varphi_j + c_k\varphi_k) + \frac{A \cdot t \cdot \rho_w}{3} \tag{3-23}$$

式中，t 为单元宽厚度；A 为单元面积；ρ_w 为孔隙水密度；b_i，c_i 同式（3-15）。

3.3.2 计算实例

3.3.2.1 计算情况

歪头山铁矿排土场非线性有限元计算，共进行了 A、B、C 3 个剖面计算。A、B 两剖面位于地基表土层较厚、最有可能产生破坏的沟谷部位，C 剖面沿东西向切割整个排土场。因排土场散体岩石的强度与地基基岩强度相差较大，排土场有限元计算区域确定为排土场相对高度的 1 倍左右。单元划分在已确定的地层界线及地下水位线作为剖分线的同时，以排土场内及地基软岩密集、地基基岩相对较稀为原则离散化，同时在重要部位适当增加节点密度，而在距排土场较远的基岩边界附近适当增大单元面积。根据以上原则，A—A 剖面共离散为 511 个节点，452 个单元，B—B 剖面共离散为 558 个节点，498 个单元，C—C 剖面共离散为 448 个节点，397 个单元。

本次计算结果给出了排土场各节点位移，各单元应力 σ_x、σ_y、τ_{xy}、σ_1、σ_3、σ_{13}，各单元剪应度 ε_x 及安全系数 F_s。

3.3.2.2 计算结果分析

A 排土场主应力及拉、剪破坏分析

排土场各计算剖面的主应力分布如图3-16所示，从总体上看，排土场各部位应力是从上往下逐渐增大，主应力方向在排土场边坡坡面附近呈与坡面倾向一致的分布，在坡角处近似水平，往排土场深部逐渐过渡到垂直。从排土场内部主应力分布来看，主应力方向受地形起伏的影响，即主应力方向随地基地形起伏而变化。

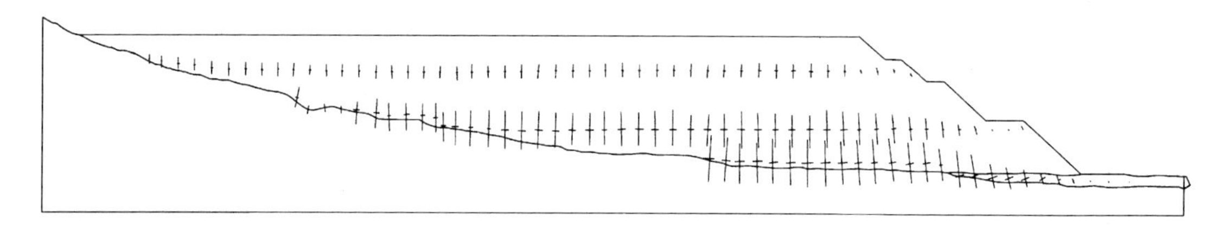

图3-16 *B* 剖面主应力分布图

排土场拉应力区主要集中于排土场坡顶、坡面部位，这是由于排土场坡顶、坡面的变形量大及由于地形起伏排土场厚度不一而产生的不均匀沉降。此外，地基软岩、地下水渗流的大小等也有影响。排土场松散岩石的剪切破坏，由摩尔-库仑定律来衡量。根据摩尔-库仑破坏准则及极限平衡的定义，用单元主应力差限值（最大剪应力的2倍）$(\sigma_1-\sigma_3)_f$ 与单元实际主应力差的比值来衡量单元的抗剪程度，该系数称为单元破坏安全度。

$$k_i=\frac{(\sigma_1-\sigma_3)_f}{(\sigma_1-\sigma_3)} \tag{3-24}$$

$$(\sigma_1-\sigma_3)_f=\frac{2\cdot c\cdot\cos\varphi+2\sigma_3\cdot\sin\varphi}{1-\sin\varphi}$$

按式（3-24），$k_i<1$ 时单元被剪切破坏，$k_i=1$ 时单元处于极限平衡状态。

非线性有限元计算中，计算了各单元的抗剪破坏安全度，从计算结果看，排土场剪切破坏区主要集中于拉应力区周围及局部应力集中区，如图3-17所示。

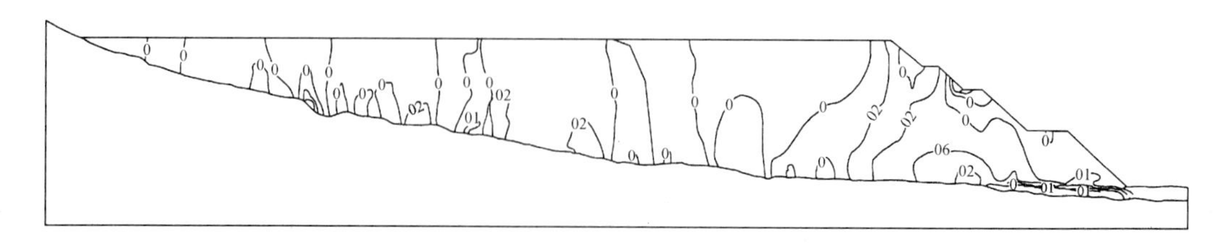

图3-17 *B* 剖面剪应变等值线图

B 排土场位移分析

排土场表面位移矢量如图3-18所示。由于排土场散体岩石松散度大、弹模小，因而其变形量很大。排土场表面位移矢量受排土场高度、地基起伏度及上部载荷等影响。常用衡量排土场变形量的指标有单位高度的沉降率及位移矢量角［$\alpha=\arctan(\Delta y/\Delta x)$］。从各计算剖面的沉降率变化来看，排土场高度愈高，则沉降率愈大。排土场的沉降率占排土场高度的10%～18%。排土场位移矢量方向均指向排土场推进方向。从位移矢量的变化来看，排土场表面位移矢量受地基地形及排土场高度的影响，如果排土场高度较高，则排土场表面位移矢量方位角变化范围小。

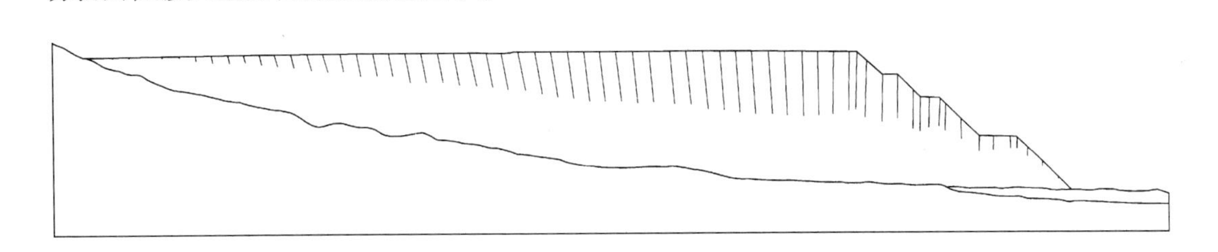

图3-18 *B*剖面位移矢量图

排土场表面位移矢量角基本上与地形坡度成正比，即地形坡度大，位移矢量角大。排土场边坡面位移矢量沿坡面呈自垂直向倾斜过渡的趋势，在排土场坡面下部，局部位移矢量指向坡外，即在排土过程中，排土场坡下部会出现鼓出现象。

在没有考虑时间因素影响条件下，有限元计算的排土场位移矢量是整个变形期间的总位移量。观测表明，排土场的位移是一个连续长时间变化的过程，该过程大约需6年左右时间。观测计算得出排土场总沉降率为排土场高度的11%～18%，排土场有限元分析结果与此十分接近。

排土场散体岩石压缩沉降的过程实际上也是散体岩石密度增加的过程。随着排土场的压密，散体岩石孔隙率逐渐减小，因而散体岩石的强度也在增大。因此说明，排土场的安全性能随排土场形成后时间的变化而逐渐变好；这在安全生产中就是要适当控制排土速度，不集中排弃，以给新排弃的岩石有充分的压缩时间。

3.4 可靠性分析方法

岩土工程的可靠性分析是一门新兴的学科，随着其理论的日臻完善和发展，现已普遍为人们所接受，成为岩土工程设计和评价的主要方法之一。在20世纪80年代中期，可靠性分析法开始由Nguyah和Chowhury在排土场稳定性分析中应用，目前已逐步被应用于该项工程设计中。

边坡可靠性分析在于考虑分析参数的离散性，建立安全系数与可靠性的联系。由传统的安全系数定义及概率理论所进行的强度干涉理论，从理论上建立了随机强度与可靠性之间的关系，定义了可靠性系数。在此基础上，对多种参数分布类型及稳定性分析公式根据安全系数定义形成了多种可靠分析方法。目前边坡稳定可靠性分析方法有蒙特-卡洛(Monte-Carlo)随机模拟法、Rosenbluth法、验算点法等，近来发展了随机有限元法。

目前的边坡可靠性分析方法各有特点，蒙特-卡洛法适应性强，受问题条件限制小，其收敛性与极限状态方程、变量分布的非正态无关。对于适用于边坡破坏模式的各种极限平衡分析方法，只要已知状态变量的分布，均可求解。蒙特-卡洛法被誉为精确方法，应用较为普遍，但其计算时间多，且对变量间的相关关系考虑粗糙。Rosenbluth 法最为简便，但该法对随机变量的分布类型有限制，要求概率密度分布为对称形。验算点法理论严谨，计算速度仅为蒙特-卡洛法的1%，但由于计算中非正态分布随机变量的当量正态化及状态方程的非线性化，可带来误差。

3.4.1 蒙特-卡洛分析方法

3.4.1.1 破坏概率

A 边坡安全系数小于1的概率

根据试验数据计算各参数的均值及方差，并对参数进行数学拟合分析其分布函数，然后对已知分布的随机变量进行随机抽样，再按随机数序列进行组合，计算出一系列的安全系数，并绘出分布曲线（如正态分布曲线），计算安全系数小于1点总数的百分比称作破坏概率。

若已求出安全系数的分布函数，它为正态分布，则破坏概率

$$P_f = \int_{-\infty}^{1} f(k)\,\mathrm{d}k$$

式中，$f(k)$为随机变量 k 的概率密度函数。

B 安全余量小于零的概率

由于影响边坡稳定性的各个参量为随机变量，因此可将边坡的下滑力（剪应力）S 与抗滑力（抗剪强度）R 视为随机变量，即作用在滑动面上的滑动力矩 M_S 与抗滑力矩 M_R 也为随机变量，因为它们的分布函数的形式对于破坏概率不甚敏感，所以可假设它们服从正态分布，即 M_S，M_R 的分布函数为$f(M_S)$，$f(M_R)$。若 $M_R - M_S < 0$ 便有滑动破坏的可能，则边坡破坏概率定义为

$$P_f = P[(M_R - M_S) < 0] \tag{3-25}$$

由概率论知，两个正态分布的和与差亦必然为正态分布，根据破坏概率定义，则有

$$P_f = \int_{-\infty}^{0} f(M_R - M_S)\,\mathrm{d}(M_R - M_S) \tag{3-26}$$

破坏概率 P_f 的求解

设 $RS = M_R - M_S$，则 $P_f = \int_{-\infty}^{0} f(RS)\,\mathrm{d}(RS)$

设 M_R，M_S 的数学期望为$\mu[M_R]$，$\mu[M_S]$；其方差为 $V[M_R]$,$V[M_S]$ 则有

$$\begin{aligned} \mu[RS] &= \mu[M_R] - \mu[M_S] \\ V[RS] &= V[M_R] + V[M_S] - 2r[RS] \end{aligned} \tag{3-27}$$

式中，$\mu[RS]$，$V[RS]$ 为 RS 的数学期望和方差，$r[RS]$ 为 M_R 和 M_S 的相关矩。

若 M_R,M_S 服从正态分布，则它们的概率密度函数分别为

$$\begin{aligned} f(M_R) &= \frac{1}{\sqrt{2\pi V[M_R]}}\exp\left(-\frac{(M_R - \mu[M_R])^2}{2V[M_R]}\right) \\ f(M_S) &= \frac{1}{\sqrt{2\pi V[M_S]}}\exp\left(-\frac{(M_S - \mu[R_S])^2}{2V[M_S]}\right) \end{aligned} \tag{3-28}$$

同理有

$$f(RS) = \frac{1}{\sqrt{2\pi V[MS]}}\exp\left(-\frac{(MS-\mu[RS])^2}{2V[MS]}\right) \tag{3-29}$$

破坏概率为

$$P_f = \frac{1}{\sqrt{2\pi V[MS]}}\int_{-\infty}^{RS=0}\exp\left(-\frac{(RS-\mu[RS])^2}{2V[MS]}\right)d(RS) \tag{3-30}$$

或

$$P_f = \Phi_0\left(\frac{-\mu[RS]}{\sqrt{V[RS]}}\right) \tag{3-31}$$

式中，$\Phi_0(x)$为误差函数积分，查专用表。

3.4.1.2 圆弧滑动面概率计算模型

A 稳定性计算公式

分析圆弧滑动面的稳定性计算公式如下

$$F_s = \frac{\Sigma[c\cdot b\cdot \sec a + (W\cdot\cos\alpha - K_cW\cdot\sin\alpha - \mu\cdot b\cdot\sec a)\tan\varphi]}{\Sigma W\sin\alpha + K_cW_{r_1}/r} \tag{3-32}$$

式中，W为条块自重；K_c为水平向地震系数；c，φ为有效黏结力和内摩擦角；b为条块宽度；α为条块底边倾角；μ为孔隙水压力系数；r为圆弧半径；r_1为条块重心距，圆心的垂直距离。

排土场可靠性分析可采用安全余量指标进行。根据安全余量的概念，式（3-32）中分子即为M_R，分母即为M_S。

B 抗滑力矩M_R和滑动力矩M_S的均值和方差

根据极限平衡基本公式，对于某一条块（略去标号i），有

$$M_R = b\cdot\sec\alpha\cdot c + V(\cos\alpha - K_c\cdot\sin\alpha)\gamma\cdot f - b\cdot\sec\alpha\cdot\mu\cdot f = M_{R1} + M_{R2} - M_{R3}$$

式中，V为条块体积，并考虑c，φ，γ为随机变量。

根据概率理论，随机变量

$$Y = G(\delta_1,\delta_2,\cdots,\delta_n)$$

的数学期望$E(Y)$和方差$V(Y)$可表示为

$$\begin{aligned} E(Y) &= G[\mu(\delta_1),\mu(\delta_2),\cdots,\mu(\delta_n)] \\ V(Y) &= \sum_{i=1}^{n}\sum_{j=1}^{n}\frac{\partial G}{\partial\delta_i}\cdot\frac{\partial G}{\partial\delta_j}\mathrm{cov}(\delta_i,\delta_j) \end{aligned} \tag{3-33}$$

若δ_i与δ_j不相关，则有：

$$V(Y) = \sum_{i=1}^{n}\left(\frac{\partial G}{\partial\delta_i}\right)^2\cdot V(\delta_i)$$

根据上述关系式，可得M_R均值和方差的表达式：

$$E(M_R) = E(M_{R1}) + E(M_{R2}) - E(M_{R3})$$

$$V(M_R) = V[M_{R1} + M_{R2} - M_{R3}]$$
$$= V(M_{R1}) + V(M_{R2}) + V(M_{R3}) - 2\rho_2 \sqrt{V(M_{R2}) \cdot V(M_{R3})} +$$
$$2\rho_1\sqrt{V(M_{R1})}\sqrt{V(M_{R2}) + V(M_{R3}) - 2\rho_2\sqrt{V(M_{R2}) \cdot V(M_{R3})}} \tag{3-34}$$

式中，ρ_1 为 M_{R1}与 $M_{R2} - M_{R3}$的相关系数；ρ_2 为 M_{R2}与 M_{R3}的相关系数。

对于 M_{R1}，有

$$E(M_{R1}) = b \cdot \sec\alpha \cdot \bar{c}$$
$$V(M_{R1}) = (b \cdot \sec\alpha)^2 V(c) \tag{3-35}$$

对于 M_{R2}，有

$$E(M_{R2}) = V(\cos\alpha - K_c \cdot \sin\alpha) \cdot \bar{\gamma} \cdot \bar{f}$$
$$V(M_{R2}) = [V(\cos\alpha - K_c \cdot \sin\alpha)]^2 \cdot \bar{\gamma} \cdot \bar{f} \cdot \rho_{f \cdot \gamma} \cdot \sqrt{V(f) \cdot V(\gamma)} \tag{3-36}$$

对于 M_{R3}，有

$$E(M_{R3}) = b \cdot \sec\alpha \cdot \mu \cdot \bar{f}$$
$$V(M_{R3}) = (b \cdot \sec\alpha \cdot \mu)^2 \cdot V(f) \tag{3-37}$$

同理可得滑动力矩

$$M_S = \sum_{i=1}^{n} \left(\gamma \cdot V \cdot \sin\alpha + \frac{r_1}{r} \cdot K_c \cdot \gamma \cdot V\right)$$

及 M_S 的统计特征值

$$E(M_S) = V\left(\sin\alpha + K_c \cdot \frac{r_1}{r}\right)\bar{\gamma}$$

$$V(M_S) = \left[V\left(\sin\alpha + K_c \cdot \frac{r_1}{r}\right)\right]^2 V(\gamma) \tag{3-38}$$

C 随机变量的相关分析

随机变量的相关分析是一个复杂的但很重要的参数，上述分析中，应当考虑相关分析的随机变量有：c，φ，γ，M_{R1}，M_{R2}，M_{R3}，M_R，M_S以及 $M_{R2} - M_{R3}$等。其中强度参数 c 与 φ 是相关的，c，φ 可能又与 γ 相关。

M_{R1}中随机变量为 c，M_{R2}中为 γ 和 φ，M_{R3}中为 φ，故 M_{R1}，M_{R2}与 M_{R3}均互相相关。M_S 中随机变量为 γ，即 M_R 与 M_S也相关。

随机变量的相关性可以采用两种途径推求：

（1）根据随机理论，两随机变量的相关系数可用下式计算

$$\rho_{c \cdot \varphi} = \frac{1}{n} \frac{\sum_{i=1}^{n}[(c_i - \bar{c})(\varphi_i - \bar{\varphi})]}{\sqrt{V(c) \cdot V(\varphi)}} \tag{3-39}$$

（2）根据相关性的概念，可以从实测的两随机变量(c,φ)值绘制其标准差 $\sigma_{(c)}$ 和 $\sigma_{(\varphi)}$ 与 σ_{φ} 的坐标图，然后用线性回归求得相关系数。

3.4.2 Rosenbluth 法

Rosenbluth 法是 20 世纪 80 年代初开始引入边坡可靠性分析的一种方法，它的基本数

学工具是基于 Rosenbluth E.（1975）提出的概率矩点估计方法。这是一种近似概率方法，当各状态变量的概率分布特征已知，就可以求得安全系数或安全储备的均值和方差，从而求得边坡的可靠指标 β，或在假定安全系数或安全储备概率分布下求得破坏概率 P_f，因而方便应用，就排土场工程而论，其精度一般可以满足要求。

Rosenbluth 法的基本要点是，在状态变量 $X_i(i=1,2,\cdots,n)$ 的分布函数未知情况下，无须考查 X_i 的变化形态和过程，只在（$X_{i\min}$，$X_{i\max}$）上分别选择 2 个取值点 x_{i1}、x_{i2}，如正态分布可取 μ_{xi} 的正负一个标准差 σ_{xi}，即

$$\begin{aligned} x_{i1} &= \mu_{xi} + \sigma_{xi} \\ x_{i2} &= \mu_{xi} - \sigma_{xi} \end{aligned} \tag{3-40}$$

对于 n 个状态变量，可有 $2n$ 个取值点，取值点的所有可能组合则有 2^n 个。在 2^n 个组合下，根据状态函数求得 2^n 个状态函数值，即 2^n 个安全系数（F_{s_j}）或安全储备（SM_j）。

如果 n 个状态变量相互独立，每一组合的出现概率相等，则 F_s 的均值估计为

$$\mu_{F_s} = \frac{1}{2^n}\sum_{i=1}^{2^n} F_{s_j} \tag{3-41}$$

如果 n 个状态变量是相关的，则每一组合出现概率不相等，概率值 P_j 的大小取决于变量间的相关系数

$$P_j = \frac{1}{2^n}(1 + e_1 \cdot e_2 \cdot r_{12} + e_2 \cdot e_3 \cdot r_{23} + \cdots + e_{n+1} \cdot e_n \cdot r_{n+1,n}) \tag{3-42}$$

式中，$e_i(i=1,2,\cdots,n)$ 的取值

$$\begin{cases} e_i = 1 & \text{当 } x_i \text{ 取 } X_{i1} \text{ 时} \\ e_i = -1 & \text{当 } x_i \text{ 取 } X_{i2} \text{ 时} \end{cases}$$

$r_{i,i+1}$ 为随机变量 X_i 与 X_{i+1} 间相关系数，于是，F_s 的均值估计为

$$\mu_{F_s} = \sum_{f=1}^{2^n} P_j F_{s_j} \tag{3-43}$$

如此可以推导出安全系数 F_s 或安全储备 SM 的概率分布的四阶矩估计值。

（1）一阶矩 M_1。随机变量 F_s 的一阶矩，也称均值 μ_{F_s}；其定义为

$$M_1 = E[F_s] = \mu_{F_s} = \int_{-\infty}^{\infty} F_s \cdot f(F_s)\mathrm{d}F_s \tag{3-44}$$

其点估计为

$$M_1 = \mu_{F_s} \approx \sum_{j=1}^{2^n} P_j F_{s_j} \tag{3-45}$$

（2）二阶矩 M_2。随机变量 F_s 的二阶矩为 F_s 的方差 $\sigma_{F_s}^2$；其定义为

$$M_2 = E[(F_s - \mu_{F_s})^2] = \sigma_{F_s}^2 = \int_{-\infty}^{\infty} (F_s - \mu_{F_s}) \cdot f(F_s)\mathrm{d}F_s \tag{3-46}$$

其点估计为

$$M_2 = \sigma_{F_s}^2 \approx \sum_{j=1}^{2^n} P_j F_{s_j}^2 - \mu_{F_s}^2 \tag{3-47}$$

（3）三阶矩 M_3。随机变量 F_s 的三阶矩定义为

$$M_3 = E\left[(F_s - \mu_{F_s})^3\right] E[F_s^3] - 3\mu_{F_s} E[F_s^2] + 2\mu_{F_s}^2 \tag{3-48}$$

其点估计为

$$M_3 \approx \sum_{i=1}^{2^n} P_j F_{s_j}^3 - 3\mu_{F_s} \sum_{i=1}^{2^n} P_j F_{s_j}^2 + 2\mu_{F_s}^2 \tag{3-49}$$

（4）四阶矩 M_4。随机变量 F_s 的四阶矩 M_4 定义为

$$M_4 = E\left[(F_s - \mu_{F_s})^4\right] \tag{3-50}$$

其点估计为

$$M_4 \approx \sum_{i=1}^{2^n} P_j F_{s_j}^4 - 4\mu_{F_s} M_3 - 6\mu_{F_s}^2 M_2 - \mu_{F_s}^4 \tag{3-51}$$

由安全系数的一阶矩 M_1 和二阶矩 M_2，可以求得边坡可靠性指标 β

$$\beta = M_1 / M_2^{1/2} \tag{3-52}$$

以及变异系数 δ（表示离散程度）

$$\delta = M_2^{1/2} / M_1 \tag{3-53}$$

采用偏态系数 θ_1 表示概率分布的对称程度及其偏奇方向

$$\theta_1 = M_3 / M_2^3 \tag{3-54}$$

采用峰态系数 θ_2 表示概率分布的突起程度

$$\theta_2 = M_4 / M_2^2 \tag{3-55}$$

依据上述的基本原理及计算公式，可按图 3-19 所示的基本计算步骤编制相应的计算程序。

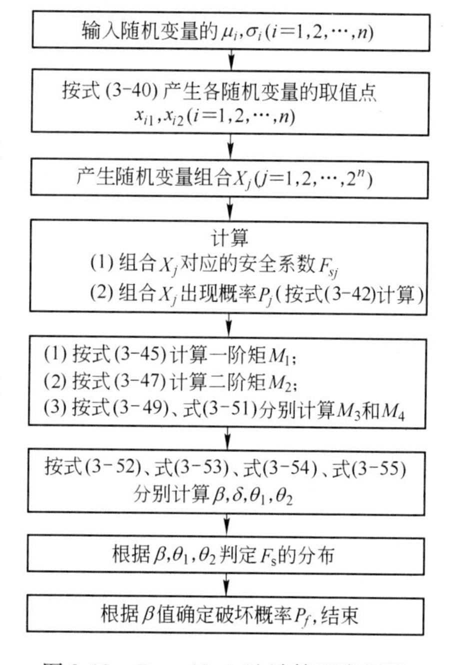

图 3-19　Rosenbluth 法计算程序框图

3.4.3　破坏概率标准的确定

可靠性分析解决了定量分析不能考虑的边坡材料参数的不确定性和变化性。研究表明定量安全系数与可靠性分析可接受的风险水平密切相关。目前，边坡工程中常用的破坏概率取 $10^{-2} \sim 10^{-3}$之间，一些土建工程及城市市区边坡可能选取 0.01% 或者更低。对于这些暴露时间在十几年甚至几十年的边坡，这样的风险水平是必要的。排土场边坡不同于上述情况，由于排土场的连续推进，排土场边坡具有临时性，因此，对于排土场可能接受的滑坡风险可以比较高，但对于处于重要建筑物附近的排土场，则不允许有很高的破坏概率。

根据加拿大 Queensland Geongella 矿排土场滑坡调查，排土场边坡破坏的平均百分比为 20%。秘鲁某矿边坡可靠性研究确定矿山主要运输线路和下部有矿山永久性设施的边坡，可接受的破坏概率 P_f = 0.3%，对于单个台阶，可接受的 P_f = 10%。

根据国内外有关资料，确定排土场台阶可接受的破坏概率 P_f 为 1% ~5%。对于排土场最终境界，由于外部有重要的铁路线等，确定可接受的破坏概率 P_f 为 1%。

3.4.4 计算实例

在对本钢歪头山铁矿排土场稳定性研究中，采用 Rosenbluth 法进行了可靠性分析。分别分析了内部滑坡的可靠性和沿地基滑坡的可靠性，分析结果见表 3-3、表 3-4。

表 3-3 下盘排土场内部滑坡可靠性分析结果

剖面号	地震系数	地下水	可靠性指标	破坏概率/%	安全系数
1	0	无	3.4441	0.03	1.2611
	0.05	无	1.9020	2.73	1.1605
	0	有	3.3457	0.04	1.2556
	0.05	有	1.8110	3.52	1.1553
2	0	无	10.5980	0	1.4008
	0.05	无	7.7463	0	1.2936
	0	有	10.3985	0	1.3942
	0.05	有	7.5429	0	1.2873
3	0	无	3.3586	0.04	1.1573
	0.05	无	1.4610	7.10	1.0605
	0	有	3.0499	0.11	1.1510
	0.05	有	1.1293	12.92	1.0545
4	0	无	3.4271	0.03	1.1622
	0.05	无	1.2672	10.30	1.0664
	0	有	3.1477	0.08	1.1557
	0.05	有	0.9698	16.60	1.0602
5	0	无	5.1558	0	1.3941
	0.05	无	3.7634	0	1.2742
	0	有	5.0614	0	1.3882
	0.05	有	3.6683	0	1.2681
9	0	无	5.0934	0	1.3586
	0.05	无	3.4737	0.03	1.2489
	0	有	5.0145	0	1.3540
	0.05	有	3.3943	0.04	1.2446

表 3-4 下盘排土场沿地基破坏可靠性计算结果

剖面号	地震系数	地下水	可靠性指标	破坏概率/%	安全系数
1	0	无	2.9913	0.14	1.1709
	0.05	无	1.2536	10.50	1.0686
	0	有	2.9733	0.15	1.1579
	0.05	有	1.1767	12.00	1.0598
2	0	无	4.3166	0	1.2560
	0.05	无	2.5273	0.57	1.1448
	0	有	4.4865	0	1.2403
	0.05	有	2.5936	0.48	1.1345
3	0	无	2.6487	0.40	1.1375
	0.05	无	0.7282	23.32	1.0362
	0	有	2.6388	0.42	1.1244
	0.05	有	0.6079	27.19	1.0275
4	0	无	2.0452	1.06	1.1013
	0.05	无	0.0882	46.4	1.0042
	0	有	1.9064	2.83	1.0854
	0.05	有	-0.1697	54.62	0.9927
5	0	无	3.1558	0.08	1.2015
	0.05	无	1.5372	6.21	1.0942
	0	有	3.3213	0.05	1.1986
	0.05	有	1.6613	4.85	1.0955
9	0	无	4.2880	0	1.2611
	0.05	无	2.5460	0.55	1.1542
	0	有	4.3879	0	1.2627
	0.05	有	2.7458	0.30	1.1575

排土场可靠性分析表明，由排土场的破坏概率与安全系数所得稳定性结果基本是一致的，个别剖面有所差别，这符合可靠性分析的规律。分析还表明，与安全系数相比，破坏概率是一个很敏感的参数，随着安全系数的微小变化，破坏概率变化很大。

3.5 随机有限元法

3.5.1 弹塑性随机有限元数学模型

近年来，人们对岩土参数的不确定性有了进一步的认识和了解，各种室内测试手段获得并经处理的岩土指标存在着不确定性，这就对定量的数值计算结果的精度产生较大的影响。为了在有限元计算中考虑参数不确定性的影响，人们把概率方法引入到有限元计算模型中来，进行随机有限元分析。

国内外都开始尝试将弹性随机有限元用于边坡可靠性分析，作者也首次考虑土的弹塑性性质，建立弹塑性随机有限元模型，并将这一技术用于排土场软土地基的可靠性分析。

为了在有限元计算中引进计算参数的随机性，这里采用广泛使用的 Taylor 级数逼近法，将计算参数看做随机变量，按随机变量函数的矩的近似计算方法来求出结构位移和应力的期望值与方差。求得高斯点的局部破坏概率，进而得到结构的破坏概率分布。

3.5.1.1 随机变量及其分布

设含有 n 个随机变量 x_1，…，x_n 的一个函数组成了新的随机变量 Y。

$$Y = f(x_1, x_2, \cdots, x_n) = f(\underset{\sim}{x}) \tag{3-56}$$

假如已如 x_1，x_2，…，x_n 的均值列阵和协方差方阵，由 Taylor 级数逼近法可以得到如下的数学期望和方差的近似计算式

$$E(Y) = f(\underset{\sim}{u}) + \sum_{i=1}^{n} (x_i - u) \left. \frac{\partial f}{\partial x_i} \right|_{\underset{\sim}{x} = \underset{\sim}{u}} \tag{3-57}$$

$$V(Y) = \sum_{i=1}^{n} \sum_{j=1}^{n} \left. \frac{\partial f}{\partial x_i} \right|_{\underset{\sim}{x} = \underset{\sim}{u}} \left. \frac{\partial f}{\partial x_j} \right|_{\underset{\sim}{x} = \underset{\sim}{u}} \cdot \mathrm{cov}(x_i, x_j) \tag{3-58}$$

3.5.1.2 弹塑性有限元计算公式

弹塑性有限元计算的主要公式有：

平衡方程

$$k \cdot q = Q \tag{3-59}$$

刚度矩阵

$$k = \int_{\Omega} B^{\mathrm{T}} D_{ep} B \mathrm{d}\Omega \tag{3-60}$$

弹塑性矩阵

$$D_{ep} = D_e - \frac{1}{\beta} C \cdot C^{\mathrm{T}} \tag{3-61}$$

应力应变关系

$$\sigma = D_{ep} \cdot \varepsilon \tag{3-62}$$

应变位移关系

$$\varepsilon = B \cdot q \tag{3-63}$$

以上式子中，q 为结点位移列阵；Q 为结点荷载列阵；D_e 为弹性矩阵；B 为应变矩阵；$C = D_e \cdot (\mathrm{d}F/\mathrm{d}\Omega)$；$F$ 为屈服函数。

3.5.1.3 随机有限元计算公式

有限元计算中，不确定计算参数由列阵 P 表示

$$P = \{P_1, P_2, \cdots, P_n\}^{\mathrm{T}} \tag{3-64}$$

其均值为

$$P = [\overline{P}_i]^{\mathrm{T}}_{n\times 1}$$

协方差为

$$V(P) = [\mathrm{cov}(P_c, P_k)]_{m\times n}$$

在弹塑性有限元公式中，若假定计算参数为 n 个不定因素，则 K、Q 也为不定因素的函数，位移 q 也就成为不定因素 P_1，P_2，…，P_n 的函数。

$$q_i = q(P_1, P_2, \cdots, P_n) \tag{3-65}$$

由式（3-57）和式（3-58）得节点位移的期望

$$\begin{aligned} E(q_i) &= E\left[q_i(P_1, P_2, \cdots, P_n) + \sum_{k=1}^{n}(P_k - \bar{P}_k)\frac{\partial q_i}{\partial P_n}\bigg|_E\right] \\ &= q_i(\bar{P}_1, \bar{P}_2, \cdots, \bar{P}_n) \end{aligned} \tag{3-66}$$

节点位移的方差为

$$\mathrm{var}[q_i] = \sum_{k=1}^{n}\sum_{t=1}^{n}\frac{\partial q_i}{\partial P_k}\bigg|_E \cdot \frac{\partial q_i}{\partial P_n}\bigg|_E \cdot \mathrm{cov}(P_l, P_k) \tag{3-67}$$

式中，$\frac{\partial q_i}{\partial P_k}\bigg|_E$ 和 $\frac{\partial q_i}{\partial P_n}\bigg|_E$ 分别为位移 q_i 对随机变量 P_k、P_l 的偏导数在均值处的取值。

对式(3-59)取随机变量 P_k 的微分，得

$$\frac{\partial k}{\partial P_k} \cdot q + K \cdot \frac{\partial q}{\partial P_k} = \frac{\partial Q}{\partial P_k}$$

即

$$\frac{\partial q}{\partial P_k} = K^{-1}\left[\frac{\partial Q}{\partial P_k} - \frac{\partial k}{\partial P_k} \cdot q\right] \tag{3-68}$$

由式（3-68）可见，假定 Q 是常量，只要能求出刚度矩阵 k 的偏导数，即可求得 $(\partial q)/(\partial P_k)$ 。对于弹性问题 $(\partial k)/(\partial P_k)$ 可以求出显式，对于塑性问题，刚度矩阵 K 中元素很繁杂，只能用数值微分的方法求得，这里采用有限差分方法来求 $(\partial k)/(\partial P_k)$ ，差分公式为

$$\frac{\partial k}{\partial P_k} = \frac{K(P_k + \Delta P_k) - K(P_k - \Delta P_k)}{2\Delta P_k} \tag{3-69}$$

由于应力和位移一样，也是 $\{P\}$ 的函数，同样可求 $E[\sigma_i]$ 、$V[\sigma_i]$ 、$\mathrm{cov}[\sigma_i, \sigma_j]$ 。

3.5.1.4 *破坏概率*

为了了解地基的稳定情况，查明危险的破坏区，必须求出破坏时的破坏概率，这里采用土力学最常用的摩尔-库仑准则来判断土体强度特征，并且为了简单起见，分别考虑剪切破坏和拉伸破坏，不考虑两者同时作用的混合破坏。

图 3-20 所示为地基内部某点的应力状态和库仑破坏准则的关系，图中压应力取正，从摩尔应力圆圆心到破坏线的距离以 τ_f 表示，应力圆的半径以 $\tau_{\max}$ 表示，于是剪切破坏的安全储备为

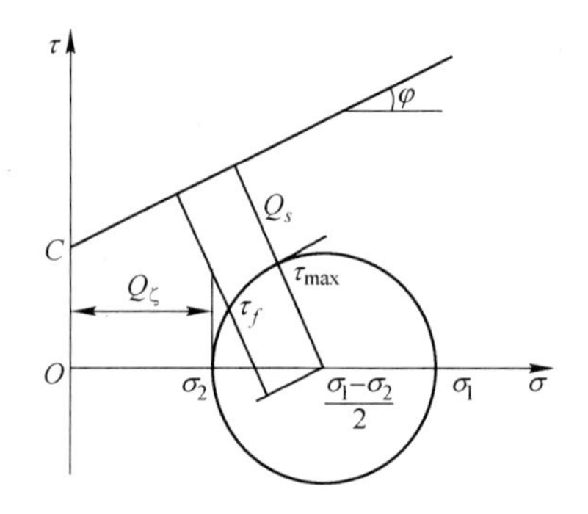

图 3-20 各向同性体的安全储备

$$Q_s = \tau_f - \tau_{\max} = C\cos\varphi + \frac{1}{2}(\sigma_1 + \sigma_2)\sin\varphi - \frac{1}{2}(\sigma_1 - \sigma_2) \tag{3-70}$$

若假定土体无抗拉能力，则 σ_2 就是抗拉破坏的安全储备，即

$$Q_t = \sigma_2 \tag{3-71}$$

从式(3-70)和式(3-71)可知，若 $Q_s \leqslant 0$ 或者 $Q_t \leqslant 0$，应力状态超过破坏准则，则发生破坏。

安全储备 Q_s 和 Q_t 都是随机变量，由线性一次逼近理论，得其期望和方差为

$$E[Q_s] = E(C)\cos E[Q] + \frac{1}{2}(E[\sigma_1] + E[\sigma_2])\sin E[\varphi] - \frac{1}{2}(E[\sigma_1] - E[\sigma_2]) \tag{3-72}$$

$$E[Q_t] = E[Q_2] \tag{3-73}$$

$$V[Q_s] = \left(\frac{\partial Q_s}{\partial c}\bigg|_E\right)^2 \mathrm{var}[C] + \left(\frac{\partial Q_s}{\partial \varphi}\bigg|_E\right)^2 \mathrm{var}[\varphi] + \left(\frac{\partial Q_s}{\partial C}\bigg|_E\right)\left(\frac{\partial Q_s}{\partial \varphi}\bigg|_E\right)^2 \mathrm{cov}[C,\varphi] + \sum_{k=1}^{n}\left(\frac{\partial Q_s}{\partial P_k}\bigg|_E\right)\left(\frac{\partial Q_s}{\partial \varphi}\bigg|_E\right)\mathrm{cov}[P_k,\varphi] + \sum_{k=1}^{n}\sum_{l=1}^{n}\left(\frac{\partial Q_s}{\partial P_k}\bigg|_E\right)\left(\frac{\partial Q_s}{\partial P_l}\bigg|_E\right)\mathrm{cov}[P_k,P_l] \tag{3-74}$$

$$V[Q_t] = \sum_{k=1}^{n}\sum_{l=1}^{n}\left(\frac{\partial \sigma_2}{\partial P_k}\bigg|_E\right)\left(\frac{\partial \sigma_2}{\partial P_l}\bigg|_E\right)\mathrm{cov}[P_k,P_l] \tag{3-75}$$

式中

$$\frac{\partial Q_s}{\partial C} = \cos\varphi$$

$$\frac{\partial Q_s}{\partial \varphi} = -C\sin\varphi + \frac{1}{2}(\sigma_1 + \sigma_2)\cos\varphi$$

$$\frac{\partial Q_s}{\partial P_k} = \frac{1}{2}(\sin\varphi - 1)\frac{\partial \sigma_1}{\partial P_k} + \frac{1}{2}(\sin\varphi + 1)\frac{\partial \sigma_2}{\partial P_k}$$

假定应力和强度均为正态分布，则 Q_s 也可认为是正态分布，故点的局部破坏概率为

$$P_f = P(Q_s \leqslant 0) = \frac{1}{\sqrt{2\pi}}\int_{-\beta}^{\beta}\exp\left(-\frac{t}{2}\right)\mathrm{d}t \tag{3-76}$$

其中

$$\beta = \frac{\mu_{Q_s}}{\sigma_{Q_s}},\quad \mu_{Q_s} = E[Q_s],\quad \sigma_{Q_s} = \sqrt{\mathrm{var}[Q_s]}$$

同理可求出拉伸破坏的破坏概率。

这样由有限元每个高斯点的破坏概率，可以得到整个结构的破坏概率分布。

根据以上模型编制了有限元程序，程序框图见图3-21。

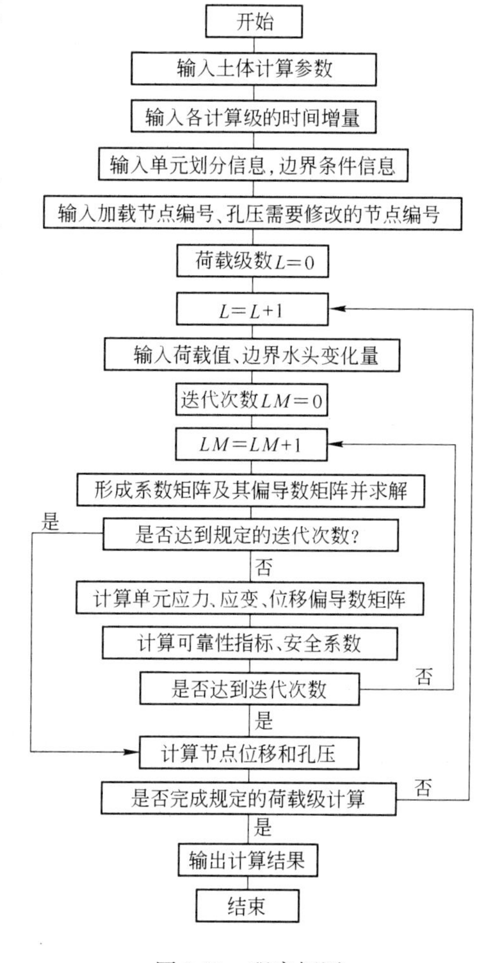

图3-21 程序框图

3.5.2 软土地基固结变形的弹塑性模式

分析土体的固结变形关键的问题是选择一个适合于土体变形特征的应力-应变模式，土体既产生弹性变形又有不可恢复的塑性变形，把它看做刚性体和弹性体都是不太恰当的。近年来弹塑性模型得到广泛应用，国内外也相继发展了各种适用于土体的弹塑性模式并用于实际工程中，南科院沈珠江等人提出的双屈服面弹塑性模型是一个适用于软黏土的在理论上有新的特点的弹塑性模型，该模型可以反映土体的流变性质，已多次用于分析软黏土地基固结变形问题，得到了较为满意的结果，下面对其加以简单介绍。

南水模式的应力-应变关系为

$$v = c\ln\frac{P(1+x)}{P_0} \tag{3-77}$$

$$\xi = \frac{a\eta}{1-b\eta} \tag{3-78}$$

式中，$x = d\eta^n$；$\eta = \tau/p$，为归一化的剪应力；$\xi = c(r/v)$，为归一化的剪应变；P_0 是 $v' = 0$ 时的参考压应力；a、b、c、d 和 n 为5个计算参数，其中 c 为体积压缩系数，即 r-$\ln P$ 曲线的斜率。a 为剪切模量系数，d 和 n 分别为剪缩系数和剪缩幂次。

模式中建议弹性体积及剪切应变按下式计算

$$v^e = c_s\ln\frac{P}{P_0} \tag{3-79}$$

$$\gamma^e = \tau/G \tag{3-80}$$

式中，c_s 为回弹指数；G 为弹性剪切模量。式（3-77）和式（3-78）分别减去式（3-79）和式（3-80）得到塑性体积和剪切应变即为体积和剪切屈服函数 f 和 g

$$f = c\ln\frac{P(1+x)}{P_0} - c_s\ln\frac{P}{P_0} \tag{3-81}$$

$$g = \frac{a\eta}{1-b\eta} - \frac{\tau}{G} \tag{3-82}$$

相应的塑性应变增量为

$$\delta v^p = \langle\alpha_1\rangle(f_p\delta_p + f_\tau\delta_\tau) \tag{3-83}$$

$$\delta\gamma^{p} = \langle\alpha_2\rangle(g_p\delta_p + g_\tau\delta_\tau) \tag{3-84}$$

式(3-83)、式(3-84)中$\langle\alpha_1\rangle$、$\langle\alpha_2\rangle$为判别加荷、卸荷的因子，即当体应变加荷时$\langle\alpha_1\rangle = 1$，否则为0，剪应变加荷时$\langle\alpha_2\rangle = 1$，否则为0。

在π平面上采用 Plandtl-Reuss 的假设，由式(3-83)和式(3-84)的塑性应变增量加上弹性应变增量后，可得总应变增量$\{\delta\varepsilon\}$，求逆后可以写出应力增量$\{\delta\varepsilon\}$的表达式为

$$\{\delta\varepsilon\} = [D]_{ep}\{\delta\varepsilon\} \tag{3-85}$$

此外，模式中还建议按下式计算剪切流变

$$r_c = C_t R^m \lg\frac{t}{t_0} \tag{3-86}$$

式中，t_0为参考时间，即试验中每级荷载增量的时间；$R = b\eta$即所谓的应力水平；C_t和m为另外两个参数。

采用上述的应力-应变关系后，Biot 固结理论平面问题的微分方程式为

$$\left.\begin{aligned}
&d_{11}\frac{\partial^2 r}{\partial x^2} + (d_{14}+d_{41})\frac{\partial^2 r}{\partial xy} + d_{44}\frac{\partial^2 s}{\partial y^2} + d_{14}\frac{\partial^2 s}{\partial y^2} + (d_{12}+d_{44})\frac{\partial^2 r}{\partial x\partial y} + d_{42}\frac{\partial^2 s}{\partial y^2} - \frac{\partial u}{\partial x} + X = 0\\
&d_{41}\frac{\partial^2 r}{\partial x^2} + (d_{21}+d_{44})\frac{\partial^2 r}{\partial x\partial y} + d_{24}\frac{\partial^2 r}{\partial y^2} + d_{44}\frac{\partial^2 s}{\partial x^2} + (d_{24}+d_{42})\frac{\partial^2 s}{\partial x\partial y} + d_{22}\frac{\partial^2 s}{\partial y^2} + \frac{\partial u}{\partial y} + Y = 0\\
&-\frac{\partial}{\partial t}\left(\frac{\partial r}{\partial x} + \frac{\partial s}{\partial y}\right) + \bar{k}_x\frac{\partial^2 u}{\partial x^2} + \bar{k}_y\frac{\partial^2 u}{\partial y^2} = 0
\end{aligned}\right\} \tag{3-87}$$

式(3-87)中，r、s和u分别为水平和垂直位移及孔隙水压力；x和y为体积力；$\bar{k}_x = k_x/\rho_w$，$\bar{k}_y = k_y/\rho_w$，k_x和k_y为水平和垂直向渗透系数，ρ_w为水的密度；式中的系数d_{11}，d_{12}，…即为式(3-85)中$[D]_{ep}$矩阵的诸元素。

将计算域在空间上用有限单元法离散化，在时间上用差分法，可将上述微分方程组变为代数方程组，解代数方程组即可求得地基的水平、垂直位移和孔隙水压力。

3.5.3 排土场软土地基固结变形随机有限元分析计算实例

软土地基滑坡是排土场破坏的主要形式，这种类型的例子占冶金矿山排土场滑坡的一半以上。歪头山铁矿自1986年以来大型滑坡就达50多次，其中近半数是由软土地基造成的。软土地基的破坏与地基的固结变形、孔隙压力的增长和消散等因素密切相关，因此有必要对软土地基在排土场加载作用下的变形和破坏规律进行深入细致的研究，为了了解软土地基的变形发展过程，对排土场地基进行了固结变形分析，把弹塑性随机有限元用于排土场软土地基破坏分析。

歪头山铁矿下盘排土场软土地基分布在排土场东北部，南起190m排土场，北至侯屯，土层厚4～15m不等，自上而下一般为耕作层、粉质黏土、混合花岗岩基底。粉质黏土遇水浸泡，强度降低，在排土场堆置作用下，地基变形大，易产生地基滑坡。

歪头山铁矿排土场稳定性研究的主要内容之一就是对第四系软土地基稳定性进行分析，为此，分析了在排土场逐级加载作用下地基的水平位移、垂直位移以及孔隙水压力的变化规律，为了验证计算结果的精度，进行了现场孔隙压力的观测，取得丰富的孔压实测资料，用于验证计算结果的精确性。

孔隙水压力测点埋设在达子堡新滑坡体右侧，距滑坡体30m左右，3个观测孔共埋设SZ-2型差动电阻式孔隙压力计5只，1991年9月6日开始观测，其中一只孔隙水压力计在观测过程中失效，其他4只正常观测至1992年5月底。其间190m土场共移道两次，往返4次覆盖孔压计上方，后面有限元分析主要就是针对该时期排土场形成过程，分析地基的固结变形及其破坏情况。

3.5.3.1 软土地基固结变形分析

歪头山铁矿排土场软土地基固结变形分析共进行了Ⅰ—Ⅰ′、Ⅱ—Ⅱ′两个剖面的分析，其中Ⅰ—Ⅰ′剖面为埋设孔压计的位置。Ⅰ—Ⅰ′剖面和Ⅱ—Ⅱ′剖面分别划分了129个和108个四边形单元。边界条件为上边界为自由、透水边界，下边界为水平、垂直向固定，不透水边界；右边界为水平向固定、垂直向自由，不透水边界，左边界位移的约束条件同右边界，但为透水边界。

计算参数见表3-5，将荷载直接作用在相应节点上，加荷时间及中间间隙期模拟实际的排土过程，剖面Ⅰ—Ⅰ′按8次加载计算，剖面Ⅱ—Ⅱ′按10次加载计算，并且认为荷载是一次性瞬时施加的。

A 地基沉降

排土场压缩沉降受排土时间、台阶高度、地基岩性、散体物料、雨水及地下水等因素的影响，沉降量占排土台阶高度的10%～20%。对于软土地基排土场来说，其中一部分沉降是由地基沉降引起的，沉降量与软土层厚度及土的压缩性质相关、变化差异很大。排土场的变形和破坏与地基变形直接相关，要研究排土场变形规律必须了解地基的变形过程。但是由于客观条件的限制，目前所进行的只限于排土场总沉降量的观测，地基位移沉降监测工作尚未进行过。沉降变形分析的目的就是要弥补这一不足，用数值方法来分析排土场软土地基固结沉降的变化发展过程。

歪头山铁矿下盘排土场基底为4～15m厚的粉质黏土，地基压缩变形大。图3-22为Ⅰ—Ⅰ′、Ⅱ—Ⅱ′剖面在190m台阶作用下地基沉降变化曲线，Ⅰ—Ⅰ′和Ⅱ—Ⅱ′剖面地基的

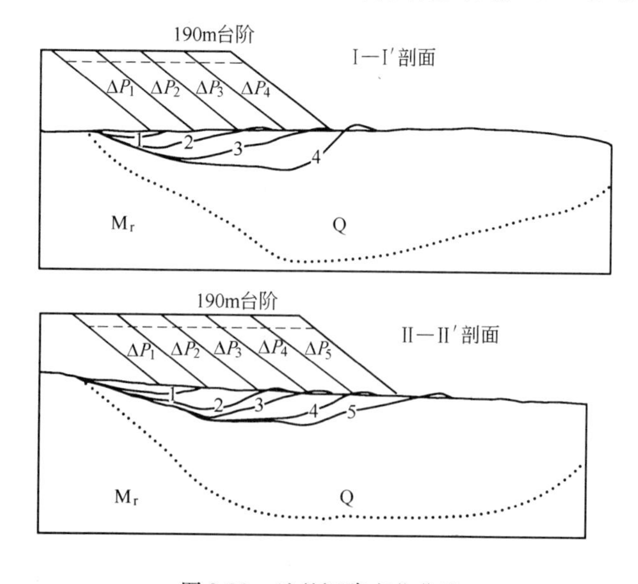

图3-22 地基沉降变化曲线

最大沉降量分别为98cm和84cm，排土场边坡下面地基沉降变化大，随着排土场向前推进沉降变化趋向稳定。

B 水平位移

图3-23所示为计算得到的排土场地基在荷载作用下Ⅰ—Ⅰ′剖面和Ⅱ—Ⅱ′剖面的水平位移。由图可见，在2～3m深度范围内水平位移随深度的增加而增大。最大水平位移可达71cm（Ⅰ—Ⅰ′剖面）和63cm（Ⅱ—Ⅱ′剖面）。然后开始随深度增加而逐渐减小，由水平位移的分析结果可以看出较大的水平位移发生在地基浅部2～3m深处，所以第一台阶排土场产生的地基破坏应属浅层地基滑坡。

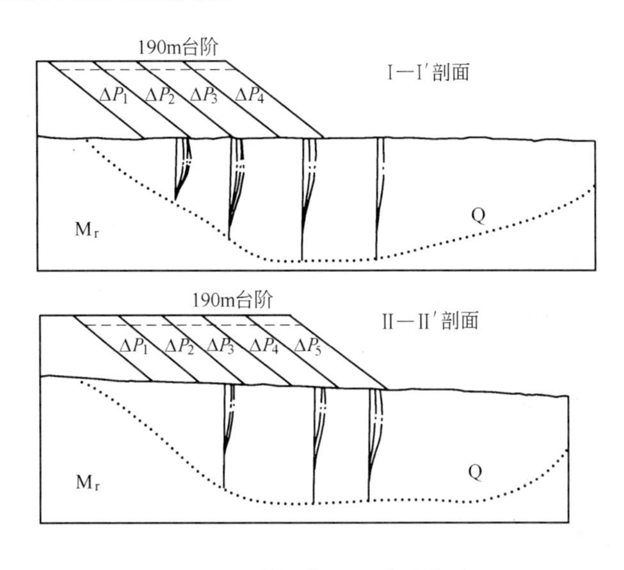

图3-23 排土场地基水平位移

C 孔隙水压力

图3-24所示为A、B、C、E 4只孔隙压力计实测孔压与计算值的对比，从图中可以看

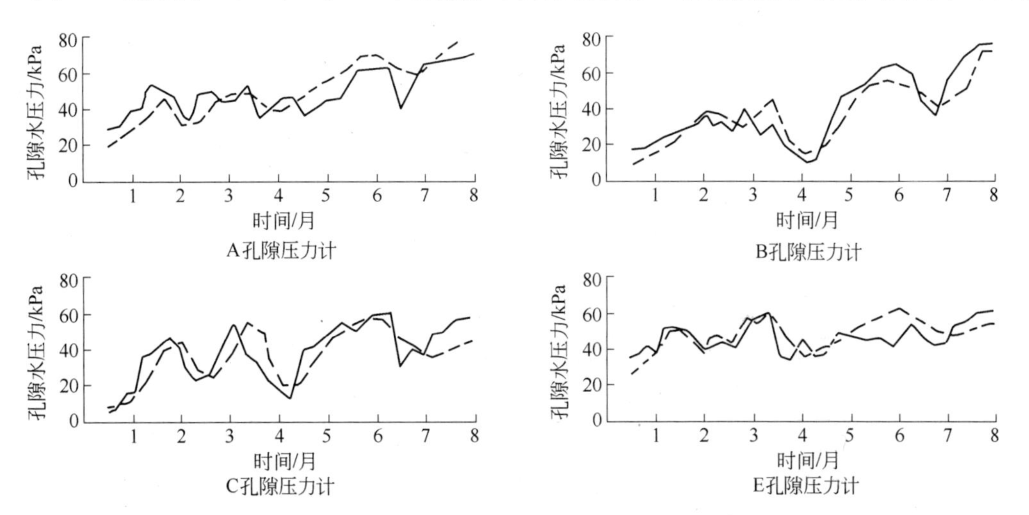

图3-24 计算孔隙水压力与实测值比较

实线—实测值；虚线—近似值

出，A、B、C 3 处计算值与实测值附和较好，4 次加载作用下孔隙水压力增长的时间和数量与实测结果基本上一致，某些时段孔隙水压力峰值与实测值相差较大，这也与计算时间的选择有关，E 点计算值与实测值相差较大，实测值的规律性较差。

3.5.3.2 随机有限元分析

A 土性指标的统计参数

可靠性分析需要用到土性指标的统计参数。严格来说，所有岩土参数都具有不确定性，而其结果对确定性分析的可靠性都将产生影响，但为了计算简单起见，只选取具有代表性的几个参数作为随机变量，这里选取黏结力 c、内摩擦角 φ、压缩系数 C_c、土密度 ρ 4 个量进行统计分析。根据已往对大量饱和及非饱和黏土的试验数据的统计结果，这些参数都服从近似正态分布。参数统计结果见表 3-5。

表 3-5 土性指标的统计参数

统计量	黏结力 c/MPa	内摩擦角 φ/(°)	压缩系数 C_c	土密度 ρ/kg · cm^{-3}
均　值	0.0286	0.3683	0.133	0.0019
均方差	0.0056	0.0838	0.016	0.0586×10^{-3}
变异系数	0.19	0.22	0.12	0.03

B 计算结果分析

图 3-25 所示为各级荷载作用下地基等破坏概率 P_f 等值成图，在前期荷载作用下，坡

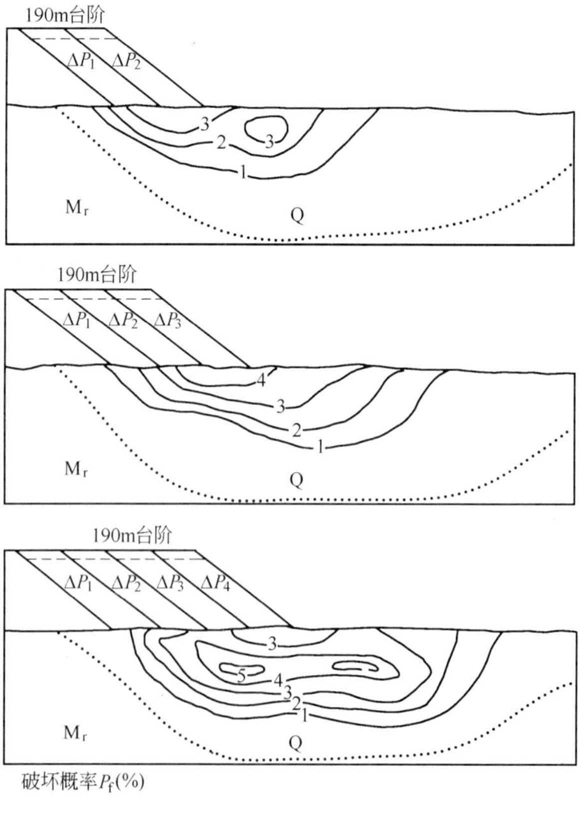

破坏概率 P_f(%)

图 3-25 破坏概率变化曲线

面下方地基和坡脚前方出现两个破坏概率较高的区域，随着后续各级荷载的施加，这个区域向周围扩展。坡脚下方为剪应力集中区，易发生剪切破坏，坡脚前方为拉应力，多出现裂隙、隆起等拉伸破坏。破坏概率较高的区域分布在地基的中浅部，深层破坏的可能性较小，这与该深度地基孔隙水压力增长较快、有效应力降低，地基承载能力下降是相符合的。

地基某些部分的破坏概率大于5%，说明排土场加载后孔隙水压力的迅速增长导致有效应力降低，在某一时段地基可能出现较高的破坏概率，随着孔隙水压力的消散，地基强度提高，地基的可靠性也会随之增长，因此逐渐加载过程中破坏概率并没有显著增加，而只是略有变化。

4 排土场灾害及其防治技术

4.1 排土场稳定性工程治理措施

影响排土场稳定性的因素有：

（1）排土场散体岩土的力学强度（摩擦强度参数 c、φ 值）和排土场堆积体的排水渗流特征参数；

（2）排土场基底岩层赋存条件和强度特征；

（3）排土场堆积体内地下水运动的规律和特点；

（4）地表水的控制和排泄；

（5）排土场堆置的工艺和参数。

根据排土场滑坡的许多事例分析结果，多数滑坡案例是因为软弱地基的影响，另外排土场物料含大量的表土和风化岩石，在地表水和雨水作用下很容易产生边坡破坏。为了保持高台阶排土场的稳定性和安全生产，可因地制宜采用下列工程技术措施。

根据国内外矿山排土场滑坡及泥石流防治经验，在加强排土场技术管理和监测工作的同时，防治滑坡及泥石流的措施主要是地表水和地下水的疏排以及在排土场下游构筑一系列的谷坊群坝等泥石流防护措施。

4.1.1 合理控制排土工艺

4.1.1.1 合理控制排土顺序

合理控制排土顺序是在进行矿山排土规划时要合理安排不同岩性的岩土，硬岩、软岩、大块和破碎岩石分别排弃到排土场不同的空间位置，避免形成软弱夹层（即潜在滑动面）或软岩石集中的边坡。同时将坚硬大块岩石堆置在底层以稳固基底，或大块岩石堆置在最低一个台阶反压坡脚。对于覆盖式多台阶排土场，底层第一层高度不宜太大，以有利于基底的压实和固结，也有助于上部后续台阶的稳定。根据剥离岩石的性质不同，应予设计不同的排土顺序，尤其是剥离表土和风化岩石，需要合理堆排，有利于排土场稳定性的提高。实行岩、土（包括风化岩石）分排或岩、土混排。如大冶铁矿曾按 2∶1 的比例实行坚硬岩石与风化表土混合排弃，效果良好，目的是增加排弃物料的力学性质，避免单独排弃软弱岩土时形成软弱带，造成边坡和土场不稳定事故。同时当排弃表土和强风化岩石时应控制排土场推进速度，以免工作面一次推进距离过大，沉降变形大，对于生产设备的安全带来危害，也易产生滑坡。为此要有备用排土线，轮换作业，留出一定时间使新排土线达到充分沉降与压实。另外控制排土速度也利于软弱地基能得到有充分的压实和固结，以提高地基承载能力。

针对剥离的不同岩性分别和有选择地堆置，避免将表土和软弱岩石堆置在排土场下部和中间（形成软弱夹层），坚硬岩石和大块宜排弃在底层以利底部排水和稳固基底及坡脚。多台阶的排土场，开始堆置的底层第一台阶的高度不要太大（不超过20～30m），这有利于地基的逐渐压实和固结，也有助于上部后续台阶的稳定（后续台阶高度可大于20m）。

含黏土较多的废石，对排土场稳定台阶的高度影响较大，所以在排土过程中如何因地制宜地将它们集中与分散地进行分排和堆置；也可以采用降低台阶高度的方法，实行旱季排土，雨季排岩石，都是属于加强排土场的技术管理工作。另外将岩土按一定的比例进行混合堆排，也有助于提高边坡的稳定。

4.1.1.2 采用逆排工艺形成稳定的底部台阶

在露天矿排土工艺上一般都选择顺排的方式，即由内向外，由近向远排土方式。而采用逆排工艺则有利于排土场的稳定性，它在排土时，可以选择在排土场的出口处，先构筑坡脚坝（宜用大块，硬岩石形成透水坝），然后由外向内分层排土，排土顺序是由低到高，由内到外，最终形成单台阶或多台阶的排土边坡。这种采用小段高，多台阶，由外向内分层排土的排土方式，即逆排工艺（图4-1）。这种排土方法工艺简单，排水费用低，对于稳固排土场坡脚和软岩地基有积极作用，因此应用比较广泛。

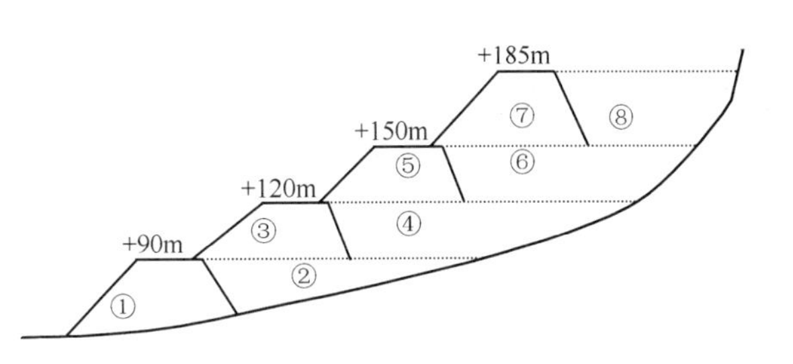

图4-1 排土场的逆排工艺示意图

4.1.1.3 采用多台阶排土，避免高台阶排土

采用覆盖式和压坡脚式多台阶排土场对于有软岩地基，或含大量表土及软岩的排土场稳定性具有积极的作用。当采用多台阶排土顺序时，可进行覆盖式排土方式，下部排大块岩石，上部排软岩和破碎岩石，如此底部硬岩台阶直接接触软岩地基土层，有利于地基的压缩固结、排水和增加地基承载能力；也可进行压坡脚式排土方式，先期排土和风化岩石，后期排弃大块岩石，反压坡脚，以保证排土场下部的排水通畅及其稳定性（参见图1-1）。

单台阶排土墙一般高度大，其沉降变形也大，所以它适合于堆置坚硬岩石，要求排土场地基不含软弱岩土，以防止滑坡和泥石流。

（1）覆盖式多台阶排土场。它适用于平缓地形或坡度不大而开阔的山坡地形条件。其特点是按一定台阶高度的水平分层由下而上，逐层堆置，也可几个台阶同时进行覆盖式排土，而保持下一台阶超前一段安全距离。第一台阶（即与基底接触的台阶）的稳定性，对于整个排土场的稳定和安全生产起着重要作用。原则上要控制第一台阶的高度，作为第二、第三、……后续各台阶的基础，要求初始台阶的变形小、稳定性好，所以一般它的高度应适当小于后续台阶的高度。同时要优先堆置较坚硬岩石，其他松软和风化表土可暂堆存到靠排土场较近的地方，作为以后复垦用。

（2）压坡脚式组合台阶排土场。它适用于山坡露天矿，在采场外围有比较宽阔、随着坡降延伸较长的山坡、沟谷地形，既能就近排土，又能满足上土上排、下土下排的要求。

这种排土堆置的顺序是上一台阶在时间和空间上超前于下一台阶，排土过程中先上后下循序渐进，在上一台阶结束后，下一台阶逐渐覆盖过上一终了的边坡面，最后形成组合台阶。压坡脚式组合台阶排土场，可将先期剥离的大量表土和风化层被堆置在上水平的排土台阶，而在下部和深部剥离的坚硬岩石，则堆置在后期的排土台阶，压住上部台阶的坡脚，起到抗滑和稳定坡脚的作用。

4.1.2 地表水和地下水的治理

地下水和雨水对于排土场滑坡和泥石流的发生起着重要作用，因此需要采取一系列的工程措施进行水的治理和疏排工作（图4-2、图4-3）。

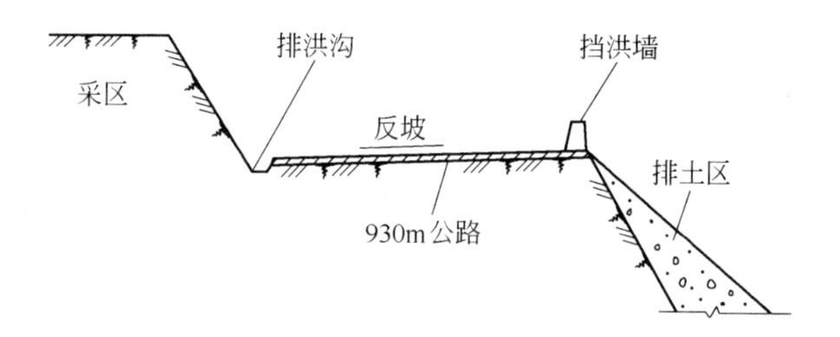

图4-2 排土平台修筑排洪沟

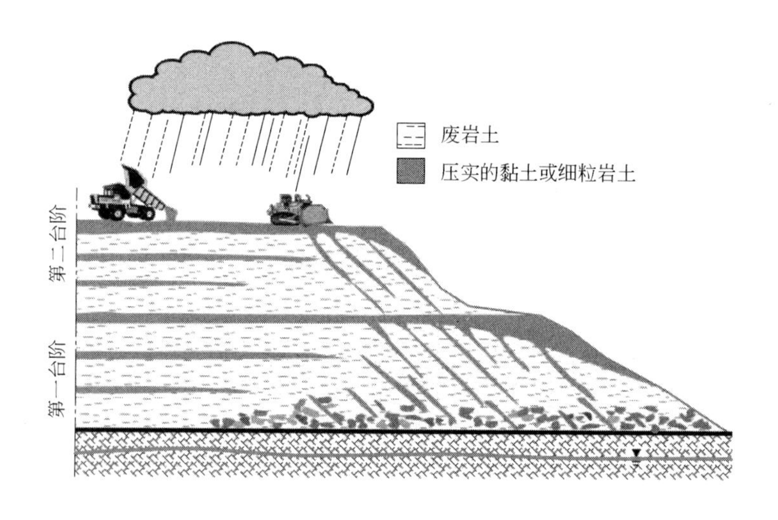

图4-3 在平台上铺设黏土防止雨水的入渗和冲刷

（1）修筑和完善排土场上方的排洪沟。为了减少排土场汇水面积，对大气降水和地表水进行拦截是必要的。因此应在排土场上方的山坡上选择适宜的位置修建排洪沟和定期对原有的排水沟进行修缮，以便雨水和地表水集中排至排土场外围的低洼处，不让地表汇水进入排土场。

（2）排土平台的反坡作业。除了排土场四周的山坡汇水冲刷排土场外，也要考虑排土场自身平台的汇水不致侵蚀和冲刷排土场边坡。可在平台上铺设黏土，经过排土车辆的反复压实，不让地表水下渗入台阶内部，并将排土平台修成2%～3%的反坡，并保持排土场平台的平整、不出现低洼积水，使平台汇水自然流向排土场坡脚处，通过排水沟将水引出界外。因而减少泥沙流失量，减轻坡面侵蚀。由于水动能力减小，其坡面上泥沙搬运能力大大降低，从而抑制了泥石流的发生。

（3）打排水钻孔和修筑疏干涵洞。当排土场中的岩石物料中含有孔隙水和排土场基底内存在承压水时，不具备采用一般排水疏干方法进行处理的条件。可在场地周围开挖排水沟，降低地下水位，在排水沟内充填透水材料，坡度不小于2%，现场一般采用在适当部位打排水钻孔的办法用以降低水位或者不让静水压力造成隔水层底鼓，防止地下水穿透隔水层进入排土场，如果基底面存在较大规模的低洼积水，还可采用开挖涵洞以对其进行疏干。

（4）采用底部泄流技术预防泥石流，即在排土场底部使用大粒径废石作为泄流体。排土场底部泄流体不仅要求场区排泄无雨期日常流水、雨汛期洪水，还要求通过百年一遇特大洪水。要针对排土场地区常年流量、汛期流量、百年一遇流量，从泄流体渗流形式、孔隙尺度、渗流速度、黏滞系数、雷诺数、水力坡度、出入口处泄水面积、逸出点流速等方面资料，经分析计算，确定底部大块废石泄流体的泄流能力。

（5）地基处理及疏干排水。除了遇有软弱地基要采取相应的工程处理措施之外，对于地基含水层和排土场渗流水要采取降低水位和疏干排水的措施，如开挖排水盲沟(图2-18)，可以防止在排土场压力下地基变形，或地基层中的水分在压力作用下上升，浸润排土场的软弱岩石。

在排土场软岩地基内开挖排渗盲沟(图2-18)可以疏干软岩地基的地下水，同时它将改善排土场内部的排渗疏干。

4.1.3 土工结构加固边坡和拦挡泥石流

为了稳固坡脚，防止排土场滑坡，可在边坡底坡脚处堆砌不同形式的护坡挡墙。它们是坚硬的块石堆置成的块石重力坝，透水性好，施工简单，造价便宜，能阻挡泥沙和滑坡。也可将坚硬岩石预先堆置在可能产生潜在滑动面的位置上，排土场形成后便成了预先埋设的抗滑挡墙。同时它将改善水的排泄和排土场内部的疏干。

借鉴国内外加固工程的经验，结合排土场排弃物的含水量较大，雨季降雨充沛等工程地质特点，选择具有成本低、易于施工、排水通畅等诸多优点的钢筋石笼挡墙、加筋土挡墙或锚定板挡墙等加固技术是有效的。

4.1.3.1 钢筋石笼挡墙

A 钢筋石笼挡墙的施工方法

首先采用耐腐蚀、高强度钢筋制作成长方体状的钢筋笼，然后在其内装满碎石即成为钢筋石笼，再将各石笼堆砌在边坡需要加固的位置(图4-4)。在具体设计和施工过程中，有时会根据需要在挡墙底部浇筑混凝土基座来增强挡墙的抗剪和抗倾覆能力。

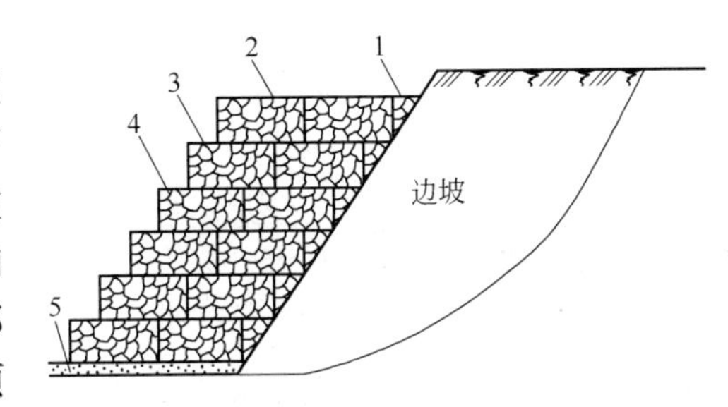

图4-4 钢筋石笼挡墙结构及加固原理

1—边坡与石笼之间的石块；2—钢筋架框；3—笼内块石；4—石笼表面的钢丝；5—挡土墙基座

B 钢筋石笼挡墙的设计参数

采用钢筋石笼挡墙进行排土场边坡压脚，

既起到加固坡脚的作用，又能起到很好的排水效果。钢筋石笼单元结构尺寸为 2.0m × 1.0m × 1.0m 和 1.5m × 1.0m × 1.0m 两种规格，由直径为 12mm 的钢筋焊接编制而成。钢筋石笼分层错缝摆放，堆积高度为 8 ~ 12m，同层石笼或与上、下层石笼间的钢筋连接全部采用焊接，石笼所用钢筋须全部做除锈防腐处理。钢筋石笼挡墙底部用 C20 混凝土浇筑成 300mm 厚的基座，底层石笼两侧钢筋向下延伸 200mm 并制作成弯钩，埋置到底部混凝土基座内(图 4-5)，以增强底层石笼与混凝土基座间的摩擦力。

4.1.3.2 *加筋土-锚定板复合挡墙*

排土场边坡顶部台阶容易产生张裂缝，如果遇到大规模降水，极易发生坍塌，形成泥石流灾害。若预先在这部分土中沿着应变方向埋置具有挠性的筋带材料形成加筋土，则土与筋带材料摩擦，产生摩擦阻力，可以抑制张裂缝发展。

在拉筋末端连接锚定板，当锚定板受拉筋牵引向前位移时，锚定板对前方土体施加压力，而前方土体由于受压缩而提供的抗力则维持了锚定板的稳定，此措施可进一步增强边坡土体的稳定性，其结构形式如图 4-6 所示。

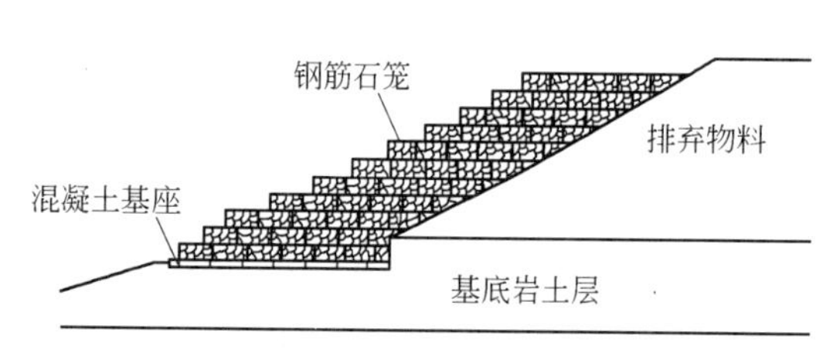

图 4-5 排土场边坡底部加固原理

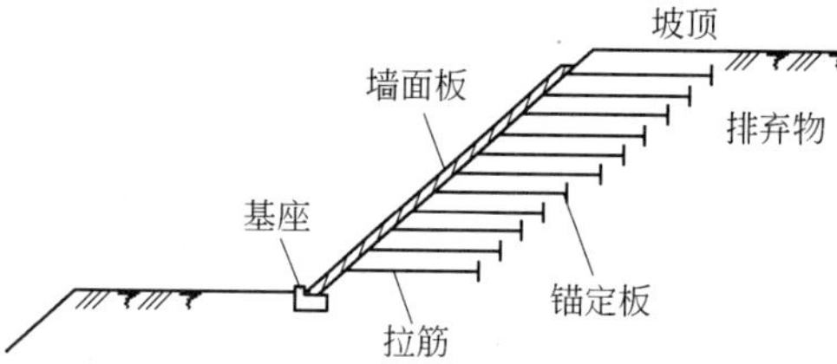

图 4-6 排土场边坡顶部台阶滑裂面加固示意图

加筋土-锚定板复合挡墙结构单元的设计参数：墙面板的形状为十字形，其高为 1.0m，宽为 1.5m，厚度为 0.15m，混凝土强度等级为 C20。拉筋采用聚丙烯土工带，宽度为 0.03m，厚度为 0.0023m，极限拉力为 180kN/m。每块墙面板分上下两排共设置 4 根，均匀分布在土体中，垂直间距 $S_y = 0.6$m，水平间距 $S_x = 0.6$m。

由于此类加固方案所采用的支护结构简单，技术容易掌握，且需要的施工机械较少，加筋石笼以及组成加筋土的墙面板和拉筋都可预先制作，再运至现场安装，故这种装配式的方法，施工简便，快速，可组织流水作业。加筋土挡墙由于拉筋体在填筑过程中逐层埋设，墙与锚定板一起搭配使用中，各分项技术都较为成熟，便于进行现场施工和管理。

4.1.3.3 *多级泥石流拦挡坝*

多级泥石流拦挡坝（图 4-7）指设置在排土场下游，用来拦挡被雨水冲刷下来的排土场废石（泥石流），以阻挡泥石流继续下泻和发展，从而减少排土场泥石流的规模，保护排土场下游的安全。此为排土场泥石流的第一级拦挡坝。拦挡坝的高度 h 一般为所要拦挡的废石堆积坡高的 1/3 左右，坝顶宽度 a 主要由运输废石的汽车的转弯半径决定，一般取 40 ~ 60m；拦挡坝下部建成透水形式，透水部分高度一般至少高 5m，施工时通常采用大块坚硬废石来构筑透水坝，也可以使用竹笼坝、铁丝笼坝及钢轨栅栏坝等。根据地形条件和泥石流沟的坡度和泥石流固体物质流量情况，可以在不同区段设置多级透水拦沙坝，这种拦沙坝可抵挡泥石流的巨大冲击，对泥石流龙头

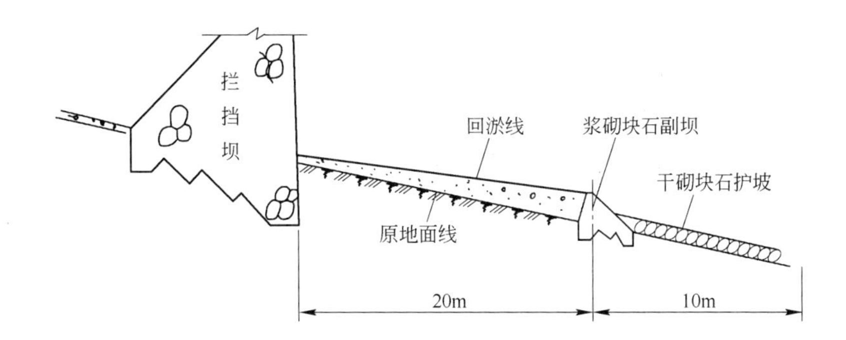

图 4-7　多级拦挡坝拦挡泥石流

有消能减势作用（图 4-8），除了拦挡泥石流固体砂石外，并减缓泥石流的流速和流量。目前世界上一些有泥石流灾害的国家，都在大力兴建拦挡坝。

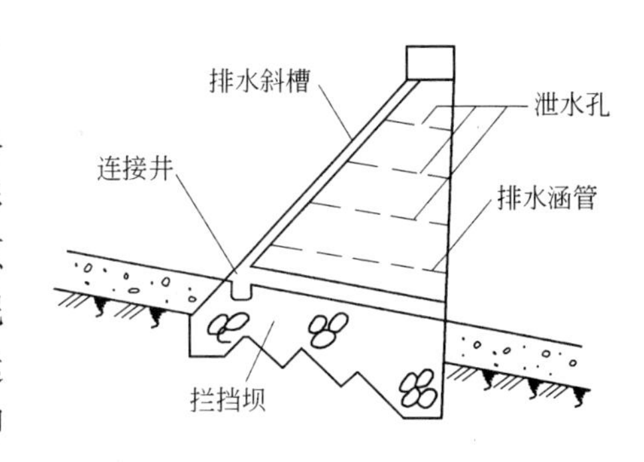

图 4-8　泥石流消能坝

拦沙坝根据具体条件可选用不同形式及材料的实体坝，一般修筑在泥石流形成区的下部。形成区重力侵蚀是产生大量细颗粒泥沙的主要原因，在形成区筑坝控制重力侵蚀可有效地削减泥浆浓度，降低泥石流对其沟床堆积层的侵蚀搬运能力，坝高应使回淤长度内能覆盖沟谷坡脚，抑制横向的侵蚀。

格拦坝作为一种新的泥石流拦挡结构，是将坝体作成格栅状，具有拦截粗大颗粒，而让较细颗粒由格栅孔隙排出的拦排兼具的构筑物，在国外很盛行。格拦坝的格栅有水平、竖直、格子状以及立体等多种形式。格拦坝具有与实体坝相同的功能，但又有其独特之处：其一是拦大石块、排小石块的拦排兼备的作用。拦截大石块，可使下游建筑物面受强烈的冲击，排出对下游无害的较小石块，可使下游冲刷强度减弱，确保下游安全；其二是坝前拦粗排细，改变坝上游堆积物的组成，减少细颗粒组成，使大石块间不会形成紧密结构，改善了坝体的受力条件。格拦坝的穿透式结构，在承受泥石流龙头冲击时，受到的冲击力比实体坝有所减少；其三是有拦、有排，可延长格拦坝形成库容的使用期限，从而进一步发挥工程效益，与相同高度的实体坝相比，等于扩大了调节库容。此外，格拦坝结构简单，便于施工，使用材料省，便于工厂化生产，到现场安装。

最终的拦沙坝是指排土过程中的最后一个基本坝。拦沙坝一般位于拦挡坝的最下游，泥石流沟口的位置，是用来拦挡规模较小，经由上游多级谷防群坝溢流下来的颗粒较小的泥沙和污水产品，拦沙坝的结构和拦挡坝的结构相似，断面采用梯形，迎泥石流面的坡度 m 根据当地的暴雨强度取 $1<m<3$，当暴雨强度大时取大值，暴雨强度小时取小值。坝高根据所要拦挡的泥石流流量和使用年限来决定，一般情况取 $5m>h>2m$，筑坝材料一般就近选择。拦沙坝设置的位置应选择在以下位置：支沟交汇和河湾的下游，陡坡坎的上游，坝体避开凹地和冲沟，坝轴布置应考虑流向、地形、岩性、构造对承载及稳定有利的地势；有利于坝下游消能和防冲刷。一般情况拦沙坝和拦挡坝配合使用，只是最终的拦沙坝是不透水坝，坝体的结构应该是由混凝土坝、块石浆砌坝、黏土堆积夯实不透水坝等，用以拦挡上游渗流来的泥沙和污水，以免对下游环境的污染。

4.1.3.4 堆置护坡挡墙

为了增强松软岩石和风化岩土排土场边坡的稳定性，稳固坡脚、防止滑坡和泥石流的危害，采用不同形式的护坡岩石挡墙（图4-9）。这些挡墙施工简单，造价便宜，易于在工程中发挥效应，它们都属于用坚硬大块石料堆置的重力块石坝的类型，透水性好，能阻挡泥沙和排土场滑坡。它们的种类和形式包括：

（1）块石护坡挡墙，预先在坡脚处堆置或事后堆置反压在软岩边坡的坡脚部位。

（2）干砌块石坝，用人工干砌的块石坝体。

（3）竹笼块石坝，用竹片编成的竹笼，里面充填块石形成一个松散片石的集合体，竹笼长约3~4m，直径0.7m，若干个竹笼堆砌在一起成为坝体，其本身的稳定性和抗滑性能较干砌块石坝优越。

（4）铁丝笼块石坝，其堆置方法与功用同于竹笼块石坝，一般铁丝笼为长方形1m×1m×2m，用ϕ3.5mm铁丝编织成，网眼尺寸为3cm×3cm。

4.1.3.5 预埋岩石挡墙

为了加固松散岩石排土场的稳定性和增强排土场高度，而采用一种比较一般岩石护坡挡墙要优越的方法，将坚硬岩石预先堆置在排土场内部的地基上，然后排土场形成后便成了预先埋设的抗滑挡墙，其堆置的位置和挡墙的几何尺寸要通过排土场稳定性分析计算，使之处在最可能的潜在滑面位置上（图4-10）。

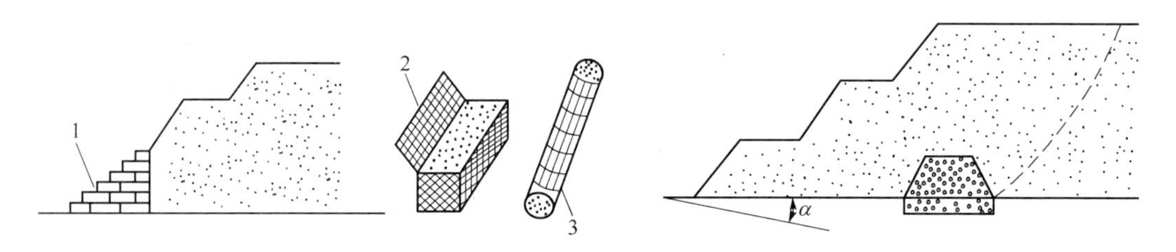

图4-9 不同形式的护坝挡墙加固排土场边坡
1—护坡挡墙；2—铁丝笼；3—竹笼

图4-10 预置岩石抗滑挡墙加固排土场

在排土场内预先分散堆置岩石挡墙将改善水的排泄、加速泥岩的固结过程，并防止变形发展。比较普通的护坡挡墙，采用预埋挡墙所需要的坚硬岩石量要少很多（是前者的1/6~1/10），这点在矿山基建剥离初期表土多坚硬岩石少的情况下，其技术经济效益特别显著。

4.1.4 排土场泥石流防治工程技术应用案例

4.1.4.1 潘洛铁矿大格排土场

潘洛铁矿潘田矿区的大格排土场是多次发生泥石流的地方。排土场地基腐殖层厚0.2~1.0m，以下为洪积碎块石层、洪积块石层、残积亚黏土和坡积土组成，厚度为1.1~11.3m。

大格山沟底部标高 685m，沟深 250m，沟长 711m。山坡较陡，上部坡角 45°～50°，目前大格东土场已停止使用，平台标高 975m，部分平台已种植茶树 6095m^2。在平台西侧下方 930m 标高处开了排土路堑，将在 930m 标高处进行排土。大格排土场已受土 100 多万立方米，段高 272m，边坡角 32°～34°。

排弃的岩石有高岭石化变质细砂岩、底板为高岭石化变质细砂岩和粉砂岩，其次为云母石英片岩、矽片岩等。岩石受强风化侵蚀，裂隙发育。排土场排弃的物料颗粒小，含泥量大，遇水软化。据测定，其排土场物料自然含水率为 11%，当达到 21% 时，就出现泥化现象，汽车很难进入排土场作业。当含水率达到 27% 时，便易产生滑坡。排弃的物料松散系数 1.39～1.59，压实系数为 1.15，干密度为 1.68t/m^3，内摩擦角为 30°～32°，黏结力为 0.1t/m^2。

矿区雨量充沛，年平均降雨量为 2080mm，月最大降雨量 585.8mm。排土场汇水面积为 0.3km^2，丰水期下游大格沟水流量为 7m^3/s。历史上矿区内多次发生洪水危害。1917 年 7 月山洪冲毁农田、房舍多处，淤塞小桥。1972 年 6 月 27 日暴雨，1 小时雨量达 60mm，侵蚀土场边坡，沟道下切，两岸滑塌，形成滑坡型泥石流。冲毁拦挡坝，造成下游铁路淤塞，排土场被废弃。1976 年 5 月 26 日洪水冲毁矿区排洪道及矿区商店、汽修车间和仓库，水深达 1.2m。这次暴雨又形成排土场滑坡型泥石流。泥石流最大流量 50m^2/s，密度 1.5～1.6g/cm^3，淤积总量达 $1.42\times10^4m^3$。1983 年雨季后发生的泥石流淤填了 1 号、2 号、3 号共计 3 个拦沙坝，使 3 号铁栅坝淤满，后来割断了部分钢筋放走了小颗粒沙石，才防止了漫坝现象。

矿山对泥石流防治中的措施，主要是在大格排土场内用固定沟床疏导地下水和排土场表面的地表水，如设置 1 号、2 号泉井和盲沟来提高土场地基的稳定性。

设 1 号、2 号、3 号、4 号谷坊坝，用来防止沟床下切和冲沟的扩大，减少地表水对土场的冲刷和渗透。在 930m 标高处，构筑排洪沟，拦截土场上游 1/4 的汇水，使采场和公路的排沟的汇水不进入排土场。

在泥石流主沟内采取以拦为主，拦排结合的措施，防止泥石流对下游铁路、公路、农田、村舍的危害。工程有 1 号、2 号混凝土坝和 3 号金属栅栏坝，设计库容量 $36.2\times10^4m^3$，耗资 248 万元，可服务 24 年。目前大都淤满，只有栅栏坝还起拦截大石块的作用。

加强对排土场的技术管理，实行不同岩石（土）分别排弃，平台平整形成反坡，控制洪水危害。同时加强对泥石流防治的科学研究工作。

由于 1983 年雨量过大，泥石流将三个坝都填满，还冲毁了 4 号谷坊坝和部分盲沟。停淤在 1 号坝内的大块较多，粒径在 300mm 以上，泥沙很少；2 号坝内中颗粒块石为主，粒径在 100mm 以下，有少量细砂；停淤在 3 号坝内的岩土以细砂和淤泥为主，有少量块石，如图 4-11 所示。

4.1.4.2 江西永平铜矿西北部排土场

永平铜矿位于江西省境内。雨量充沛，年平均降雨量 1765.6mm，日最大降雨量 206.4mm，小时最大降雨量 60.3mm。矿区内有地表水系，大气降雨为地下水主要补给来源。丰富的雨量为泥石流创造了水动力条件。

矿山属山坡露天矿，基建剥离的大量废石被排弃在南部排土场和西北部排土场，

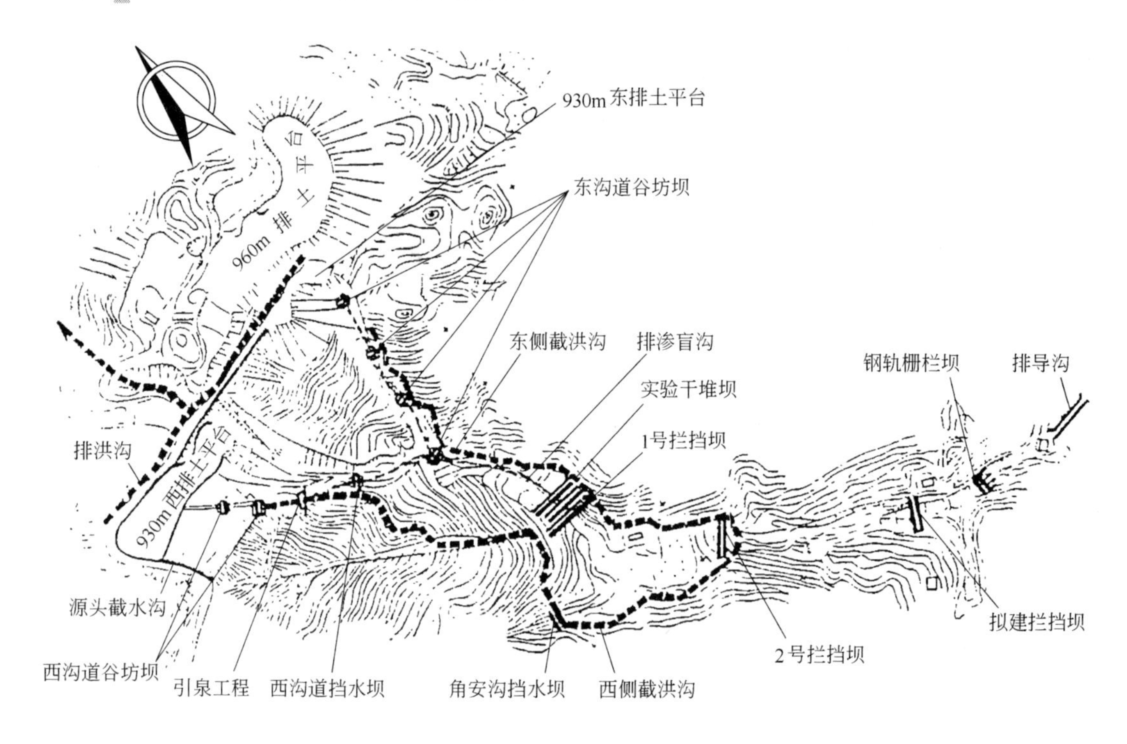

图 4-11 大格排土场泥石流防治工程

总量约 $1540\times10^4m^3$。雨季地表水大量冲刷土场边坡，使大量泥沙石块淤积在下游的谷地和农田内。另外排土场每年产生大量的酸性水污染农田，每年向农民赔款 20 多万元。

西北排土场地形为一狭长山沟，沟底坡度开始为 25%，然后逐渐变缓到 8%；沿沟两侧山坡及排土场的地基坡度 30°～40°。1976～1978 年仅堆置了 $16\times10^4m^3$ 的土石，段高 160m，边坡角 25°～44°，呈上陡下缓。排弃的物料为黏土和强风化混合岩。在土场地基附近有两处泉眼，终年涌水，四季不干。1978 年 6 月 12 日西北部排土场发生了一次规模较大的泥石流，冲毁拦泥坝两座，危害农田 167 亩，污染面积达 800 亩。

泥石流历时 2～3h，经过 3 号、6 号拦沙坝，溢洪道泥沙阻塞，造成漫坝，使干砌块石坝溃决。泥石流在 8% 的坡度地段通过，在 7%～8% 的地段沉积。泥石流通过区沿沟槽的覆盖土层全部切割至基岩，切割深度达 5～7m。在沉积内沉积长度约 300m，表面坡度 8%。据估计这次泥石流固体体积 $7900m^3$。其最大粒径 0.9m，固体物质密度 $2.7t/m^3$，泥石流密度约 $1.7t/m^3$。

泥石流给矿山生产和农田带来的危害很大。矿山在长期的实践中，也探索出一套治理泥石流的措施和方法。这些措施是：

(1) 加强对排土场技术管理，在停止作业的土场内种植树木和草坪，设置排洪沟、拦截流向土场的地表水。

(2) 改变过去的高台阶排土方式，避免一坡到底，而采用低台阶分段排弃的方式（段高 40～50m）。随着采场深度的增加，剥离的坚硬岩石增多时，应将坚硬的岩石堆置下一水平平台，进行压坡脚式排弃。如在西北部排土场294m、250m水平分别堆置2个平台。

（3）分段设置不同形式的谷坊群坝（片石坝、铁丝笼和竹笼片石坝），起到拦挡和澄清泥石流的作用，拦蓄坝可起到既拦又蓄泥石流的作用。

4.2 排土场监测系统

4.2.1 排土场位移监测

4.2.1.1 概述

露天矿山边坡稳定性监测的主要任务就是确保矿山生产安全，通过监测数据反演分析边坡稳定性机理及其岩石力学的分布特征；同时积累丰富的资料作为其他露天矿山边坡设计和施工的参考依据。对边坡工程实施监测的作用在于：

（1）为边坡设计提供必要的岩土工程和水文地质等技术资料。

（2）边坡监测可获得更充分的现场资料和边坡稳定性发展的动态，从而圈定边坡的不稳定区段。

（3）通过边坡监测，确定不稳定边坡的滑坡破坏模式，确定不稳定边坡变形和滑移的变化规律，为采取必要的防护措施提供重要的依据。

（4）为边坡的稳定性分析和安全预警提供重要依据。边坡工程监测是边坡研究工作和安全预警中的一项重要内容，随着科学技术的发展，各种先进的监测仪器设备、监测方法和监测手段的不断更新，使边坡监测工作的水平正在不断地提高。

边坡稳定性监测系统——边坡的监测是确保矿山生产和人员的安全，进行预测预报和掌握岩土体失稳机理最重要的手段之一。由于露天边坡本身具有的复杂性及目前边坡稳定性计算手段的局限性，边坡监测是边坡稳定性分析和安全预警中不可缺少的，也是至关重要的研究内容。随着高新技术的发展，边坡稳定性监测系统应具有数字化、自动化和网络功能，即是将灾害发生前的特征信息通过传感器转化为数字化信息，自动采集或汇集，数字化传输，数据库存储并给矿山生产管理及时提供资讯和预警预报。

露天边坡稳定性监测系统包括仪器安装、数据采集、传输和存储、数据处理、预测预报等。稳定性监测应采用先进和经济实用的方法技术。监测内容一般包括：地表大地变形监测、地表裂缝位移监测、边坡内钻孔倾斜仪变形观测、边坡裂缝多点位移计监测、边坡深部位移监测、地下水监测、孔隙水压力监测、边坡地应力监测等。

（1）地表大地变形监测是边坡监测中常用的方法。采用经纬仪、全站式电子测距-经纬仪、各式水准仪，以及GPS自动化遥测系统等测量仪器，用以监测了解边坡体的水平位移、垂直位移以及变化速率。

（2）地下水动态监测以了解地下水位，水压的变化，可进行地下水孔隙水压力、场压力、动水压力及地下水浸润线的观测。

（3）边坡深部位移监测是监测边坡体内部变形的重要方法。采用钻孔伸长计和倾斜仪了解边坡深部的位移情况。

表4-1为可用于露天矿山排土场边坡稳定性监测的主要技术和仪器。

表 4-1 露天矿山排土场边坡稳定性监测主要技术和仪器

监测方法分类	监测内容和目的	主要监测技术和仪器
位移监测系统	大地测量光学仪器	经纬仪、光电测距-经纬仪、水准仪、红外测距仪等
	位移监测伸长计	地面钢丝伸长计、钻孔多点伸长计、钻孔锚杆式伸长计等
	位移监测倾斜仪	垂直钻孔倾斜仪、水平钻孔倾斜仪、水平杆式倾斜仪、摆式倾斜盘、溢流式水管倾斜仪等
	卫星定位系统监测	GPS 自动化遥测系统 AE 声发射自动监测系统、激光边坡扫描仪等
	裂缝监测	单向测缝计、三向测缝计、测距仪等
	收敛计监测	带式收敛计、钢丝收敛计等
爆破震动和岩体破裂监测	爆破震动量测	测震仪、震动加速计等
	微震监测	微震监测系统
	声发射监测	声发射仪、声导波管自动观测系统
水文监测	降雨监测	雨强、雨量监测仪等
	地表水监测	泉水、地表水径流、岩土渗透系数观测
	地下水监测	钻孔地下水位和水压力观测等

边坡的变形量测数据的处理与分析，是边坡监测数据管理系统中一个重要的研究内容，可用于对边坡未来的状况进行预报、预警。边坡变形数据的处理可以分为两个阶段，一是对边坡变形监测的原始数据的处理，主要是对边坡变形测试数据进行消除外界因素的干扰，以获取真实有效的边坡变形数据，这一阶段可以称作边坡变形量测数据的预处理。边坡变形数据分析的第二阶段是运用边坡变形量测数据分析边坡的稳定性现状，并预测可能出现的边坡破坏，建立预测模型。

4.2.1.2 用大地测量方法监测边坡位移

A 地表位移观测

地表位移监测是边坡监测中常用的方法。地表位移监测是在稳定的地段测量标准（基准点），在被测量的地段上设置若干个监测点（观测标桩）或设置有传感器的监测点，用仪器定期监测测点和基准点的位移变化或用无线（遥测）边坡监测系统进行监测。地表位移监测通常应用的仪器有两类：一是大地测量（精度高的）仪器，如经纬仪、水准仪、全站式光电测距-经纬仪、红外（激光）测距仪、GPS 等，这类仪器只能定期地监测地表位移，不能连续监测地表位移变化。当地表明显出现裂隙及地表位移速度加快时，使用大地测量仪器定期测量显然满足不了工程需要，这时应采用能连续监测的设备，如全自动全天候的无线边坡监测系统等。二是专门用于边坡变形监测的设备，如裂缝计、钢带和标桩、地表位移伸长计和全自动无线边坡监测系统。

边坡表面张裂缝的出现和发展，往往是边坡岩土体即将失稳破坏的前兆信号，对这种裂缝进行监测的内容包括裂缝的拉开速度和扩展情况，如果速度突然增大或裂缝出现显著的垂直下降位移或转动，预示着边坡即将失稳破坏。

对边坡位移的观测资料应及时进行整理和核对，并绘制边坡观测桩的沉降、平面位移矢量图，作为分析的基本资料。从位移资料的分析和整理中可以判别或确定出边坡体上的局部移动、滑带变形、滑动周界等，并预测边坡的稳定性。

B 排土场监测方法

排土场监测方法包括：

（1）应用几何测量方法进行排土场变形与位移观测；在排土场平台及边坡上埋设观测点，采用经纬仪和水准仪分别对观测点的水平位移和垂直位移进行定期观测。这种常规测量方法的精度较高，但是外业和内业工作量较复杂。

（2）应用高精度红外线测距仪，全站式光电测距-经纬仪代替常规的钢尺量距，三角高程和一般经纬仪导线网测量，可以提高观测精度和工作效率，保证岩土工程监测精度的要求。

（3）应用立体摄影经纬仪监测排土场大面积位移，当排土场位移量大时，摄影测量可能达到实用的精度。同时它的外业工作量大量减少，内业计算和成图可以自动化（应用计算机、自动绘图仪）。不过其适用条件有一定局限性，即被摄平台相对应的位置要有适合的地形条件，需要设置与排土台阶平行的摄影基线点。

（4）在排土场和地基岩层内部安装多点位移计和长距离发送信号的位移传感器（无线传送）可以高精度遥测排土场边坡内部测点的变形，也可以在排土场边坡面设置 GPS 点位自动观测站，做到自动监测和滑坡预报。

（5）安装水压计进行排土场及地基孔隙水压力的观测，可以预测基底承载能力和边坡稳定性状态。

C　常规导线测量的观测方法和测点布设

（1）精密导线测量和高程水准测量。平面位移观测采用秒级经纬仪导线测量，其导线闭合差应小于1/2000，最弱点的点位中误差为毫米级。排土台阶上的测点高程采用三级或四级水准测量，高程观测的中误差也是毫米级。

测量仪器：采用秒级经纬仪如 J1、J2 级光学经纬仪，或是全站式数码经纬仪等；光电测距仪（红外测距仪），测量精度为 $3mm \pm (2 \times 10^{-6})mm$，精密水准仪和铟钢尺，以及50m 长经过比长仪改正过的钢卷尺等。

测点布置：沿平台眉线的测点间距控制在50m 钢卷尺的量距以内，采用光电测距仪时，可增加到100～150m；在垂直眉线的观测线上的测点布置在眉线附近，间距为10～20m，条件允许时也可到40m。

观测周期：水平位移观测一般为每月一次，当排土场变形活跃时期，雨季时应加强高程沉降观测，缩短观测周期。同时对于明显的张裂隙，滑动位移，坡面出水点和径流量等观测，要做到及时现场素描、照相和文字记录。

（2）排土场坡面形态和边坡角测量。采用全站式光电测距-经纬仪进行导线和高程测量，或采用立体摄影经纬仪进行坡面形态观测（包括固定测点及特征点的位移）。导线和高程测量的精度一般按五级导线和四级水准精度要求施测。但是在边坡面上进行常规导线仪器观测，往往对于人员和设备的安全不能得到保证，那么应用立体摄影测量方法观测边坡面及某些不易到达地区的位移和变形观测。此方法现场工作量小，效率高，但是室内照片处理，数据处理工作量大，要求专业技术和设备，而且其摄影测量的点位误差较大（没有导线测量精度好）。

（3）在边坡眉线和台阶平台上，以及坡脚软岩地基附近，其岩土变形，位移比较剧烈的位置，需要加强常规仪器观测之外，还要求使用照相机、钢卷尺等简易工具经常及时地记录、拍照和素描那些出现在台阶、边坡面和坡脚地基上的张裂隙、滑动或底鼓，也包括地表径流，地下水和泉水的出露情况的观测记录。对于那些重要区段和变形大有潜在滑动危险的边坡位置也可以因地制宜采用钢丝伸长计，边坡位移监测仪，钻孔倾斜仪等其他较精准的仪器设备进行滑坡的预报观测。

D 边坡地表监测用钢丝伸长仪

目前，光电测距-经纬仪还没有发展到可以连续监测边坡的程度，因此，必须使用其他系统来进行安全监测，当在边坡移动的早期阶段，在坡顶和平台上出现张裂隙，跨过单个张裂隙设立锚固点，可以测定滑动区内各块体的地表位移和差动位移。最简单的方法是钢带测量，测定裂隙两边标桩间的距离（图 4-12）。钢带测量中所使用的装置类型取决于所要求的测量精度。可用铟钢带或钢丝伸长计测量位移。经过试验，测量精度可达到 ±0. 127mm。

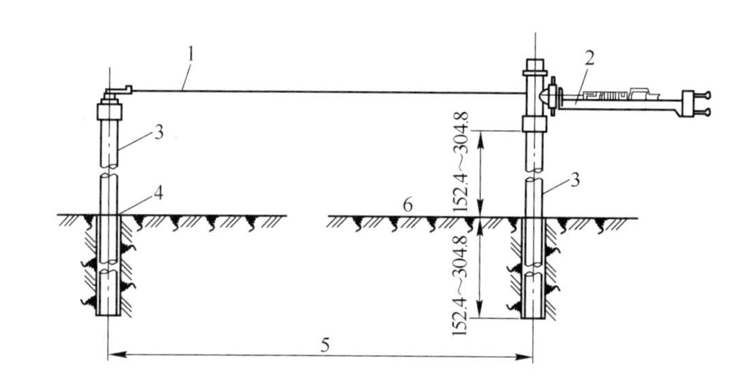

图 4-12 铟钢带伸长计观测地表裂缝位移

1—钢带；2—伸长计；3—埋入地下的水泥桩；4—安装孔；5—试验距离；6—地表

使用类似锚栓装置的方法，配备杆组件和线性电位计，它们可以跨过裂隙或移动破坏地区测定地表位移（图 4-13）。使用这种装置可以在跨越长度 3. 05m（10 英尺）到 30. 5m（100 英尺）的距离上测量 0. 708 ~ 50. 8cm 的位移量。

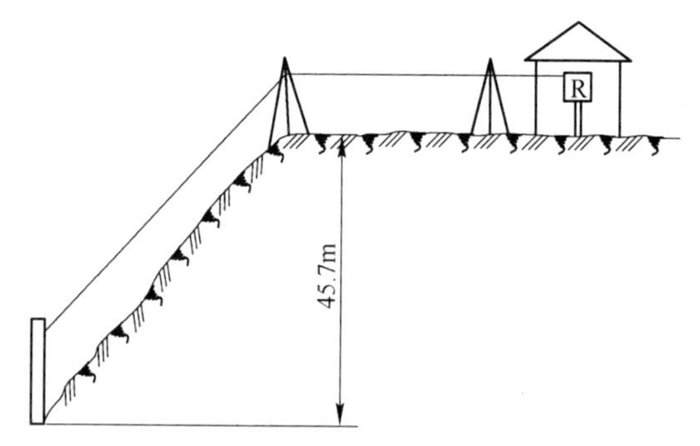

图 4-13 安装在废石堆坡顶区的金属丝伸长计

4. 2. 1. 3 边坡内部位移监测

边坡深部位移监测是监测边坡内部岩变形和潜在滑面位置的重要手段。传统的地表测量具有范围大、精度高等优点；裂缝测量也因其直观性强、方便适用等特点而广泛使用，但它们不能测到边坡岩土体内部的变化；而深部位移测量可以了解边坡深部，特别是滑动带的位移情况。

边坡岩土体内部位移监测手段较多，目前使用较多的有钻孔伸长仪（extensometers）（图 4-14）和钻孔倾斜仪（inclinometers）两大类。钻孔伸长仪（或钻孔多点伸长计）是一种传统的测定岩土体沿钻孔轴向移动的装置，它适用于位移较大的滑体监测。这种仪器性能较稳定，价格便宜，但钻孔太深时不好安装，且孔内安装较复杂；不能准确地确定滑动面的位置。钻孔伸长仪可分埋设式和移动式两种，根据位移仪测试传感器的不同又可分为机械式和电阻式。埋设式多点位移计安装在钻孔内以后就不再取出，由于埋设投资大，

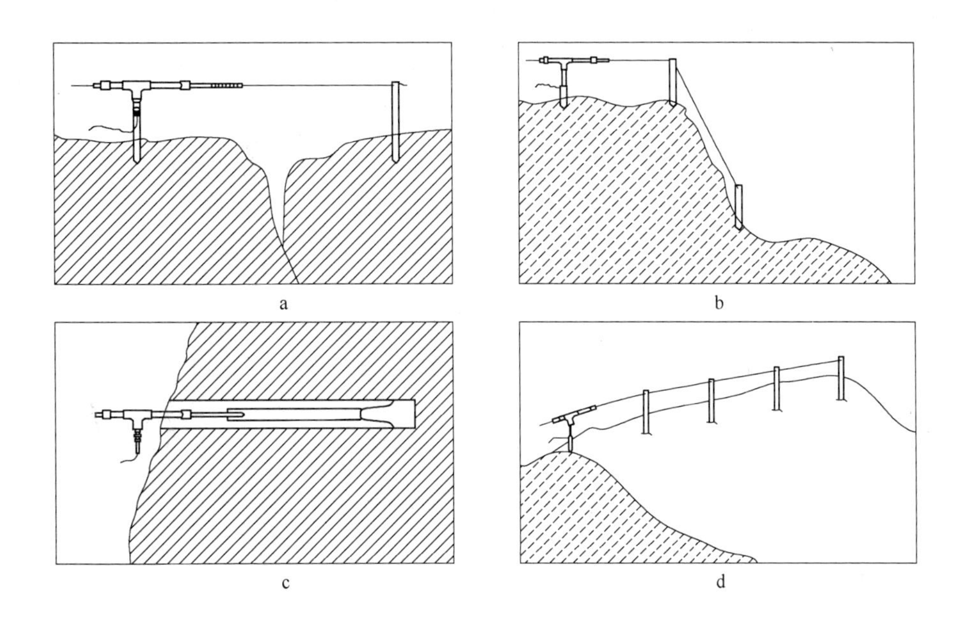

图 4-14 钢丝伸长计在边坡上和钻孔内布置

a—张裂缝观测；b—钻孔内变形观测；c—边坡面上布点观测；d—在平台上的观测线

测量的点数有限，因此又出现了移动式。

恒定张力钢丝伸长计比可变张力伸长计好，因为前者有更高的精度。钻孔钢丝伸长计长度可达 122m(400 英尺)；精度随长度的增加而降低。可用铟钢带或钢丝伸长计测量位移。经过试验，测量精度达到 ±0. 127mm。这种钻孔伸长计系统也有多点钢丝型和岩石锚杆型，如图 4-15 所示。

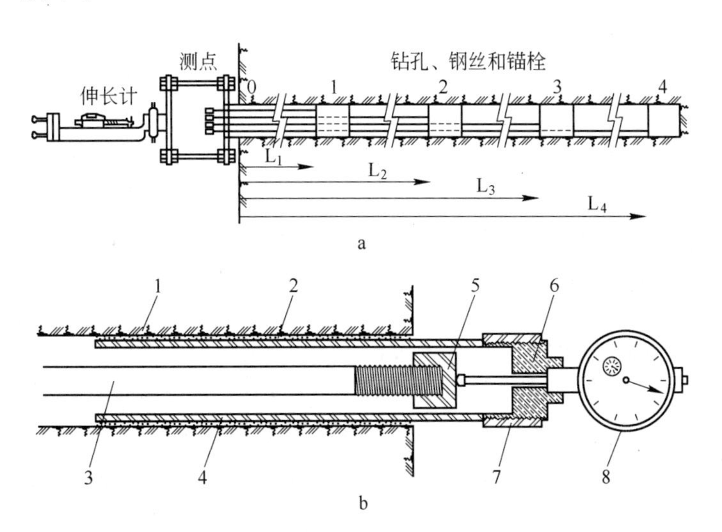

图 4-15 钻孔伸长计安装说明图

a—多点钢丝型伸长计；b—岩石锚杆型伸长计

1—直径 41. 3mm 的钻孔；2—砂浆；3—岩石锚杆；4—直径 25. 4mm 的钢管；

5—端盖；6—黄铜塞；7—接头；8—测微表

钻孔倾斜仪也是国内外矿山广泛采用的观测仪器（图4-16、图4-17）。它是用来测定边坡钻孔内不同深度的倾斜仪倾角变化，来测量钻孔内测点相对于孔底或孔口的位移（钻孔径向），测定观测点的水平位移，以及潜在滑动面的位置等。观测仪器一般稳定可靠，测量深度可达百米，且能连续测出钻孔不同深度的相对位移的大小和方向。因此，这类仪器是观测岩土体深部位移、确定潜在滑动面和研究边坡变形规律较理想的手段，已在边坡深部位移量测中得到广泛采用。钻孔倾斜仪由四大部件组成：测量探头传感器、传输电缆、读数和数据采集仪及测量导管。钻孔倾斜仪的核心传感器使用各种不同的传感元件测量钻孔的倾斜角（在两个互相垂直的平面上的倾角），如使用粘贴在悬臂梁上的电阻应变计和安置振弦的悬臂式传感器，以及连接电位计的摆式传感器等。其工作原理是：利用仪器探头内的伺服加速度计测量埋设于岩土体内的导管沿孔深的斜率变化。由于它是自孔底向上逐点连续测量的，所以，任意两点之间斜率变化累积反映了这两点之间的相互水平变位。通过定期重复测量可提供岩土体变形的大小和方向。传感器多应用伺服加速计记录观测数据，数据再由电脑自动处理。具有双轴倾斜观测效果的倾斜仪可以测量相互垂直的两个平面上钻孔倾斜。

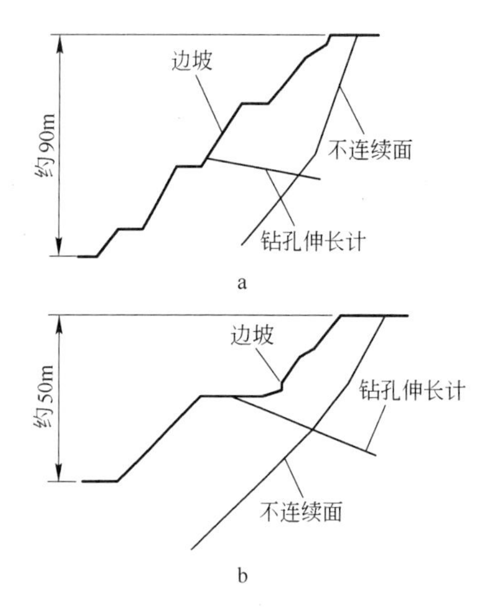

图4-16　钻孔倾斜仪在边坡上的设置
（可以是水平孔或倾斜孔）

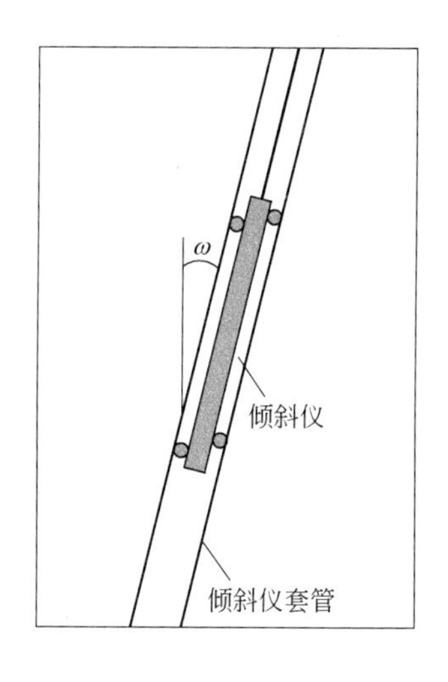

图4-17　钻孔倾斜仪在钻孔中的位置

钻孔套管可使用塑料管及铝制套管，可伸缩的塑料管连接器允许套管随着钻孔倾斜和变形。首先将套管下至孔内预计滑动面以下的位置，用砂浆等材料把套管固定在钻孔预计位置。在观测时，当电缆一端的传感器顺着套管槽滑行时，电缆另一端的孔口指示器就显示出钻孔内不同深度的倾斜变化；按照倾斜变化分析计算出钻孔位移的水平坐标，由不同时间的测量结果就可计算出不同深度钻孔位移量、移动方位和移动速度等。根据位移-深度关系曲线随时间的变化可以很容易地找出滑动面的位置，同时对滑移的位移大小及速率进行评估。

移动式钻孔倾斜仪非常适合于确定边坡移动中活动带和深基岩石滑动面位置。垂直孔必须有足够的深度，以达到稳定的地层，孔底则作为观测基准点。也可以把观测基准点设在开采境界外，或滑动区境界以外比较精密的倾斜仪，系统的精度已经达到1分(弧度)。假定倾斜仪套管位于滑动活动带近3.25m(10英尺)范围内，可以探测出0.76mm(0.03in)的水平移动，因此，倾斜仪为探测滑动面提供了一个敏感的系统。在岩质边坡中安装倾斜仪时，要使用大型钻孔和用砂回填，以防止倾斜仪套管被尖锐岩石碰坏。

4.2.1.4 排土场和尾矿库自动监测系统

常规导线测量的观测方法对于矿山排土场和尾矿库稳定性的监控数据精度不足以满足坝体位移预测分析的需要，尤其采用人工观测方法，往往观测频度不够，观测数据较为分散，对于地下水的变化和尾矿库浸润线观测等难于得到连续而自动化的观测数据，故难于满足坝体位移预测分析的需要，使得坝体安全管理存在着不确定性和潜在风险。

排土场和尾矿库稳定性的自动化监测系统组成和监测目标包括坝体和库区的整体监测系统、GPS坝体表面变形监测系统、尾矿生产视频监视系统，以及电脑监测软件系统。观测站采用的仪器设备包括GPS卫星坐标自动观测系统，钢丝（含玻璃纤维线）伸长计、钻孔倾斜仪、钻孔水压计、振弦式渗压计、应力应变计、浮子式水位计等。

自动监测系统的监测目标是保证在任何气候条件下，能在现场及时采集坝体浸润线数据、坝体内部位移数据、库水位及降雨量数据、坝体表面水平位移和坝体沉降数据；视频系统、监测管理人员足不出户即可直观查看库区尾矿排放生产情况，或坝体有潜在安全危险的监测位置变形情况等；电脑监测软件系统，可及时地对有关数据信息进行自动采集、存储、加工处理和输入输出，可以利用安全监测数据和各种安全信息对坝体活动性态做出初步分析判断和报警，能对坝体的安全监测资料进行整编分析，生成有关报表和图形，并可通过网页浏览和发布，做好库区安全运行和管理工作。

自动化监测系统观测站的布置，坝体表面变形和位移GPS监测系统。

GPS监测系统是利用地球卫星信息接收系统自动监测地面点的坐标和方位。它的观测精度比较高，不受地形条件的限制，而且它的野外工作量较少。

Leica Geosystems公司生产的一款GMX901 GPS接收仪，可与Leica公司的GPS处理软件——Spider NetWork相连，进行整理计算和原始数据存储。该系统适用于含水、酷热、寒冷和震动等矿山、边坡、坝体各种环境中，能精确监测边坡的结构变化。此外GMX901还能用公司的GeoMoS监测软件为其他传感器进行集成化处理，或进行结构面移动分析和检测等。

在坝体台阶上设置若干个横向监测断面，每个断面设置若干个监测站点，在坝体附近移动区之外稳定的地区设置基准站(点)1~2个，共组成一个观测网。GPS位移监测系统的点位观测标称误差为±5mm，可以不间断连续自动记录点位的坐标变化情况，GPS接收机采用分体双频接收机。GPS观测站如图4-18所示。

图4-18 GPS观测站

也可以在台阶上，边坡面上安设钢丝伸长计，观测岩石裂缝的相对位移，边坡测点的平面位移（与稳定的观测基点比对），其监测范围由几厘米到180m不等，当观测线长度在30~

40m 时，其观测精度达 0.1mm；不过往往会受到大气温度和风的影响而失准。钢丝伸长计的观测结果也同样可以数字化输出，有电脑做数据处理。

（1）坝体内部变形监测。按照观测区域大小和地形特点设置若干个变形观测断面，每个断面布置几个测孔，每个钻孔内安装 3 ~4 支固定式测斜仪（inclinometers），整个固定式测斜仪观测网监控着不稳定岩体内的空间变形位移活动情况。把测斜仪放在如边坡、尾矿坝岩土体内的钻孔内，即时测量钻孔随岩体位移而发生倾斜（在空间 X，Y 两个平面上的变化）。钻孔施工可以是垂直的，也可以是倾斜的。根据前后两次的测斜仪观测结果，计算钻孔在两个平面上的变化。应用测斜仪可以观测 200m 深度的钻孔内的位移变化。将观测孔与稳定地区的钻孔（固定点）连接（联测），便可计算出观测点的位移绝对值。

（2）坝体浸润线监测。在坝体上设置若干个地下水横向监测断面，每个断面设置若干个钻孔测压管，采用振弦式渗压计在测压管内测量渗水压力和地下水位。

（3）尾矿库内水位监测。采用自收绳浮子式水位计监测库区水位的变化，水位计仪器设置在排水井上方。

（4）地表降雨量监测。采用翻斗式雨量计监测库区降雨量，雨量计仪器设置在排水井上方。

（5）尾矿库生产视频监视系统。如果设置 5 个视频监测机位，1 号、2 号机位采用高清晰高速球摄像机，3 号、4 号、5 号机位采用高清晰彩色摄像机。系统采用交流电供电，单模光纤传输视频信号到尾矿车间二楼监控室（图 4-19）。

图 4-19　视频监控

（6）电脑监测软件系统，包括数据采集软件和信息管理系统。数据采集软件主要用于对尾矿库相关数据的采集和控制。这个系统有 7 个功能模块：系统管理、资料管理、系统报警、数据维护、数据查询、断面分析、数据分析。信息管理系统主要用于对尾矿库原始采集数据及其他有关安全监测的信息进行存储、加工处理和对外发布。可以利用安全监测数据和各种安全信息对坝体稳定性状态作出初步分析判断和报警，还能对尾矿库安全监测资料进行整编分析，生成有关报表和图形，并可通过网页浏览和发布，为尾矿库安全运行和管理工作提供了高效的现代化手段。

Leica Geosystems 公司生产的 HDS4500 系列高速相位激光扫描仪。可安装在全景数码相机上同时获得激光扫描数据，360°高清晰度彩色图像自动呈现在扫描仪上。仪器可用机内的数码水平补偿器自动地对扫描仪的倾斜进行修正。系统将启动、后视调整和仪器高度保存为扫描数据，因此系统始终处于恰当的配合状态。

南澳大利亚的 I-STTE 公司和智利 Andina 铜矿开发了 4400LR 激光扫描装置，用激光成像系统扫描并生成坡底线、坡顶线、平盘宽度、台阶高度及边坡角度，I-STTE 系统用来进行矿山地质参数的控制测量、矿量计算、有移动倾向边坡区段、排土场的稳定性控制。

4.2.1.5　边坡位移立体摄影测量法

对于高台阶排土场的稳定性的监测和相应的滑坡预警措施，都离不开使用各种测量方法的观测成果。其中地面立体摄影测量方法能为被监测对象提供三维空间坐标，一个观测站（一条基线），而且不需要大量现场观测仪器与人员，还可以观测到边远人员难于到达的位置及危险的边破岩石位置。但是立体摄影测量法也有室内工作量大、专业技术含量高、专门的立体摄影仪、室内照片坐标仪价格贵、操作专业等不足。其观测精度也有局限性。

排土场边坡立体摄影测量工作的特点是：首先在与排土场坡面相对应的位置建立摄影观测站基线，测定基线站点对面边坡面上特征点的方位元素，并对同一片位置拍摄一副像对（由基线两端点拍摄同一片位置得一对照片），对相片处理后，在立体坐标量测仪上量测像点的像平面坐标 x、y 及同名像点的横视差 p，然后依据一定的坐标方程式求解照片上像点的大地坐标，绘制坡面形态图并求算坡面形态几何要素。工作内容分外业及内业，详述如下：

（1）外业工作。坡面无控点的摄影测量作为一种与被测对象不直接接触的测量技术，其测定地面点位的三维坐标的方法，相当于普通测量中在摄影站作前方交会的测量方法。作为基线的长度影响前方交会点的测量误差，基线的长度大，则交会点精度一般较高，但基线太长时，对于近基线点，交会角会过大，也会影响测点精度，基线 B 变短时，则重叠范围增大，测量范围变小，且精度降低。因此，对排土场进行摄影测量，宜根据地形条件，摄影纵距大小（一般摄影纵距在 200～400m）选择最佳的基线长度。

摄影测量采用 Zeiss 19/1318 地面立体摄影经纬仪，摄影材料为红特硬干板，其像幅面积：13cm×8cm，以 M5、M6 和 M6、M7 为基线拍摄两组立体像对，选用垂直摄影的方式，为使被拍照的物体成像于像幅中央，将物镜分别向上移位 25～30mm。测量周期视现场排土作业进展情况，以及现场岩土体变形位移情况而定；同时根据天气光线状况选用曝光时间以期达到最佳效果。

（2）内业工作。内业工作主要是在立体坐标量测仪上量测相片上测点的坐标值 x、y 及左右相片的横视差 p。被量测的摄像点一般都选择在排土场底部、坡面，坡顶眉线上的特征点，以及边坡上的裂缝和一些大块岩石等作为特征点，对较陡的坡面处，应以在像点上左右前后间隔 1cm 为宜。

根据像点的平面坐标 x、y 及横视差 p 解算像点的大地坐标 x、y、z，由于排土场坡面无控制点，无法进行平差计算，因而使量测精度受到一定影响。可用计算机求取各点坐标并绘制排土场坡面形态等值线图。

（3）精度估算。对于无控制点的排土场坡面形态的摄影测量，如不考虑摄影机主距 f 的测定误差，则测点坐标中误差有

$$
\begin{cases}
d_{x\phi} = \dfrac{x}{p}d_B + \dfrac{B}{p}d_x - \dfrac{Bx}{p^2}d_p \\
d_{y\phi} = \dfrac{f}{p}d_B + \dfrac{Bf}{p^2}d_p \\
d_{z\phi} = \dfrac{z}{p}d_B + \dfrac{B}{p}d_z - \dfrac{Bz}{p^2}d_p
\end{cases}
\tag{4-1}
$$

式中，f 为摄影机主距；B 为基线长度；p 为测点视像差。

由于 x、y 一般要比 z 小得多，因此，x、y 的测定精度要比 z 高。同时离摄影站越远的点精度越低，而且精度降低越快。

若不计基线丈量误差、主距误差及外方位元素误差，在最不利情况下点位中误差通过计算为 ±0.23m，而在相片中央处精度最高点的点位中误差为 ±0.09m，按等影响原则，

点位中误差及高程精度综合考虑其他因素的影响预计平均可达 ±0.24m 及 ±0.07m。可见，排土场的段高或量取高度越大，真倾角的误差越小。能保证排土场稳定性分析所需的精度且不会低于常规方法量测精度。

（4）对高台阶排土场坡面使用无控制点的摄影测量技术，既可避免人员直接进入排土场，解决排土场测量过程人员潜在的安全问题，又能保证对排土场稳定性分析及排土场规划等所需的几何形态参数的获得及对精度的要求。摄影测量具有相片信息容量大、显示压鼓破坏区域能力直观的特点，可用于确定排土场破坏范围、排土场的已有容量及尚余容量，还可利用它对排土场组成块度及粒度分布进行测定。

4.2.2 排土场泥石流的监测

为了观测排土场的沉降位移、滑坡、降雨量、地表渗流量及泥石流淤积量等实测数据，需要在排土场及泥石流沟的代表性剖面布设几条观测线和监测桩。其观测目的是对于排土场的稳定性，可能出现的滑坡和泥石流进行分析和预测预报。排土场泥石流的监测内容包括：

（1）排土场沉降观测。利用排土场平台上和边坡上的观测点（桩）进行排土场位移和沉降的定期监测。监测方法如经纬仪导线、水准仪高程测量以及位移伸长计等。

（2）排土场坡面散体颗粒分布情况的实测和调查研究。最直接的监测方法就是在观测剖面线上，自坡顶到坡底采样进行现场统计（筛分法、网格统计法、照相法等）；另外根据排土生产图表和排土、排岩分排顺序，调查了解硬岩、软岩、表土的排弃位置和堆置量，以便及时掌握排土场上岩土及其块度的分布（特别是细颗粒的分布情况）。

（3）降雨（雪）量观测。在排土场地区建立简易的天气观测站，重点监测降雨（雪）量和降雨强度。因为降雨（雪）量是形成泥石流的主要外界条件和原因。

（4）边坡面冲刷量和泥石流沟淤积量观测。在排土场坡面和泥石流淤积主沟道埋设观测点若干个，在泥石流发生前后都定期观测边坡面岩土冲刷量，以及泥石流固体物质在排土场下方的淤积量，并根据历年气候和排土场观测资料分析计算排土场多年的滑坡及泥石流淤积量，这些实际观测资料对于研究分析排土场泥石流的形成和评价十分重要，在宏观上也可以作为设计参考数据和泥石流预报的基础。

排土场坡面上泥沙在高强度降水的作用下，对泥沙的侵蚀、夹带、淤积和密实的过程，这是排土场一个自然现象。雨水使排土坡面上的土石分离、移动，大颗粒被搬运作为推移质淤积在下淤积区内，细小颗粒被输送作为悬移质随水流作用被携带至下游河道中。泥沙流失量参数的合理确定是排土场泥石流泥沙流失设计和泥石流治理中的重要参数。如在潘洛铁矿大格排土场，通过泥沙流失量的观测研究，按固定的测量断面，测出泥沙搬运淤积在沟道中的推移质，又通过测试手段在测量断面上测量流量和流速，取样测出悬移质的含沙量。经过近6年的观测综合分析，得出大格高排土场年泥沙流失量占年排土量的9.2%。又如海南铁矿第6排土场、大宝山矿排土场、云浮硫铁矿排土场等，也得出排土场年泥沙流失量占年排土量的5%左右。

（5）地下水和地表径流量观测。径流量观测是为了研究大气降雨、地表水、地下水在排土场内渗流运动规律及其对排土场稳定性的影响，并为排土场的渗流场、泥石流等分析提供可靠的依据。排土场降雨与径流量观测由于排土场为松散体岩土结构，饱含孔隙水和滞留水，故排土场内部的含水量对于径流的影响很长时间（长达3～4个月），此称为排土场的持水含水作用，使得地表径流量有明显的滞后影响。而尚未排土的沟谷的径流观测表明，地表径流量与降雨量基本同步，地表径流系数也较大。

分别在排土场下游各个汇水沟道处设立地表径流（水文）观测站、定期观测降雨量、地表径流量和排土场渗流量。排土场内部的渗流速度及渗流量取决于地基地形与入渗率、排土场物料构成、孔隙率及其渗透性。根据径流量大小和地形条件分别采用流速仪、浮标法、三角堰和矩形堰法进行径流量观测。当雨季地表径流量大无法采用堰测法时，则使用流速仪法和浮标法。

1）矩形堰法（图4-20）。在观测站位置用混凝土砌一大一小两个矩形堰，堰高为37cm，宽分别为119cm和51cm，观测时，视水流大小，堵住其中一个堰口测量出水流在堰口中的高度，然后，根据下式求得径流量

$$Q = 0.01838(b - 0.2h)^{\frac{3}{2}} \tag{4-2}$$

式中，b为堰口宽度；h为水流在堰口中的高度。

2）浮标法。在石砌护堤选取较顺直地段20m，隔10m实测3个流水剖面，分别计算出不同水位时的流水截面积，每次观测时取3个流水截面积的平均值，观测时投入浮标，用秒表读出浮标流经3个剖面（20m长）时所需的时间，不少于3次读数，以求得平均流速。浮标法观测径流量按下式计算

$$Q = KAV \tag{4-3}$$

$$V = \frac{L}{t}$$

式中，K为浮标系数，雨季渠道水深时$K=0.85$，水较浅时，$K=0.6$；A为水流断面的平均面积，m^2；V为水面流速，m/s；L为上、下断面的距离；t为浮标流经上、下断面的历时。

3）流速仪法（图4-21）。当旱季流量很小时，采用浮标法误差较大，此时，改用流速仪法观测。在该测水点上段，用水泥砌一矩形水槽（水槽长宽高为1m×0.2m×0.2m），使水流流经此槽，观测时量得水位高度，用流速仪测量断面上各点的流速。径流量计算按下式

$$Q = \sum_{i=1}^{n} f_i v_i \tag{4-4}$$

式中，f_i为测绘断面上各条块的面积；v_i为相应条块上的平均流速。

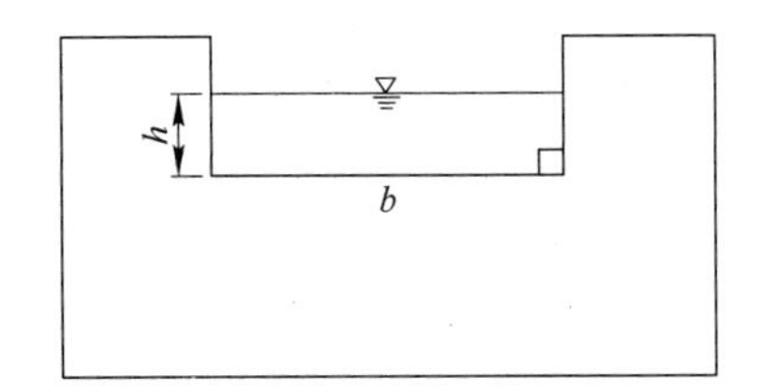

图4-20 矩形堰法观测地表径流示意图

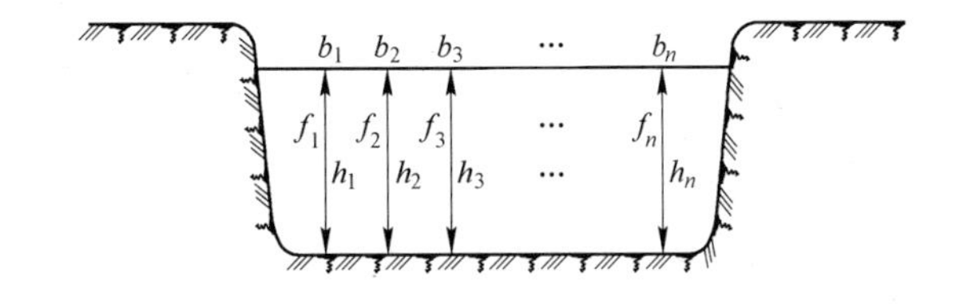

图4-21 流速仪法测地表径流示意图

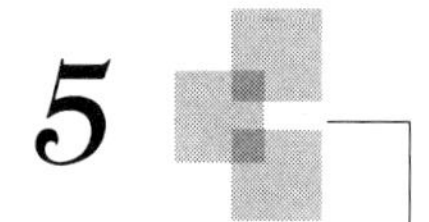

5 露天矿排土规划和排土管理

5.1 排土场规划的目的与意义

露天矿矿山排土是矿山开采中最重要的环节之一，排土成本占矿山开采总成本的40%～60%，其在生产中的复杂性有的甚至超过对矿石的处理，尤其是多个排土场排土的情况。我国现有重点冶金矿山70%以上是露天开采，一定规模的排土场2000座以上，每年剥离排放岩土量超过2000Mt。排土场需要占用大量的土地，据我国冶金露天矿的调查，排土场占矿山总占地面积的40%～55%，为露天采场的2～3倍。统筹调度安排排土，合理规划排土工程，科学管理排土场所，不仅是保证矿山生产必需的手段，而且对保证矿山安全和矿区生态环境也有着十分重要的意义。

露天矿的剥离物一般包括腐殖表土、风化岩土、坚硬岩石以及混合岩土，有时也包括需要回收和不回收的表外矿、贫矿等。剥离物的排弃是露天矿生产工序的重要组成部分，排土场可能破坏当地的自然景色和生态平衡，污染周围环境，更重要的是剥离物排弃工作不落实或规划与设计不合理，会直接影响矿山设计能力的完成和矿山经济效益。因此，必须做好排土场规划设计和生产管理维护。

国内各矿山都十分重视排土场的选址、废石剥离、运输和废石堆放等方面的研究，强调用系统的思维方法，规划废石排放中的横向和纵向发展顺序。在经济上，使得排土场的土地购置费、排土与运输设备的购置费用、运输道路的修筑费用以及运输经营费等与排土有关的总费达到最小，提高矿山经济效益的目的。

排土规划还要考虑排土场的数量与容积、排土场与采场的相对位置和地形条件及其对环境的影响等。

从广义的角度来说，排土规划主要内容有以下几点：

（1）排土场建设之前的规划与设计，其主要任务是排土场的选址。合理地选择排土场的位置，不仅关系着运输与排土的技术经济效果，而且涉及占用农田和环境保护问题。

（2）矿山生产期间，在排土场已建立的前提下（一个矿山可在采场附近设置一个或多个排土场），根据采场和剥离岩土的分布情况，可以实行分散或集中排土，对排弃物料的流向、流量进行平面规划和竖向规划。对于近期和远期排土量进行合理分配，以达到最佳的经济效益。

（3）排土场的复垦和防止环境污染是排土规划中一个重要内容，排土场的建设和排土规划应结合排土场结束或排土期间的复垦计划统一安排。

5.2 排土规划

排土规划广义来说包括排土场选址、排土场设计时的平面规划与竖向规划以及排土场的复垦规划。当选择有多个排土场，分散排土时，则通过平面规划，达到土量合理分配。而在一个排土场范围内，由于它和采场有一定的高差关系，所以竖向规划特别重要，尤其是山坡露天矿和在沟谷、山坡地形设置排土场，经常遇到的是竖向规划问题。

排土优化系统是以年度采掘进度计划为基础，采用动态模拟加线性规划的方法来实现岩土的合理堆置与土岩流向流量的优化。根据露天矿运输的特点与外部排土场的相对位置，将露天矿运岩线路划分为采场内部线路、连接采场和排土场之间的外部固定线路和排土场线路三大部分，在此基础上，分别建立模拟模型，用计算机生成规则线路数据文件，通过计算机计算岩量、重心等手段，模拟计算出每一采出岩块运往排土场的运距，并作为优化计算的基础，然后根据各排土场的受土容积、线路通过能力及采场岩量，以最小运输功为目标函数对采场岩石实现优化分配。

在排土优化中，以最小运输功为目标所进行的优化，实质上是优化运输网络中的最短运岩路径。对确定的矿山而言，每一个排土场在其运输系统中，其外部排土固定线路的运距是一定的，此时，对运岩运输功大小起主导作用的主要是采场内部线路和排土场线路的长短。对于采场内部线路，除了在划分开采岩块时要严格依照采掘计划并尽可能把年度计划分解为季度计划或周计划作为划分依据外，在运距的计算处理上依照开采岩块的开采顺序来计算。对于排土场线路，其长短主要取决于排土方案的设置，同一排土场的不同堆置方案其排弃运距是不同的，由此就会影响整个排岩方案的效果。这里，同一排土场的不同堆置方案具有不同的模拟效果指标，如排土场容积、排土场内部线路长短、运输功大小、可供复垦的面积、排土场排弃能力及辅助排土工程量等。这样，在土岩流向流量优化中，各个排土场不同堆置方案的组合，其货源分配的结果就不同。设有 M 个排土场，每个排土场有 N 个排土方案，则有 MN 个以最小运输功为目标函数的优化方案。

5.2.1 排土场选址的原则

排土场的选址关系着排土场稳定性、周围居民和工业设施等重要建筑的安全、当地的环境保护以及矿山经营的经济效益。因此在选择排土场的位置时必须在确保安全的前提下，兼顾尽量少占土地、保护环境以及经济合理等诸多因素。在选择排土场的位置时应遵守下列原则：

（1）排土场应靠近采场，尽可能利用荒山、沟谷及贫瘠荒地，以不占或少占农田。就近排土减少运输距离，但要避免在远期开采境界内将来进行废石二次倒运。有必要在二期境界内设置临时排土场时，一定要做技术经济方案比较后确定。

（2）有条件的山坡露天矿，排土场的布置应根据地形条件，实行高土高排，低土低排，分散货流，尽可能避免上坡运输，减少运输功的消耗。做到充分利用空间，扩大排土场容积。

（3）排土场不宜设在工程地质或水文地质条件不良的地带，如因地基不良而影响安全，必须采取有效措施；选择排土场应充分勘察其基底岩层的工程地质和水文地质条件，如果必须在软弱基础上（如表土厚、河滩、水塘、沼泽地、尾矿库等）设置排土场时，必须事先采取适当的工程处理措施，以保证排土场基底的稳定性。坡度大于1∶5且山坡有植被或第四系软弱层时，最终境界100m内的植被或第四系软弱层应全部清除，将地基削成阶梯状。

（4）排土场选址时应避免成为矿山泥石流重大危险源，无法避开时要采取切实有效的措施防止泥石流灾害的发生。

（5）排土场位置的选择，应确保排弃土岩时不致因滚石、滑坡、塌方等威胁采矿场、工业场地（厂区）、居民点、铁路、网线和通讯干线、耕种区、水域、隧道涵洞、旅游景区、固定标志及永久性建筑等的安全。

（6）排土场不宜设在汇水面积大、沟谷纵坡陡、出口又不易拦截的山谷中，也不宜设在工业厂房和其他构筑物及交通干线的上游方向，以避免发生泥石流和滑坡，危害生命财产以及污染环境。

（7）所选择的排土场的容量应能容纳矿山服务年限内所排弃的全部岩土，排土场地可为一个或多个，根据采场和剥离岩土的分布情况，可以实行分散或集中排土。在占地多、占用先后时间不一时，则宜一次规划，分期征用或租用。初期征用土地时，大型矿山不宜小于10年的容量，中型矿山不宜小于7年的容量，小型矿山不宜小于5年的容量。

（8）排土场位置要符合相应的环保要求，排土场场址不应设在居民区或工业建筑主导风向的上风侧和生活水源的上游，以防止粉尘污染村民区，应防止排土场有害物质的流失，污染江河湖泊和农田，含有污染物的废石必须按照现行国家标准GB 18599—2001《一般工业固体废物贮存、处置场污染控制标准》要求进行堆放、处置。

（9）排土场的选择应考虑排弃物料的综合利用和二次回收的方便，如对于暂不利用的有用矿物或贫矿、氧化矿、优质建筑石材，应该分别堆置保存。

（10）排土场的建设和排土规划应结合排土场结束或排土期间的复垦计划统一安排，排土场的复垦和防止环境污染是排土场选择和排土规划中一个重要内容。提高土地的利用率，在不影响排土作业的前提下，尽早创造复垦条件。

5.2.2 排土场竖向堆置形式

将采场内需要剥离的岩土在竖向上划分一定的台阶，同样按照排土场地形条件及排土工艺，也要在竖向上划分台阶，使之与采场剥离台阶的划分相协调。根据露天矿排土运输条件和排土场建设类型，其竖向规划可分为以下几种堆置形式：

（1）平缓坡运输形式（图5-1a）。这种类型的特点是采场剥离台阶比排土台阶高一个台阶，采场由上往下剥离，排土场由上往下堆置，其运输路线是平缓坡，运输技术条件最佳，适用于公路和铁路运输排土。

（2）下降运输形式（图5-1b）。排土运输的特点是采场剥离台阶高于排土场两个以上的台阶高度，必须采用下降运输形式。采场由上至下剥离，而排土场由近向远或由下至上排土。如果条件允许可以按模型实行单层高台阶排土，这样下降距离小，运输线路简单，运费较低。若高台阶排土的条件不允许，则采用低分段分层堆置。

（3）上升运输形式（图5-1c）。其特点正好与图5-1b相反，采场剥离岩土都要用上升运输形式运至排土场，它的运输功和运输费最高，是最不利的排土类型。当采用汽车或铁路运输方式时，同样存在线路长，运费高的缺点，如汽车运输，重车上坡的运费比下坡运

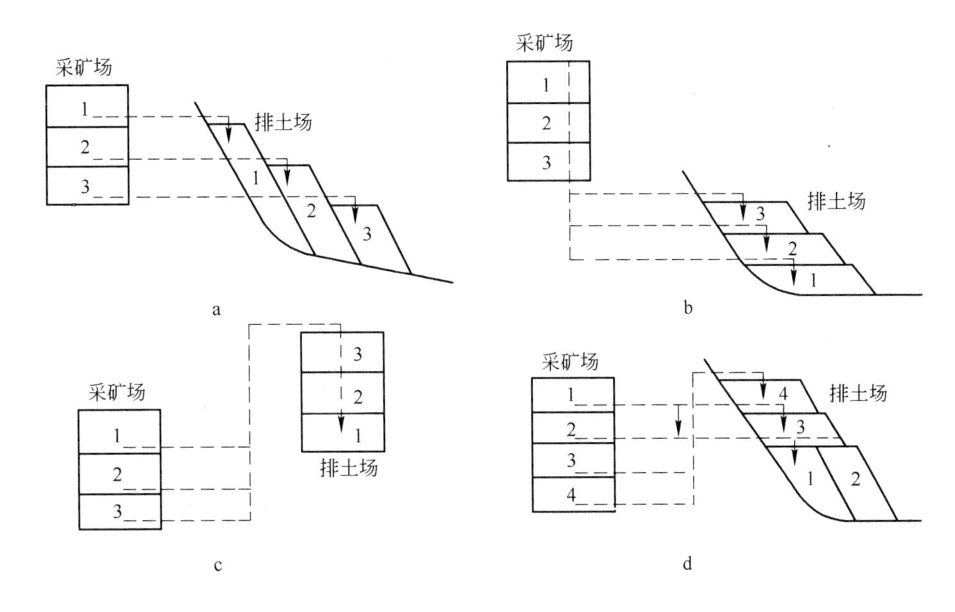

图 5-1 排土场竖向规划形式

图中方块面积表示各个台阶的岩土量；箭头方向表示运输线路方向

输高 10% 左右，比平缓坡运输高 30% 左右。

上升运输坡度大，可采用胶带运输，它爬坡能力强，效率高。

上升运输最好采用水平分层堆置方式。从理论分析，分层高度越小，运输功越小。但是，分层高度小，则分层运输路线增多，是不经济的。因此分层高度要经过技术经济比较后确定。

(4) 图 5-1d 所示是上面 3 种模型的组合型，它适合于山区地形，比高很大，上部是山坡露天开采，下部为深凹露天开采，而排土场也是在比高较大的山谷。这样的竖向规划往往比较复杂，需要进行多方案分析比较和优化。

5.2.3 排土工程的优化模型

根据采场和剥离岩土的分布情况，可以实行分散或集中排土，通常采用线性规划方法对排弃物料的流向、流量进行平面规划和竖向规划，对于近期和远期排土量进行合理分配。当采场的开拓运输系统已定时，排土工作要达到运输功最小或全部剥离排土的运营费用的贴现值最小或使矿山排土费用之总和为最小。这显然是一个典型的运筹学的问题，适用于线性规模模型。

露天排土运输的线性规划的一般形式，即目标函数式为

$$\min S = \sum_{i=1}^{m} \sum_{j=1}^{n} c_{ij} l_{ij} x_{ij} \tag{5-1}$$

满足以下约束条件：

从采场任一开采水平运到各个排土场的岩土量应该等于该水平岩土量的总和，即

$$\sum_{j=1}^{n} X_{ij} \leqslant a_i \tag{5-2}$$

同理，任一排土场（或台阶）所容纳的总岩土量应该等于从采场各水平运到该排土场的岩土量之和，即

$$\sum_{i=1}^{m} x_{ij} \leqslant Q_j \tag{5-3}$$

同时应满足条件

$$X_{ij} \geqslant 0 \tag{5-4}$$

式中，x_{ij}为从采场第 i 个水平到第 j 个排土场的排土量，t；c_{ij}为从采场第 i 个水平的岩土运输到第 j 个排土场的单位排土费用，元/t；l_{ij}为从采场第 i 个水平的岩土运输到第 j 个排土场的运距；m 为采场内剥离水平总数，个；n 为排土场（或排土台阶）总数，个；S 为矿山排土费用总和，元；a_i 为采场内任一开采水平的岩土总量；Q_j 为任一排土场所容纳的岩土总量。

上述 3 个约束条件是必需的，还有一些约束条件要根据各个矿山的具体情况再加入，例如道路通过能力、全矿各采场的排土量要不大于规划期的排土总量和各排土场所容纳的岩土总量要不小于规划期的排土总量等条件。

上述规划模型可以作长期、中期和短期的排土规划。

中、长期排土规划是指导性的规划，它们的目标是矿山生产期间排土运输功最小，是以矿山中、长期生产为基础。长期规划的期限一般是从现状开始到矿山年限结束，它的目标是：把矿山境界范围内的废石合理地分配到各个排土场和排土场的不同高度的台阶，以使整个矿山生产期间排土运输功最小，达到总体优化。中期规划期限一般是 5 ~ 10 年，它是在长期规划指导下的局部优化问题，它的功能和目标与长期规划相似，但在时间、空间和数量方面都小于长期规划并受限于长期规划，长期规划的部分结果用来作为中期规划的约束。

短期规划一般期限是一年，有时可能是一个季度。短期规划是以矿山年度采掘生产计划为基础，在中、长期排土规划指导下的更具体的局部优化问题。它的很多约束都是来自年度采掘生产计划和中期排土规划。短期规划与中、长期规划另一个不同处，就是短期规划求解的结果在采用后，要做排土堆置计划，并反映到电子版的现状图中。

尽管中、短期规划都能达到局部优化的目标，但若干个局部优化的叠加不等于总体优化，也只有在总体优化的前提下通过局部优化渐渐向最优化的目标逼近。由于露天矿的采掘空间与排土场的空间随着时间的推移均有很大的变化，如果这些变化与中、长期规划的结果出入较大，需要重新进行长、中期规划。因为规划与现实总存在一定的差距，所以要经常调整中、长期规划，使总体目标渐渐逼近最优。

随着科学技术的进步与发展，电脑已广泛应用于矿山，使得长、中、短期排土规划能够在矿山实现。如果不用电子计算机求解排土规划这样的问题及处理基础数据是不可能的。

电子版的采掘现状图与排土场的现状图（有运输线路的，简称现状图）是排土规划需要的最基础资料。将原始人工绘制的现状图通过数字化仪的数字化输入或通过扫描仪扫描图像，而后经过矢量追踪，最后形成了电子版的现状图。

5.2.4　排土规划应用实例

德兴铜矿位于江西省德兴市，是我国最大的斑岩铜矿。

该矿采用露天开采，根据设计当时年剥岩量为3000多万吨，其中8Mt含铜废石作为堆浸，采用大功率电动轮汽车运输。至2000年底露天矿境界内尚有未开采矿石673Mt，未剥离的岩石405Mt，其中0.05%～0.25%的含铜废石为155Mt。

当时德兴铜矿设有两个废石场：西源及祝家排土场。而西源排土场又由413m和300m两个排土台阶进行，祝家排土场又同时堆置含铜和不含铜的两种废石，其中含铜0.05%～0.25%的废石必须按要求堆置，满足堆浸厂堆浸的要求。到1999年底，这两个排土场排土容量分别为$1.199\times10^8m^3$、$2.427\times10^8m^3$，按堆密度$2.2t/m^3$计算，其容量分别为263.8Mt、533.9Mt。

如何将每年的3000多万吨废石合理的排至两个排土场，使其运输功最小，同时满足堆浸的要求，这是需要进行认真的规划。采用运筹学的优化方法就可以达到合理的排弃目标。为达到这一目标，从以下几方面着手：

（1）用计算机建立排土场立体空气模型，计算现有排土场实际总容量。

（2）利用线性规划按最短路径，满足采场各出岩点的出岩量与各排土场的收容量，以运输功最小为目标，合理分配采场到各排土场的废石量。

（3）利用排土场立体空气模型，按所分配的废石量，编制排土场堆置计划，使排土计划达到计算机输出图形和表格化。

5.2.4.1　建立排土场的空气方块模型

已经投入使用的排土场，其空间分为实体和空气两部分。从原始地形状态发展到当前形态，已排的空间充满岩土是实体部分，而从当前形态到未来境界的那部分尚未排弃废石是空气部分，未来排土将在空气中进行。

（1）建模范围。祝家和西源两个排土场容量的计算的有效范围是指在当前形态到境界的那部分排土空间，由排土场的现状线、境界线及地形线所确定。根据露天矿现状地形图及开采设计图纸建立规划范围的计算模型。

（2）模型尺寸。模型尺寸的选取要考虑计量精确又要考虑到计算机的本身性能的要求，划分太大相邻两截面的距离大，对应的方块体积误差有可能大，划分太小，整个模型的数组太大，运行速度要减慢，德兴铜矿采用的是汽车排土，排距没要求，原始地形线是10m/条，祝家排土场排土设计段高为30m。方块尺寸暂取30m×30m段高为宜。有等高线处方块高程是不定的。

（3）选取坐标系。模型的立体小方块平面尺寸为30m×30m，在平面上建立的坐标系应使整个矿山排土场包含在第一象限。根据德兴铜矿现有资料，方块模型在平面的坐标系遵循矿山原坐标网，模型旋转角为0°。

（4）排土场容量计算的关键技术。

1）删除折（直）线在指定域内（外）的部分。为了简化说明，称各种折（直）线为被割域，指定域为割域，问题的核心是截取出被割域为割域所包含的那部分图素或者被割域在割域外的那部分图素。

2）计算地形图上任意范围内的挖方量和填方量。解决地形图上任意范围内的挖填方量的计算问题，考虑参数为：地形线数据文件、计算范围数据文件、计算的起始高程、断面总数、挖方坡面角、填方坡面角。

3）计算任意范围内各方块的面积。为了计算任意方块在一个任意范围内的面积，必须求出它与计算范围的交，也即求出这交的边界。这样可简化为计算一个方块的闭合边界与指定范围的交。计算全部交集时，采用一对一方法，十分明朗清晰，可以集中力量解决这一个问题。为了方便，称各方块组集的范围为排土场立体空气模型被割域，任意范围线为割域。

（5）排土场立体空气模型建立和排土场容量计算的步骤。

1）划分排土场境界内方块；

2）形成各排土台阶地形线；

3）计算排土场境界内各台阶方块体积；

4）计算排土场各台阶排土范围线方块面积；

5）计算排土场各台阶排土范围线方块体积；

6）形成各台阶方块及体积的文件；

7）计算排土场总容量。

具体建模的方法这里就不赘述。

5.2.4.2 排土规划数学模型

德兴铜矿排土规划模型的基本思路是：目标函数是全矿排土运输功最小。

设德兴铜矿有3个排土场：祝家、西源的413m，西源的300m（$n=3$）（将西源排土场2个台阶设为2个排土场）。

设有 m 个出岩点，每个出岩点的废石都有排出到祝家排土场及西源排土场的413m台阶或300m台阶的可能，假设每个出岩点均有含铜与不含铜废石，这样等于出岩点多出 m 个，总计为 $DM(=m+m)$ 个。而含铜废石满足了祝家排土场的堆浸要求之后，排至西源排土场的视为一般不含铜废石，排到祝家排土场的是含铜废石。因为有利用价值，产生了经济利益，可以折算为减少部分运距。例如某一出岩点到祝家的运距为 S_i，而其中含铜废石的运距可视为 $B\times S_i$（$0\leqslant B\leqslant 1$），一般 B 取85%～95%之间（只是用来区分含铜与不含铜废石）。

根据上述参数组织的线性规划模型，目标函数为

$$\min S=\sum_{i=1}^{m}\sum_{j=1}^{3}S_{ij}X_{ij}+\sum_{i=1}^{m}BS_{i,3}X_{m+i,3}\sum_{i=1}^{m}\sum_{j=1}^{1}S_{ij}X_{m+i,j} \tag{5-5}$$

满足

$$\sum_{j=1}^{3}x_{ij}\leqslant a_i \qquad (i=1,2,\cdots,m)$$

$$\sum_{j=1}^{3}x_{m+i,j}\leqslant a_{m+i} \qquad (i=1,2,\cdots,m)$$

$$\sum_{i=1}^{m}\sum_{j=1}^{3}x_{ij}+\sum_{i=1}^{m}\sum_{j=1}^{2}x_{m+i,j}\geqslant Q$$

$$\sum_{i=1}^{n} x_{m+i,3} \geqslant D$$

$$\sum_{i=1}^{m}\left(\sum_{j=1}^{3} x_{m+i,j} + \sum_{j=1}^{2} x_{m+i,j}\right) \leqslant L_j$$

$$\sum_{i=1}^{m}\left(\sum_{j=1}^{3} x_{m+i,j} + \sum_{j=1}^{2} x_{m+i,j}\right) \geqslant q_j$$

式中，m 为出岩点数；S_{ij}为第 i 出岩点至第 j 个排土场等效运距；X_{ij}为第 i 出岩点至第 j 个排土场的排土量；a_i 为第 i 出岩点规划期内计划采出的不含铜废石；a_{m+i}为第 i 出岩点规划期内计划采出的含铜废石；Q 为规划期内全矿排至各排土场的不含铜废石总量；D 为规划期内祝家排土场每年必须堆浸用的含铜废石；L_1 为规划期内到西源 413m 排土场年最大排土量；L_2 为规划期内到西源 300m 排土场大巷的最大汽车通过能力；L_3 为规划期内到祝家的大巷最大汽车通过能力（不包括含铜废石）；q_1，q_2，q_3 分别为规划期内 3 个排土场要求分配的最小排土量。

由于上述规划模型随着出岩点的增多，变量成倍增加，考虑到计算的方便，可将上述模型分解为两个小模型，即含铜与不含铜废石的排土规划模型。

用单纯形法可求得最优的解，同时改变有关约束方程的参数，可作多方案比较。

5.2.4.3 排土规划基础数据的获取

本节介绍如何获取上述模型的各方程的序数和常数项，即 S_{ij}、a_i、Q、D、q_1、q_2、q_3 以及 L_1、L_2 和 L_3 诸参数。

运输线路的确定及计算运距。为了求得 S_{ij}，必须先确定运输线路，然后计算运距。

A 矿山现有的运输线路为计算运距的对象

以当年矿山的现状图为蓝本，可以通过多种方法测定运距，如人工测量、利用数字化仪或利用 Auto-CAD 用鼠标输入道路各点三维坐标(x,y,z)，然后计算运距。线路运距计算分两步来进行，首先计算各主干线各段的运距，然后计算各出岩点至主干线的运距，排土场至主干线的运距。某一出岩点至主干线的运距加上主干线本身运距及主干线至排土场的运距之和即为某一出岩点至某排土场的运距。至于出岩点至排土场的运输路线的起止点，都是取它们的重心为宜。所有干、支线路的纵坡度运距都要折合成坡度为零的平路的等效运距。

所谓的等效运距是把有上、下坡和曲率的实际运距，折成坡度（纵、横）为零，平曲线半径为无穷大的标准道路的运距。在实际应用中往往引申为将上、下坡的实际运距，折算为纵坡为零的平路运距。这样可以对不同坡度的运输线路的运距对比时有参照标准。

等效运距的计算，一般使用的计算公式为

$$L_{等效} = L_{实} + H \cdot K \tag{5-6}$$

式中，$L_{等效}$为对于某一坡度下等效平路的距离；$L_{实}$ 为同一坡度的实际运距；H 为同一坡度下废石垂直运输的高度；K 为垂直运输折算成水平运输的当量系数。

在德兴铜矿，通过实测电动轮汽车重车上坡速度和电动轮汽车驱动特征曲线的研究，找到不同坡度重车爬坡速度与平路重车速度之间的关系。现将德兴铜矿实测数据与其中一种汽车驱动特征曲线和现场实际情况（汽车限速等）结合而得出的 K 值，见表 5-1。

表 5-1 德兴铜矿载重汽车运输实测数据

车 型	坡度/%	上坡速度 /km·h^{-1}	提升高度 /km	下坡速度 /km·h^{-1}	下坡时间 /h	平路距离 /km	K
170	10	9.71	97	19	0.51	25.39	16.12
170	95	10.38	98	19.41	0.53	25.78	15.61
170	9	11.11	1	19.83	0.56	26.21	15.08
170	8.5	11.8	1	20.25	0.58	26.59	14.73
170	8	12.7	1.01	20.66	0.61	27.12	14.19
170	7.5	13.6	1.02	20.08	0.64	27.64	13.75
170	7	14.88	1.04	21.5	0.69	28.42	13
170	6.5	16.31	1.06	21.91	0.74	293	12.24
170	6	17.56	1.05	22.33	0.78	30.01	11.8
170	55	19.93	1.09	22.75	0.87	31.52	10.56
170	5	22.11	1.1	23.16	0.95	32.83	9.69
170	45	24.6	1.1	23.58	1.04	34.32	8.78
170	4	27.66	1.1	24	1.15	36.16	7.68

B 采场出岩点的确定与剥离量的计算

采场出岩点的固定并计算有关量，就是要确定上述模型的 a_i 和 a_{m+i}。

（1）基础数据。年排土规划是在年采掘计划的基础上产生的，所用的基础数据是境界内的矿岩方块模型以及采掘计划图。矿岩方块模型是由明太克软件产生的结果之一，经过转换成为本规划基础数据之一。转换后的模型每一个方块仅包含有空气或铜品位两个内容之一，铜品位小于0.25%为含铜废石，而品位在0～0.05%之间的为不含铜废石。

来年采掘计划图及本年预计的年末现状线的计划图是确定出岩点的另一个基础数据。

（2）确定出岩点的方法有：1）根据来年计划线及本年预计的年末现状线圈定出岩点，并计算出剥离量；2）如果来年采掘计划在计划图中已划定了各出岩点的封闭线和计算出剥离量，可直接引用；3）在没有计划图的情况下，可以在计算机已绘出的台阶矿岩方块图中逐个圈定出岩点，并计算出含铜与不含铜废石。

C 排土场的受土能力及大巷通过能力

Q、D、q_1、q_2、q_2 以及 L_1、L_2 和 L_3 等常数项都是根据年采掘计划确定的排土总量和排土场受土能力等因素来确定。因为汽车到西源300m排土场和祝家排土场都需要经过一段很短的单向通行的双隧道（又称大巷），正常时运输能力很大，其中 L_2 和 L_3 可变通为这两个排土场的最大受土量。但大巷路面维修时，只能1条大巷双向运行，这样大巷变为运输的瓶颈，L_2 或 L_3 就应该是大巷的实际通过能力。但必须注意，含铜废石总量 D 必须不大于各 $a_{m+1,3}$ 的总和，而 Q 必须不大于 a_{ij}、$a_{m+1,1}$、$a_{m+1,2}$ 的总和且不大于 q_1、q_2 及 q_3 的总和。

5.2.4.4 排土场堆置计划

排土场的堆置计划是根据规划的结果，把这些排弃到各排土场的量堆置到所在排土场台阶上合适的位置上。因为是汽车运输，堆置方式没有特殊的要求，只要推进线是连续的，且个别部位不突出很多就行。对于祝家排土场最好是将含铜和不含铜的废石各堆置成一个区域，不要混排，这两个区域可以是毗邻，具体在计算机上按如下方法进行：

假设要安排祝家排土场的某一排土台阶的堆置计划，首先调入这个台阶的空气方块模型，然后以方块的方式绘制在屏幕上，每个方块根据量的不同充填不同的色彩。操作者可以移动鼠标有序的逐个方块进行填充，屏幕上将显示出已充填的量及未充填的量，直到所有应堆置的量全充填完即可。也可以用鼠标在方块图上绘一个区域，然后计算机自动充填，不足部分个别充填。如果充填方块不符合要求，可以将已充填一部分或全部作废，然后重新开始充填。一旦整个充填结束，计算机转入处理数据：（1）计算各台阶充填总量及剩余的排土场容量；（2）形成计划线的坐标文件，以备绘制排土场的计划图用。

5.3 排土场安全生产管理

5.3.1 排土场安全生产管理的意义

矿山排土场是我国最大的固体废物堆置场。由于排土场场地地质条件、排土场所排放散体岩石变形量大、排土场散体岩石(土)易于流动等特点，致使排土场安全问题严重。

排土场安全问题主要有以下几个方面：

（1）排土场泥石流灾害。矿山排土场是人为的泥石流固体物来源地，提供了形成泥石流必备条件，如果排土场有一定的地形坡度，在一定的降雨条件下很容易发生排土场泥石流灾害。我国南方多雨矿山大多发生过排土场泥石流灾害。

（2）排土场滑坡。排土场滑坡是仅次于排土场泥石流的第二大排土场灾害，主要受排土场地形、地基是否有淤泥等软弱层、排弃的散体岩性、堆置高度、降雨等等因素影响。我国露天矿排土场曾发生过多起滑坡事故，造成车毁人亡，冲垮、冲毁运输道路、房屋、农田等重大事故和严重经济损失。

（3）排土设备、人员事故。排土设备、人员事故最为频繁，本钢南芬铁矿、江西永平铜矿曾发生多起汽车滑下排土场事故，鞍钢东鞍山铁矿、眼前山铁矿，本钢歪头山铁矿曾发生过电铲倾倒、下滑事故，其他矿山也都发生过此类事故。此类事故严重的车毁人亡、轻则汽车、电机车、推土机受损。

（4）排土场滚石事故等其他事故。排土场滚石事故多次毁坏房屋，造成人员伤亡。

排土场安全问题的规模和严重性决定了矿山排土场安全问题是矿山最重大安全事故源之一。近年来，一些中、小矿山开采乱排的废石已成为未来金属非金属矿山大的危险源。矿山设计中对排土场部分不够重视，矿山生产中排土场安全隐患较多，导致排土场安全事故频繁发生。为防止排土场安全事故的发生，消除排土场安全事故的隐患，必须规范排土场设计与安全生产管理。

5.3.2 排土场安全生产管理的主要内容

排土场安全生产管理主要包括以下内容：

（1）排土场安全管理制度建立；

（2）排土场的设计要求；

（3）排土场的构筑与验收；

（4）排土场的作业管理流程与规范；

（5）排土场排洪、防震设施与措施；

（6）排土场监测、检查；

（7）排土场的安全评价；

（8）排土场关闭与复垦程序措施等。

排土场安全管理是一项极其复杂的排土系统工程，涉及排土场各类安全问题和各种影响因素；根据近20年大量排土场泥石流形成机理与防治、排土场稳定性研究与综合治理、排土场变形规律研究等方面的研究成果及大型矿山企业安全生产规程中有关排土场部分的内容，2005年编制了《金属非金属矿山排土场安全生产规则》，国家安全生产监督管理总局2005年5月发布（标准号AQ2005—2005）。

5.3.3 金属非金属矿山排土场安全生产规则

《金属非金属矿山排土场安全生产规则》见附录。

6 排土场生态重建和环境保护

6.1 排土场对环境的影响

矿产资源是人类社会建设和发展的物质基础，随着工业化进程的加快，人口增多，物质文化水平的提高，社会对各类资源的需求量大幅度增加，矿山资源开发满足人类物质需求的同时，不可避免地破坏和改变自然生态环境，产生各种各样的污染物污染大气、水体、土壤等。无论是露天矿还是地下矿山，在开采过程中都要剥离地表土和覆盖岩层，地下矿山在开掘巷道时也会产生大量的废石。据不完全统计，我国非煤矿山每年排放的废石约为30多亿吨，这些废石的排放首先占用大量的土地，覆盖农田、草地或占用水体，破坏原有体系生态环境系统，甚至污染环境。同时，在干旱刮风季节，也会从废石场扬起大量的粉尘，造成粉尘污染。雨季，特别是暴雨季节，受雨水冲刷，造成严重的水土流失，淤积河流和渠道，毁坏农田和山林、草地等。总之，矿山开采产生大量的废石和表土，如不加以控制，将对环境造成如下严重影响：占用大量土地，毁坏景观环境；危害生物，破坏土壤；淤积河道，水土流失，污染水体；产生粉尘和有害气体，污染大气环境。

6.1.1 国内矿山生态环境保护概况

我国采矿历史悠久，在长期的矿产资源开发利用过程中，由于观念、体制、管理等多方面的原因，矿山生态破坏和环境污染等问题日益严重，成为影响经济发展和社会稳定的重要制约因素。采矿造成的水土流失、土地压占和毁损、次生地质灾害、矿山废水和重金属污染等，影响面广、范围大、性质严重。

目前，我国已逐渐开始重视矿山生态环境恢复治理工作，在矿山环境保护方面的立法、管理体系、科学技术上都有了很大进步，矿山生态环境恢复治理和土地复垦具备了一定基础。主要表现在：一是党和国家的高度重视，要求加快矿山生态环境恢复治理工作；二是将矿山环境保护作为国土资源规划的重要内容，确定了矿山生态环境保护的目标任务；三是正在积极推动调查和生态环境恢复治理与土地复垦试点工作；四是社会经济条件趋向成熟，生态恢复治理技术不断进步，资源利用水平提高，生态恢复治理的手段不断完善；五是加强矿山环境和土地复垦的规范管理和制度建设，矿山生态环境恢复治理和土地复垦规范管理的一些内容已列入标准化工作当中。

虽然国内已开始矿产资源开发的生态环境治理重建工作，但是由于长期以来无法可依，资金、技术、管理均不能适应治理重建工作的需要，发展较为缓慢。当前，我国矿产资源开发的生态环境保护治理工作大部分处于零星、分散状态，且各地各部门要求不一，矿山难以适从，迫切需要国家对矿产资源开发的生态环境保护治理工作有个统一通盘的战略考虑。

6.1.2 国外矿山生态环境保护概况

国际上，矿区生态环境恢复治理作为生态建设和环境保护的重要内容，备受重视。美国、德国、加拿大、巴西和西班牙等国家都制定了专门计划，相继颁布了有关工作的法律法规或条例，政府投入大量资金进行矿山生态环境恢复治理，获得了显著的社会效益、经济效益和环境效益，矿山土地复垦率已达到50% ~70%，远远高于我国12%左右的复垦率。据不完全统计，仅美国内政部每年投入老矿山和废弃地环境恢复治理和土地复垦预算近2亿美元，对废弃矿山生态环境恢复治理和土地复垦给予专项投入。日本政府特别重视矿山环境的管理和治理，并建立了一系列比较完善的矿山环境管理和监督体系，制定了行之有效的法律法规，投入了相当多的资金，加快了矿山环境治理技术的研究和开发，并形成了中央政府、地方政府、私人企业共同承担矿山环境治理义务等比较完善的“三位一体”体系。

部分发展中国家也加快了矿山生态环境管理的步伐。例如，印度非常重视矿山环境的保护管理，在一系列法律法规中，对污染控制、地表土的堆放和重新利用、废石的堆放、土地复垦、地面沉陷的控制等作了明确的规定。巴西政府1991 ~2000年投资1200亿美元保护和恢复治理亚马逊地区主要由开采矿产资源引起的生态和自然资源破坏的计划。

6.2 排土场对生态环境破坏分析与控制

6.2.1 排土场生态破坏分析

排土场生态破坏分析如下：

（1）生态景观效应分析。矿山固体废弃物一般包括剥离土、废土石、尾矿库等固体废料。它不仅占用了大量肥沃农田、林地、居民地和工矿地，而且破坏地形地貌景观，改变了原有的生态景观（山林、湖泊、人文景观）。

（2）地质灾害效应分析。固体废弃物堆积形成的边坡属人工边坡，堆积体由松散岩土物质所组成。随着堆积规模的不断扩大，很容易发生一系列的诸如崩塌、滑坡和泥石流等地质灾害，这些灾害发生对排土场区域生态环境造成严重破坏，因此控制排土场边坡稳定性对安全生产和环境保护都很重要。

（3）淋滤液污染效应分析。由于金属矿山矿石有用组分含量低，且矿山大多地处偏僻、交通运输条件差、远离大城市的位置，综合利用率始终不高。然而使人们不安的是，即使在矿山关闭几十年、上百年甚至更长的时间后，排土场淋滤液对生态环境的严重影响仍然存在。固体废弃物淋滤污染可分土壤污染和水体污染。渗出液和滤沥液中含有毒有害物质能改变土质和土壤结构，影响土壤中微生物的活性，有碍植物的根茎生长，而且有毒物质会在植物体内积累，特别是排土场渗滤液中还有些含有重金属离子的存在，通过动植物等食物链被人体吸收，其危害程度更大。

（4）扬尘污染效应分析。固体废弃物扬尘中所包含的矿物成分不同，其危害各异。粉尘的粒度与形状不同，危害也不同，特别是产生的飘尘对人体危害较大，应严格加以控制。

6.2.2 排土场生态环境污染控制

矿山开采活动不可避免地存在着排土场，排土场对生态环境的破坏是不可回避的，因此，应严格控制排土场对生态环境的破坏，把污染控制到最低程度。

6.2.2.1 大气污染与控制

对大气污染主要来自于排土场粉尘及排土场硫化矿等有害成分通过空气，在生物菌作用下产生的有害气体，特别是长期暴露于大气并遭受各种风化作用的排土场和露天采场，在春秋大风季节，扬尘污染问题更加严重。此外，铀矿山和不少金属矿山的排土场含有放射性物质，易产生放射性氡及其子体对人体健康造成严重危害。

目前矿山排土场粉尘和废气控制方法主要是洒水，对排土场物料加湿，同时在排土场复垦植被，建造防风林带等。

实践证明，在目前技术条件下，充分地洒水是一种行之有效的办法。在排土场外排土（汽车或火车）卸料过程中，易扬尘区域采用喷雾洒水可有效控制粉尘飞扬。同时在易扬尘地方进行绿化，充分利用植物吸附、净化功能，减少粉尘危害。唐山首钢马兰山铁矿在排土场周围种植防风固沙林带和边排土、边复垦等措施，取得较好的效果。另外，扬尘抑制剂和固化剂可进一步提高扬尘控制效果。

6.2.2.2 水污染与控制

由于金属矿山矿体往往伴生着多种金属和硫化物等，这些矿物质在空气、水、细菌作用下，易产生含有多种金属离子如铜、铅、锌、铁、铬、砷等酸性废水。这些废水的特点是水量大（特别是南方雨季），含多种金属离子和固体悬浮物，其水质随着生产条件、废石性质等情况不同而异。这些水直接外排，污染地表水系和地下水及土壤，同时，由于其中含有金属硫化物、氮化物等物质氧化产生有害气体，还可能大范围的污染大气。德兴铜矿采场和排土场的淋溶水含有高浓度铜、铁、铅、硫等化合物排入大坞河，汇入乐安河。在枯水季节，大坞河变成一条排水渠，河水铜离子浓度 24 ~ 40mg/L，总铁浓度 370 ~ 425mg/L，pH 值 2.6，均超过了排放标准。马钢南山铁矿排土场产生大量的酸性废水，在其废石中含有硫化物（品位 5% ~ 6%），经风化和雨水侵蚀，在自然降水溶滤、氧化条件下，形成高含量硫酸盐的酸性废水（pH 值为 2 ~ 3），并滤蚀废石中的高岭土、长石、辉绿石、白云石等矿物，废水中含有大量的铝、铁、锰、镁、铜等金属和非金属离子。

目前，矿山酸性废水处理方法仍以中和沉淀法为主，近期研究出 HDS 酸水处理工艺，HDS 法作为传统的石灰法的革新替代工艺，在国内外已开始应用。

HDS 法一般由快速混合室，中和反应室，高效沉降室，中和渣回流控制系统四部分组成。它是让沉淀中和渣按一定比例回流，与酸性废水或中和药剂快速混合，再循环参与中和反应的处理方法。循环中和渣在反应体系中通过吸附、卷带、共沉等作用，作为反应物附着、生长的载体或场所，经过多次循环往复后可粗粒化、晶体化，变成高密度、高浓度易于沉降，同时中和渣的回流使得中和渣中残留的未充分反应的中和药剂可以再次参与反应，降低中和药剂消耗量。

排土场酸性废水治理在国外还有一些先进治理技术，如采用生物方法或矿物质控制酸性废水和重金属离子的产生，是一种价廉而又有效的方法，有待于进一步研究。

6.2.2.3 水土流失与水土保持

A 水土流失特点

自然因素是水土流失发生发展的潜在条件，人为因素是造成水土流失的主导因素，尤其是大面积的人为扰动是诱发水土流失加剧不可忽略的因素之一。

露天开采水土流失特点：

（1）地表扰动大。露天采场开采面积大，其建设生产过程中均直接破坏扰动地表现状，同时运行期间还不断征用新的土地扩大采区面积，因此其扰动面积较大。

（2）工程弃渣量大。矿山尤其是露天矿山开采扰动地表深度可达数百米，同时矿山的剥采比较大，产生废石量较大，产生的弃渣在运输堆放过程中在水力、风力等外营力作用下有可能会产生新的水土流失。

（3）水土流失持续时间长。矿山项目属于建设生产类项目，因露天开采的特点是水土流失具有长期性和累计性的特征，随着矿山建设生产其影响可能会延长数十年。因此，如果不采用相应的水土保持措施，矿山开采过程中的水土流失将对当地生态环境产生严重的影响。

B 水土保持措施

（1）表土剥离与保护措施。对土方开挖中的表土进行分离，同时明确表土剥离区域、剥离厚度、堆放位置、防护措施以及后期利用方向。

（2）截排水措施。工业场地的截排水措施以及排土场的防洪措施如拦水坝、排洪渠、排水井及排水隧洞等。

（3）拦挡措施。工业场地采用挡墙拦挡，足够防护高度，同时考虑在矿石堆场和临时堆场周边设置挡墙进行拦挡。对矿石拦挡、废石拦挡及道路边坡拦挡明确其形式、布设位置及工程量。

（4）边坡防护措施。对工业场地填方边坡进行浆砌石护坡，对开挖边坡中岩石不易风化的区域采用坡面修整，对易风化的区域进行锚固喷浆护坡，以保证工业场地施工安全。

（5）土地整治。在矿山服务期满后进行植被恢复，包括结束后的土地整治措施及可进行土地整治的区域进行植被恢复。

（6）植物措施。根据排土场所在区域的特点，栽植乔木，攀爬植物，林下及裸露地表播狗牙根草种。

6.3 排土场生态修复与重建技术

6.3.1 排土场生态修复与重建技术现状

排土场（废石场）的生态修复以农林利用为主，所采用技术主要是植被复垦，当前所采用技术有：

（1）排土场稳定技术。为了保障排土场的稳定，排土场堆排过程中，应合理规划与布局，严格按照生产工艺进行排放，保证必要的坡度、平台宽度等，尽可能的粗粒在下、细粒在上，在排土场后期采用堆状排土，同时还需设置相应的拦挡、排水体系，以保证排土场的稳定。

（2）排土场的改良技术。排土场土壤改良主要分为覆土法和无覆土法。覆土法是根据排弃废石的特性和土地利用目标来确定排土场表层所覆盖土壤的厚度，一般为50cm。无覆土法通常需经过人工调查及实验等确定植物种类，种植方式木本多为穴状栽植，草本多为撒播或铺设草皮等，排土场的平台栽植模式多为乔、灌、草模式，坡面多为灌草或草本模式。

露天矿排土场的排土工艺和排土条件不同，生态修复方法不同。按照排土物理化学性质不同，大致分为四类：

第一类，含基岩及硬质岩石较多的排土场生态重建。此类排土场基岩及硬质岩石矿物不利于植物生长，因此，在植物种植时，可采用含有一定肥力的废弃物进行改良，如磁化尾矿、污泥及发酵肥等。同时，在物种选择时，选用根系浅抗逆性强的植物。

第二类，表土少，弃岩易风化的排土场生态重建。此类排土场多在丘陵地带，由于弃岩易风化，含表土少，在植被复垦时，即作平整后，种植抗逆性强的植物和速生植物。

第三类，表土来源丰富的排土场生态重建。此类排土场可利用覆土直接种植，还可根据排土的理化性质，种植农作物，达到土地整理和重构的目的，恢复耕地的功能。

第四类，酸性土壤的排土场生态重建。我国存在相当数量的硫化矿、含硫的金属非金属矿排土场，这些排土场内硫化物通过自然界生物菌、空气等作用下，易形成酸性土壤，如硫铁矿排土场、含硫的金属矿（铜矿、铁矿、金矿）排土场等，这类排土场的生态重建，一般采用粉煤灰、碱性废渣，破碎后均匀撒在植被复垦区域，调节土壤酸碱度，从而改善土壤特性。

6.3.2 排土场生态修复与重建技术

排土场的生态重建方法根据排土工艺不同而不同，分两种情况：一是在排土的同时进行生态重建即边排土边重建，与矿山开采同步，适用于开采缓倾斜薄矿脉的矿床矿石和内排土的矿山；二是多台阶排土的矿山，大多数金属矿山的排土场排土采用多台阶排土，短时间不能结束排土作业，待排土作业结束一个台阶或一个单独排土场，便可以复垦。

6.3.2.1 排土场土壤改良（微生物）技术

矿区待复垦土壤多是经过机械扰动后需重新构建的土壤，存在许多不利于生物生存的逆境条件，如土壤紧实度过大或过于松散、地温较高、昼夜温差大、酸碱性高等，均不利于植物生长。目前，单纯依靠传统农业耕作技术和化学方法改良矿山复垦地矿土性质的方法正在被突破。近年来，人们又利用农业微生物工艺技术来实现低耗资和快速熟化复垦地的人工耕层。

对于矿区复垦土壤，一方面经过机械对土层的剥离扰动，破坏了土壤结构，微生物群将减少，同时地下菌丝桥被破坏，复垦难以顺利进行。另一方面复垦土壤的填充材料自身养分含量很低，有效磷的含量更低，pH值较高，对植物的生长不利。而微生物菌剂的应用，可改善其微环境，降低土壤pH值，增加植物对土壤有效养分的利用，是一种很好的生物复垦措施。

菌根是植物根系和真菌形成的一种共生联合体，植物根系被菌类包围并在土壤中形成网络，这些与根系相结合的菌类称为菌根菌。

根据菌根菌寄主植物的种类、入侵方式及菌根的形态特征，菌根分为内生菌根、外生菌根和内外菌根3种类型，最常见的菌根类型是内生菌根。土壤中的丛枝菌根真菌孢子在适宜的条件下萌发，当菌丝遇到植物长出的新根时，就从根的表皮或根毛，在根细胞间或细胞内形成特征性的泡囊和丛枝，而被称为丛枝菌根，把能形成丛枝菌根的真菌称为丛枝菌根菌。据估计，全球高等植物（35万种）中约有30万种能形成丛枝菌根。在农业生态系统中，菌根可以和绝大多数的农作物、园艺作物、蔬菜作物和牧草等植物共生，在低肥力以及其他逆境条件下，丛枝菌根能改善植物的营养状况，维持和促进植物的生长，增强宿主植物对逆境的适应能力，在生态系统营养循环中起着重要的作用。

（1）微生物对植物利用土壤养分的作用。从全球生态系统养分状况分析，磷素缺乏一直是世界范围内限制植物生长的主要因素，同时土壤微生物具有活化土壤潜在养分的特性，菌根真菌促进了根际磷酸酶活性，活化了土壤中磷，增加了植物的营养吸收。Gerretsen（1948）首先发现接种根际微生物具有促进植物生长和磷吸收的效应。此后，利用根际微生物对难溶性磷的溶解作用来促进植物生长和改善植物磷营养状况的研究得到了广泛开展。国外有些国家已成功地将“解磷细菌”作为“细菌肥料”，接种于番茄、马铃薯、甜菜、小麦、大麦、玉米、水稻、三叶草等植物上，取得了一定的经济效益。

（2）微生物对土壤结构的改良作用。菌根菌改善土壤结构主要基于黏结作用、团聚作用、吸附作用和缠绕作用。微生物能够分泌出一些多糖类物质，黏结分散的土粒，维持土壤稳定性，改善土壤的团粒结构。有研究表明，菌根菌丝能够将分散的土壤颗粒紧密黏结而变成直径大于0.25mm的大团聚体。此外，分根实验研究表明丛枝菌根菌丝有助于团聚体的形成，其作用与根的作用相当。

（3）微生物对增强植物对重金属抗性的作用。通过调查，在一些重金属污染的土壤中发现某些具有抵抗重金属毒害的菌根植物存在，而且生长良好。一些外生菌根在锌、镉等重金属含量过高的土壤中能降低植物体上部锌的含量。菌根菌丝对过量重金属进入植物体有机械屏障作用，使其不能向植物体转移。因此，菌根真菌对重金属污染土壤具有一定的修复改良作用，能够增加植物对重金属的抗逆性。

成杰民等发现接种内生菌根能够促进黑麦草对镉的吸收，而且还能促进其从植物的根部向地上部分转移。接种内生菌根真菌可提高海州香薷对重金属污染土壤中铜、锌、铅、镉的修复效率。菌根真菌在土壤中重金属达到毒害水平时，通过分泌某些物质结合过量的重金属元素于菌根中，从而减少重金属向地上部的转移而达到解毒作用。Dueck等（1986）认为菌根能够通过表面吸附作用缓解锌毒害，或是产生多糖分泌物质降低其毒性。此外，菌根真菌还可通过真菌侵染宿主植物根系后改变根系生理学、形态学及根际环境等间接作用达到缓解或免除重金属对植物的毒害作用。黄艺等研究表明，菌根能够通过调节宿主根际中金属形态来阻止过量金属进入植物，提高植物对过量金属污染的抗性。

在重金属胁迫条件下，内生菌根真菌可以在一定程度提高植物对重金属的耐性，但内生菌根真菌对植物的保护作用因内生菌根真菌、植物、重金属、土壤性状等因素而异。研究发现，外界金属浓度高时，菌根将增加植物对金属的吸收，出现抑制植物生长的副作用。也有报道发现，在重金属胁迫下内生菌根真菌对植物生长没有影响。

综上所述，微生物接种植物能够改善土壤结构、活化土壤养分，为植物的生长提供养分，同时增强植物抵抗重金属毒害的能力，这对矿区土地复垦有重要意义。通过矿区生态恢复中微生物技术的利用，以期提高植被的成活率和生物量，从而促进破损生态系统的修复，改善矿区周边环境。微生物菌剂的施用多在植物栽植前。

（1）通常需对矿区微生物菌落进行分出、筛选和纯化，通过实验确定合适的微生物类别，然后通过扩繁实验获得生态复垦中可用的菌剂。也可通过调查附近或相似条件矿区已应用的菌剂类别，进行分析选用。

（2）菌剂施用时间通常在植物栽植穴熟化后、植物栽植前，同时在生长旺季进行追施，频次为1次/月，最好在雨前或者土壤潮湿时进行。

（3）施用菌剂的量依据土壤特性、植物品种及其他自然条件综合考虑决定。

6.3.2.2 排土场复垦土地适宜性评价

土地评价是根据土地的特定用途，给土地进行评估的过程。更确切地说，土地资源的评价的实质是从农、林、牧业生产土地条件的需要出发，全面衡量土地本身的条件和特性，从而科学地评价各类土地对农、林、牧业的适宜与否及适宜程度。

A 复垦土地适宜性评价原则

待复垦土地与一般的土地有所不同，待复垦土地的适宜性评价遵循的原则包括：

（1）可垦性与最佳效益原则。在确定被破坏土地复垦利用方向时，除按照当地的土地利用总体规划的要求外，应首先考虑可能性和综合效益，即根据被破坏土地的质量是否适宜为某种用途的土地，复垦产生的社会、生态效益是否最好。

（2）因地制宜和农用地优先的原则。在评价被破坏土地复垦适宜性时，应当分别根据所评价土地的区域性和差异性等条件确定其利用方向，在可能的情况下，一般原有农业用地仍优先考虑为农业用地。

（3）综合分析与主导因素相结合。以主导因素为主的原则，在进行评价时，应对影响土地复垦利用的诸多因素，如土壤、气候地貌、交通、原利用状况、土地破坏程度等综合分析对比，从中找出影响复垦的主导因素，然后按主导因素确定其适宜的利用方向。

（4）自然属性和社会属性相结合。待复垦土地的评价，一方面要考虑其自然属性（土地质量），同时也要考虑其社会属性，如社会需要、资金来源等。在评价时应以自然属性为主确定复垦方向。但也要顾及社会属性的许可。

（5）着眼于发展的原则。在进行复垦土地适宜性评价的时候，应考虑到工矿区工农业发展的前景，科技进步和生活水平提高所带来的社会需求的变化，这样更有利于确定复垦土地的利用方向。

B 复垦土地适宜性评价方法

（1）极限条件法。极限条件法是基于系统工程中的“木桶原理”，即分类单元的最终质量取决于条件最差的因子的质量。模型为

$$Y_i = \min(Y_{ij})$$

式中，Y_i为第i个评价单元的最终分值；Y_{ij}为第i个评价单元中第j个参评因子的分值。这种方法在进行土地复垦适宜性评价时具有一定的优势，是常用的方法，土地复垦在一定程度上是对这些限制因子的改进，使其适应作物生长。

（2）多因素模糊综合评价法。土地是一个复杂的动态系统，受到众多因素的影响，其中既有自然因素，也有人类社会活动的影响。复垦土地的适宜性评价中涉及的许多因素和因子具有很大的模糊性，用传统理论和方法进行评价，难以得到正确的评价结果。不少学者利用模糊技术来提供帮助。模糊综合评价法是应用模糊数学的方法来研究、处理影响环

境要素之间大量的不确定的、模糊的问题。其关键是求得某一评价因素分值，确定属于第几级评价的隶属度。

（3）指数和法和极限条件法结合。当选取好待评价区域的参评因子和确定权重后，采用指数和法与极限条件法相结合，评定土地适宜性的等级。首先，在确定各参评因子权重的基础上，将每个单元针对各个不同适宜类所得到的各参评因子等级指数分别乘以各自的权重值，然后进行累加分别得到各个适宜类型（如宜耕、宜林、宜牧）的总分，最后根据总分的高低确定每个单元对各土地适宜类的适宜性等级。其计算式为

$$R(j) = \sum_{i=1}^{n} F_i W_i$$

式中，$R(j)$为第j单元的综合得分；F_i、W_i分别是第i个参评因子的等级指数和权重值；n为参评因子的个数。当某一因子达到很强烈的限制时，会严重影响这一评价单元对于所定用途的适宜性。因此，还需结合极限条件法进行评定，即只要评价单元的某一参评因子指标值为不适宜时（等级指数为0），不论综合得分多高，都定位为不适宜土地等级。

以上是实践中常用的评价方法，其综合评价过程实质上是在确定了评价指标之后，把这些指标的同一分级标准作为一个标准样本，然后将待评价的样本指标的实际值与标准样本进行比较、分析、判断其与哪一级标准更接近。

6.4 露天矿排土场复垦实例

根据排土场的类型和条件的差异，我国矿山排土场生态恢复与重建分为四类，下面分别介绍。最后简单介绍煤矿排土场生态重建的实例。

6.4.1 含基岩及硬质岩石较多的排土场生态重建

大冶铁矿排土场复垦实例介绍如下。

6.4.1.1 矿山基本概况

大冶铁矿是我国著名的大型铁铜矿床，武钢的主要矿石原料基地之一。目前露天和井下开采总生产能力为年产矿石2.5Mt，矿山占地面积$1128\times10^4m^2$。长期的矿藏开采既创造了巨大财富，却又使原有的自然环境受到破坏，留下了$3\times10^6m^2$的废石场地。为了贯彻国务院《土地复垦规定》，改善矿区环境，逐步恢复生态平衡，复垦被废弃的土地使其重新得到有效利用，这个矿山对矿区废石场进行了规划、整治和利用，开展了因地制宜的复垦工作。

6.4.1.2 复垦基本思路

（1）科研引路为土地复垦提供依据。土地复垦是一项涉及多种学科与技术的工程，由于排土场岩石为难风化的坚硬闪长岩和大理岩，土质贫瘠，严重缺乏有机物质，持水性差，进行复垦难度大，为了有效而经济地开展复垦工作，进行了$3.3\times10^4m^2$的小区复垦试验研究工作，对试验小区的岩土用覆填物和生活垃圾等进行了科学采样、制样、理化分析，研究表明在大冶铁矿硬岩排土场上不覆土种植乔、灌、藤是可行的，并以抗旱、耐瘠、耐酸抗逆的植物进行复垦种植，植物以豆科为主，以刺槐作为先锋树种。复垦方式以坑植加充填料为主，充填料推广生活垃圾，定植方式推广穴植，优良的种植组合是刺槐加生活垃圾或人工矿土，首批推广的树种为刺槐、旱柳、火棘、葛藤等，通过试验为大面积

土地复垦提供了科学依据，现已在硬岩排土场推广应用，复垦面积达 $55\times10^4m^2$。

（2）复垦工作和环境治理相结合。在科研和复垦实践中证明，生活垃圾是复垦造林的良好肥料，因此，组织了车辆将矿区生活垃圾运往复垦区，同时也将人工矿土运往排土场，并将预期复垦的排土场首先用垃圾普遍覆盖，然后在其上用人工矿土覆盖，这样可提高复垦区树木的成活率，而且可消耗矿区每天 50～60t 垃圾，化害为利，不仅使矿区生活环境得到治理，而且大大促进了复垦工作。

（3）造林复垦与建设用地复垦相结合。该矿排土场占地面积大，它包括机车排土场和汽车排土场，目前外部汽车排土场和部分机车排土场已废弃，为了将废弃的排土场得到再利用，该矿除一部分用于造林复垦外，另一部分则视具体情况用作建设用地复垦，例如露天矿五金库、设备库、材料库、油库、砖瓦堆场、养鸡场、汽车保养场、硅预制件厂等，这些建筑占地面积已达到 $40\times10^4m^2$，为排土场总面积的 13.3%，从而减少了大面积征地，节省了征地费用，使废弃的排土场得到了重新利用。根据该矿矿石产量逐年衰减的具体情况及考虑今后转产的需要，今后仍有一部分废弃的排土场用于建设用地复垦，如碎石加工厂、钢瓶检验厂、制砖厂等，从而使被破坏占用的土地恢复再利用。

6.4.1.3 排土场复垦

（1）复垦场地的改造。复垦场地的状况好坏与种植树木的成活及其效果有着密切关系，由于排土场岩石为难风化的坚硬闪长岩，土质贫瘠，缺乏有机质，持水性差，场地处处是岩堆，复垦难度大，为了有效地进行复垦工作，必须对复垦场地进行改造平整，且在平整场地上用覆盖物覆盖场地，覆盖物为垃圾及人工矿土，以达到改变土质的肥力和持水性能，对复垦场地的覆盖采用了以下几种方法：用人工矿土覆盖法、用垃圾覆盖法、用垃圾和人工矿土混合覆盖法、挖坑回填法。在复垦场地改造中应用的是后两种覆盖法。

（2）复垦区种植苗木的选择。种植前苗木的选择是复垦的关键，所选的树种要与本地区气候、土壤等自然条件相适应。根据该矿硬岩排土场土质贫瘠，绝大部分岩石难以风化成土的特点，以及岩土农化指标分析结果，在复垦区树种的选择上确定以抗旱、耐瘠、繁殖容易的豆科植物为主，辅以适应本地区自然条件的树种，例如刺槐、旱柳、侧柏、火棘、紫荆、葛藤等，并以乡土树种刺槐为先锋树种。这些树种取苗容易，较外地树种更能适应硬岩排土场的恶劣条件，尤其是刺槐，它不仅能抗旱耐瘠，而且根部有根瘤菌，能固定大气中的氮素，有利于改良土壤，增加肥力，刺槐还是一种适应性很强的树种，它在酸性、中性及轻盐碱地均能生长。

（3）复垦区的种植方式。复垦区的种植方式直接影响到树木的成活，根据硬岩排土场具体条件采用了“大穴、大苗、高密度”种植方式。“大穴”即树坑的规格长宽深至少应为 $0.5m\times0.5m\times0.5m$，这样可以给树苗根系发育创造良好的根际环境。“大苗”是为了保证苗木定植后抵抗恶劣的自然条件如干旱、病虫害等时，有足够的“库存”，这样能顺利度过缓苗阶段。“高密度”指株行距在 2.5m 内，这是为了使苗木一经展叶即可尽快封行遮盖地面，以保持土壤湿度，从而有利于土壤微生物的活动，加速岩石风化。

（4）管理。为了确保树苗成活，在树苗栽植及管理上采取了以下措施：

1）提前挖好树坑。根据复垦区实施方案中规定的树坑规格和树坑的数量，提前一个月挖坑，栽植时将坑外事先准备的垃圾与人工矿土填入坑内，作为“植生土”，这样有利于蓄水保墒，提高缓苗率和成活率。

2）苗木带土栽植。复垦区一般多为贫瘠的闪长岩，新栽苗木常因不适应新环境而死亡。栽植的苗木带上土定植，能够缓和根系对新环境中不良因素的影响。

3）苗源。尽量采用自己培育的树苗，若要外购树苗时，应以近距离购苗为主，以缩短运距，减少苗木根系在运输中的风干程度。

4）浇足定根水。苗木定植后须浇一次定根水，定根水必须浇足浇透，由于排土场复垦区的保水性差，不及时给新植苗木补充水分，则苗木因度不过缓苗阶段而夭折。

5）防治病虫害。苗木栽植后要加强日常管理，经常注意观察，尤其在病虫害发生的季节树苗栽植及管理。

6.4.2 表土少，弃岩易风化的排土场生态重建

6.4.2.1 海南铁矿排土场复垦

A 矿山基本概况

海南钢铁公司石碌铁矿（海南铁矿）是全国著名的露天富铁矿。矿山位于海南省西部昌江县境内，占地面积60km^2。矿区北距海口市192km，南距三亚市200km。石碌铁矿于1957年恢复生产，年产铁矿石400多万吨，截至2005年矿山共采出铁矿石原矿161Mt，为国家钢铁事业与经济发展做出了重要贡献。但是矿山经过多年的采掘剥离，北一采场已形成一个长1000m，宽397m大约4km^{2}的露天裸露区，造成了矿山自然环境的破坏，经常诱发自然灾害、水土流失等。如枫树下采场二采区发生滑坡现象，严重影响中部铁路运输276站的安全行车，迫使站内第4、5股道停止使用。采矿剥离排土，已经排弃废石3亿多吨，占地541hm^2，土场占地面积大，同时对周边环境造成污染，特别是排弃物中含有毒、有害成分对下游水质和土壤造成污染。海钢公司在矿山生产过程中，一直注重对矿山环境破坏的治理和土地复垦工作，在结束生产的排土场和最终边坡进行植树造林生态重建，并取得了很好的成绩。到2005年共植树造林250多万株，复垦绿化率达到86.3%。

海钢第八排土场原设计建设有5条排土生产线，铁路运输，4m^{3}电铲配合电机车排土，线路上无铲机地段排土时则利用推土犁配合排土。排土场随着北一采场的延深和下降，采场铁路运输直运量的减少，受土能力从90年代开始逐步减少而萎缩。目前，露天矿采场已开拓至+60m水平，2003年，铁路运输采场直运量随着168m水平铁路线的拆除也全面结束，排土场受土量也逐年减少。其中东一、东三线已完成受土量设计要求，形成排土场东面现在的复垦规划区，规划面积为0.278km^2。排土场西一、西二、东二线还在继续生产，主要应付北一采场露天深部开采与南矿扩帮汽车运输转运倒装场排土的需要。现在排土场受土量大约为2.5Mt/a。因此，第八排土场实际上实行的是边生产边复垦方式。这样，排土场复垦就能够充分利用现有排土场生产设备和人力资源，从而最大限度降低排土场复垦费用，做到一举多得的效果。

B 排土场生态恢复应遵循的基本原则

排土场土地复垦的最终目标是覆土造田、植树造林、植被恢复、恢复或重建原有生态环境等。要实现排土场复垦目标和矿区生态恢复应遵循以下基本原则：

(1) 因地制宜原则。根据排土场复垦区的土地条件、自然环境、气候特点、土壤特

性、有毒有害矿物分布情况等因素，进行复垦恢复。

（2）以建立矿区人工生态系统为复垦目标和任务的原则。在排土场复垦的基础上，进行土地适宜性的研究评价，做到适树造林，适草种草，充分利用复垦土地。

（3）治理矿区水土流失与矿区环境绿化美化相结合的原则。复垦后的矿区空气清洁，环境优美，风景宜人。

（4）排土场复垦与矿区经济相结合的原则。努力在复垦区创造经济效益，并对社会效益产生有利的影响。

（5）以海南省整体规划生态建省为原则，建设绿色矿山和环保矿山，确保矿山生态体系的平衡。

C 排土场复垦与开发利用

（1）海钢第八排土场复垦土地利用规划。第八排土场复垦区周边环境、自然资源条件、土壤特性、气候特点等因素决定了复垦区开发利用方向。复垦区地处典型的季节性热带海洋气候的昌江县境内，适合植树造林、热带生态农业开发等利用价值。经过分析研究，根据排土场生态复垦基本原则，决定按照热带生态农业种养殖模式进行规划开发，并作为今后海钢露天矿土地复垦示范区试验与研究，为今后矿山复垦工程积累经验。第八排土场复垦区域的东面是一片保持完好的自然山林区，南边是本地农林区，并有一海钢为当地政府修筑的小型储水库，排土场与霸王岭原始森林省级自然保护区相距 10 多千米，山脉相连。生态恢复与农业开发利用对自然保护区意义深远。垦区适合种植的热带水果有菠萝、芒果、香蕉、石榴、火龙果等。经过多方面考察分析和结合市场相关信息，由农业专家推荐种植具有经济价值高，又具有抗风、防沙、抗旱、保水性能优的火龙果和珍珠石榴为主的热带果树，且这两个品种对土质要求不严，沙石、山坡均可种植。特别适合在第八排土场复垦区种植。

（2）土壤改良及果树种植。排土场土质主要是露天采场剥离的岩石与部分表层土，块度大且不均匀，有些排弃物还含有砷、铁、钾等有害化学物质，对动植物都造成不利影响。在果树种植前必须对复垦土壤进行改良。土壤改良有多种方法，如绿肥法、化学法、客土法、施肥法、微生物法等。根据矿山历年复垦经验并考虑果树种的需要，决定采用施肥法和客土法相结合来改良土质。具体做法是挖 0.8 ~ 1m 宽、0.5m 深的种植坑，坑内施放有机肥和表层土混合物，然后种植果树、火龙果按每亩 250 株种植，珍珠石榴按每亩 160 株种植。2003 年初步规划在第八排土场复垦区种植 $15hm^2$ 火龙果和 $13.5hm^2$ 珍珠石榴。同时还在种植区修建一座 $30 \times 10^4 m^3$ 的小蓄水库，利用水库养鱼。果树林区内放养鸡，一方面为果树除虫害，另一方面给果树增加一定的有机肥料。到 2005 年，一个小型种养一体化的立体生态农业模式在复垦种植区初步形成。

D 效益分析

（1）社会效益。矿山排土场复垦工程的实施实现了矿区资源的优化配置，产业向农、林部分转化，作为试验区已经成为矿山一个新的社会发展点，为矿区和周边群众提供了一个良好的生活和生产环境与空间，创造了一个和谐的社会氛围，并得到海南省的重视和肯定。

（2）生态效益。排土场复垦和开发利用减少了土场对周边环境的污染和原有生态的破坏。复垦区种植果树林增加了矿山复垦森林的覆盖率，同时对排土场固沙降风、水土保持、净化空气、美化环境起到重要作用。更重要的是改善矿山环境生态系统的新平衡。对与矿山山脉相连的霸王岭森林自然保护区的生态保持具有促进作用。

（3）经济效益。排土场复垦工程的实施提高了土地利用率，增加了经济收入。复垦区初步规划种植火龙果和珍珠石榴28.2hm^2，至2005年两项收入达26.25万元，果树达到盛产期后，收入还会增加。以后又在规划区试验种植其他高产热带水果品种，如果试种成功将成为矿区经济的新增长点。

6.4.2.2 永平铜矿排土场复垦

A 矿山基本概况

江西铜业公司永平铜矿是我国有色金属工业大型露天开采矿山，是一个以铜为主富含硫铁、铅锌及金银等的综合性矿床。矿区面积1313hm^2，位于铅山县永平镇。1985年正式投产，生产能力为日采选矿石10kt。采场露采境界面积116hm^2，设计剥离总量3亿多吨，设5个排土场，占地面积600hm^2。天排山是采区内最高部位，剥离前标高474.7m，山体走向南北。采剥使天排山的东坡已改变为阶梯式人工坡形，在陡坎部位造成集中落差，西侧南侧形成大面积排土场，截至1994年底已排出废石量157Mt，形成的终了排土场面积有81hm^2。矿区内的山地和丘陵在1958年以前几乎均为林地覆盖，自1958年区内开始露天采矿，至1979年建成大型的永平铜矿，山上森林砍伐殆尽。原有地形地貌发生巨大变化，形成大面积裸露区，水土流失严重，甚至造成泥石流。虽在沟谷下游接连筑坝，但未能解决问题，环境日趋恶化。为防治水土流失，永平铜矿采取了多种综合治理措施，生物防治就是其中之一。1983年开展了“露采终了岩石边坡和排土场的植被工程”试验研究，1984年后逐步推广，扩大复垦面积，迄今已复垦面积65hm^2。永平铜矿排土场植被复垦坚持12个冬春寒暑，在改良土壤、物种筛选、种植方法等方面摸索出一些经验，取得了满意的效果。

B 排土场植被复垦条件

（1）气候水文。永平铜矿位于武夷山脉北延余脉低山丘陵区，属湿热多雨的亚热带季风气候区，年平均温度18℃，月平均气温6℃左右，7月平均气温接近30℃，无霜期270天，年平均降水量1829.3mm。本区地表水矿化度在50mg/L以下，pH值为6.0～6.2。矿区酸性矿水矿化度高达2000mg/L，$pH<3$，富含Cu、Fe、Pb、Zn等重金属。

（2）自然植被。本区属亚热带常绿阔叶林区域，地带性的顶级植物群落为亚热带常绿阔叶林，但由于历年的破坏，本区植被具有明显的次生性质，属荒山灌木草丛植被，是地带性植被向非地带性植被转化的过渡类型。主要有：1）亚热带常绿阔叶林：青冈栎、苦槠、木荷，下木以三叶赤楠为最多；2）亚热带针叶林：马尾松；3）亚热带荒山灌木草丛。

（3）地质土壤条件。混合岩为矿区广泛分布的矿体围岩，矽卡岩为主要的含矿层和近矿围岩。千枚岩、页岩亦为主要含矿层和近矿围岩，常与矽卡岩、矿体呈夹层或互层产生。排土场上的废石渣物相分析见表6-1。矿山开采活动使硫化矿床改善了通气氧化条件，含大量金属的硫化矿床酸性水在高温多雨条件下迅速生成。这里以淋溶为主的地球化学过程十分强烈，因此土壤风化壳和地表水为酸性，Cu、Zn、Ca、Fe等金属元素的水迁移能力增强，致使排土场土壤呈强酸性（表6-2）。

表 6-1 废石渣物相分析 (g/kg)

废石类型	氧化铜	次生硫化物	原生硫化物	磁铁矿	黄铁矿 黄铜矿	硅酸盐	磁黄铁矿	赤褐铁矿
矽卡岩	0.2	0.3	3.5	1.3	81.6	36.9	1.5	2.6
斑　岩	0.3	0.7	4.3	2.4	100.0	33.8	1.2	8.5

摘自《生态农业与环境》，1997，13。

表 6-2 南部排土场土壤分析

平台标高/m	取样深度/cm	吸湿水/%	pH 值		机械组成		有机质/$g \cdot kg^{-1}$	全氮/$g \cdot kg^{-1}$	全磷/$g \cdot kg^{-1}$	代换量/cmol(+)$\cdot kg^{-1}$	速效钾/$mg \cdot kg^{-1}$	速效磷/$mg \cdot kg^{-1}$
			H_2O	KCl	物理黏粒/%	质地名称						
394	表层	1.01	4.5			砾质沙壤		0.021	0.704	未测	18.2	1.0
310	25	1.11	3.8	3.1	23.76	轻　壤	0.4	0.213	3.08	8.50	3.39	未测
274	25	2.39	3.5	2.8	41.98	中　壤	5.4	0.389	3.72	2.65	3.43	未测

摘自《生态农业与环境》，1997，13。

C　复垦试验

1983 年春，在天排山露采终了岩石平台和斜坡计 11hm^2，南部排土场平台和西北部排土场平台开始了植被复垦工程试验。试验区的植被种植方法采用挖坑植树与直播种子，种植穴换土施底肥。选择的植被物种主要有马尾松、湿地松、葛藤、铁蒺藜、芮草、野小竹、小斑竹，还有女贞、山刺柏等共 18 个品种。栽植后物种间的成活率与长势在初期生长中就出现较大差异。马尾松、湿地松长势佳，成活率高达 70% ~97%；葛藤长速快，每年 5 ~7m，但因叶大招风难于伸下坡面仅往平台上发展；芮草生命力强、固着力大、返青快，但分蘖慢；女贞、杉木初期长势尚可，但两年后就出现梢黄、瘦弱、矮小现象。在中期生长中，优劣分异就更明显（表 6-3）。

表 6-3 南部排土场植被生长比较（1996 年）

排 土 场	种植时间	种植树种	林分平均值		最大株	
			胸径/cm	树高/m	胸径/cm	树高/m
433 平台	1983 年	杉　木	3	2	6	3.5
418 岩石台阶	1983 年	马尾松	7	4	12	4
394 岩石台阶	1983 年	湿地松	7	6		
370 平台	1983 年	马尾松			16	8
		湿地松	9	6	18	8
346 台阶	1984 年	马尾松	5	6	12	6
334 平台	1985 年	马尾松	13	4	16	6.5

摘自《生态农业与环境》，1997，13。

D　植被生长效果分析

永平铜矿终了边坡排土场植被复垦面积为 67hm^2，其中岩石边坡 11hm^2、排土场及其边坡56hm²。从植物的成活率（表6-4）、长势来看，由于受不同因素的影响，复垦效果差异较大。

表6-4　不同地段植被成活率对照

类　型	地　段	面积/hm^2	总成活率/%				主要树种
			1983年	1984年	1985年	1990~1994年	
岩石台阶	平　台	2.0	46.6	86.5	86.5		马尾松、湿地松
	斜　坡	9.0	85.0	87.0	72.0		葛藤、铁蒺藜、芮草
南部排土场	370平台	0.6	75.9	97.4	97.4		女贞、湿地松、马尾松
	310平台	12.0				76.0	马尾松、湿地松
	274平台	6.7				70.0	马尾松、湿地松
	310边坡	3.3				30.0	马尾松、湿地松
	274边坡	3.3				40.0	马尾松、湿地松

摘自《生态农业与环境》，1997，13。

6.4.3　表土丰富的排土场生态重建

下面以姑山铁矿钟山排土场复垦实例，说明表土丰富的排土场的生态重建。

6.4.3.1　矿山基本概况

马钢集团姑山矿业有限责任公司（下称姑山矿）是马钢重点金属矿山之一，它于1912年开始采矿，1954年成立了姑山矿场，1958年改称为马钢姑山铁矿，1998年3月改为马钢集团姑山矿业有限责任公司。姑山矿地处当涂县南，目前矿山仅有姑山采场一座。姑山北距当涂县城13km，距马鞍山31km，西南距芜湖18km。姑山铁矿矿部设在龙山东麓与当涂龙山桥镇毗邻，截至2000年底姑山矿矿区占地总面积3.03km²。矿区有公路与宁芜公路（205国道）衔接，有准轨铁路专用线在毛耳山站接宁芜铁路，青山河流经矿区与长江相通，可航行150t级拖轮，水陆交通方便。姑山采场设计年产矿石1.5Mt，属中型矿山，矿山周边皆为良田，矿区内地表水发育，渠塘密布，纵横交错，常年积水，常年性水体青山河由南向北流经矿区东帮，经当涂汇入长江，最大洪水流量600m³/s。

矿区位于亚热带北部边缘，属亚热带湿润季风气候，7、8两月天气炎热，6、7两月多雨，10、11两月多风，12月至次年1月天气寒冷，本区年平均气温15.7℃，最高气温41.1℃，最低气温－13℃，冰冻期半个月至2个月，年平均降雨量1169.8mm，年最小降雨量565.7mm，日最大降雨量235.2mm，年平均蒸发量1358.3mm，全年主导风向为东风（E），东南风（SE），年平均风速3.3m/s，最大风速20.3m/s，年平均气压1014.0MPa，年平均相对湿度75%。

钟山排土场为姑山矿最大排土场（现已服务期满），占地约20hm²。该排土场是由大量采矿剥离物及上层表土混排堆积而成的，由于历史和技术原因未按要求来构建，使植被恢复和土地复垦难度增加。为了改善矿区生态环境，该矿在1992~1995年针对人为引入物种进行了研究，确定了所选物种的生态适应性，具有一定的参考价值。

6.4.3.2　排土场生物复垦技术示范区复垦结构设计

生态系统的结构是指生态系统组分在空间、时间上的配置及组分间的能量流、物质流、信息流之间的传递。生态系统的结构是功能的基础，只有合理的结构才能产生高效的功能。生态系统的结构包括生物组分的物种结构（多物种配置）、空间结构（多层次配置）、时间结构（时序排列）、营养结构（物质多级循环），以及这些生物组分与环境组分构成的格局。本次复垦主要针对钟山排土场生物复垦中的营养结构、空间结构及时间结构进行设计。

A 钟山排土场生物复垦营养结构设计

生态系统的营养结构是指生态系统中的无机环境与生物群落之间和生产者、消费者与分解者之间，通过营养或食物传递形成的一种组织形式，它是生态系统最本质的结构特征。生态系统各种组成成分之间的营养联系是通过食物链和食物网来实现的。食物链是生态系统内不同生物之间类似链条式的食物依存关系，食物链上的每一个环节称为营养级。每个生物种群基本都处于一定的营养级。

钟山排土场营养结构的食物链从绿色植物固定太阳能、生产有机物质开始，它们属于第一营养级，主要包括农作物、草和乔灌木等；食草动物属于第二营养级，主要包括鸡鸭等禽类，羊等草食动物；各种食肉动物构成第三、第四及更高的营养级，主要为人类；分解者处于第五或更高的营养级。食物链往往是相互交叉的，形成复杂的摄食关系网，称为食物网。一般来说，一个生态系统的食物网结构愈复杂，该系统的稳定性程度愈大。植物的一小部分能量直接被鱼类和鸡、鸭等畜禽类吸收，大部分能量则需禽畜以及人类转化后供给其他消费者，完成物质的循环和能量在各个营养级之间的流动（图6-1）。

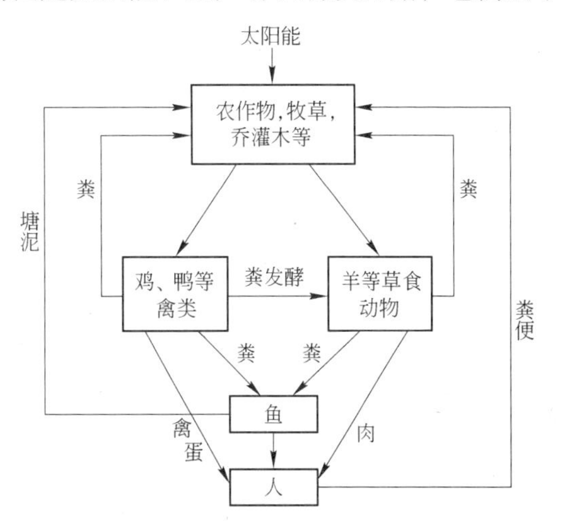

图6-1 钟山排土场生物复垦工程营养结构模式

B 钟山排土场生物复垦空间结构设计

空间结构是指生物群落在空间上的垂直和水平格局变化，构成空间三维结构格局。其中水平结构指在一定的生态区域内，各种生物种群所占面积比例、镶嵌形式、聚集方式等水平分布特征。垂直结构指生物种群在垂直方向上的分布格局。在地上、地下和水域都可形成不同的垂直结构。

a 水平结构的设计

生态系统的平面结构是指生态系统的生物成员在平面上的分布状况，平面结构设计是在对排土场实施生态工程复垦后，依据生态位原理，将营养结构中的各营养单元配置在一定的平面位置上。钟山排土场生物复垦平面结构设计遵循生态复垦工程营养结构设计原则，根据钟山排土场复垦土地适宜性评价结果，马钢姑山矿土地利用总体规划，并参考钟山排土场附近居民的意愿，将钟山排土场生物复垦平面结构设计（图6-2）分为3种：

（1）4平台生态农业区。该区位于排土场平面的中间位置，土地面积大，坡度小，在平台中部有两个常年积水的水塘，4平台复垦的方向为常年积水水塘建设为精养鱼塘，在鱼塘外围设立围网饲养鸭子和鹅等家禽，其余土地建设为高产农田。

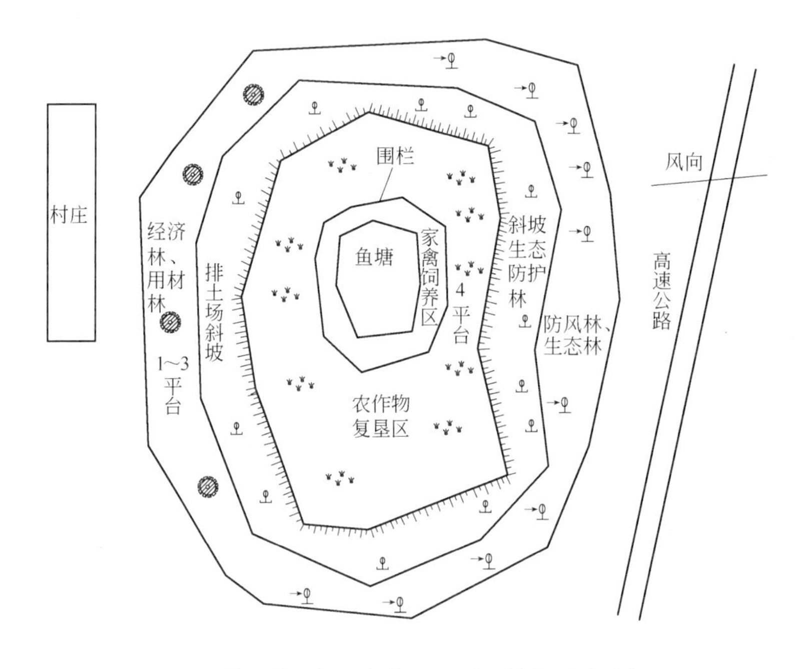

图 6-2 钟山排土场生物复垦的平面结构设计示意图

（2）1 ~3 平台林业复垦区。1 ~3 平台宽度相对较窄，坡度较小，复垦方向为迎风坡建设防风林、生态林；背风坡建设经济林、用材林。同时在排土场平台林间开辟道路，修建休闲娱乐设施，为排土场附近居民提供休闲娱乐设施。

（3）排土场斜坡生态防护林区。钟山排土场斜坡坡度较大，且石渣和流沙混排，水土流失严重，复垦方向为生态防护林区。

b 垂直结构的设计

平面结构和垂直结构是相互联系的，两者统称为生态系统的空间结构，钟山排土场的垂直结构设计主要是指钟山排土场复垦地各种复垦利用方向随垂直小尺度地形变化的组合及乔、灌、草林业立体模式。

（1）小尺度地形变化组合。图 6-3 为钟山排土场生物复垦各种复垦利用方向随垂直小尺度地形变化的组合。钟山排土场 4 平台积水区开挖为鱼塘，深水区建立精养鱼塘，浅水

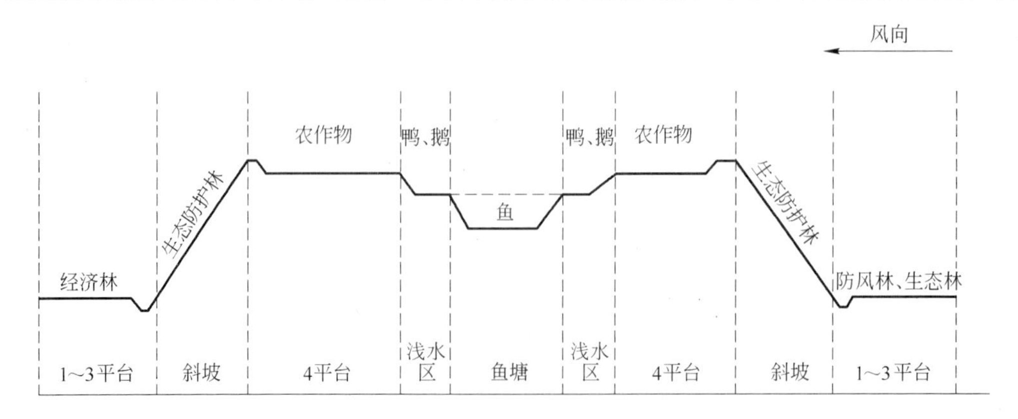

图 6-3 钟山排土场生物复垦的垂直结构设计示意图

区饲养鸭、鹅等家禽，4 平台其他旱地建设高产农田。1 ~3 平台斜坡为石渣和流沙混排坡面，水土流失严重，建设生态防护林，防治水土流失和滑坡等地质灾害。1 ~3 平台相对 4 平台面积较小，在迎风向平台建设防风林和生态林，有效防治扬尘、水土流失等灾害，在背风向建设经济林和用材林等。

（2）乔、灌、草林业立体模式。乔、灌、草复合配置可以充分提高生态位的利用效率，使生态位丰富并逐渐达到饱和，从而有利于生态系统的稳定、高效。钟山排土场复垦垂直结构设计中，通过乔、灌、草优化配置，进行多层次、多目标复垦，充分利用生态位，这样不仅可以使生态效益达到最大化，也可以使农药、化肥用量减少，生长成本降低，提高了经济效益。

乔、灌、草物种的选择根据室内试验和现场小区试验确定，拟选复垦植被为乔木树种选用香樟、杨树和构树等，经济树种选用杜仲、葡萄和油桃等，灌木选用紫穗槐等，草种选用黑麦草、紫花苜蓿、狗牙根混播。

乔、灌、草的配置模式主要包括以下几种：

1）杨树 + 构树 + 草模式。该模式以杨树、构树为造林树种，配置在排土场边坡，作为生态重建区的主要配置模式。杨树选取健壮的苗木，进行穴状栽植，株行距为3m × 3m。构树采用栽植和自然更新相结合的方法进行。乔灌下面撒播草籽，以控制水土流失。

2）杨树 + 香樟 + 草模式。该模式以香樟和杨树作为造林树种，株距为 3 ~4m。在 1 ~3 平台及 4 平台边角地栽植，其中香樟栽植于道路路边，杨树栽植于平台边角地。地面撒播草籽，增加植被覆盖，以减少生态流失。

3）果园模式，分为杜仲园、葡萄园和油桃园。杜仲园以杜仲作为主要造林树种。葡萄园、油桃园和杜仲园地面种植豆科植物，覆盖地表，改良土壤。在果园地埂及平台边缘成行种植紫穗槐，株距 1m，形成生物埂，以减少水土流失。

C 钟山排土场生物复垦时间结构设计

生态系统的时间结构是指在生态系统内合理安排各种生物种群，使它们的生长发育及生物量积累时间错落有序，充分利用当地自然资源的一种时序结构。钟山排土场生物复垦时间结构设计主要通过 4 平台高产农田生产模式的演替和草种选择实现。

（1）4 平台生产模式的演替。由于钟山排土场 4 平台复垦的农田建设初期肥力较低，本设计在农田上采用首先种植豆科作物，如黄豆，花生等。经过多年的种植，肥力显著提高以后改种经济价值较高的无公害食品、绿色食品等，既可提高经济效益，又可改善附近居民生活。

（2）草种选择。钟山排土场生物复垦通过室内模拟试验，并综合考虑覆盖地表速度、根系深度和冷暖季交替的问题，得到马钢钟山排土生物复垦草种为黑麦草、紫花苜蓿、狗牙根等。

黑麦草为冷季型草种，在春、秋季生长繁茂，而狗牙根为暖季型草种，黑麦草和狗牙根混播可以实现冷暖季交替，另外黑麦草生长迅速，能迅速占领地表，抑制杂草滋生，为其他草种的生长创造条件。

6.4.3.3 排土场生物复垦技术示范区工程措施

根据钟山排土场基质改良试验的结果，确定流沙作为钟山排土场基质改良的主要客土材料。在此基础上，在钟山排土场进行了基质改良工程，为生物复垦的进一步实施奠定坚实的基础。

由于立地特性和复垦利用方向不同，钟山排土场各个区域的基质改良工程有所不同。主要采用平台覆盖流沙、平台大坑整地回填流沙、平台穴状整地回填流沙、坡面穴状整地回填流沙等方法进行。

A 土地平整

钟山排土场各个平台在没有实施复垦工作之前是典型的堆积地貌（图6-4），需要进行土地平整工作。

图6-4 钟山排土场4平台原地貌

土地平整及覆土的主要设备为自卸卡车和推土机等矿山原有机械设备。首先用推土机对原地表进行整平，并压实，然后再根据原地表土壤的理化性质决定是否设置隔离层。覆土时不需要另外增加覆土设备，自卸卡车采用“后退式”堆卸方式。自卸式卡车按照一定次序倾倒流沙，形成有序的土堆，推土机随后进行土地整平（图6-5）。

图6-5 钟山排土场土地平整

B 基质改良

a 4平台基质改良

根据钟山排土场4平台土壤理化性质分析可知，4平台原地表重金属部分指标超标。因此在钟山排土场4平台的基质改良中，土地平整之后，首先采用无害黏土材料设置隔离层，然后在隔离层上部覆盖不小于1m流沙的方法进行基质改良。同时对前期未设置隔离层的试验区进行改造。

由于4平台在土壤基质改良过程中设置了隔离层，严重阻碍了水分的下渗，因此在复垦土地周围开挖自然排水沟。

b 1~3平台基质改良

通过钟山排土场立地特性调查和地表土壤理化性质分析结果确定钟山排土场1~3平台的基质改良方法：

(1) 在石砾含量较高、堆密度较大、复垦方向为生态防护林的3平台村庄一侧采用大坑整地回填流沙的方法进行基质改良。

(2) 在堆密度较大，但砾石含量不高，复垦方向为生态林的1~3平台高速公路一侧采用穴状整地回填流沙的方法进行基质改良。

(3) 1平台村庄一侧杜仲栽植采用穴状整地回填客土的方式进行基质改良，2平台葡萄和油桃采用直接覆盖客土的方式进行基质改良。

c 斜坡基质改良

影响排土场斜坡复垦的主要限制性因素为坡度较大，水土流失严重，为了减轻对地表的扰动，钟山排土场斜坡的基质改良方法为穴状整地回填流沙。

6.4.3.4 排土场生物复垦示范区建设及运行

根据钟山排土场立地特性研究结果以及钟山排土场生物复垦结构设计，将钟山排土场生物复垦技术示范区划分为5个功能区：生态重建区、生态防护林区、生态经济林区、生态农业区、生态观光区。

A 生态重建区

(1) 生态重建区范围。根据钟山排土场立地特性研究的结果，钟山排土场斜坡植被稀疏，水土流失严重。植被恢复难度大是水土流失的主要来源，同时也是粉尘污染的主要产生源，因此根据钟山排土场生物复垦结构设计，将钟山排土场斜坡连同钟山排土场平台部分区域建设为生态重建区。生态重建区涉及钟山排土场斜坡、3平台及1~2平台高速公路一侧。

(2) 生态重建区建设。2006年至2009年，对生态重建区逐步进行了生物复垦，生态重建区的植物配置为3平台及1~2平台高速公路一侧采用杨树+香樟+草模式，排土场斜坡采用杨树+构树+草模式。

(3) 生态重建区运行结果。图6-6为2008年至2009年对2007年生态重建区栽植的杨树和香樟采集的图像。

截至2009年底，已基本完成了对钟山排土场生态重建区的生物复垦，杨树、香樟平均成活率达90%以上，且长势良好，其中2006年栽植的杨树胸径已达近20cm。钟山排土场斜坡部分的水土流失和粉尘污染得到根本治理，生态环境得到彻底改善，生态和经济效益显著。

B 生态防护林区

(1) 生态防护林区的范围。钟山排土场严重的水土流失，滑坡和泥石流等地质灾害时刻威胁着马芜高速公路的安全运行，同时裸露的排土场也严重影响着马芜高速公路的自然景观，因此在马芜高速公路钟山排土场一侧设置生态防护林区（带）。

(2) 生态防护林区的建设。该区植物主要配置为杨树+草的模式，同时由于该区紧邻高速公路，还应考虑公路景观效果的问题，在坡脚栽植圆柏等景观树种。

2008年(香樟) 2008年(杨树)

2009年(香樟) 2009年(杨树)

图 6-6 钟山排土场生态重建区

(3) 生态防护林区的运行。自 2006 年至今已经完成生态防护林区的建设，在钟山排土场 1 平台沿马芜高速公路建植了一条防护林带，既排除了马芜高速的安全隐患，也彻底改善了马芜高速公路的自然景观。

C 生态经济林区

(1) 生态经济林区范围。生态经济林区位于 1 平台和 2 平台靠近村庄一侧，主要包括葡萄园、杜仲园、油桃园等。其中杜仲园位于 1 平台靠近村庄一侧，油桃园和葡萄园位于 2 平台靠近村庄一侧。

(2) 生态经济林区建设。其中杜仲园以杜仲作为主要造林树种，株行距为 3m × 3m。在地埂及平台边缘成行种植紫穗槐，株距 1m 形成生物埂，以减少水土流失。

葡萄栽植株行距为 1.5m × 2m，油桃为 2.5m × 2.5m。其中葡萄园和油桃园地面种植紫花苜蓿，紫花苜蓿种植之前应对原地表进行土地整理。

(3) 生态经济林区运行（图 6-7）。经过数年的建设，生态经济林园现已栽植杜仲、油桃各约 200 株，葡萄约 300 株，2008 年生态经济林区共出产油桃约 3000kg，葡萄约 2000kg，所产水果全部供应马钢姑山矿，杜仲园的杜仲已处于采收期，预期经济效益显著，生态经济林区出产的油桃和葡萄口感较好。

2009 年，对生态重建经济林区桃树地、葡萄地和杜仲地的土壤进行了取样分析，结果见表 6-5。

图 6-7 钟山排土场生态经济林区运行现状

表 6-5 生态经济林区复垦土壤理化性质

生态经济林区	有机质 /g·kg^{-1}	全氮 /g·kg^{-1}	速效氮 /mg·kg^{-1}	速效磷 /mg·kg^{-1}	速效钾 /mg·kg^{-1}	铜 /mg·kg^{-1}	锌 /mg·kg^{-1}
桃树地	15.8	0.77	15.75	8.57	86	42.8	110
葡萄地	17.9	0.93	14.75	28.20	82	43.7	116
杜仲地	16.7	0.85	10.30	6.40	94	34.2	126

生态经济林区	镉 /mg·kg^{-1}	铅 /mg·kg^{-1}	铬 /mg·kg^{-1}	砷 /mg·kg^{-1}	镍 /mg·kg^{-1}	汞 /mg·kg^{-1}
桃树地	0.149	17.1	86.8	12.8	31.2	0.077
葡萄地	0.0164	17.7	76.7	10.3	33.7	0.078
杜仲地	0.134	22.2	139	21.2	74.3	0.119

通过表 6-5 的数据可以看出，和生态农业区土壤营养情况相同，生态经济林区的土壤有机质、磷肥和钾肥含量相对较高，基本能满足植物生长需要，而土壤中的氮肥含量普遍偏低，钟山排土场应增加氮肥的施用，可减少磷肥和钾肥的施用量。

生态经济林区和生态重建区地表 20cm 范围内的重金属元素处于土样环境质量标准 2 级标准允许值之内，适用于一般农田、果园牧场土壤，其土壤质量基本上不会对植物和环境造成危害和污染。

D 生态农业区

(1) 生态农业区范围。钟山排土场 4 平台是排土场各平台面积最大，坡度较小的平台，根据马钢姑山矿的土地利用规划，结合排土场附近人多地少的实际，规划经过基质改良将 4 平台建设为生态农业区，分为高产农田区、精养鱼塘区和家禽饲养区三部分。

(2) 生态农业区建设。在复垦建设之前，钟山排土场 4 平台只有两个面积较小的常年集水坑，通过复垦建设，将 4 平台集水坑开挖加大加深，在外围建立围网饲养鸭、鹅等家禽，建设鱼塘和家禽饲养区面积约 0.5hm^2。

自 2007 年至今，钟山排土场生态农业区已建造高产农田约 2.5hm^2。2009 年起，对先期复垦的试验田进行改造，以避免农业复垦的重金属污染，同时对排土场平台剩余区域进行复垦，已基本完成4平台的复垦。4平台原积水坑已开挖为鱼塘（图6-8），现处于蓄水阶段，在鱼塘周围已进行了小规模的鹅和鸭子饲养，产生了较好的经济效益。

图6-8 钟山排土场4平台规划的鱼塘

E 生态观光区

生态观光区依托生态经济林区、生态重建区及生态农业区建设，未单独分区。主要观光项目包括水果及农产品采摘、钓鱼、赏花等，主要观光设施包括道路、凉亭等休闲设施，房屋等休息设施等。

2009年，马钢姑山矿对规划中的道路进行了施工建设，部分道路已经完工（图6-9），初步形成了覆盖钟山排土场各平台的道路网，其他休闲设施正在施工当中。

图6-9 已完工的休闲观光道路

6.4.3.5 灌排水设施设计及运行

A 灌排水设施设计

根据钟山排土场的地形地貌，生物复垦示范区规划两种类型的沟渠，一种是灌溉渠，修建部分灌溉渠，以满足缺水时的灌溉要求，将其和蓄水池连接，保证钟山排土场水资源的充分利用；二是排水沟，主要是沿平台周边布设，将地面径流归流后引到坑塘和主排水渠道，以便将坡面径流归流后引向青山河，减轻水土流失程度。同时在面积较大且没有坑塘的平台沿排水沟布设蓄水池，以积蓄雨水，方便灌溉。

a 钟山排土场生物复垦示范区灌溉系统

钟山排土场生物复垦示范区的灌溉对象主要是4平台的高产农田和其他各平台及斜坡植被建设初期的生态用水。钟山排土场灌溉系统主要由外部水源系统、集水池、灌溉管道组成。灌溉水源以利用降水为主，利用4平台积水池（鱼塘）和2平台集水池收集雨水，供灌溉和示范区施工使用，并从钟山排土场下引自来水至4平台集水池，作为旱季灌溉水源和渔业用水。灌溉管网配置见图6-10。

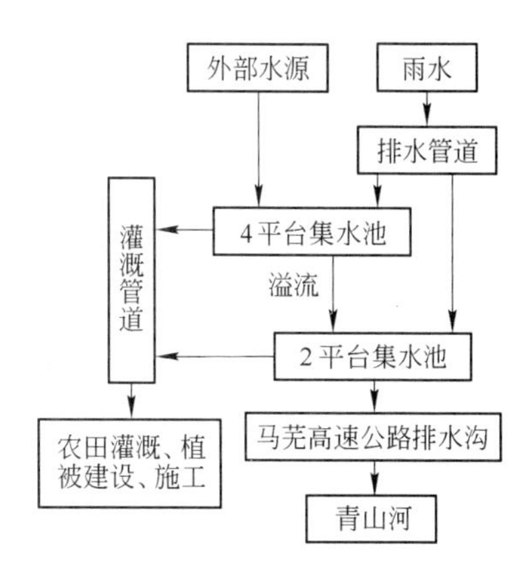

图6-10 钟山排土场灌排水系统示意图

b 钟山排土场排水系统

钟山排土场生物复垦示范区的排水沟沿排土场各平台道路呈纵向布置，并与集水池和马芜高速公路排水沟相连，最终将雨水排至青山河，其中2平台集水池和2平台蓄水池经管道相通，2平台集水池经排水沟与马芜高速公路排水沟相连，排水沟在平直地段沟底坡降为5%。降雨雨水通过排水渠道汇入4平台集水池（拟建设的鱼塘）和2平台集水池，雨量较大时4平台集水池溢流经管道汇入2平台集水池，经马芜高速公路集水池汇入青山河。

根据设计，马钢姑山铁矿对钟山排土场的灌排系统进行了施工，已完成对道路旁的排水沟、4平台集水池与2平台集水池的贯通工程、通往4平台集水池外部水源输水管道的贯通工程等的施工，钟山排土场灌排系统已经初步建成。

B 灌排水设施建设及运行

2009年，马钢姑山矿对钟山排土场的灌排水设施进行了施工，现已基本完成，并初步发挥了灌排水功能，减轻了排土场汇水对排土场周围的影响。钟山排土场排水系统见图6-11。

4平台集水池外部水源

连接4平台和2平台集水池的管道

4平台自然排水沟

3平台排水沟及沉沙池

2平台集水池

通往高速公路排水渠的排水沟

图6-11 钟山排土场排水系统

6.4.4 酸性土壤的排土场生态重建

6.4.4.1 大宝山排土场生态修复

A 矿山基本概况

大宝山位于广东韶关，地处曲江、翁源两县的交界处。该区属中亚热带湿润型季风气候区，平均气温18～21℃，年均降雨1400～1800mm，全年无霜期约310天，北部山区冬季有冰、雪；以侵蚀地形为主，并有少量喀什特地形。东侧凡洞河、西侧沙溪河、西南小溪汇入北江。大宝山未开采区为中亚热带典型常绿阔叶林，主要有禾本科、竹科、蕨科、山茶科、木兰科、五味子科、蔷薇科、松科等植物种类，其中类芦、马尾松、竹为优势植物。采矿区受采矿活动影响，山坡裸露，植被受到破坏。通过对采矿区排土场土壤初步分析发现，采矿区土壤酸化严重，所含金属硫化物发生氧化而发育成酸性硫酸盐土，未经采取措施，植物难以生存。土壤分析见表6-6。

表6-6 土壤分析

样品号	pH值	NAG-pH	净产酸量(NAG)/kg·t^{-1}(H_2SO_4)
1-1（对照区）	5.21	2.92	78.84
1-2（对照区）	4.8	2.99	75.04
2-1（东上）	3.24	2.51	17.10
2-2（东下）	3.34	2.45	17.83
3-1（西上）	2.81	2.85	10.32
3-2（西下）	2.69	3.08	9.20

摘自《有色冶金设计与研究》，2009，10。

B 大宝山生态修复基本思路

根据矿区的环境资源状况，因地制宜地进行生态治理系统设计，确定以生态复绿为整治模式，先易后难，逐步推进。适量的人工投入结合小量的工程手段，以抗逆性较强的地带性先锋乔木、灌木、草种建成人工植物多层复合生态系统，模拟自然生态系统，形成演替规律从而进行生态环境修复，最终达到人工植被在视觉上与周围地形、生态环境融为一体。

C 大宝山生态修复

a 树种选择原则

（1）耐强酸性、耐干旱瘠薄、耐寒耐热，易成活，适应环境能力强，优先选择乡土树种；

（2）生长迅速，根系发达，冠幅或盖度较大；

（3）种源丰富，育苗容易并能大量繁殖；

（4）尽量选用禾本科等浅根性植物。

根据以上原则，初步选定女贞、樟树、桉树、湿地松、夹竹桃、芒草、类芦、铺地黍、狗牙根、高羊茅作为复垦绿化的先锋树种，并将类芦作为主要的水土保持草种。

b 树种的培育

采用优良种源及生物技术处理幼苗，采用营养袋等容器培育实生苗木。育苗过程中，挪动营养袋1~2次，使根系在袋内生长良好，缩短种植时缓苗过程。

c 复垦的主要技术

施工时期：利用冬季提早进行挖穴（条沟）、回填客土、施肥改土，以蓄水保墒。春天阴雨天适时种植苗木。抓住夏天暴雨时节进行查苗补缺、培土补植。

种植技术：

（1）排土场等缓坡面直接种植乔灌草技术，在有一定厚度土层、立地条件稍好的坡面上，沿等高线按一定行距开挖条沟（宽×深）30cm×30cm，行距50cm。采用无土有机质混合物包括鸡肥、石灰、磷肥等酸性中和材料直接在条沟内进行土壤改良，直接混种耐性乔灌木和草本植物，疏松条沟行间土壤，撒播无土有机质混合物、狗牙根草种及土壤种子库材料。

（2）终了边坡平台种植技术。在已形成的类似梯田结构的平台上沿平台走势交错开挖多行种植槽（穴）（长×宽×深）80cm×45cm×70cm，株行距为100cm×100cm，槽（穴）内适当回填种植土或进行土壤改良，穴内混植乔灌草各1株，平台中间种植速生高大乔灌木，利用其树体高、密度大的特点遮挡裸露岩面，不仅具有较好的视觉效果，同时还为其他植物的生长提供良好的生态环境。平台内缘种植攀援性强的藤本植物沿斜坡向上延伸，绿化岩壁。平台外缘种植悬垂植物向下延伸与平台内缘攀援性植物相连以覆盖全部裸露岩壁，形成立体效果。疏松种植槽行间土壤，撒播无土有机质混合物、狗牙根草种及土壤种子库材料。

（3）崩落地段种植技术。采用金字塔生态袋，将预先配好的土、有机基质、种子、肥料等装入袋中，袋的大小、长度随具体情况而定。使用时沿坡面堆砌，种子袋与地面之间不留空隙，压实后用锚杆将种子袋固定在坡面上，每个生态袋中央破孔，种植实生乔灌木。

养护管理技术：包括浇水养护、追施肥料、病虫害防治、培土补植等工作，强化管理两年，及时进行查苗补缺，直到完全恢复成林。为满足植物正常生长，在苗木成活后适量追肥。追肥分春肥（3~4月）和冬肥（10~11月）两次，每次追施复合肥30~50g/m^2，可结合浇水作业或干施后浇水，另外可依实际情况进行叶面追肥。第二年后，对成年树木采取穴垦施有机肥、石灰以持续改良土壤。防治病虫害应掌握“治早、治小、治了”的原则，适时防治。对坡度大、土壤易受冲刷的坡面植物进行培土养护，培土后要压实以保证根系与土壤紧密结合。由于干旱、雨水冲刷等客观原因，导致部分植物死亡，应抓住时机及时补植。

D 复垦效果

种植一年后，大宝山铁矿山顶排土场研究区的生态环境发生了根本变化（图6-12），林地的总持水量比对照区提高了1.5倍，相对湿度比对照区提高9.5%，温度比对照区降低4℃，植被总量增加，还有蕨、蒿等多种植物入侵。通过对植被生长情况进行随机调查，抽取10个样点，每个样方2m×2m，统计各种植物生态指标，结果见表6-7。

图6-12 大宝山排土场复垦效果示意图

表6-7 生态恢复后一年的植被状况

植被类型	样本数	平均株高/cm	植被盖度/%	成活率/%
女 贞	15	40	20	40
樟 树	10	42	25	35
桉 树	20	180	35	60
湿地松	6	70	18	30
夹竹桃	10	120	26	60
芒 草	20	150	35	75
类 芦	10	160	39	85
象 草	30	175	45	90
铺地黍	50	20	50	90
狗牙根、高羊茅等地被植物			75	50

摘自《有色冶金设计与研究》，2009，10。

6.4.4.2 马钢南山铁矿凹山排土场生态修复

A 示范区概况

a 示范区选址

马钢集团下属南山矿业有限责任公司（以下称南山矿）有凹山采场、东山采场、高村采场、凹山选厂、东山选厂。矿山建设过程中产生的弃土弃渣对当地及周边的环境产生了一定的影响。根据国家相关规定，应对矿山生产中的废弃地进行复垦，恢复植被。

慈湖河是马鞍山市重要水系，而南山矿所属采选场地大部分位于慈湖河流域汇水区，长期以来由于矿山生产等活动使当地及周边的环境遭到了破坏。结合慈湖河上游环境整治工程以及矿山周边生态环境建设，针对南山矿的高村采场及排土场、凹山采场北帮等进行环境整治。

b 示范区内现状

矿山建设过程中造成的环境问题主要有水土流失、粉尘污染、滑坡、土地占用等生态环境问题。凹山排土场堆存选矿废石现已服务期满，对废弃地进行治理，改善生态环境是亟待解决的问题。

（1）示范区地形地貌。根据当地实际情况，选择凹山排土场标高为 +105m 平台上的 $1hm^2$ 面积废弃地作为示范区。该区为人工形成的堆积地貌，堆积物主要来自南山矿选矿废石，堆积高度约为 150m。示范区地形地貌见图 6-13。

图 6-13 示范区地形地貌

（2）示范区土壤。排土场形成过程为无序堆放，同时未进行表土保存，因此覆盖材料缺乏。虽然部分区域长期风化形成了薄层土壤，但其并不能满足植物生长，在稳定时间较长的区域植被全靠自然恢复。根据土壤调查取样方法，2008 年 9 月对排土场土壤进行了剖面分析，凹山排土场土壤剖面受废石排弃影响，从颜色来看分层较为明显，100cm 左右为紫红色砾石，下层均为土黄色砾石，各层粒径较为均一，结构松散，堆积时间较长的有明显的风化层，且上层已存在自然恢复植被。

从现场土样粒径分析来看，小于 2mm 的粒径级别约为 10%，大于 2mm 的粒径级别约为 90%。小于 2mm 的粒径级结果为：土壤粒径 2 ~ 50μm 的体积比为 55.3%，粒径小于 2μm 的体积比为 10.9%，50 ~ 100μm 的体积比为 9.27%，粒径小于 100μm 的体积比为 75.47%，粒径大于 100μm 的体积比为 24.53%，见表 6-8。从土壤粒径级别来看，大于 2mm 的土壤所占比例较大，小径级土壤所占比例较小。

表 6-8 土壤粒径分析 （%）

样品名称	<2μm	2 ~ 50μm	50 ~ 100μm	100 ~ 250μm	250 ~ 500μm	500 ~ 1000μm	1000 ~ 2000μm
石 渣	10.90	55.3	9.27	9.61	6.91	8.01	0.005

从现状土壤养分检测（表6-9）来看，该区土壤pH值为3.74，由于矿体含硫成分高，降水淋溶后易形成酸水，因此土壤呈现明显的酸性。土壤有机质为5.45g/kg、全氮为0.24g/kg、速效磷为118g/kg。根据土壤养分分级标准，农作物生长的最低级别为6级，即有机质含量为0.6%，检测结果为0.5%，低于0.6%，有机质含量较低，全氮属6级，速效钾和速效氮低于6级，速效磷高于1级。因此，土壤分析表明该区土壤酸性较强，且养分元素结构不够完善，不利于植被恢复。

表6-9 土壤养分分析

土类	取样深度/cm	pH值	有机质/$g \cdot kg^{-1}$	全氮/$g \cdot kg^{-1}$	速效钾/$mg \cdot kg^{-1}$	速效磷/$mg \cdot kg^{-1}$	速效氮/$mg \cdot kg^{-1}$	采样地植被情况
矿渣	0~28	3.74	5.45	0.24	14	118	11.85	无植被
养分等级		1级	6级	6级	—	—	—	

（3）示范区水资源。示范区位于排土场+105m平台，由于土壤粒级配比组成较差，因此土壤的保水性极差，表层0~15cm土壤中含水率约为3.7%，均低于5%。虽然当地降水资源丰富，平均为1100mm，但现有的土壤结构对降水资源的存蓄能力较差，造成了土壤中水分含量较低。同时降水对排土场淋溶后的地表径流及汇水均呈酸性，因此其又不能被植被所利用，因此当地土地复垦中水资源比较贫乏。

（4）示范区植物资源。示范区周边植被以刺槐、构树、圆柏、泡桐等为主。自然状况下废弃地植被恢复需几十年甚至上百年，但自然恢复首先必须有种源。由于所选示范区位于顶层平台，种源不易到达，仅在已形成几十年的堆积地貌上存在少量草本植被，而在近年形成的区域未见植被。从周边植被的生长状况来看，已形成的系统相对稳定，且物种组成多样。

（5）示范区交通。示范区道路利用矿区已形成的运输道路，其外部与313省道相连接，内部利用采场和排土场之间的道路。干道宽6m，内部连接道路为5m宽，可以满足示范区建设过程中的苗木运输及施工材料出入等。

B 复垦限制因素

凹山排土场依托凹山采场建立，其早期开采矿山在排土工艺等方面未进行科学合理的规划，占用了大量土地资源。矿山建设过程中造成的环境问题主要有水土流失、粉尘污染、滑坡、土地占用等生态环境问题。凹山排土场废石含硫量较高，在降水作用下易被淋溶浸出产生酸水，其酸碱度约为3，对植物生长极为不利。另外排土场废石的导热性极强，保水性较差，夏季高温缺水极易造成植物死亡，不利于生态环境恢复。

（1）土壤因素。示范区土壤以碎石为主，粒径级配较差，不利于土壤水分保持。同时土壤中的碎石含量高，高温时废石含量高的土壤地表温度升高极快，易对植物造成灼伤，不利于生长。另外，土壤中的含硫量较高，降水淋溶后易形成强酸性土壤，影响植被生长。

（2）水分利用因素。示范区土壤特性使其易形成酸水，不能被植物所利用，同时土壤持水性差，不能为植物生长提供充足的水分。因此，水分也是限制植物生长的重要因素之一。

（3）种源限制因素。示范区土壤不同于自然土壤，不具备天然的种子库。根据植被恢复的3个阶段：种源、植物能生长和能够自我更新，已形成的排土场土壤中无天然的种源以备自然更新，因此当地的植被恢复较为困难。

综上所述，限制示范区建设的因素主要为土壤、水和种源因素，因此在示范区建设过程中要克服这三大因素，以利于植被恢复。

C 微生物复垦关键技术

冶金矿山微生物复垦示范区，选在有一定代表性的南山矿凹山排土场 +105m 的平台上 $1hm^2$ 面积。在选定的区域内进行微生物复垦试验布设，选择了 7 个植物品种，接种丛枝菌根真菌，3 个月后对植物的生长状况、土壤的养分状况和根际微生物指标进行采样分析和测定，以检测微生物在废弃地复垦中的作用。

a 土壤重构及改良

（1）土地平整。针对地形起伏不平，采用机械整地的方式进行，土地平整坡度控制在 5°以内。通过碾压，使废石与上层形成隔离层，以利于后期施工。平整后使其自然沉实两周，然后再进行后续工作。土地平整见图 6-14。

图 6-14 示范区土地平整前后对比

（2）土壤重构。示范区采用两种土壤重构模式，无覆土模式和覆土模式。无覆土模式即直接在现状地形土壤条件下栽植乔灌木和撒播草籽，该模式主要通过平整和人工改变微地形来实现。覆土材料为炼钢污泥。种植前先按设计的株行距布设测线，然后人工挖栽植穴，并对穴进行块石清理，使穴内无大块碎石，然后将清理的碎石放于示范区外的区域定点堆放，挖穴完成后进行暴晒 1 ~ 2 周，使坑内土壤熟化。覆土模式主要在部分植草区，覆土厚度约为 20cm。

b 示范区植物种植模式

凹山排土场等废弃地原生植被全部被破坏，仅靠自然恢复较困难，且周期较长。要快速重建植被，首先应确定复垦区有无土壤种子库存在，然后根据种子库及周边植被状况确定先锋植物和顶级群落组成，尽可能使其与周边环境一致。通过人工促进植被恢复，可改善矿区废弃地的微环境，为适生植物和目的物种的生长及生态系统重建提供前提条件。

根据示范区地形，主要进行复垦区道路建设、土地平整、植物种植等。示范区主干道两侧种植乔木香樟与合欢，采用挖穴栽植，具体尺寸见表 6-10。道路两侧内部区域栽植紫穗槐，同时将北侧紫穗槐种植区分为四片，分别撒播百喜草、狗牙根、紫花苜蓿和白三叶，紫穗槐种植区依地形修建排水沟，排水沟一侧种植杨树。在道路北侧的小片区域撒播草籽，同时留出部分区域作为自然恢复用地，干道东北侧种植部分紫穗槐，坡顶区域种植杨树。

表 6-10 示范区物种选择及栽植规格

植被		种植方案
草本	百喜草	每年春、秋播种，草种的通常播种量为 $80kg/hm^2$
	狗牙根	每年春、秋播种，草种的通常播种量为 $80kg/hm^2$
	白三叶	每年春、秋播种，草种的通常播种量为 $80kg/hm^2$
	紫花苜蓿	每年春、秋播种，草种的通常播种量为 $80kg/hm^2$
灌木	紫穗槐	块状造林和乔木林间作，株行距 1m×2m，每穴 1 株
乔木	合欢	行道树种，株行距 2m×3m，挖穴规格：50cm×50cm×50cm
	香樟	行道树种，株行距 2m×3m，挖穴规格：50cm×50cm×50cm
	杨树	块状造林，株行距 1.5m×2m，挖穴规格：50cm×50cm×50cm

（1）乔木种植方式。借鉴相关经验和周边植被调查，选取乔木物种香樟、杨树和合欢。其中香樟和合欢作为行道树，间距为 3m。杨树为片状造林，株行距为 2m×2m。合欢、杨树栽植为裸根苗，香樟栽植为带土球苗木，土球直径为 40cm。乔木栽植均为穴状栽植，穴规格为 50cm×50cm×50cm。

（2）灌木种植方式。灌木选定紫穗槐，灌木模式中紫穗槐单独种植，株行距为 1m×1.5m，植苗为裸根苗，穴状栽植，穴规格为 20cm×20cm。

（3）草本种植方式。草本种植选定百喜草、狗牙根、紫花苜蓿和白三叶。春季撒播，播种量为 $80kg/hm^2$。

（4）灌草种植方式。灌草模式为紫穗槐＋狗牙根、紫穗槐＋白三叶、紫穗槐＋紫花苜蓿、紫穗槐＋百喜草。紫穗槐栽植按照灌木种植模式进行，草种播种量按照草本种植模式进行。

c 菌剂施加技术

菌剂施加主要是在植物种植过程中进行。根据实际情况，乔、灌木菌剂施用为坑穴内定剂量施用，草本种植为拌种后与草籽一同撒播。乔灌木栽植前，在已挖好并进行处理的穴内施用菌剂，菌剂剂量为 50g/穴，然后将苗木放入穴内后填土、扶正、踩实、浇水，并在苗木生长旺期进行穴状追施菌剂。草本植物在后期不进行菌剂追施。

d 示范区附属设施建设

（1）道路。为了方便示范区管理，在示范区改建部分道路，使其与外部连通。改建的道路主道宽 6m，支道宽 3m，路面为泥结碎石路面，在原有道路上铺碎石后碾压形成。

（2）灌排设施。由于示范区建设过程中需要管理人员，同时在后期需要对复垦植被进行维护，因此在示范区修建值班室一个，值班室南侧修建 5m×5m×2m 的蓄水池，作为植被管护设施，同时从蓄水池到示范区中间设置管道，以备干旱时补充水分。排水设施修建在道路一侧及示范区中间地形较低洼处，断面为矩形，深为 0.2m，宽为 0.4m，排水沟为浆砌砖结构，壁厚为 20cm。排水设施根据地形均汇入当地地表水处理系统，排水顺畅。示范区排水沟见图 6-15。

图 6-15 示范区排水沟

D 微生物在复垦中应用

a 微生物指标变化

示范区土壤中，施加菌剂土壤的微生物指标均高于未加菌剂土壤的微生物指标。以下分别从孢子密度、侵染率和菌丝长度方面进行分析。

从孢子密度来看，接菌后的孢子密度比未接菌的要多，施加菌剂土壤中的孢子密度为每 10g 土有 24.86 个，未加菌剂则为每 10g 土中 23.73 个。孢子中包含了大量的营养物质，能够改变根系环境状况，促进植物对恶劣环境的抗性。因此接菌后增加了孢子密度，对极端环境的生态恢复具有促进作用。

从侵染率来看，接菌处理中的菌根侵染率为 63.14%，大于不接均处理中的菌根侵染率 51.48%，说明了人工接菌可以提高菌根的侵染率。冶金矿山的待复垦区域大多数不利于植被生长，接菌处理后能提高植物的抗性和促进植物吸收营养物质，从而促进矿山废弃地的环境恢复。

从菌丝长度来看，施加菌剂土壤中的菌丝长度为每克干土中 2.76m，未加菌剂土壤中的菌丝长度则为每克干土中 1.87m，接菌处理大于不接菌处理的菌丝长度。菌丝长度有利于植物对土壤中养分的充分利用，对植物生长具有重要的作用。

微生物指标比较见表 6-11。

表 6-11 微生物指标比较

名　称	孢子密度/个 · $100g^{-1}$	侵染率/%	菌丝长度/m · g^{-1}（干土）
施加菌剂	248.61	63.14	2.76
未加菌剂	237.27	51.48	1.87

b 微生物对土壤改良作用

（1）土壤养分及酸碱度。示范区土壤养分改良分为通过不同种植区施加菌剂和不加菌剂的土壤检测，比较接菌对土壤养分结构的变化，见表 6-11 和表 6-12。施加菌剂后，土壤酸碱度在各种植区均为中性，偏碱性。杨树种植区为 7.53，低于未接菌剂土壤中 8.27；香樟种植区为 7.06，低于未接菌剂土壤中 8.22；紫穗槐种植区接菌土壤为 7.50，低于未接菌剂土壤中 7.86；紫花苜蓿种植区为 7.74，低于未接菌剂土壤中 8.48；狗牙根种植区为7.15，低于未接菌剂土壤中8.16；合欢种植区、白三叶种植区和百喜草种植区接菌土壤酸碱度均高于未接菌土壤酸碱度，这可能与种植的植物及土壤取样位置有关。分析表明，除合欢种植区、白三叶种植区和百喜草种植区外，接菌后土壤的pH值均低于未接菌土壤的pH值，接菌后土壤区域中性，这有利于植物的生长。从所选植物与菌剂的共同作用来看，种植植物后土壤的酸碱度均高于原生地貌pH值3~5的酸性环境，一定程度上克服了当地植被恢复酸碱度的限制。

土壤中电导率的变化在不同的植物种植区也是不同的。接菌后合欢种植区、白三叶种植区、百喜草种植区和狗牙根种植区电导率减小，其他种植区接菌后电导率则呈现增加趋势，这可能是受取样点特性的影响产生的。

接菌后乔木种植区的土壤中全氮含量均高于未接菌的区域，而灌木和草本种植区土壤中的全氮则低于未接菌区的土壤。杨树种植区、香樟种植区、狗牙根种植区和百喜草种植区接菌土壤中的速效氮均高于未接菌土壤，其他豆科植物种植区未接菌土壤中的含量低于接菌土壤中的含量，这可能与豆科植物的固氮效应有关。速效磷仅在杨树种植区、紫穗槐种植区和白三叶种植区的接菌土壤中较高，而接菌的其他种植区含量均较低。速效钾仅在合欢种植区、白三叶种植区和百喜草种植区接菌土壤中含量较高，尤其百喜草种植区为117.94mg/kg。接菌后的土壤中有机质的含量为香樟种植区、白三叶种植区和百喜草种植区含量高于未接菌土壤中的含量。

从以上分析可知，种植植物和加入菌剂后，土壤的酸碱度均呈增加趋势，接菌后乔木物种种植区土壤中的全氮含量增加，豆科植物种植区接菌后的土壤中速效氮含量低于未接菌的同类植物种植区，速效磷、速效钾和有机质在不同的种植区内接菌和不接菌表现不明显，但白三叶种植区不接菌区域此三项指标均高于接菌区域土壤中的含量。因此在植被恢复中应重视植物选择和养分元素动态，以便为植物生长提供良好的条件。

（2）土壤中微生物菌落变化。示范区土壤中微生物菌落的变化随时间呈现增长趋势，这可能与土壤的形成过程有关。不同年份的土壤分析结果表明，无干扰的条件下，排土场原生土壤中真菌数量增加约2倍，细菌数量增加了近2万倍，放线菌数量增加了约10倍，固氮菌数量增加约20倍。从微生物菌落组成（表6-12）上看，随着时间的延续，土壤中的固氮菌数量增加，这有利于土壤养分结构的改善，从而起到改良土壤的作用。

表6-12 原生土壤微生物菌落组成 （个/g）

年 份	真 菌	细 菌	放线菌	固氮菌
2008（矿渣）	7486	1069	2139	107
2009（自然恢复区）	7500	5140		510
2010（矿渣）	12382.86	18630571.43	22514.29	2251.43

通过示范区中不同种植区的比较，加菌剂和不加菌剂的土壤中微生物组成有明显区别。杨树种植区中，施加菌剂的土壤中以细菌和解磷菌为主要构成，分别占检测土壤中微生物组成的49%和46%，未加菌剂的土壤则以细菌和放线菌为主，占微生物组成的65%和21%，解磷细菌仅占8%，低于加入菌剂区域46%（图6-16）。香樟种植区施加菌剂的

土壤中细菌是未加菌剂的土壤中的1.4倍，真菌为1.02倍，放线菌为未加菌剂土壤中的48倍，固氮菌和解磷细菌均低于未加菌剂土壤中的含量。合欢种植区中施加菌剂土壤中细菌和真菌是未加菌剂土壤中的2倍，施加后土壤中的固氮菌数量是未加菌剂土壤中的7倍，解磷菌数量则是未加菌剂的土壤中数量较多。紫穗槐栽植区施加菌剂后的土壤中放线菌是未加菌剂土壤中的2.4倍，其余指标均低于未加菌剂土壤中的微生物指标数量。紫花苜蓿种植区中施加菌剂后的土壤中细菌是未加菌剂土壤中的73倍，真菌是未加菌剂土壤中的1.5倍，放线菌是未加菌剂土壤中的5.6倍，固氮菌是未加菌剂土壤中的2.9倍，解磷菌是未加菌剂土壤中的50倍。白三叶种植区施加菌剂土壤中细菌是未加菌剂土壤中的14倍，真菌是未加菌剂土壤中的48倍，放线菌是未加菌剂土壤中的13倍，固氮菌是未加菌剂土壤中的2倍，解磷菌是未加菌剂土壤中的3.8倍。狗牙根种植区施加菌剂土壤中真菌和解磷菌均高于未加菌剂土壤，百喜草种植区施加菌剂土壤中真菌、放线菌、固氮菌和解磷菌均高于未加菌剂土壤。

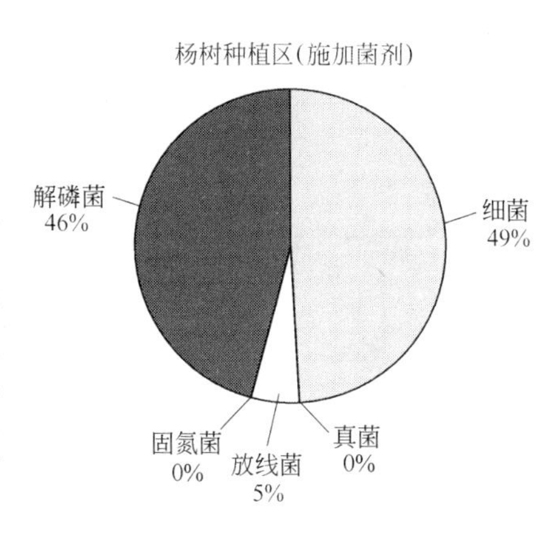

图6-16 杨树种植区土壤中微生物组成

从各种植区单个微生物群落的数量来看，施加菌剂土壤中细菌数量在合欢种植区和狗牙根种植区最多，真菌数量为百喜草和白三叶种植区最多，放线菌数量为白三叶种植区最多，固氮菌以紫花苜蓿种植区为最多，解磷菌以白三叶种植区为最多。各种植区土壤中的菌群结构不同，未加菌剂土壤中紫穗槐、合欢、紫花苜蓿、白三叶等豆科植物种植区微生物数量含量均较高。整体状况表现为施加菌剂后土壤中的微生物数量均呈现增加趋势，其中固氮菌增加约2倍，解磷菌增加约1.5倍，见表6-13。

表6-13 微生物菌群对比 (个/g)

名称	细菌	真菌	放线菌	固氮菌	解磷菌
施加菌剂	173617086.85	11864.65	1454244.19	436069.67	1140537.58
未加菌剂	72924203.13	2844.66	687363.93	218484.75	765139.79

综上所述，不同种植区土壤中，施加菌剂和未加菌剂的区域微生物群落的变化是不同的，部分区域施加菌剂后解磷菌和固氮菌的数量是增加的，尤其在合欢、紫花苜蓿等豆科植物种植区土壤中表现显著。施加菌剂后，微生物群落中的固氮菌数量在合欢、紫花苜蓿、白三叶、百喜草种植区均增加，解磷菌数量在杨树、合欢、紫花苜蓿、白三叶、狗牙根、百喜草种植区均增加，这有利于土壤中氮元素和磷元素的释放利用，为其他植物的生长提供条件。整体状况为施加菌剂土壤中微生物菌群比未加菌剂土壤中微生物菌群明显增加。

c 微生物对植物的生态效应

微生物菌剂的应用能够促进植物的生长。盆栽试验中，施加菌剂的植物生长状况明显优于未加菌剂的植物生长状况。在示范区建设过程中，利用盆栽试验的结果，在外部进行扩大种植实验。根据当地植被调查结果确定复垦区的乔木植物种类，通过分析植物的成活率和生长状况来确定菌剂在外部复垦中的作用。外部复垦区植被调查结果见表6-14和表6-15。

表6-14 示范区植被调查结果（未加菌剂）

名 称	成活率/%	胸径/cm	地径/cm	株高/cm	新发枝条数/个	长度/cm
香 樟	86	3.62	4.97	199.77	10.50	34.48
合 欢	86	3.31	3.95	210.00	8.95	63.53
杨 树	87	2.98	4.14	470.00	7.33	33.33
紫穗槐	90	0.00	1.68	130	2.2	68

表6-15 示范区植被调查结果（施加菌剂）

名 称	成活率/%	胸径/cm	地径/cm	株高/cm	新发枝条数/个	长度/cm
香 樟	95	4.30	5.03	247.60	10.60	42.60
合 欢	93	3.60	4.27	221.00	10.40	65.40
杨 树	90	3.40	4.14	475.00	8.10	35.33
紫穗槐	95	0.00	1.75	144	4	87

从施加菌剂和未加菌剂的对比试验来看，未加菌剂新栽植的树木成活率为香樟86%、合欢86%、杨树87%、紫穗槐90%，而施加菌剂后成活率分别为95%、93%、90%、95%，施加菌剂后树木的成活率均高于未加菌剂的树木，平均提高6%。从树木胸径和地径的比较可知，施加菌剂后乔木树种胸径均增加，其中以香樟增加最多，为0.68cm，其他为0.29cm、0.42cm；施加菌剂后地径也呈现增加的趋势，其中以合欢增加最多，为0.32cm。乔木树种的高度比较结果为杨树最高，香樟和合欢次之，高度差异可能是苗木高度本身的差异构成的。另外，施加菌剂的紫穗槐高度明显高于未加菌剂的植株高度。

从发枝个数来看，施加菌剂条件下香樟的新发枝条数为10.6个、合欢10.4个、杨树8.10个、紫穗槐4个，高于未加菌时的10.5个、8.95个、7.33个和2.2个。从新发枝条树木来看，施加菌剂对合欢和紫穗槐的影响明显，其新发枝条数分别增加1.45个和1.8个，这可能是施加的菌剂和豆科植物具有的固氮作用相结合的作用。施加菌剂后，树木新发枝条的长度明显高于未加菌剂的区域，以合欢表现最为明显，长度为65.4cm。

从植物的长势来看，施加菌剂后各树木的长势明显高于未加菌剂的长势。合欢在移植后的第一年施用菌剂的结荚果数量为3个，未施用的结荚果数量为1或者没有结荚果，荚果的产生对植被恢复至关重要，其产生可为复垦提供种源，满足了生态系统恢复的最初条件，只要具备适当的萌发和生长条件，废弃地上植被的建立是完全可行的。同时荚果的出现也是生态系统能够自我演替的一个重要过程，完整的生态系统具备自我更新和自我抵抗外界风险的能力。因此，选用物种的结实状况对排土场等废弃地的植被恢复具有重要意义，菌剂的应用提高了结实率，这体现了菌剂在生态恢复中的重要作用。

实验中对施加菌剂和未加菌剂两种处理下的紫穗槐根系剖面进行测定，见表6-16。不同条件下的紫穗槐根系分布有明显的差异。主根深度施加菌剂比未加菌剂长15cm，这可能是由于栽植位置的差异造成的。施加菌剂后，植株的侧根数量、根周等均比未加菌剂要多。从长势来看，施加菌剂的植株明显优于未加菌剂的植株。可见菌剂对植物生长具有明显的促进作用。

表6-16 紫穗槐根系生长状况比较

实验处理	主根深度/cm	侧根数/个	根周/cm	地径/cm	生长势
施加菌剂	35	5	3.0	5.5	+ +
未加菌剂	20	3	2.5	5.3	+

菌剂施用后能够提高植物的成活率、生物量、新发枝条数量等，有利于植被的恢复。调查发现，菌剂的利用对植物的长势有很大影响，施加菌剂的树木比未加菌剂的树木生长量要大，且施加菌剂的植株从外观上明显比未加菌剂的植株要健壮。另外，施加菌剂的植株结果数量明显多于未加菌剂的植株。从紫穗槐的根系长度及深度来看，施加菌剂的植株均高于未加菌剂的植株。以上研究结果都体现了菌剂对植物生长的促进作用。

通过整个生长季的观测发现，使用菌剂的植株比未使用菌剂的植株生长状况要好，植株胸径、新发枝条数及枝条长度均高于未使用菌剂的植株，且使用菌剂的植株生长势要明显优于未利用菌剂的植株。在生长过程中使用菌剂的合欢出现了结荚果的现象，种源的形成能够促进更新，这对植被恢复具有重要意义。从植物根系的长度和分布状况来看，使用菌剂后植物的根系较长、根较粗、侧根数目较多且根幅相对较大，这有利于植物对营养物质的吸收，从而促进其生长。

从外部生长状况来看，狗牙根和百喜草都能够适应外部的贫瘠环境，适合作为矿区生态恢复的先锋植物，豆科植物紫穗槐和合欢在贫瘠环境中生长状况良好，适合作为矿区生态恢复的建群种或者优势种。

从草本植物的生长状况来看，接菌植株的生长状况好于不接菌的处理，叶色浓密，单位面积的生物量相对较高，但未出现显著差异，这可能与生长时间的生长周期的长短有关。相比而言，接菌后改良了植株的生长环境，对植被生长具有很好的促进作用。

6.4.5 煤矿排土场生态重建

下面介绍准格尔露天煤矿排土场生态复垦实例。

6.4.5.1 *矿山基本概况*

准格尔露天煤矿位于晋陕蒙接壤的内蒙古准格尔旗东部黄土高原地区。该区域气候干旱、日照长、蒸发量大，年均气温6～8.8℃，年均降雨量385.3mm，主要集中于7、9两月，约占年总降雨量的85%，年均蒸发量2100～2700mm，无霜期125～150天。本区水土流失严重，地表沟壑纵横，植被稀疏，平均侵蚀模数1.8×10^4t/(km·a)。排土场生态示范区位于矿区捣蒜沟排土场内。流域面积0.55km^2，年径流量$p=10\%$时，4.22×10^4m^3；$p=5\%$时，5.26×10^4m^3。捣蒜沟原是一条自然冲刷沟，露天煤矿开采过程中，将最初的剥离物填充此沟，形成梯形的台阶式人工地形。该研究的示范小区面积小，为3×10^4m^2，其中有4个台阶面积为2×10^4m^2，4个边坡面积为1×10^4m^2，推广示范区面积约2km^2。

示范区土壤主要是矿区开采中最初的剥离物，无结构。因排弃过程中反复碾压使土壤坚硬而紧实，养分极为贫乏，地表处于次生荒原状态。土壤质地为沙壤，pH 值大于9，有机质平均含量为0.17%，速效氮平均含量为5.6mg/kg，速效磷平均含量为6.6mg/kg，速效钾平均含量为57.4mg/kg，土壤含水率为1.8%。示范小区基本无灌溉条件。

6.4.5.2 排土场复垦

A 栽培方法

草本、半灌木采用撒播种子、开浅沟覆土、撒播不覆土、耕翻播种等不同的方法，每种播法又以不同植物种类分别进行混播和单播。覆土深度为1~2cm。播量比理论播量大2~3倍，禾本科和豆科植物混播时，播量比为3∶1。灌木选1~3年生幼苗移苗定植或撒播种子。乔木以阔叶树选择2~3年生苗移苗定植，针叶树选10年左右树龄苗移苗定植。种子类以春、夏初雨前播种为主，夏播为辅，乔木、灌木类以早春栽植为主，秋冬栽植为辅。

B 结构模型

根据对示范区适宜植物种类的筛选结果确定在不同的立地条件下和不同功能区的植物种类、生态结构模型。主要类型有乔灌型、灌草型、乔草型和乔灌草型。

不同结构的配置原则：深根类乔木行距2m×2m，浅根类乔木行距3m×3m，行距间种植灌木，空旷地间行种植不同生活型的草本植物。一般以不同的种类间行种植。整体要求乔灌成行，草成带。各类植物占据面积比例为乔木30%、灌木40%、草本30%。

C 土地复垦措施

土壤熟化选用豆科植物大面积种植增加土壤的含氮量。增施化肥及农家肥提高土壤熟化度，一般施有机肥$(2.25\sim3.75)\times10^4$kg/hm^2，利用施粉煤灰来改良土壤理化特性，一般施入量3000~6000t/hm^2。

农林复垦选择宜于示范区生长的农作物品种进行旱作农业试验，如谷子、黍子、糜子、玉米、豆类、马铃薯、油料类等。同时还引入一些药材及经济植物进行栽培试验。增加复垦效益。果园与苗圃果树种类以苹果类、梨、李子、杏等为主。栽植配置方式株行距4m×4m，果园外围配置杨柳树为防护林带。株行距1.5m×1.5m，树间配置沙棘、枸杞。苗圃杨柳以扦插为主，其他乔木选一年生幼苗栽植培育，而灌木和榆树以播种子培育。

D 水土保持生物工程技术

平整土地，沿平台边坡下缘修筑排水渠、平台外缘修筑挡水墙，防止水冲边坡。边坡建立生物防护体系并与边坡的鱼鳞坑、水泥预制块护坡等工程措施相结合，密植灌草。在排水沟两侧与挡水墙内侧配置乔灌型结构，严防水冲边坡和风蚀发生，见图6-17。

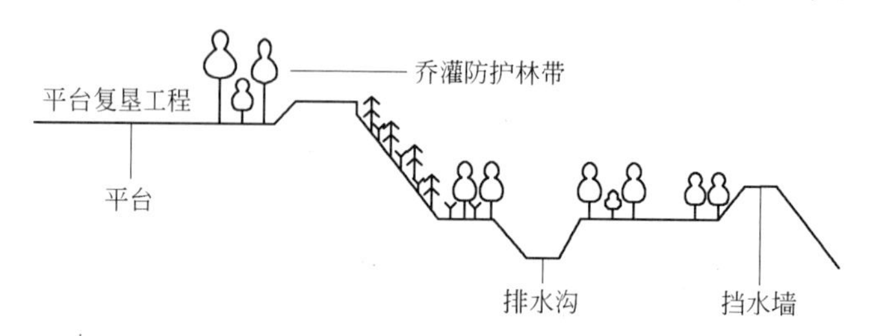

图6-17 水土保持措施示意图

6.4.5.3 复垦效果

A 草、灌、乔木生长情况

示范区草、灌、乔木生长情况见表 6-17 ~ 表 6-19，从表 6-17 看出，沙打旺、杂花首信、紫花首蓿、草木樨生长较好。可作为类似研究区域固土防风、熟化土壤的先锋植物。

表 6-17 示范区草本生长情况

植物名称	播种期	播种方式	成活率/%	高度/cm		分盖度/%	产量（鲜）/g·m^{-2}	根长度/cm
				生殖枝	叶层			
沙打旺	1992-06-04	单　播	98		69	95	2960	>150
杂花苜蓿	1992-06-06	混　播	90		45	35	1000	>100
紫花苜蓿	1992-06-06	混　播	95		33	40	1060	>100
草木樨	1992-06-04	单　播	95		95	85	1944	>90
草木樨状黄芪	1992-06-04	混　播	50		40	15	600	>30
山竹岩黄芪	1992-06-04	混　播	40		43	5	850	>60
冰　草	1992-06-05	混　播	80	70	13	10	425	>30
羊　草	1992-06-05	混　播	30	60	14	5	450	20
老芒麦	1992-06-03	混　播	85	65	17	5	380	25
披碱草	1992-06-03	混　播	90	59	17	5	400	25

表 6-18 示范区灌木生长情况

植物名称	移植苗高/cm	成活率/%	当年叶枝条数	当年增高度/cm	第二年增枝条数	第二年枝条均长/cm	第二年株高/cm	丛径/cm	根长度/cm
沙　棘	20	95	5 ~ 15	40 ~ 50	10 ~ 25	40	74	90	>150
玫　瑰	50	98	5 ~ 15	30 ~ 40	>15	60	80	60	>100
紫穗槐	40	75	3 ~ 6	15 ~ 20	5 ~ 10	60	65	20	>80

从表 6-18 看出，沙棘的各项观测指标显示了它适应性强、抗逆性强、生长快、根蘖力强的特点。其他几种灌木生长稍差于沙棘，但也均是可选择的灌木。

表 6-19 示范区乔木生长情况

植物名称	移栽时间（年-月）	移栽树龄	移栽树径/cm	成活率/%	当年增枝条长/cm	第二年条长/cm	第二年树径/cm	第二年树高/cm
国　槐	1993-04	>4	4.0	90	40	72	4.5	210
云　杉	1992-11	>10	3.0	90	8	21.5	3.5	200
油　松	1992-11	>10	3.0	90	12	13.7	3.5	245
侧　柏	1992-04	>5	1.0	90	8	16.5	1.0	84
杨　树	1992-04	3	3	3.0	75	15	79	3.5
柳　树	1992-04	3	3	1.0	75	80	95	1.1
杜　松	1992-11	>10	3.0	75	8	1.5	1.5	210

从表 6-19 看出，乔木类中，油松的各项指标占绝对优势，其成活率达 90%，生长速度也较快，成为矿区生态恢复中乔木树种的首选树种。其次是杨柳树，它们不但速成，且成活率高，成本很低，可成为与示范区同类区域普遍推广的栽树种。除表列出的树种外，选出的果树种有苹果、梨、李子、杏，其成活率均在 85% 以上，第三年就有开花挂果。说

明在示范区及同类区域可设置果园。

B 作物和药材生物情况

作物以谷子生长最佳，其次为黍子、豆类和马铃薯。谷子量为2175kg/hm^2，黍、糜子分别为1710kg/hm^2 和1380kg/hm^2，马铃薯平均产量为11238kg/hm^2，均超过当地产量。

药材板蓝根第三年主根粗 1 ~ 3cm，产量达 1.2kg/m^2，甘草第三年根粗 0.5 ~ 1.5 kg/m^2，产量达 1kg/m^2，草葛和石刁柏成活率达80%以上。

C 生态结构

示范区适宜生态结构见表6-20，表中显示了不同的生态效益，其中以乔灌草型较好，说明成层较复杂的生态结构有较好的生态效益。

表6-20 示范区适宜生态结构

结构类型	植物种类组合	高度/cm		总盖度/%	产量（鲜）/kg·hm^{-2}
		乔（灌）	草 木		
灌草型	沙棘－沙打旺＋草木樨＋冰草	94	164	95	20000
	沙棘－紫花苜蓿＋草木樨状黄芪	50	53	55	16250
乔草型	油松－沙打旺	245	145	90	20000
	油松－紫（杂）花苜蓿＋冰草	220	33	65	15500
乔灌草型	油松－沙棘－沙打旺	245	110	95	21500
	油松－沙棘－紫（杂）花苜蓿－草木樨	200	90	90	2700
乔灌型	油松－沙棘	245	168	100	
	杨（柳）－沙棘	500（380）	80	85	

7 排土场滑坡和泥石流治理实例

7.1 江西铜业公司永平铜矿排土场稳定性及滑坡治理

江西铜业公司永平铜矿距铅山县城25km，是我国有色金属工业大型露采铜矿，是一个以铜为主富含硫铁、铅锌及金银等的综合性矿床。年采剥总量为15.3Mt，总排土量为300Mt，将分别堆置在西北部、南部、西部、东部及内排土场五处。排土方式为27t汽车运输和排土，辅助以推土机平场。实行逐层自上而下压坡脚式堆置方式。排土场位于紧邻采场境界的沟谷之中，按照上土上排，下土下排的原则，进行合理运输以减少运距，排土台阶标高基本上与采场台阶标高相一致，排土台阶高度为40～100m，一般在开采初期紧邻采场排土，台阶高度都在80m以上。自1985年正式投产，截至1994年底已排出废石量115.7Mt，形成的终了排土场面积有81hm^2。

7.1.1 矿区工程地质与水文地质

永平铜矿是一个以铜为主，伴生有硫、铁、铅锌等多种元素的综合矿床。属矽卡岩型矿床。矿床顶底板岩石为混合岩，露天矿边坡主要由混合岩构成。就总体而言，边坡工程地质结构较为稳定。由于强度较大的石英斑岩的入侵，对边坡岩体起到了加固作用。只是在局部地段坡面结构复杂，稳定性较差。

山坡露天矿剥离初期，大部分为第四纪黏土层及强风化带，在250m标高以下剥离以原岩为主，其中包括混合岩、花岗斑岩、石英斑岩、千枚状页岩、灰岩、矽卡岩化灰岩等。剥离围岩以混合岩为主，岩性比较均一，裂隙不发育，其抗压强度为91～114MPa；在矿区中部分布广泛的千枚状页岩及地表氧化铁帽，裂隙发育，具有较强的吸水性和膨胀性，抗压强度小于40MPa；另外在围岩中常含有数量不等的各种硫化物，由于氧化和雨水作用，使岩石强度大大降低，从排土场渗流出的酸性水(pH值为2～3)污染了环境。

南部排土场地基为山坡及沟谷，地形变化由西向东和由北向南逐渐降低，坡度变缓，沟谷呈U字形，植被繁茂，占地面积约1.66km，在四条支沟中常年有流水，并有最新沉积、淤积的黏土类，黏土层厚薄分布不均，山坡上黏土层厚约0.5～1.2m，在沟底厚约3m。

西北部排土场位于长约400m的一条支沟上，纵坡为24°～34°，地表有中强风化的混合岩出露，在沟谷中有沉积的黏土和亚黏土，厚约1～2m，山坡上厚约0.2～0.7m。

地下水以裂隙水为主，孔隙水（在第四纪表土中）次之，各含水层呈过渡接触，存在统一的水力联系和补给、排泄条件。矿区内岩层富水性较弱，矿床顶底板岩石为非含水的混合岩。岩层的地下水主要是岩溶水和裂隙水。地下水主要受大气降水的补给，矿区地处我国南方，雨量充沛，平均每年降雨量为1765.6mm，年最高降水量2400mm。3～6月份为雨量集中区，日最大降雨达206.4mm，暴雨期间，最大强度可达60.3mm/h，冬季雨雪较少。根据1970年地质报告提供的资料，+100m水平涌水量为1006m^3/昼夜，0m水平为3792m^3/昼夜，-100m水平涌水量为7399m^3/昼夜。

7.1.2　排土场现状

永平铜矿设计有南部、西部、西北部和东北部4个排土场（目前以南部、西部两个排土场为主）。南部排土场容积$5365\times10^4m^3$、西北部排土场容积为$380\times10^4m^3$。矿山开采前期主要利用南部排土场，它为山坡地形利于多阶段排土，泥石流影响不大。矿区开采进入中后期，以西部土场为主。西北部和东北部两个排土场已结束，约为$670\times10^4m^3$，4个排土场总容量为$13110.5\times10^4m^3$。

（1）南部排土场。该土场在采场西南方，与采场境界直接相接，平均运距1.5km，占地面积约3993亩（包括污水处理系统），排土场地基主要是山地，少量为农田，汇水面积2.975km^2。排土场总高度144m，边坡角33°，台阶高度24～36m，台阶坡面角38°。共有6个台阶，即406m、394m、370m、334m、310m和274m，目前累计受土量$12\times10^6m^3$。

（2）西北部排土场。1980年8月铜基地在召开永平铜矿扩建规模为日产10kt矿石讨论会上，决定再度启用西北部排土场。由于西北部排土场容易产生泥石流，故在启用排土场的设计方案中，将原计划$867\times10^4m^3$的堆存容积减为$380\times10^4m^3$容积。并减少堆置高度，按390m、300m、250m 3个标高堆置。已建成的10号泥石流拦蓄坝和11号浑水澄清坝已收到效果。尾部排洪沟排土场内的污水引入西部污水处理站净化回收后排放。

西北部排土场占地面积464亩，目前累计排土量为$300\times10^4m^3$左右，比高约200m，边坡角25°，台阶高度100～160m，台阶坡面角34°左右。现已形成2个台阶：390m和300m，平均运距为0.8km。排弃的废石种类主要是由表土和强风化岩组成。废石松散系数1.5，抗压强度90MPa，渗透性差。暴雨季节排土场边缘地区局部有沉陷，塑性变形，滑坡和泥石流。

在基建剥离初期，西北部排土场390m台阶堆置的大部分为表土及风化带岩土，地基坡度较陡，排土台阶比高达200m，于1978年雨季曾发生一次泥石流，冲毁了两座堆石坝，污染了800亩农田。自此以后，该矿排土场泥石流便成了威胁安全生产的一个重要问题。

（3）矿山后期应用西部排土场，标高270～90m。该排土场位于采场西面天排山西麓的蔡家棚、金鸡亭、叶家地区。排土场容积$8490.6\times10^4m^3$。西部排土场位于天排山西侧山麓，地势总的变化是东南高西北低，地形最高处标高433m，最低处标高90m，场区山体较陡峻，地形高差较大。自永平铜矿采矿场扩帮以来，西部排土场快速堆高，再加上扩帮排出的大多是黏土，排土场稳定性降低。排土场的下游是铁路和农田，一旦排土场出现滑坡和泥石流，不仅影响永平铜矿的正常生产，而且危及下游的铁路和农田。

按设计，西部排土场在270m水平设截排水沟，排泄天排山西麓地表水，减少西部排土场的汇水量。另在蔡家棚沟口设污水蓄水库，以处理蓄水库的污水，净化后排放。

7.1.3 排土场滑坡和泥石流

永平铜矿位于江西省境内，雨量充沛，年平均降雨量1765.6mm，日最大降雨量206.4mm，小时最大降雨量60.3mm。矿区内无地表水系，大气降雨为地下水主要补给来源。丰富的雨量为泥石流创造了水动力条件。

矿山属山坡露天矿，基建剥离的大量废石被排弃在南部排土场和西北部排土场，总量约$154\times10^5m^3$。雨季地表水大量冲刷土场边坡，使大量泥沙石块淤积在下游的谷地和农田内。另外排土场每年产生大量的酸性水污染农田，每年向农民赔款20多万元。

永平铜矿1978~1986年统计了8次不同规模的泥石流，均属于滑坡型泥石流，也是黏性泥石流，一次泥石流的固体物质含量从$7900m^3$到$20000m^3$。而水动力型泥石流则很少见，曾在西北部排土场观测到几次小型稀性泥石流，是由于采场排洪沟的洪水冲刷排土场的结果。永平铜矿排土场滑坡和泥石流统计参见表2-33。

（1）南部排土场。永平铜矿南部排土场堆置的物料多半是基建剥离的表土和风化岩石（占60%~80%），加上雨水的作用，使得排土场的力学性质大大降低。如在334m平台1980年6月雨后的第3天排土场突然下滑，速度很快，含泥水的岩石冲出150~200m远，一直冲到对面的山坡上，覆盖了公路30多米，影响交通一个多月。

1981年5月又在310m水平处土场下沉10m，下沉的滑体长100~200m、宽100m，未造成损失。1981年8月雨天，因暴雨又使310m水平排土场发生下沉，滑体长100m，宽20m，下沉量达5m。由于泥石流多次出现在310m水平，故把段高降到294m水平。在310m，274m水平排土场上，汽车和推土机多次发生陷落，由于抢救及时，未造成设备损坏。

1982年6月该排土场的310m平台又相继发生过3次小型滑坡（大多发生在雨后），滑坡区长100~200m，下沉达5~10m。1983年也有类似事故发生。

（2）西北部排土场。该土场位于采场西北部，容积为$380\times10^4m^3$。由于发生泥石流，堵塞了灌溉渠，淹没了农田，危及选矿厂，曾于1978年底被封闭停用。例如，1978年6月12日西北部排土场发生了一次规模较大的泥石流，冲毁拦泥坝两座，危害农田167亩，污染面积达800亩。西北部排土场边坡表面形成大量的冲沟，见图7-1。这次泥石流历时2~3h，经过3号、6号拦沙坝，溢洪道被泥沙阻塞，造成漫坝，造成干砌块石坝溃决。泥石流在8%的坡度地段通过，在7%~8%的地段沉积。泥石流通过时，沿沟槽的覆盖土层全部被切割清除至基岩，切割深度达5~7m。泥石流沉积区的长度930m，表面坡度8%。据估计这次泥石流固体体积$7900m^3$。其最大粒径0.9m，固体物质堆密度$2.7t/m^3$，泥石流堆密度约$1.7t/m^3$。

图7-1 西北部排土场受雨水冲刷汇成大量的冲沟

西北部排土场地形为一狭长山沟，沟底坡度开始为25%，然后逐渐变缓到8%，冲沟两侧山坡及排土场的地基坡度为30°~40°。1976~1978年仅堆置了$16\times10^4m^3$的土石，段高160m，边坡角25°~44°呈上陡下缓。排弃的物料为黏土和强风化混合岩。在排土场地基附近有两处泉眼，终年涌水，四季不干。

据矿山现场调查资料研究，在泥石流沟里的泥沙石块历年来的淤砂量见表7-1。

表7-1 永平铜矿泥石流沟实测淤砂量

观测时间	西北部排土场			南部排土场		
	台阶排土量/m^3	累积淤砂量/m^3	年平均/%	台阶排土量/m^3	累积淤砂量/m^3	年平均/%
1976						
1978	16×10^4	26800	5.6			
1980		73800				
1982	5×10^5	153000	4.4			
1984.11	228×10^4	231900	1.5	8895000	77300	0.3
1985.11	2888×10^3	241300	0.2	5943000	88100	0.2
1986.06	3221×10^3	260000	1.2	6604000	99900	0.4
1986.11	370×10^4	283900	0.7	9128000	143900	0.36
年平均		25800	2.27		24000	0.32

7.1.4 排土场滑坡和泥石流成因分析

矿山泥石流按其成因可分为重力型（滑坡型）泥石流和水动力型（冲刷型）泥石流。

当排土场中含表土及细颗粒较多，新堆置的排土场往往出现剧烈的压缩和沉降，当变形超过极限状态时便形成滑坡。在滑坡体的形成过程中，如有雨水或地表水的渗入，则可加速滑坡过程，松散体受到水的作用与稀释，开始向塑性体或流体转化而形成泥石流。

由于散体物料的含水量和渗水压力对于力学性质影响很大，故雨水的渗入对于本来处于稳定状态的排土场可能形成滑坡和泥石流。如果排土场含有表土和易水解软化的岩石，则便加速了泥石流的形成过程。降雨型泥石流与滑坡型泥石流两者之间，滑坡与泥石流相伴而生实难截然区分，不过雨水在促发泥石流的过程中都起到了主导作用。

分析现场实际观测资料和排土场稳定性分析结果可以认为，滑坡型泥石流的形成主要受排土场的滑坡（由稳定性分析结果予以判断）所制约，排土场的稳定性是基本因素，降雨是产生泥石流的促发条件，在稳定性分析中，也充分考虑了雨水对其稳定性的影响。因此，可以按预计排土场产生滑坡的规模来评价泥石流的规模，以便制定相应的防治措施。也就是说，产生局部滑坡的地区主要在新堆置的排土台阶，那么可以预计产生泥石流的规模为中小型，一般不大于$(2\sim3)\times10^4m^3$，最大不超过$10\times10^4m^3$。

图7-2所示为南部排土场雨后产生滑坡和泥石流，图7-3所示为南部高台阶排土场产生滑坡和泥石流。

排土场在降雨时失去原来的稳定状态，而产生滑坡与泥石流的过程中需要有丰富的前期降雨。前期降雨对泥石流的形成起主要作用，而暴发泥石流期间的降雨只对泥石流的规模起作用。泥石流的发生不仅是当日降雨的作用，前期降水对其很有影响。前期排土场含水量多，孔隙水压力高，发生泥石流的临界雨强则偏低；前期土壤含水量少，孔隙压力

图 7-2 南部排土场雨后产生滑坡和泥石流

图 7-3 南部高台阶排土场产生滑坡和泥石流

低，发生泥石流的最低当场降雨量偏高。因此，应把前期排土场含水量和当场降雨量作为整体因素来考虑。由于前期排土场含水量实际测定比较困难，采用前期实效雨量，来间接表示排土场含水量的多少。

产生泥石流的原因，初步认为是大气降雨量过于集中，土场防洪措施不力或因技术管理较差，而引起排土场内的松散土岩大量被洪水冲刷，形成泥石流。

防止的措施只有引洪、截洪疏通水道。如修建 10 号泥石流拦蓄坝，11 号浑水澄清坝，对治理泥石流均起到重要作用。加强对排土场科学研究工作，从泥石流产生的根本原因上进行治理。统一规划排土场设施，对排土场内的土岩性质、土场基底和水文地质及工程地质进行认真研究，是彻底根治泥石流的根本方法。

排土场的下沉和滑坡的基本原因是排土场内第四纪表土含水量过大，特别在雨后含水率达到 80% 时，最容易发生滑坡和塌方。矿山在滑坡和泥石流防治工程中，主要采取降低段高、防洪排水、建筑各种拦挡坝和植树造林等措施，以提高排土场的稳定性。

7.1.5 排土场滑坡和泥石流防治措施

根据国内外矿山泥石流防治经验，在加强排土场技术管理和监测工作的同时，防治泥石流的措施主要是地表水的疏排工程，另外在排土场下游构筑一系列的谷坊群坝也是必要的防护措施。根据研究结果，新排弃的台阶上半部边坡及软弱地基，都是最危险的潜在滑面，因此一切治理措施要以此为重点。

（1）排土场地表汇水的治理。修筑排洪沟将排土场上游的汇水拦截、排泄到境外，不让地表汇水进入排土场。对于现有排洪沟需要维修与疏通。

在排土平台上修建排洪沟，将排土场本身的汇水排出境外，不让雨水冲刷排土场边坡和渗入排土场内部，为此要求平台平整形成 3°~5°的反坡，以利雨水的汇集。

（2）加强排土场技术管理工作，优化排土顺序实行合理堆置。当排弃表土和强风化岩石时应控制排土场推进速度，以免工作面一次推进距离过大，沉降变形大，易产生滑坡。为此要有备用排土线，轮换作业，给出一定时间使新排土线达到充分沉降与压实。同时，控制排土速度对于软弱地基有充分的压实和固结的时间，以提高地基承载能力。

对于压坡脚式排土顺序的最后一个台阶，要求排弃大块坚硬的岩石以便起到反压坡脚稳定基础的作用。

(3) 排土场下游构筑谷坊群坝(图7-4)。根据矿山泥石流防治经验，在泥石流的流通区和停淤区构筑适当的谷坊群坝，以拦挡停淤下来的固体砂石。谷坊坝可因地制宜，修筑片石坝、竹笼坝、铁丝笼坝和堆石坝等。为了防止泥石流污水污染环境，需要在泥石流沟的出口处建造拦砂大坝或污水坝，此为不透水坝，以便拦蓄泥石流的固体物质及污水。

图7-4 西北排土场下游防治泥石流的谷坊群坝

根据实测资料，1976~1988年底，泥石流沟的累积淤砂量为 $28.4\times10^4m^3$（西北部），$14.4\times10^4m^3$（南部），年平均淤积量分别为 $2.58\times10^4m^3$ 和 $2.4\times10^4m^3$。经过分析计算，现有两个泥石流沟拦沙坝的库容是足够的，但为了不减少拦沙坝的蓄水能力，把泥石流固体物料停淤在库区上游，需要在南部排土场泥石流沟利用排弃的岩石修建一堆石坝，库容量为 $86\times10^4m^3$。

(4) 排土场酸性水形成及治理。

1) 酸性水形成：由于永平铜矿的矿石和废岩石中含有大量的硫化物，它们在开采过程中，这些高硫化物受到大气中的水和氯气的作用，易产生酸性废水。据抽样分析结果表明，Cu、Zn、Cd、F、pH值都超过国家标准。大量的酸性废水的形成，对周围的环境形成污染区。酸性废水的产生、危害和治理是金属矿山极为重要的研究课题之一，矿山每年要花费大量人力、物力和财力进行治理。

2) 酸性废水的治理：矿山对酸性污水治理方面，先后采用过置换法，石灰石中和法等净化处理措施。经过试验，确定了石灰石两段中和方法。

3) 在南部和西北部两个排土场的下游修筑两个酸性废水坝和300m长的渠道，建立废水处理站，总投资1217万元。目前北部废水处理站日处理能力13kt，投资1000万元，定员148人从事酸水处理工作。洗矿废水处理站日处理能力7700t，投资172万元。

7.1.6 排土场植被复垦

矿区内的山地和丘陵在1958年以前几乎均为林地覆盖，自1958年区内开始露采铁矿，至1979年建成大型的永平铜矿，山上森林砍伐殆尽。原有地形地貌发生巨大变化，形成大面积裸露区，水土流失严重，甚至造成泥石流。虽在沟谷下游接连筑坝，但未能解决问题，环境日趋恶化。为防治水土流失，永平铜矿采取了多种综合治理措施，生物防治就是其中之一。1983年开展了“露采终了岩石边坡和排土场的植被工程”试验研究，1984年后逐步推广，扩大复垦面积，迄今已复垦面积 $65hm^2$。永平铜矿排土场植被复垦坚持12个冬春寒暑，在改良土壤、物种筛选、种植方法等方面摸索出一些经验，取得了满意的效果。

一般来说，适合植物生长繁殖的地方，均可考虑采取生物措施对泥石流进行防治，在已排土结束的台阶平台，采用先平整场地，然后用表土覆盖，最后再用坑栽法大量营造经济林，在坑栽的同时，大面积播种以豆科为主的藤草植物，起固氮作用和逐步提高土壤的有机质。在排土场的斜坡上同样可用坑栽的方法栽种防护林。

7.1.6.1 复垦试验

1983 年春，在天排山露采终了岩石平台和斜坡计 11hm²，南部排土场平台和西北部排土场平台开始了植被复垦工程试验。试验区的植被种植方法采用挖坑植树与直播种籽，种植穴换土施底肥。选择的植被物种主要有马尾松、湿地松、葛藤、铁蒺藜、芮草、野小竹、小斑竹，还有女贞、山刺柏等共有 18 个品种。栽植后物种间的成活率与长势在初期生长中就出现较大差异。马尾松、湿地松长势佳，成活率高达 70% ~97%；葛藤长速快，每年 5 ~7m，但因叶大招风难于伸下坡面仅往平台上发展；芮草生命力强、固着力大、返青快，但分蘖慢；女贞、杉木初期长势尚可，但两年后就出现梢黄、瘦弱、矮小现象。在中期生长中，优劣分异就更明显。

7.1.6.2 复垦推广

随着采矿终了排土场面积不断增加。永平铜矿 1985 年开始了植被复垦的推广工作，树种以马尾松和湿地松为主。1985 年在天排山南部排土场 334 平台种植 11.8hm²，造林成活率 70%。1987 ~1989 年在南部排土场 310 平台种植 12hm²、在西北部排土场 290 平台至 270 平台种植 2.3hm²。310 平台马尾松成活率当年只达 15%，原因是平台上的积水酸度大，呈酱红色，石蕊试纸显示 pH =2。第二年还有苗木死亡现象。1990 年采用挖沟筑床再换土的办法在南部补植。床面宽 1m、沟深、宽各 20cm，在床面垦松 10cm 后再按 1m 的株距在床面植苗点上堆客土栽苗。同时加大播种密度以求提高出苗率。这种做法试图降低地下水位，减少酸性水的侵蚀，相对增加酸性水的排放沟。当年的苗木成活率达 50%，但是在压紧的石砾平台上开沟筑床种植成本较高，当时价是 115 万元/hm²。1991 年采用直接堆土的办法，即用车载客土直接卸在平台上，只要人工稍加整理成长 2m、宽 1m、高 40cm 的规格，土堆间距 2 ~3m，在土堆上挖小穴植苗。这种操作成本可降低 3000 元/hm²，当年苗木成活率达到 60%。随后几年都采用堆大土堆的种植方法，在南部排土场 310、274、250 3 个平台上补植与种植，并在每年秋冬之交进行湿地松容器苗补植，使 3 个平台 24hm² 的面积造林达到 70% 以上（250 平台 5hm² 面积的广东高州松苗成活率达 75%）。

7.1.6.3 植被生长效果分析

永平铜矿终了边坡排土场植被复垦面积 67hm²，其中岩石边坡 11hm²、排土场及其边坡 56hm²。从植物的成活率、长势来看，由于受不同因素影响，复垦效果差异较大。

图 7-5 所示为西北部排土场复垦后平台和坡面植被。

图 7-5 西北部排土场复垦后平台和坡面植被

7.2 本钢歪头山铁矿排土场稳定性及滑坡防治

7.2.1 矿区自然条件

本钢歪头山铁矿位于辽宁省本溪市溪湖区石桥子乡，距本溪市 25km，距沈阳—丹东铁路线上的歪头山车站5.4km，有铁路和公路相通，交通运输十分方便。

歪头山矿区属长白山系，地貌景观为东南高西北低，呈SE-NW向延伸的低山丘陵区。海拔标高一般在300~400m之间。比高100~300m。矿区内无较大的河流，区内主要水系沙河，属流量较小的季节性河流。矿区内地势高差较大，地表水排泄条件良好，大气降雨绝大部分沿山坡汇集于矿床两侧的山溪，并很快被排泄到区外，不利于向下补给地下水。本区年降雨量510~1110mm，一半集中在7~8月份。

根据矿山规模及矿山地形特点，采用铁路-汽车联合运输方式。采场上部采用铁路运输工艺，各水平的矿石和岩石由$4m^3$电铲直接装入60t矿用翻斗车，再由150t电机车牵引9辆自翻车分别运往190m矿石粗破碎站和上、下盘的排土场排弃。采场下部采用汽车运输工艺，矿石由汽车运至92m以上台阶采用$4m^3$电铲进行尾随倒装，岩石由汽车运至164m倒装矿仓经铁路运往上、下盘的排土场排弃。

7.2.2 排土场现状

歪头山矿区现有上盘排土场和下盘排土场，两个排土场均采用铁路运输。歪头山上盘排土场位于露天采场的西南部，自然地形为南部高，北部低。地形地貌为沟谷、坡地、自然坡度5°~10°，上陡下缓，地面植被发育。上盘排土场的设计排弃标高为230m水平、255m水平、275m水平和290m水平，其中230m水平已排至最终境界。

下盘排土场位于采场下盘北侧山坡上，设计采用分层覆盖式多台阶排土，共分4个台阶。各台阶标高自下而上分别为190m、224m、244m和264m，各台阶的堆置容量分别为190m台阶$1118\times10^4m^3$、224m台阶$2495\times10^4m^3$、244m台阶$1725\times10^4m^3$、264m台阶$1585\times10^4m^3$，总设计容量$6923\times10^4m^3$。排土场最终占地面积$1.7km^2$。

下盘排土场自1971年开始使用，已排土4000多万立方米。目前正在作业的台阶有244m、264m两个，其中190m、224m台阶已结束。下盘排土场的排土工艺为准轨铁路运输，电铲转排，电铲容积$4.0m^3$。

下盘排土场排土后，改变了下盘排土场区地表水的运动规律。由于排土场废石具有含水、持水特性，使排土场区地表水从季节性径流转变为长年流动的排土场渗流，从而导致冬季从排土场流出的排土场渗流水在排土场坡脚外结冰。在1995年以前，随着排土场的推进，排土场距沈丹铁路线距离的减小，冬季低温天气下排土场渗流结冰沿排水沟在铁路与排土场间逐渐堆高，不仅阻塞了铁路排水涵管，而且冰冻冻结铁路路基，严重威胁沈丹线的正常运行。为此，为了保证矿山的安全生产，矿山结合排土场稳定性的综合治理方案，在边坡上方进行了地表径流的排洪以及地基地下水的排渗、疏干等措施处理，达到预期效果，因此近年来歪头山矿排土场的稳定性较好。

下盘排土场共发生300多次滑坡，对滑坡资料进行分类统计表明，排土场的滑坡模式主要有3种（图7-6）：

（1）排土场内部滑坡（图7-6a）。排土场内部滑坡是指排土场所排弃散体岩石内的滑坡，其滑动面位于散体岩石内，滑面形状一般呈圆弧形，下盘排土场60%的滑坡属于排土场内部滑坡，且滑坡时间多在雨季。这是由于190m土线排弃的岩石含有50%左右的亚黏土，在雨水的作用下其含水量较高或处于饱和状态，散体岩石的力学强度降到最低值。因而排土场在散体岩土自重和电铲荷载作用下产生滑坡。

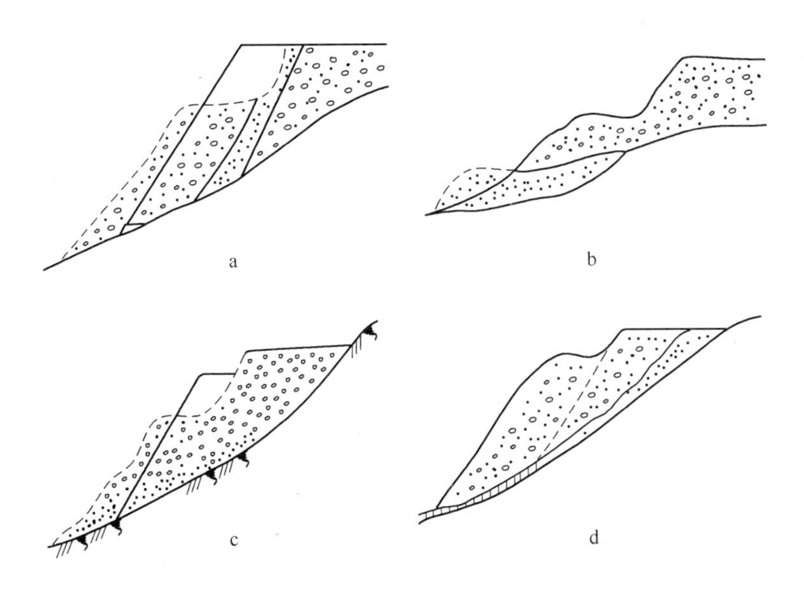

图 7-6　排土场的几种滑坡模式

a—排土场内部软弱夹层的滑坡；b—沿厚层软岩地基内的滑坡；
c—排土场沿地基接触面滑坡；d—沿排土场地基表土层的滑坡

排土场内部滑坡的滑动面可出露于边坡面的不同高度上，主要取决于排土台阶高度。一般这种类型的滑坡规模小于其他类型的滑坡。下盘排土场内部滑坡的滑体规模在数千立方米至数万立方米之间。排土场内部滑坡大部发生在排弃第四系表土和风化岩的时期。因此，在矿山排土场设计和生产中，应充分考虑排土工艺因素对于土场稳定性的作用。

（2）排土场软地基底鼓滑坡（图 7-6b）。当排土场地基含有较厚的较弱层时，由于软弱层的强度及承载能力较低，在所排弃散体岩石荷载超过地基承载能力时即会发生沿软地基底鼓滑坡。如 1984 年 4 月，下盘排土场 224m 排土线西端头延伸路基时，由于地基为较厚的淤泥，在路基荷载的作用下产生底鼓滑坡，造成路基水平移动 40m，地基隆起高度达 3.5m。该滑坡滑体范围长 90m、宽 10m、高 3m，并连续几次重复滑动，致使 90m 长的排土线不能使用。两年后，将该段路基后移至坚硬岩石地基，才投产使用。沿软地基底鼓滑坡，滑坡量大，危害严重，并且排土线经过软弱地基时，需在滑体上反复加载往往产生多次重复滑动，对生产影响很大。

（3）排土场沿地基接触面滑坡（图 7-6c）。当排土作业区处于自然山坡地基之上，地基倾角较陡，排土物料与地基接触面之间的抗剪强度小于排土场物料本身及基岩的抗剪强度时，易产生沿地基接触面滑坡。散体岩石与地基接触带的软弱层一般是由于大量植被、腐殖土形成，或者上部排弃的表土和强风化岩石在陡地形及雨水冲刷下覆盖于地表，形成软弱层。下盘排土场多次发生沿地基软弱层的滑坡。如 1986 年 9 月 20 日在 190 台阶 6 号电铲发生的滑坡，滑坡原因是排土地段正处于地形坡度为 20°的山梁上。且连续降雨 2 天，在雨水及不断加载的排土载荷的作用下而产生滑动。滑坡造成电铲下滑 8m，倾斜 90°，由于司机及时逃离，未造成人员伤亡，但用推土机救援 72h，电铲停产 576h，给生产造成很大影响。

7.2.3 下盘排土场稳定性状况及滑坡原因分析

下盘排土场自1971年开始排土以来，由于排土场地基第四系表土层厚，并且由于采场上盘的表土集中剥离排弃于下盘排土场，多次造成排土场产生地基底鼓及排土场内部滑坡，其中1985年滑坡72次，1986年滑坡129次，1987年滑坡91次，10号铲线，29号线又先后于1991年，1998年发生较严重的滑坡。

（1）下盘排土场10号铲自1991年6月份以来先后发生多起滑坡。首次滑坡发生于6月13日，滑体长13m，厚10多米，台阶高45m左右，滑坡总量约6万多立方米。滑坡发生时，滑体滑动速度很快，滑动后，滑体表面呈波浪形。自此以后，190m土线该部位滑体于6月16日上午10时，6月19日上午5时，6月23日0时10分，6月24日8时45分，6月25日0时，7月10日0时，7月14日，8月8日晚8时多次滑动，严重影响了矿山排土正常生产，其中8月8日晚8时的滑坡造成数十米长铁轨及枕木被拉弯折断，沉降2~3m，停产2天，排土车间用推土机等设备重新平整路面铺道后才恢复进车排土。

10号铲滑坡基底为10m左右厚的表土层，地形为倾向5°~10°平缓耕地。滑体的散体岩石大部分为第四系表土。下盘土场10号铲滑坡的滑体前缘已从原台阶坡脚部位向前推进了60多米（图7-7)，该滑体前缘距最终境界线前侧的公路仅相差40余米，距最终征地界线仅50~80m。多次造成排土电铲倾覆、运输铁路悬空等事故，不仅造成严重的经济损失，而且影响到矿山正常生产，并威胁排土工人的生命安全。下盘排土场坡脚外有达子堡、侯屯等村，同时在排土场最终境界附近通过有沈-丹国家铁路复线，其中排土场东北方坡底线距沈丹线仅数十米，因此，排土场最终境界的稳定与否将威胁到最终境界外围建筑物的安全。

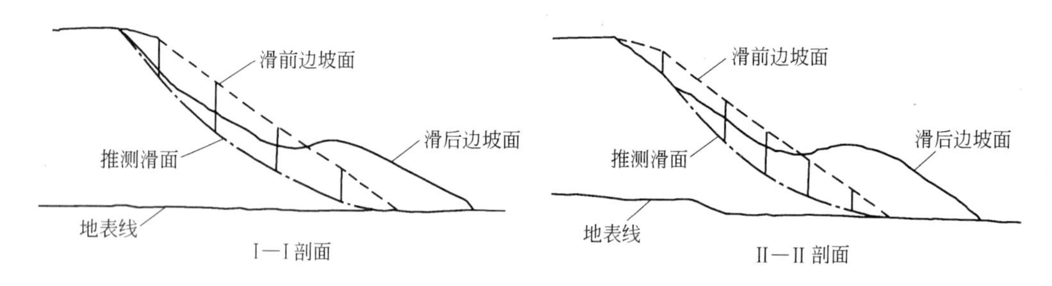

图7-7 190m土线10号铲滑坡剖面图

（2）下盘29号线188西站西侧排土场于1998年6月4日发生大规模滑坡，4~8日发生快速滑动，至6月下旬，滑坡体前沿平均外移30多米，该滑体上部标高为244m，下部标高大多在138~150m，顶底平均高差100m，后沿落差近30m，滑体最大宽435m，最大长325m，最大厚40m，面积约$5.4\times10^4m^2$，体积约$118\times10^4m^3$，滑体剖面如图7-8所示。

该滑坡造成采场运输系统两个出口之一的北出口铁路29号线毁坏500多米，北出口被迫停产，造成244m台阶排土铁路线、29号线、200m水平及188m西站的铁路共1775m毁坏，区域内信号、交直流供电及通讯也遭到毁坏。滑坡还侵占农民土地$4\times10^4m^2$，造成直接经济损失577万元。滑坡发生后，对矿山生产造成很大影响，从6月4日起，影响矿石每月少生产30kt，影响精矿每月少生产1033t，经济损失每月达160万元。滑坡体前沿

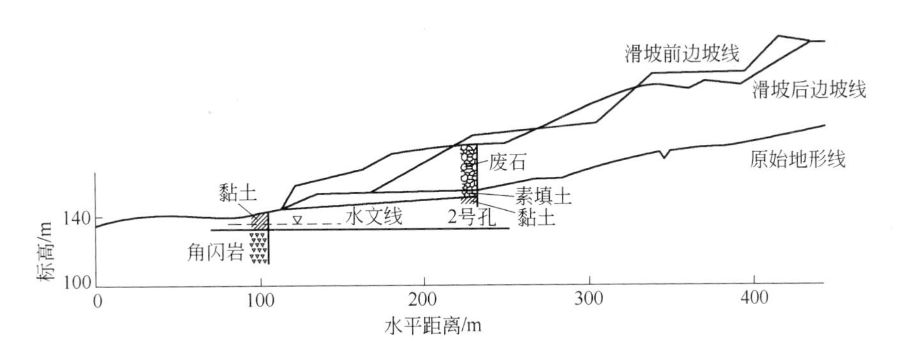

图 7-8　下盘排土场 188m 西站西侧排土场滑坡剖面

处排土场坡脚底鼓如图 7-9 所示。

根据滑坡体的规模，工程、水文地质钻探共布置 A、B、C 3 条剖面，7 个钻孔，主要调查滑体滑面、滑体内部岩性结构、滑体内散体岩土的渗透性等。钻探累计进尺 137.9m，注水试验 7 处，标贯 11 次，动力触探试验 3m。

图 7-9　滑坡体前沿处的排土场坡脚底鼓

根据钻孔资料和现场调查，滑坡体的物料成分为素填土，其中 188m 平台之上主要由块石组成，一般粒径 400mm 左右，其形成规律上部粒径较小，坡脚处粒径较大，表面呈松散的堆积体状。188m 以下的素填土为碎石充填黏性土，一般粒径 80 ~ 120mm，最大 500mm，充填黏性土 30% 多，一般呈稍密状态，但下部隆起部位呈松散状态，最大厚度 30m 左右。滑体前缘有少量的第四系黏土层。该黏土呈黄褐色，湿到饱和，可塑到硬塑状态。滑坡体下部基底原地貌为山坡，总体倾向 N50°W，地表物质组成为第四系黏土层，厚 5 ~ 20m。钻孔钻探表明，该滑坡体的滑动面位于散体岩土与地基的接触面，这与滑坡初步判断是吻合的。

根据矿区地质资料及滑体勘探资料，滑体基底为 5 ~ 20m 的表土覆盖，下伏岩层为斜长角闪岩。滑体松散物料构成以 188m 台阶为界，188m 下部多为采场初期地表剥离的松散表土，224m、244m 台阶为后期剥离的块石。

由于排土场下部为矿山开采初期排弃的松散表土，其抗剪强度及承载能力较低，抗滑能力极差，同时由于当年雨水较多，使该滑体下部松散表土长期处于含水状态，逐步软化、流变，强度大大降低，减少了排土场下部被动块体的抗滑力，最终造成排土场失稳，产生大规模滑动。

（3）滑坡机理及其影响因素分析。10 号铲滑坡体前沿位移速度的变化随排土加载与滑动而变化。根据观测，10 号铲滑坡有如下特征：

1）滑体后缘形成 3 ~ 5m 深的陡坎，为后缘滑动面，后缘台阶面有横向不规则裂缝发展；

2）滑体陡坎下部形成一条横向凹沟，滑体前端被挤压隆起；

3）滑体前端有 1 ~ 3m 高的陡坎，往上逐渐变缓；

4）滑体坡脚处有渗流水流出，坡脚滑动面出露在地基接触面上的植被层；

5）滑体前沿下部2m厚的废石与地基耕植土混合，但地基无鼓起现象。

分析表明，该滑体为由排土场内部滑坡及沿废石与地基间接触面组成的旋转型滑坡，并伴随有流动等组合运动。最初的滑坡是以排土场内部圆弧形滑面的滑动为主，以后发生的各次滑动是由于不断排弃废石的载荷在滑体上加载，滑体沿排土场内部圆弧面及沿散体岩石与地基间界面的组合运动。

10号铲滑体的运动过程为加载—压缩—滑体移动—滑动过程，这一过程通过所建立的滑坡体前沿位移观测点，得到其运动的速度变化，观测结果表明，在首次滑坡发生后，滑坡体前沿随着滑体的滑动与压缩，移动速度较快，自7月10日至7月底，曾处于相对稳定阶段，8月初滑体又处于临界稳定状态，并于8月8日前因承受载荷过大而导致连续滑动。

7.2.4 排土场综合治理及技术改造措施

歪头山铁矿下盘排土场在排土推进过程中发生了多次滑坡，较显著的沉降压缩变形，造成电铲倾倒，路基悬空等严重事故，不仅影响了矿山正常生产，造成了重大的经济损失，而且严重威胁人民生命财产的安全。根据排土场稳定性分析结果，在排土场最终境界附近，190m土线在排弃表土时将会发生滑坡，在排弃坚硬岩石的情况下则较为安全可靠。下盘排土场经过多年的综合治理和技术改造，尤其是在1998年188m线排土场大滑坡后经过上部清坡卸载，坡脚软地基清除以及大块岩石充填，压坡脚，并全面实施排土场疏干排水以来，多年的生产实践证明下盘排土场边坡处于比较稳定的安全状态。

排土场稳定性受多种因素的影响，影响因素动态分析表明，这些因素的改变对排土场稳定性有着较大的影响，因而抓住影响稳定性的关键因素进行治理，可达到事半功倍的效果。根据歪头山铁矿排土场稳定性试验研究结果，并结合矿山生产实际情况，提出以下几种治理方法，用以防治排土场滑坡，达到在保证排土场稳定的情况下提高排土效率，实行排土的经济合理。

（1）控制表土及细粒岩土的堆置。1995年以前，歪头山铁矿下盘排土场滑坡主要集中在190m土线，其主要原因由于滑坡区细粒级含量高（1991年10号铲滑坡细粒级小于10mm岩土的含量达60%）。因此，在安排进车排土时，可将表土及强风化岩石安排在224m或以上台阶排弃，而有选择地将坚硬岩石排弃于190m台阶。这样，不仅保证排土时的台阶稳定性，而且可改善最终境界的稳定性状况。

（2）控制排土线推进速度或采用间歇式排土，给新排弃岩石以充分的压缩沉降时间，从而提高排土时台阶的稳定性。控制排土线推进速度可采取两种方法：

1）加大排土线的长度或增大移道步距，这样还可增加排土线的堆置能力。增加移道步距的有效方法是加长电铲铲臂，使电铲的旋转半径加大。但该方法需考虑电铲的配重。

2）全年均衡安排进车排土，适当调节排土场稳定区段与不稳定区段的进车数。

（3）190m土线最终境界在地震系数$K_c=0.05$时，排土台阶较高，排弃表土较多的部位将发生滑坡，在地震系数$K_c=0.025$时仍有部分剖面安全系数小于1.15。因此，必须采取措施控制滑坡对最终境界外围建筑的危害。

控制190m土线最终境界稳定性的最有效措施是在下盘排土场征地界线与190m土线坡脚线之间排弃一个24m高的台阶（相当于165m台阶），反压190m土线最终境界的坡脚，这样不仅可在190m土线多排土$88 \times 10^4 m^3$（松方），减少了该部分岩土的运距（至264m土线需增加运距约4km），节约运费约100万元，而且可保证190m运输线及最终境界的安全。建立165m台阶可将电铲下降到165m水平，按正常排土方式倒排，台阶宽度为一个移道步距。

（4）下盘排土场排弃后，改变了排土场区的地表水文状况。排土场本身形成了大气降水的调节性蓄水体，降水不能很快排泄，而是由排土场均匀地释放，使排土场区的季节性细流的流量逐渐趋于稳定，且稳定流量随着排土场堆置量的增大而增大，排土场坡脚地形低洼处也逐渐开始渗出水流。根据排土场2号沟出水点观测，排土场渗流水雨季最大流量为$2647m^3/d$，旱季流量为$40m^3/d$。

解决上述问题的关键是渗流排水问题，即如何将排土场坡脚1000m范围的渗流水汇集到集水井，再如何将渗流水引到铁路外侧。

排土场渗流水的汇集，建议在排土场坡脚埋设透水集水管，上覆反滤层，再上覆排土废石以作保温材料，将水集中后沿地形输送到2号沟集水井。

排土场渗流水的输送有如下几种方法：

1）在达子堡建一泵站，用地表管道将渗流水泵送到铁路外侧。该方案方便灵活，但由于排水设备位于地表，管理上较困难。

2）在达子堡至岱金峪沟修建一排水暗沟，排弃渗流水。此方案由于地形限制，岱金峪沟的标高与达子堡标高相当，难以满足设计沟渠的水力坡度。

3）自排土场坡脚集水井至铁路另一侧用涵管或砖砌修建一暗沟，暗沟的深度与目前明沟沟底标高相同，涵管上覆盖炉渣或其他保温材料。该方法工作量小，能满足水力坡度的要求。铁路下不需另开挖埋设涵管，利用现有涵管作为暗沟的排水管。

（5）下盘188m西站西侧排土场自1998年6月滑坡发生后，即组织进行滑坡治理工作，确定了经济合理的治理方案，在半年内即恢复了运输通道，该滑坡治理措施对类似的排土场滑坡治理具有较大意义。

削坡-压坡脚方案：本方案考虑到恢复188m铁路线的回填，设计将现有滑体后沿的主动滑体从现标高削至212m，计$8 \times 10^4 m^3$，并将该部分废石用于修筑188m线路基。同时在滑体前沿15m宽的范围内先清除地基表土层1～2m，再用块石分层排弃碾压。该方案需征地$3 \times 10^4 m^2$，压坡$20 \times 10^4 m^3$，削坡$8 \times 10^4 m^3$，平整、碾压$20 \times 10^4 m^3$。将削坡废石用于恢复188m线路路基回填，削坡后使下部压坡工作量减少，少征地，并且，削坡与清基压坡可同时进行，节省工期。根据滑体治理的需要，歪头山铁矿排土场滑坡治理必须采取如下措施：

1）恢复188m铁路线排水沟，在排土场坡脚建立引水、排水系统。

2）封闭滑体表面的张裂隙，以封闭排土场表面水直接渗入滑体内的通道，并确保滑体上人员、设备行走的安全。

3）建立位移观测站，监测滑坡治理施工及治理后滑体的稳定性状态。

歪头山铁矿排土场滑坡采用该方案治理后，一直处于稳定状态，治理效果良好。

7.3 攀钢矿山公司露天矿排土场稳定性及滑坡治理

7.3.1 兰尖铁矿排土场稳定性防治技术

7.3.1.1 排土场工程地质和排土技术现状

兰尖铁矿前期属山坡露天开采，汽车排土，推土机辅助整平。随着采场下降，兰山1510m水平以下至露天底1210m水平间岩土约$4536\times10^4m^3$（实方），通过兰4号、兰5号废石溜井，平硐铁路运输到万家沟排土场的Ⅲ土线，Ⅳ土线排弃。直到平硐溜井报废后，再用汽车转运到倒装站台，电铲装车运到万家沟排土场排弃。

尖山土场只接纳1435m水平以上及1435m水平以下的部分岩土。剩下$1143\times10^4m^3$岩土通过尖2号（直井）溜井用电机车运到1185铁路排土场排弃。因山地坡度陡峻，排土段高随排弃时间和对应地形的变化而变化。

尖山土场基底岩层由花岗岩、花岗闪长岩组成，地表有少许第四纪松散的堆积物。基底岩层的地形坡度一般为34°~38°，局部地段大于45°。

由于基底地形坡度较陡，所以风化层表土厚度都比较薄，一般为0~20m。经风化过的花岗岩堆密度为$\rho=2.5t/m^3$，$c=2.2$，内摩擦角$\varphi=38°$。厚20m左右的风化层，一般多在土场中下部地段，它是地下潜水聚积和活动频繁的场所。渗透性差，水力联系不强。由于地形坡度大于35°，这不利于地下水的聚集，所以动水压力较小。水质为碳酸钙质水，矿化度一般为200mg/L，pH值为8，最低为7.1，最高为9.8，是弱碱性水。

该矿位于金沙江河谷中，属亚热带气候，6~10月为雨季，1~5月为旱季，这时气候干燥而炎热，年平均降水量876.8mm。最高气温38℃，最低气温5.4℃，年平均气温22.43℃。最大相对湿度97%，最小相对湿度37%。

排土场排水主要靠自然排水。由于地形陡峭，土场上方很难做截水沟，土场内更无条件做排水沟。总体上看，该矿排土场上部汇水面积不大，兰山肖家湾排土场汇水面积为$0.6km^2$；尖山土场汇水面积为$0.3km^2$。

尖山排土场设计有效容积$2644\times10^4m^3$，采用汽车排土，最大排土段高240m，最低排土水平由1435m至坡脚的段高110~140m，属典型的高阶段压坡脚式组合台阶排土场。该排土场排弃物料以辉长岩为主（占80%），其次为第四纪风化岩土（占20%）。构成排土场地基的主要为风化花岗岩，零星分布有昔格达黏土及第四纪坡积表土，昔格达黏土岩遇水软化，是影响排土场滑坡的主要软弱地基。

7.3.1.2 尖山排土场的稳定状况

A 排土场稳定状况

兰尖铁矿属山坡露天矿，排土场的基底岩层是稳定的。前期的排土场滑坡均属土场堆积物内部的滑坡，不属基底滑坡。但从滑坡量来看，尖山土场滑坡量远远大于兰山的滑坡量。尖山过去发生过三次大型滑坡，兰山仅在每年排弃风化土期间才有几次小型的局部滑坡，至今尚未出现过中型以上的滑坡。分析其原因在于：尖山土场下部地形开阔，临空条件比兰山土场好，无山脊阻抗，有利于滑坡产生；兰山土场为多台阶排土，速度快，约为尖山土场的3~4倍，排土段高与尖山土场段高大致相同，但滑坡次数比尖山土场少得多。主要原因是兰山土场的正面和侧面有较大山脊阻挡，起到很好的抗滑作用，不易发生大滑坡。从发展趋势看，尖山土场基底表土层较厚，有的地段还有昔格达层，孕育着大型滑坡的可能性，需认真对待。兰尖铁矿排土场滑坡统计见表7-2。

表7-2 兰尖铁矿排土场历次滑坡情况

滑坡时间	滑坡地点	滑坡规模	滑动面位置	滑坡原因	滑坡危害
1978.8.26	尖山土场，1510m排土台阶东侧	无实测资料	堆积物内部	(1)人工层理弱面； (2)降水诱发； (3)地形陡坡	人和设备未损，滑坡遗迹尚存，对今后深部开采有一定影响
1978.11.16	尖山土场、1510m排土台阶东南侧	无实测资料	堆积物内部	(1)人工层理弱面； (2)降水诱发； (3)地形陡坡	(1)1台移山80型推土机随滑体滑下至半山坡，造成轻微损伤； (2)滑体滑入沟底，影响兰山通风机房，被迫移走
1979.12.1	尖山第七土场1510m排土台阶	300m×30m×214m 约$20\times10^6m^3$	堆积物内部	(1)岩土混排形成人工层理弱面； (2)高阶段排土，无相应技术措施； (3)在滑体上部继续加载； (4)地形特点上陡下缓	(1)冲垮尖山明硐50余米； (2)兰山明硐104m开裂； (3)迫使尖山铁矿停产半年； (4)为恢复生产，抢修平硐，直接损失222万元； (5)尖山土场停止使用另选土场，征地范围扩大
1982.7.19 1982.7.27 1982.7.28	兰山肖家湾土场1615m排土台阶	0.3 1.48 0.4 （共）$2.18\times10^4m^3$	堆积物内部	(1)排弃风化土半月共计70kt； (2)人工层理软弱面； (3)雨季降水诱发； (4)滑体上继续集中加载	事前作了滑坡预报，采取了有效措施，实现了前面滑坡后面排土的边滑边排的局面，积累了滑坡处理经验
1982.11.15	尖山1510m土线西侧	51m×5m×100m $2.55\times10^4m^3$	堆积物内部	(1)该段地形是沟谷，排弃为氧化粉矿； (2)有人工层理弱面； (3)雨后作土线； (4)电铲外捣堆高5~6m	未造成不良后果，要引起重视。把筑土线列入观测内容，防止事故发生

该土场投产20年来，由于排土不断进行，近几年直接覆盖在较厚的黏土层之上，再加上地下水的长期浸泡，使黏土强度大大降低。于1987年下半年排土场1480m排土台阶发生异常沉降及局部滑落，坡脚地面出现裂缝并呈波状隆起。变形范围约120m×35m×100m（长×宽×高）。为了及时掌握滑体活动规律，对滑体进行了位移监测。

尖山排土场自第一次滑坡后，又分别于1989年1月26日和1989年7月15日出现了两次滑坡。在众多滑坡中，危害最大的是发生在1979年12月1日的滑坡。滑坡区位于尖山土场1510m台阶东南方中下部，下邻尖山和兰山明硐，调查表明属排土场内部滑坡。由于地基地形较陡（40°以上），实行岩土分层排弃，形成软弱面。滑体长200m、宽30m、高214m，体积约$2\times10^6m^3$，滑落高度约70m。其滑动方向与尖山和兰山明硐轴线分别成15°和65°交角，滑体底部已压到并冲垮了运输主平硐50m，开裂104m，距兰山明硐侧壁约 30 ~ 50m，造成停产半年（图 7-10）。滑坡的压力给尖山和兰山明硐造成了不同程度的破坏。直接经济损失达 222 万元，迫使尖山铁矿停产半年，使生产处于被动状态。由于滑坡暴露出排土场布局的不合理，因为，这样的一个高度（达 214m）的土场，而在东南坡脚下就紧邻着尖山、兰山的运输平巷，显然是考虑不周到的。

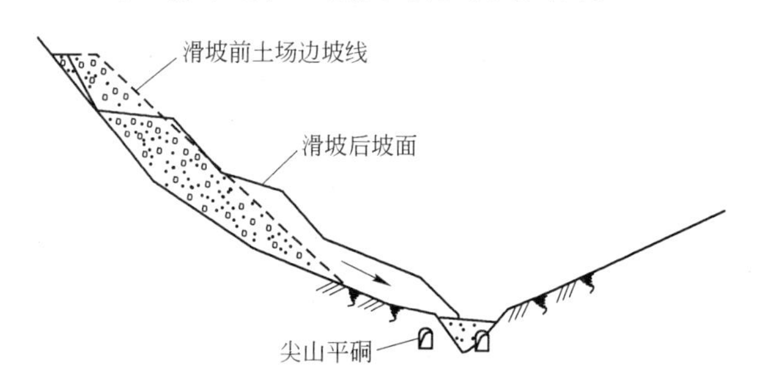

图 7-10 兰尖铁矿第七土场滑坡剖面

尖山第六排土场排土段高 120 ~ 240m 的高阶段汽车排土场，设计容积 $2884 \times 10^4 m^3$，已使用容积 $1400 \times 10^4 m^3$。随着排土量的不断增加，废石直接覆盖在力学性质极低的第四系黏土之上，再加地下水长时间浸泡软化，使得地基变形，于 1987 年 4 月发生滑坡，随着排土继续加载，滑体逐渐扩大，至 1988 年初，滑体达 300m × 500m，直接威胁着土场下方的公路、供水管、输电线、民房及菜地的安全，通过对地基进行工程地质与水文地质勘察，对排土场散体岩土进行物理力学试验，获得了地基岩土与废石的强度指标。经过 2 年对滑体跟踪监测，从滑体"发生—发展—治理—稳定—排土加载复活—再治理—再稳定"全过程分析，逐步弄清了滑坡原因及其规律，采取清基、填石、排水、挡石坝等综合治理方案，于 1988 年和 1989 年两年的现场实践，制止了滑体继续移动，取得了保证雨季安全排土作业的良好工程效果。

B 排土场变形和滑坡分析

排土场失稳的类型，按其原因和表现形式，可划分为以下三类：

（1）软弱地基上排弃良好散体物料。由于软基抗剪强度低、承载能力差发生地基破坏而导致排土场失稳，软基深度和强度是该类排土场稳定的控制因素。

（2）坚硬地基上排弃不良散体物料。由于散体透水性差、含黏土矿物多、风化程度高、散料强度低而在排土场内发生变形、破坏。

（3）软弱地基上排弃不良散体物料。软基和不良散体都是排土场失稳的控制因素。

从排土场失稳首先破坏的部位及破坏时受力特征，排土场失稳类型可分为：

（1）牵引式滑坡。滑坡首先从排土场坡脚或地基开始，由下部的破坏牵引排土场中部、上部滑移。由于排土场边坡破坏首先从最薄弱的部位开始，因而，该类型滑坡往往集中在坡脚和地基，当地基黏土长时间被水浸泡软化而滑动，并可牵引排土场边坡的滑移。

（2）推移式滑坡。排土场失稳首先从上部开始，上部散体岩土受自身重力和外载荷的作用产生破坏和滑移，进而推动下部岩土滑移。其判断标志往往是排土场物料强度低于地基抗剪强度。

尖山第六排土场属典型的浅层软基破坏牵引式滑坡，根据如下：

（1）通过钻探、井探、槽探以及室内岩土和地基原位试验，查清了排土场地基地层组成及其强度指标，地基表层黏土与昔格达厚5～7m，含地下水，是该排土场失稳的根本原因。

（2）连续两年多对滑体变形、破坏分四期进行跟踪监测，滑坡体位移状况，地基滑体位移与时间的关系、位移与排土加载的关系等可见表7-3及表7-4，滑坡体发展变化情况见表7-5及表7-6。

表7-3 兰尖矿排土场滑坡位移监测结果分析

监测日期（年．月．日）	间隔时间/d	累计时间/d	时段位移量/m	累计位移量/m	位移速度/m·d^{-1}
1988.2.12～3.16	33	33	5.570	5.570	0.169
1988.3.17～3.28	12	45	1.777	7.347	0.148
1988.3.29～4.07	10	55	1.312	8.659	0.131
1988.4.08～4.11	4	59	0.895	9.553	0.224
1988.4.16～4.21	6	69	2.147	12.532	0.358
1988.4.22～4.29	8	77	2.185	14.718	0.546
1988.4.30～5.03	4	81	0.546	15.263	0.136

表7-4 尖山排土场滑坡位移监测结果分析

尖山排土场滑坡	监测日期（年．月．日）	累计时间/d	累计位移量/m	时段位移量/m	位移速度/m·d^{-1}
3号滑坡	1988.09.17	10	1.042	1.042	0.1042
	1988.09.27	20	1.428	0.186	0.0186
	1988.10.07	30	1.750	0.322	0.0322
	1988.10.27	50	2.043	0.293	0.0146
	1988.11.26	80	2.230	0.187	0.0062
	1988.12.27	111	3.328	1.098	0.0354
	1989.01.26	141	5.287	1.959	0.0653
4号滑坡	1989.05.10	7	1.931	1.931	0.2758
	1989.05.17	14	3.149	1.218	0.1740
	1989.05.24	21	3.855	0.706	0.1010
	1989.05.31	28	4.256	0.401	0.0573
	1989.06.14	42	5.267	1.011	0.0722
	1989.07.01	59	8.836	3.569	0.2099
	1989.07.15	73	10.857	2.021	0.1444

表7-5 第六排土场滑坡体发展变化情况

时　间	地基东西长×南北宽/m×m	地基凸起高/m	变形原因分析
1987.4	120×35	1.0	排土加载，地下水
1987.7	240×80	3.0	排土加载，地下水，降雨
1988.3	300×100	9.0	向滑体排土加载591kt
1989.1	330×125	11.0	向滑体排土加载579kt

表7-6 地基滑体两次较大位移情况

时间	持续天数	各测点平均位移		最大位移点位移		向滑体排土加载	
		累计/m	日平均/$m \cdot d^{-1}$	累计/m	最大日位移量/m	累计/kt	单位加载位移/$m \cdot kt^{-1}$
1988.2.12~5.3	81	18.33	0.226	20.81	0.576	591	3.10
1989.1.13~3.29	74	19.00	0.257	25.08	0.477	579	3.23

7.3.1.3 排土场泥石流危害及其治理措施

（1）兰尖铁矿排土场发生的泥石流均属矿山泥石流，据了解该矿未开发前泥石流并不严重。自1966年基建剥离开始后，兰山、尖山山顶均进行揭盖大爆破，修上山公路、开单壁路堑的大量土方，均堆存在山坡上面，雨季到来就被冲刷到沟谷，形成泥石流，随着采矿场台阶下降，排土量的增加，地基坡度陡，给泥石流的产生创造了条件。

建矿以来，曾遭受了大的泥石流危害有两次：第一次是1966年至1967年雨季，兰尖两平硐口先后多次遭到泥石流危害。造成无名沟沟底被淤塞、硐口被堵的严重局面。为使硐口不再被泥石流堵塞，需要增建兰尖明硐550m。第二次是1970年7月26日，兰山明硐被洪水毁坏，泥石流堵塞硐口约70m，修复费用达数10万元以上。

治理措施：除在无名沟修建一座拦石坝，一座拦泥坝和400多米长的大断面排洪沟外，并在肖家湾土场下方设计和实施拦沙坝。另外采取改善排土工艺的技术措施，如不集中排弃剥离表土和风化岩土在某一个边坡区段，而使边坡失稳；同时因地制宜降低排土场台阶高度，避免高台阶排土。

（2）排土场污染和环境保护。该矿排土场污染较严重的是粉尘，特别在长达7个月的旱季里排岩，粉尘污染严重。对于土场防尘，目前还无有效措施，仅采取了爆堆洒水和路面洒水措施。

由于该矿有废石坚硬、山高坡陡、缺水的特点，复田可能性小，矿里仅做了一些绿化土场的植被试验工作。1983年共种植桐子树299棵，当年成活288裸，点播台湾相思树513窝，成活率极低，很不理想。

7.3.2 朱家包包铁矿排土场稳定性防治技术

7.3.2.1 排土场工程地质和排土技术现状

朱家包包铁矿（以下简称朱矿）是一座大型钒钛磁铁矿，设计年产矿石7Mt，剥离岩土量23.43Mt，采用铁路运输、电铲排土，铁路排土场设计容量$3.65 \times 10^8 m^3$。采用覆盖式多台阶排土堆置，共分Ⅰ、Ⅱ、Ⅲ、Ⅳ 4条排土线，台阶高度Ⅰ土线为30~160m，其他土线为40m，而排土场最终高度为148~278m。

目前排土场已堆置岩土量$3646 \times 10^4 m^3$。但自投产以来排土场已先后发生30余次滑坡，如1981年Ⅰ土线发生$15 \times 10^4 m^3$滑坡，造成电机车车厢倾覆，电铲倾倒，路轨断裂；1985年Ⅰ土线滑坡$16 \times 10^4 m^3$，停产7天；1987年又发生大滑坡，造成数10m铁轨悬空7m，电铲倾倒，几起滑坡给生产带来很大损失。另外排土场最终境界紧邻金沙江，距成昆铁路支线仅100余米。因此，防治排土场滑坡及泥石流的危害具有重要的意义。

据排土场工程地质及水文地质勘察结果，排弃物料以辉长岩为主（占85%），其次为第四纪亚砂土、亚黏土和昔格达层（占15%）。构成排土场地基的主要为风化花岗岩；零星分布有砂页岩和昔格达层砂质黏土，后者黏土岩含量达51%以上，它遇水软化，是影响排土场滑坡的主要软岩地基。另外，还局部分布有第四纪坡积层表土，厚度为1.5～3.0m。

7.3.2.2 排土场稳定性状况

A 排土场变形特征

松散岩土物料的变形受其物理力学性质、粒度组成、容量、湿度及载荷等因素影响。新堆置的排土场主要是压缩沉降，松散体在自重力和外载荷作用下逐渐压实和沉降，由于空隙缩小和被细颗粒充填，而引起密度增加和体积减小。朱矿第Ⅰ排土线边坡高度70～100m，因岩土物料在边坡上的自然分级结果，边坡上部集中分布细颗粒和第四纪黏土，所以其压缩沉降量较大，而边坡下部分布的粗颗粒压缩率小，以致形成上部陡下部缓的边坡面（变化于38°～25°之间）。

排土场沉降变形过程随时间及压力而变化，在排土初期的沉降速度大，随着压实和固结而逐渐变缓。据冶金矿山排土场观测资料，它的沉降系数为1.1～1.2，沉降过程延续数年，但在第一年的沉降变形占50%～70%，是产生滑坡事故的关键性1年。

经过3年多的观测结果表明，朱矿排土场位移可分为3个区段，即非稳定区总沉降量3327mm，最大沉降速度为43.6mm/d，平均速度为2.4～2.9mm/d；准稳定区的总沉降量1500mm，平均沉降为1.0～1.3mm/d；稳定区的总沉降量250mm，平均速度为0.18～0.22mm/d。

朱家包包铁矿Ⅰ号排土场段高受地形控制为30～160m、地基土层局部含砂质黏土（昔格达层）不透水而又含水，遇水变软，在排土场压力作用下产生底鼓。1981年7月4日发生大滑坡，滑坡量$15\times10^4m^3$，滑坡剖面见图7-11。当时机车正在卸土，发现地表裂缝，轨道断开，待电铲退出险区后，4节车厢便随滑体滑下去了。造成80多米轨道被拉弯折断，经济损失4万多元。

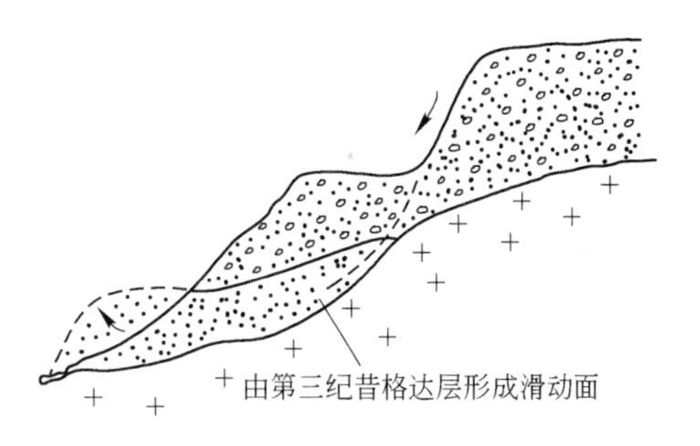

图7-11 朱矿Ⅰ号排土场昔格达软地基滑坡

朱家包包铁矿万家沟铁路排土场于1973年开始使用。滑坡状况见表7-7。

表7-7 万家沟排土场滑坡

滑坡时间	滑坡地点	滑坡类型	滑坡量/m^3	损失情况/万元	预报情况
1978.4.19	Ⅰ土线	松散体	14200	无	无
1978.11.19	Ⅰ土线	松散体	300000	无	无
1979.1.10	Ⅰ土线	松散体	40000	电铲随滑体下滑滚落	无
1981.7.4	Ⅰ土线	基 底	150000	4节车皮，70余米铁道弯曲，损失4万元	无
1983.1.4	Ⅰ土线	基 底	22000	无	作
1983.3.13	Ⅰ土线	基 底	23500	无	作
1983.3.19	Ⅰ土线	松散体	23800	无	作
1983.10.7	Ⅰ土线	松散体	25200	无	作

B 排土场滑坡分析

朱矿土场滑坡之前，均有预兆，如在土场前沿产生张裂缝、坡面鼓肚、土场下沉加剧、土石块滚落等。据朱矿土场初步统计，在潜滑区内发生4次滑坡，下沉区内发生1次。前四次滑坡均发生在生产过程中，由于事前发出预报，人员、设备均撤离危险区，未造成经济损失。1981年7月4日发生的1次滑坡，当时机车正在卸土，值班员发现曲线外股轨道断开，当即发出停止作业信号，并及时通知调度。此时已有4节车厢越过断口造成4辆翻斗车倾覆，70余米铁道弯曲，损失约4万元。

在排土场正常的压实沉降过程中虽然变形较大，但不会产生滑坡，只当变形超过极限值时才导致滑坡。影响滑坡的主要因素有岩土性质、块度组成、雨水、堆置高度、排土方式及排土速度、地基承载能力等。分析朱矿排土场滑坡实例，得出如下几种滑坡模式：

（1）排土场内部滑坡。当集中排弃第四纪黏土及昔格达土时便易形成沿软弱夹层的滑坡。另外，当排土台阶高度超过其极限高度时，在岩土自重压力或雨水作用下易产生滑坡。据统计此类滑坡占朱矿滑坡总数的40%～50%，其中大多数集中在Ⅰ土线，其边坡高度为40～70m。

（2）沿软岩地基滑坡。此类滑坡占朱矿滑坡总数的50%以上，是比较常见危害严重的滑坡。凡遇到地基含有昔格达层及第四纪表土时，常因地基鼓起而滑坡，在10多次的滑坡例子中如1981年7月的大滑坡最为严重，滑坡体体积$15\times10^4m^3$，造成路轨断裂，列车倾覆，设备损失4万多元。

根据上述稳定性综合分析结果，证明朱矿排土场台阶高度40m是稳定的，安全系数大于1.15。只有当集中排弃风化层及表土，或遇软岩地基时，或超过极限高度时（大于96m）才出现不稳定边坡。还分析确定了朱矿排土场台阶极限高度，即软岩地基的台阶高为24～34m。当地基稳定时集中排弃表土的极限高度为26m，而排弃辉长岩等坚硬岩石的极限高度为96m。

7.3.2.3 高台阶排土场综合治理技术

通过排土场稳定性分析结果，确定朱矿Ⅱ、Ⅲ、Ⅳ 3条土线的边坡在正常情况下是稳定的，因而总体边坡也是稳定的。分析表明只有在下列条件下将出现局部边坡的滑坡，即当集中排弃软岩和地表土时，Ⅰ土线的地基遇到昔格达层和第四纪表土层时，以及当Ⅰ土线推进到最终境界时，台阶高度已达到100～160m，普遍超过了极限高度96m。在这种情况下，需要采取如下综合治理措施：

（1）对第四纪的表土和软岩实行分散排弃。即将土、岩搭配排弃，或避免在高台阶的Ⅰ土线集中排弃软岩。在潜滑区内，旱季多排弃碎石，雨季少排或不排。

（2）在软岩地基上控制排土速度，或进行预压固结。根据软地基的固结速度及孔隙水压力扩散速度，而控制排土线推进速度以避免软岩地基受压产生滑坡，也可以在软地基上进行预加载增加固结速度，提高地基承载能力。

（3）增加铁路移道步距。采用轻便设备（推土机或前装机等）转排铁路—电铲排弃的岩土，将移道步距由24m增加到40m，这样不仅减少了移道铺路等工程量，而且有利于地基的压缩固结和排土场边坡的稳定性，同时也可避免滑坡对铁路、电铲等设备的威胁。

（4）降低台阶高度，或放缓边坡角。当台阶高度超过极限高度时，需要适当降低台阶堆置高度，如朱矿排土场Ⅰ土线按2%降坡，可最终降低台阶高度20m，以达到稳定的台阶，也可以采用推土机将高台阶边坡按20°～25°降坡，以利于稳定边坡的作用。

7.4　潘洛铁矿大格排土场泥石流防治

排土场的选址从经济角度出发，应尽可能靠近采场。因而，在山区往往把排土场设在陡峭的山沟中。排土场松散的废土石在降雨的影响下，时常发生泥沙流失和泥石流等灾害。有关设计规范要求排土场场地地基坡度一般宜在24°以内，工程、水文地质条件较好时，排土台阶高度一般为25～35m。然而，为节省排土成本减少运输线路的修筑，部分矿山顺排所选用的排土场地基坡度最大达50°～60°。福建省潘洛铁矿大格排土场地基坡度11°～33°，顺排单台阶高度达240m。

7.4.1　排土场主要技术参数

潘洛铁矿潘田矿区的大格排土场多次发生泥石流。大格排土场位于露天采场西南边约50m处自然山沟的顶部，排土标高930m，大格山沟底部标高685m，沟深250m，沟长711m。山坡较陡，上部坡角45°～50°。目前大格东土场已停止使用，平台标高975m，部分平台已种植茶树6095m^2。在平台西侧下方930m标高处开了排土路堑，将在930m标高处进行排土。大格排土场已受土100多万立方米，段高272m，边坡角32°～34°。

坡脚修筑了一浆砌块石拦挡坝，标高690m，单台阶顺排，台阶高度达240m。沟谷自然坡度11°～33°，通过源头截水，排土场汇水面积仅0.20km^2。排土工艺为12～15t自卸汽车、推土机，排土眉线长度100m，年排土量实方$(30\sim35)\times10^4m^3$。

通过对排土场松散体的工程地质勘察，底板为高岭石化变质细砂岩和粉砂岩，其次为云母石英片岩、硅片岩等。岩石受强风化侵蚀，裂隙发育。排弃的废石主要由第四系洪坡积层粉质黏土、碎石土、强风化灰白色大理岩、强风化石英砂岩、强风化云母石英片岩等组成，其中土质含量70%。粒度成分主要由块石、砂粒和黏土混合组成。根据现场观测，排放的废土石块相当一部分易于风化，风化成碎块、砂粒和黏土。少部分块石保持较长时间，大小一般为30cm×30cm×30cm，最大70cm×80cm×110cm，块石占废土石总量小于10%。其余为碎粒、砂粒及黏土、粉质黏土，约占80%。

排土场排弃的物料颗粒小，含泥量大，遇水软化。据测定，其排土场物料自然含水率为11%，当达到21%时，就出现泥化现象，汽车很难进入排土场作业。当含水率达到27%时，便易产生滑坡。排弃的物料松散系数1.39～1.59，压实系数为1.15，干密度为1.68t/m^3，内摩擦角为30°～32°，黏结力为0.1t/m^2。

矿区地处闽南高山区，属中温多雨高山气候，雨量充沛。自1983年为排土场科研工作在矿区建立雨量观测站以来进行了连续的雨量观测。另据1962年以来的本县降雨资料统计，矿区年平均降雨量2080mm，月度分配极不均匀，月最大降雨量585.8mm，干湿季度十分明显。雨季5～9月，降雨量占全年降雨量的60%左右，并常受台风袭击，形成暴雨、大暴雨。日降雨量最大达140mm/d。排土场汇水面积为0.3km^2，丰水期下游大格沟水流量为7m^3/s。

历史上矿区内多次发生洪水危害。1917年7月山洪冲毁农田、房舍多处，淤塞小桥。1972年6月27日暴雨，1h雨量达60mm，侵蚀土场边坡，沟道下切，两岸滑塌，形成滑坡型泥石流。冲毁拦挡坝，造成下游铁路淤塞，排土场被废弃。1976年5月26日洪水冲毁矿区排洪道及矿区商店、汽修车间和仓库，水深达 1.2m。这次暴雨又形成排土场滑坡型泥石流。泥石流最大流量 $50m^2/s$，密度 $1.5 \sim 1.6g/cm^3$，淤积总量达 $1.42 \times 10^4m^3$。1983 年雨季后发生的泥石流淤填了 1 号、2 号、3 号三个拦沙坝，使 3 号铁栅坝淤满，后来割断了部分钢筋放走了小颗粒沙石，才防止了漫坝现象。

7.4.2 高台阶排土场滑坡和岩土流失规律

松散的废土石由自卸汽车直接在排土台阶卸倒于沟谷之中。随着废土石的不断排放，松散体坡角不断增加，使原有沟谷地形变得更加陡峻，达到稳定极限时，松散体废石失稳向下滑移、滚落，又达到新的平衡状态。如此循环慢慢形成排土场松散废土石斜坡体。松散的废土石给泥石流、夹沙水流的形成提供了丰富的物质条件。在降雨侵蚀的作用下，形成夹沙水流、泥石流。大格排土场坡面上形成泥石流冲沟 6 条，东部 V 字形冲沟口宽 10 ~ 15m，深 8 ~ 10m。

通过 1 年的观测，排土眉线一直难以向前扩展，排土场松散体平均坡度 $26.7° \sim 27.4°$。

（1）观测泥石流岩土的流失量。在高强度雨水的作用下，使排土坡面上的岩土分离、移动，大颗粒被搬运作为推移质淤积在边坡下游较近的沉积区内，细小颗粒被搬运作为悬移质随水流作用被携带至下游河道中。泥沙流失量的确定对于泥石流防治工程具有重要作用。为了获取大格高台阶排土场岩土流失量的确切数据，验证岩土流失治理工程及排土场设计的工程效益，组织了专职观测小组长驻现场。在距离 690m 标高拦挡坝 50m 处专设一泥石流观测断面。流速观测采用浮标法，试样经人工采取后带回专设的试验分析室进行测定。从 1988 年 1 月至 1989 年 1 月历时 1 年，经过 71 次的观测，当降雨量大于 6 ~ 10mm 时，即形成泥石流或夹沙水流（洪流）造成岩土流失。泥石流主要为稀性泥石流，当雨强小于 0.5mm/min，流量小于 $0.5m^3/s$ 时，排土场面蚀与细沟侵蚀形成浑水，密度小于 $12kN/m^3$；雨强大于 1.0mm/min，流量大于 $2.0m^3/s$ 时，泥石流使块石呈推移方式被搬运。不同流量和密度的泥石流搬运块石粒径的能力不同，规模小者 100 ~ 200mm，大者 200 ~ 300mm。依据排土场地形的测量验证，排土场 1 年岩土流失量为 $2.42 \times 10^4m^3$，其悬移质与推移质之比大体为 1∶1。大格排土场泥石流发生的时间一般比降雨滞后 20 ~ 30min。泥石流流量、密度都和雨强、雨量等下雨过程有关。泥石流粒度分布不均，粒度组成和废土石非常接近。从粒度小于 20mm 试样分析，粒径 $d = 0.05 \sim 0.5mm$ 占 48.35%，$d < 0.001mm$ 占 6.18%，不均匀系数 $K_u = 67$，级配良好。

按潘田采区设计确定的泥沙流失指标，一次泥沙的流失量计算约为 $1.5 \times 10^4m^3/a$。于 1975 年 ~ 1977 年赴南方地区与潘田采区降水条件相似的矿山排土场调查获得，如海南铁矿第 6 土场、大宝山矿排土场、云浮硫铁矿排土场等，得出按年排土量的 5% 计算。在完成大格高排土场设计施工和投产后，从 1983 年 ~ 1988 年大格排土场经过近 6 年的观测综合分析，得出大格高排土场年泥沙流失量为年排土方量的 9.2%。

（2）岩土流失量与降雨的关系。显然，岩土流失与排土场沟谷原始坡度、废土石粒度组分力学性质、降雨、排土量密切相关，降雨为岩土流失的诱导因素。为求得排土场岩土流失量，根据悬移质与推移质的比例，采取观测悬移质泥沙流失的方式进行研究。1 年内通过 71 次的现场观测，选择其有代表性的 19 次资料作为研究的基础，求出悬浮质泥沙流

失量 Q 与降雨因子 10min、30min、60min 降雨量及本场降雨量、前期降雨量的关系。并可看出泥沙流失量与各降雨因子的关系复杂，相对离散，变化幅度大。要从较少的样本找出它们之间精确的数学变化规律，非常困难。也可采用处理贫信息问题的灰色理论中的斜率关联度分析方法来对它们之间的相关程度进行研究。关联度系指函数相似的程度，斜率关联度是以该曲线的斜率变化来描述一条曲线的变化趋势。

从上述关联度分析可知，上述多个降雨因子对大格排土场泥沙流失量的影响中，关联程度最高为 30min 降雨量 H_{30}，两者呈指数关系，相关系数较高；而前期降雨量 $H_{前}$ 相对较低。高台阶排土场岩土流失是与废土石的粒度组分、力学性质、降雨、排土量密切相关。通过观测悬浮质泥沙流失的方式研究岩土流失量。

7.4.3 大格排土场泥石流综合防治措施

矿山对泥石流防治中的措施，主要是在大格排土场内用固定沟床疏导地下水和排土场表面的地表水，如设置 1 号、2 号泉井和盲沟来提高土场地基的稳定性。

设 1 号、2 号、3 号、4 号谷坊坝，用来防止沟床下切和冲沟的扩大，减少地表水对土场的冲刷和渗透。在 930m 标高处，构筑排洪沟，拦截土场上游 1/4 的汇水，使采场和公路的排水沟的汇水不进入排土场。

在泥石流主沟内采取以拦为主，拦排结合的措施，防止泥石流对下游铁路、公路、农田、村舍的危害。工程有 1 号、2 号混凝土坝和 3 号金属栅栏坝，设计库容量 $36.2 \times 10^4 m^3$，耗资 248 万元，可服务 24 年。

加强对排土场的技术管理，实行不同岩石（土）分别排弃，平台平整形成反坡，控制洪水危害。同时加强对泥石流防治的科学研究工作（图 4-12）。

由于 1983 年雨量过大，泥石流将 3 个坝都填满，还冲毁了 4 号谷坊坝和部分盲沟。停淤在 1 号坝内的大块较多，粒径在 300mm 以上，泥沙很少；2 号坝内以中颗粒块石为主，粒径在 100mm 以下，有少量细砂；停淤在 3 号坝内的岩土以细砂和淤泥为主，有少量块石。

为解决好泥沙流失中的推移质的拦淤，减少泥沙流失对下游的影响，提高排土场的环境效益，大格高排土场布设 6 级拦截设施。采用多级泥石流拦挡坝拦挡。多级泥石流拦挡坝指设置在排土场下游，用来拦挡被雨水冲刷下来的排土场废石（泥石流），以阻挡泥石流继续下泻和发展，从而减少排土场泥石流的规模，保护排土场下游的安全。此为排土场泥石流的第一级拦挡坝。拦挡坝的高度 h 一般为所要拦挡的废石堆积坡高的 1/3 左右，坝顶宽度 a 主要由运输废石的汽车的转弯半径决定，一般取 40 ~ 60m。拦挡坝下部建成透水形式，透水部分高度一般至少高 5m，施工时通常采用大块坚硬废石来构筑透水坝，也可以使用竹笼坝、铁丝笼坝及钢轨栅栏坝等。根据地形条件和泥石流沟的坡度和泥石流固体物质流量情况，可以在不同区段设置多级透水拦沙坝，这种拦沙坝可抵挡泥石流的巨大冲击，对泥石流龙头有消能减势作用，除了拦挡泥石流固体砂石外，还能减缓泥石流的流速和流量。世界上一些有泥石流灾害的国家，大都采用栅栏坝（图 4-8、图 4-9）。

钢轨栅栏的特点是既可以拦挡大石块，又可以往下游排水，经 10 多年的生产实践，它对泥石流龙头有消能减势作用，可抵挡泥石流的巨大冲击。钢轨栅栏坝既能拦截住大量固体物质，又能适当排放一些不使下游河道淤积的细颗粒物质，即适合于拦挡巨砾和漂木等杂物，筛分泥沙，排除流水和堆积物中的孔隙水，降低水压力。

大格排土场栅栏坝从观测研究中心证实，它功能发挥正常，一般的洪水发生，泥沙通过能力正常，1985 年 8 月 8 日大格排土场在暴雨的侵袭下，暴发了一场具有很大破坏力的泥石流，当时栅栏坝发挥了应有作用，将大量大颗粒的固体物料拦截于栅栏坝上游第三库区，使下游的铁路、桥梁、公路、村庄、人民生命财产免遭危害。对坝上游淤积物中的细颗粒物质，又在下一次的洪水冲刷中逐渐搬运消失，使栅栏坝的贮砂能力得到恢复。

最终的拦沙坝是指排土过程中的最后一个基本坝。拦沙坝一般位于拦挡坝的最下游，泥石流沟口的位置，是用来拦挡规模较小，经由上游多级谷防群坝溢流下来的颗粒较小的泥沙和污水，拦沙坝的结构和拦挡坝的结构相似，断面采用梯形，迎泥石流面的坡度（m）根据当地的暴雨强度取 $1 < m < 3$，当暴雨强度大时取大值，暴雨强度小时取小值。坝高根据所要拦挡的泥石流流量和使用年限来决定，一般情况取 $5m > h > 2m$，筑坝材料一般就近选择。拦沙坝设置的位置应选择在以下位置：支沟交汇和河湾的下游，陡坡坎的上游，坝体避开凹地和冲沟，坝轴布置应考虑流向、地形、岩性、构造对承载及稳定有利的地势；有利于坝下游消能和防冲刷。一般情况拦沙坝和拦挡坝配合使用，只是最终的拦沙坝是不透水坝，坝体的结构应该是由混凝土坝、块石浆砌坝、黏土堆积夯实不透水坝等，用以拦挡上游渗流来的泥沙和污水，以免对下游环境的污染。

7.5 太钢尖山铁矿排土场稳定性及其防治技术

7.5.1 工程、水文地质条件

（1）基岩。南排土场的基岩出露在场地西南部，出露的岩性为黄褐色-灰绿色角闪片岩（AL），层状构造，裂隙较发育，呈全风化～中风化；北排土场主要出露的基岩为正长闪长岩岩墙（AZ）、角闪片岩（Mδ）、云母石英片岩（AQ）和铁闪片岩（AT）。

（2）第四系覆盖区。第四系全新统（Q_4^{al+pl}）粉质黏土、碎石层（分布于冲沟）、第四系上更新统（Q_3^{al+el}）湿陷性黄土、粉质黏土、粉土，第四系中更新统（Q_2^{al+pl}）粉质黏土、粉土、碎石，第四系下更新统（Q_2^{dl+el}）碎石、粉质黏土，上太古界角闪片岩（AL）、石英岩（AQ）。主要分布于选矿干选废石场北排土场东部和南排土场大部地区。

（3）地形地貌及水文地质。土场地基地势是西高东低，北高南低。地貌形态自山地向河谷过渡可分为中山区、黄土丘陵和侵蚀堆积河谷阶地三种类型。矿区北部、东部和南部的沟谷中均有若干泉水出露，流量一般为 0.1～1.0L/s，最大流量为 1.375L/s，泉水出露标高一般在 1500～1600m 之间，最高者为 1675m，多属季节性泉水。在变质岩分布区沟谷底常有裂隙下降泉水出露，石英岩中的泉水具承压性质，地下水流向受地形控制，主要补给来源为大气降水。黄土丘陵区岩性主要为湿陷性黄土和其他黏性土，偶有上层滞水。在矿区北部、东部和南部的沟谷中分布有若干选矿厂的尾矿库，库中均有水聚集。

本区北部、东部和南部的沟谷中均有若干泉水出露，多数为上层滞水下降泉，季节性较强，干旱季节多干枯，泉水出露点多在 Q_3 与 Q_2 地层交接处，少数为沟底完整基岩出露，上部风化裂隙发育的泉水出露点，流量在 0.1～1.0L/s 之间，出露点标高 1500～1650m 之间。

区域内主要含水岩组有基岩风化裂隙含水层、构造裂隙含水层及松散沉积层孔隙含水层组，分述如下：

1）风化裂隙含水层。本区绿泥片岩、绿泥角闪片岩、斜长角闪片岩、云母石英片岩、斜长角闪岩等柔性岩层，片理发育，质地较软，风化裂隙较发育，强风化深度在30～80m，地表有泉水出露，流量小于1.0L/s，属于赋水微弱含水层，其补给来源为大气降水。

2）构造裂隙含水层。本区经过几次大的构造运动，岩石变质、岩浆侵入及断层的活动，节理裂隙发育，节理裂隙深度在50.0～200.0m之间，为本区的主要含水层，在地势低洼的断层带上以泉的方式排泄，泉水最大流量为2.2L/s，其补给来源主要为风化裂隙水渗入及少量区域大气降水。

3）孔隙含水层。本区的孔隙含水层分为两种类型，冲、洪积松散含水层及黄土含水层。冲、洪积松散含水层，主要分布在区内沟谷及河床内，岩性以碎石类土及砂土为主，渗透性较好，径流条件好。分布在沟谷中厚度一般2.0～10.0m，一般无水，雨后数日内含有孔隙水，以泉的形式排泄到下游河沟中，分布在河谷地段的冲、洪积层，厚度在3.0～50.0m，在本区北侧为寺头村旁河流，在南侧有西川河。

黄土含水层，该含水层为上层滞水（包气带水），岩性以粉土为主，垂直节理发育，具大孔隙，渗透性较好，该含水层季节性较强，只在雨季过后在与下伏黏性土接触面溢出，流量很小。

（4）地下水补给、径流、排泄特征。区域地下水的补给来源主要为大气降水。由于区内覆盖有较厚第四系中更新统棕红色黏土，对上层中地下水的下渗起阻隔作用，仅在黄土覆盖较薄基岩出露的山头及山脊风化破碎带补给下伏基岩含水层。地下水由山脊两侧经裂隙断层向东部径流，由东部河流汇入汾河。

区域地下水的排泄为以泉的形式点状排泄、河流泄流线状排泄以及地表蒸发等。泉水多出露于沟谷地带，其含水层多为风化裂隙含水层及沟底冲、洪积含水层，形成了由西向东含水层沿着河床以线状泄流条件。

（5）气候和降雨量。本区属北温带大陆性半干旱高原季风气候。年平均气温为7.2～9.6℃，年最高气温为37.4℃（7月最热，月均气温为20.6℃），最低气温－30.5℃（多年平均最低气温为－22.9℃），最冷月份（元月）平均气温为－12.7～－14.6℃。年温差大，一般在30℃左右。日温差变化剧烈，一般在12～15℃之间。

年平均绝对湿度为600～800Pa(6～8mbar)，相对湿度为47%～53%。年蒸发量为1800～1950mm，无霜期仅有150天。年降雨量为440～600mm，多年平均降水量为520mm，20年一遇最大24小时暴雨量为127.2mm，降水主要集中在7～8月，雨期约60～80天，降水多属阵雨、雷雨居多。主要风向为SW、NW，最大风速为15m/s。

综上所述，根据勘察结果，场地内的主要含水层（碎石层）分布在河谷地带，地下水类型为潜水，并存在多处泉水，其中寺沟西侧滑坡体处有一眼泉水，涌水量较大。地下水主要靠直接大气降水和侧向径流补给，以地下径流方式排泄。地下水对混凝土无腐蚀性。对混凝土结构中钢筋具弱腐蚀性。

7.5.2 尖山铁矿排土场现状

太原钢铁（集团）有限公司尖山铁矿位于山西省太原市娄烦县境内，距娄烦县县城约7km，距太原市115km。矿山开采规模9Mt/a，采剥量45Mt/a，境界内的矿石总量为

241477.8kt，岩石总量为674138.2kt，矿岩合计915616kt，平均剥采比为2.79，生产剥采比为4.0，矿山服务年限为28年。按设计院设计，尖山铁矿岩石所需排土场容积为321538900m^3，根据尖山铁矿实际排土状况，设计上选择了底部征用土地扩大土场容积，上部覆盖排土方案，即将排土场选择在露天采场的南部，到终了状态时形成最高近300m的覆盖式排土场。除露天境界外的南排土场之外，还有北排土场（基本已经终排）和选矿厂干选排土场。

排土场方式采用汽车—推土机排土和胶带排土机排土两种方式进行，排土场下部+1600m土线采用汽车—推土机排土方式；上部+1740m土线采用胶带机排土，覆盖在下部+1600m土线以上。

尖山铁矿排土场分为3个部分，露天境界外南排土场、北排土场和选矿中碎后干选废石场。

南排土场：该排土场为尖山铁矿的主排土场，分为两个台阶，底部台阶标高为+1600m，上部台阶标高为+1740m。目前从西往东已形成露天境界外1740－1545汽车直排土场，总容量已达2350×10^4m^3，土场分段高度80～100m，最终堆高达200～300m。该区域地基地形条件较差，地表普遍分布湿陷性黄土和粉质黏土，曾发生过大面积土场滑塌事故，安全生产威胁较大。

北排土场：目前已接近尾声，只有东区还在少量排土，存在的问题主要是由于私挖严重，原有平台遭到破坏，多处形成大坑容易积水，另外，西边垭口和东边均有尾矿库。

选矿干选废石场：位于选矿厂后山一条东西走向的山沟里，存在的主要问题是，排倒干选废石均为颗粒料，渗水性好，排土场已经部分压到尾矿库上。

排土场地基土上部主要以第四系残坡积土、黄土为主，下部为强风化岩，深部为新鲜基岩。自然地形坡度10°～20°。

7.5.3 尖山铁矿排土场稳定性分析

北排土场原始地貌为中高山中年期变质岩剥蚀侵蚀地貌，目前大部分区域被采矿废渣覆盖，只有局部有黄土和基岩出露。地区地貌为沟谷、坡地、自然地形坡度17°～25°上陡下缓，地面植被发育。根据工程地质测绘及钻探揭露，勘察区地层主要为：袁家村组（Aly）的斜长角闪片岩、斜长角闪岩、磁铁石英岩、石英岩、石英片岩等，上部覆盖层为第四系中、上更新统，第四系新近堆积物及露天开采堆积的废渣。

根据勘察结果表明，在排土料表层及底部均未发现水头出露，场地内的主要含水层为基岩浅部风化裂隙潜水，分布于区内地表浅部基岩风化裂隙发育带区，在区内形成一个统一的裂隙潜水含水带，含水带岩性包括矿层及其围岩、岩浆岩，不同岩层的裂隙率极为相近，向深部逐渐变低，水位大致随地形的起伏而变化。地下水主要靠直接大气降水和尖山垭口上部基岩裂隙水径流补给，沿基岩面或者浅部风化基岩裂隙以地下径流方式排泄。

现场地质调研中发现，尖山铁矿排土物料主要是岩性较软，黏土或细含量较高。排土场台阶高度超过自身承载能力时，由于自重压力，兼之降水对滑坡的促进作用，渗入内部遇到含水细颗粒岩土层受孔隙压力和渗透压力的作用，其稳定性大为降低，这一点对南排土场和北排土场东尤其明显。平台表面出现显著的贯通裂缝和变形，却不会产生滑坡。

当掏挖作业已稳定在土场坡脚形成凌空面时，其裂缝急剧扩展，水平和垂直位移加大，处于极限平衡状态，进一步发展形成滑坡。形成这种弱面的原因：（1）由于排土场堆置方式所造成的弱面，诸如在排土场坚硬岩石中由一层黄土或黏土而形成的软弱夹层。（2）当冬季寒冷时，坡面上存有较厚的冰雪层，若在其上排弃土岩，则形成冰雪夹层，造成软弱面，当春天骤暖时，冰雪融化，沿冰雪夹层的、表面浸润的土岩形成弱面。尖山铁矿露天矿剥离物中第四系粉土占30% ~80%，排弃后孔隙进一步加大，土岩混排，堆置管理不当很容易在排弃物内部形成这种弱面，并且基底地形复杂，沟壑纵横，更为产生这类滑坡造成有利条件。

当排土场地基较为软弱，或地基含有表土和风化软弱层时，在上部土场荷载作用下产生滑移和底鼓，进而牵引上部土场滑坡。在排土场形成过程中，随着排弃高度的不断增加，排弃物料的重力增大，基底土层的承载厚度也随之加深，当排土场高度达到一定值时，则黏土软弱带被挤压产生塑性流动挤出，下部基底剪切隆起。同时在软弱带上方黄土层内形成拉伸应力，排弃物料在重力作用下切入基底黄土层，引起排土场坐落滑坡，并具多级性。由于前一级滑坡体形成后产生位移破坏，致使后缘排弃物临空，支撑约束力减小，突破基底土层阻抗后，又将牵引上方边坡滑动而形成滑体连锁破坏。这种滑坡类型在尖山铁矿南排土场寺沟 8.1 滑坡表现出明显特征。

7.5.4 南排土场寺沟8.1大滑坡

尖山铁矿南排土场于2008年8月1日凌晨发生寺沟8.1大滑坡。寺沟排土场的边坡高度约为30 ~50m，排土场边坡角为36°；南排土场寺沟1632排土场坡顶标高1658m，基底为黄土，地面坡度为上缓15°，下陡26°。场地处于中低山丘陵区，滑坡区及附近为典型的黄土山梁地貌形态，山梁连续完整，两侧发育众多的沟谷，沟谷多为V字形，平面形状多为树枝状，属中年期侵蚀地貌。寺沟滑坡走向东南，场地现状地面标高介于1515（寺沟沟谷）~1650m（排土场坡顶）。现场地质调查表明，滑坡的周界较为清晰明显，坡面西高东低，呈阶梯状，后缘高程约1649.2m，前缘高程约1535.6m，高差约113.6m，整体坡度约12°，滑坡体纵长平均498.3m，横宽平均141.7m，滑坡体体积约 $196.3\times10^4m^3$，其中排土场岩土体积约 $109.3\times10^4m^3$。滑坡体弧形状波痕在前缘和中段形成朝向坡顶（图7-12），后缘朝向滑动方向（图7-13），坡顶有张裂缝明显。通过在土场上的地质钻孔表明，滑坡体前缘以黄土为主，表面偶尔散落碎石。中段表部为碎石，分布不连续，滑坡体后

图7-12 朝向坡顶的弧形状波痕

图7-13 分布在滑体上的弧形状沉陷边界

缘则主要为碎石土，横向张性裂隙发育。可见，该滑坡主要的机理是因下部捡矿，掏空坡脚，引起土场坡脚和地基土层失稳，前一滑体形成后产生位移破坏，致使后缘排土场物料临空，失去支撑，继而诱发处于极限平衡状态的黄土地基破坏，其滑动面穿过地基土层，而形成新的一级牵引式滑体破坏。这一特征可由滑坡体表面分布的阶梯状弧形裂缝带（此弧线的半径都指向滑体的下游）予以证明(图 7-14)。

图 7-14 滑坡地貌形态

7.5.4.1 南排土场寺沟水文地质条件

矿区整体地势是西高东低，北高南低。地貌形态自山地向河谷过渡可分为中山区、黄土丘陵和侵蚀堆积河谷三种类型。南排土场所处位置原地形为黄土梁地貌形态，顺梁方向坡度较缓，沟谷发育，沟谷两侧坡壁坡度较陡，利用该区沟谷作为排土场，排土场地基位于第四纪覆盖区，人工堆积的为矿山排弃的渣土。根据勘察结果，结合场地附近区域水文地质条件综合分析，场地内的主要含水层为第二层碎石，分布在河谷地带，地下水类型为潜水，地下水主要靠直接大气降水和侧向径流补给，以地下径流方式排泄。南排土场地层分布如图 7-15 所示。

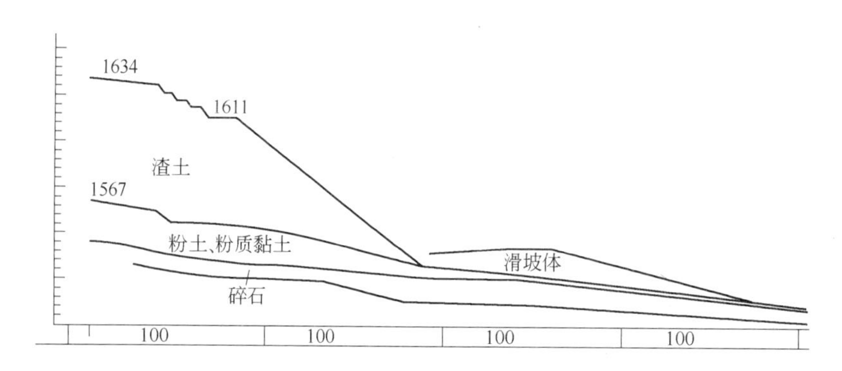

图 7-15 南排 1620 排土场地层分布

尖山铁矿南排土场属沟谷和山坡混合型。从前期的既有勘察报告可知，尖山铁矿排土场地下水的补给来源主要是大气降雨。大气降雨经山坡汇水 P 和降雨 R 入渗补给排土场地下水，经排土场内部向低处流动，由排土场坡角处排泄。在基于原始地形及地质测绘可以表明，该区域在排土场前的地表水水流方向基本上形成了自北向南的网状汇流，最终在滑坡体边形成近 23m 的积水坑（图 7-16）。另一方面，据 2008 年 9 ~ 10 月勘察测量统计结果表明，该出露点平时涌水量 0.61m^3/h，雨后最大流量 1.0m^3/h。

图 7-16 滑坡体坡脚形成的集水坑

7.5.4.2 南排土场滑坡特征

南排土场排弃物料大多是松散的黄土，其松散系数为1.45左右，固结后松散系数1.10。因此压缩沉降量很大。排土场地形复杂，沟多坡急，排土场很容易产生沉降不均性。加之，尖山矿属大陆性干旱气候，雨量集中在7～8月，使排土场排弃物料在不均匀沉降过程中易产生裂缝，甚至可能导致错落。在排土场形成过程中，随着排弃高度的不断增加，地基土层承受排弃物料的外载荷加大，基底第四系黄土层持力层厚度亦随之加深，当排弃高度达到一定水平时，基底持力层和软弱带被挤压产生塑性流动，下部基底隆起剪切。基于现场调查，寺沟滑坡具有如下特征：

（1）滑体前缘隆起剪出特征。由于上部滑体的挤压，致使下部黄土地基塑性流动，在滑体前缘呈波状隆起（其隆起中心距排弃坡脚数十米）。随着隆起高度的增加，滑坡带产生“离层”、“空化”，裂缝首先出现在隆起脊背处，随着裂缝的加大，而迅速向四周扩展，最终突破上覆黄土层的阻抗，整个滑面（带）贯通，其“空化”迅速被后续土体充填，整体滑坡形成。

（2）滑体内部位移矢量特征。根据滑体内部位移矢量特征可将整个滑体自上而下分成3个不同区段。

1）上部主动段：在滑坡发生的初期，以坐落为主，下沉和水平位移几乎等同发生，点的位移轨迹主要受滑面形态控制，随后滑坡的继续发展，由于后一级滑体推挤和下部滑体的牵引作用，使水平位移相对增大。

2）中部过渡段：以水平位移为主，靠近坐落带的水平位移略带下沉，而靠近下部前缘隆起带水平位移略呈上升。它也受滑动面的倾角控制，因为上部软岩地基的倾角平缓。

3）滑坡体的前缘隆起带：滑坡发生初期以隆起上升为主，当整体滑坡形成后隆起部分被向前推出，以水平位移为主。

尖山排土场滑坡前、后平面图如图7-17、图7-18所示。

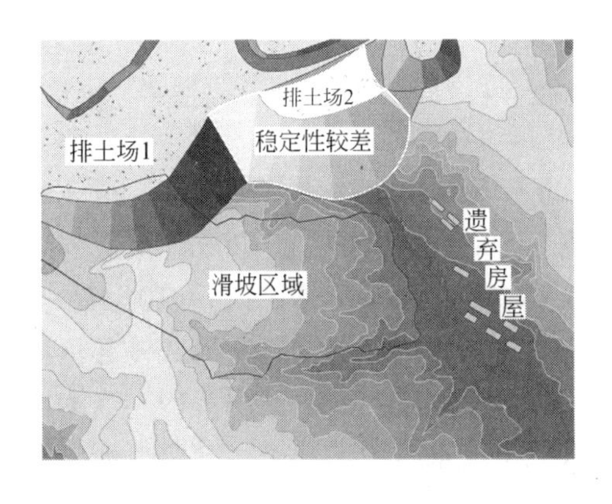

图7-17 尖山排土场滑坡前平面图

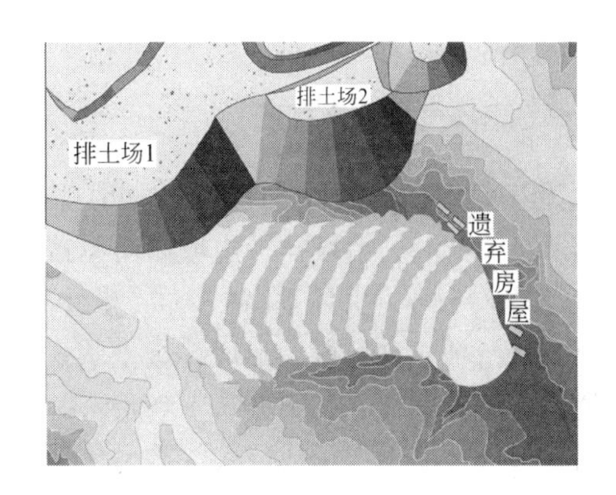

图7-18 尖山排土场滑坡后平面图

7.5.5 可能的滑坡模式及其影响因素

尖山铁矿排土场潜在的滑坡失稳模式主要表现为排土台阶本身的局部滑动和排土场地基山体失稳滑坡的形式。

当排土场地基为软弱层，或地基含地表土或风化岩层时，加上地下水、过载等因素影响，在上部土场作用下产生滑移和底鼓，进而牵引上部土场滑坡。由于前一级滑坡体形成后产生位移破坏，致使后缘排弃物临空，支撑约束力减小，突破基底软弱层阻抗后，又将牵引上方形成的边坡体连锁破坏。这种滑坡类型在尖山铁矿南排土场寺沟 8.1 滑坡表现出明显特征。该滑坡主要的机理是因下部捡矿，掏空坡脚，引起土场失稳，前一滑体形成后产生位移破坏，致使后缘排弃物临空，支撑约束力减少，继而诱发处于极限平衡状态的黄土地基，形成新一级滑体产生破坏。

7.6 安太堡露天煤矿南排土场稳定性及滑坡治理

7.6.1 南排土场现状和地基土层构造

安太堡露天煤矿位于大同市西南约 145km 处。平朔安太堡露天煤矿于 1987 年正式投产，年生产能力 15Mt，开采初期采用外排，外排总量为 $2.29\times10^8m^3$，由两个排土场承担。其中南排土场设计容量 $1.16\times10^8m^3$，原“作业规划”确定其排弃总体坡角为 22°～37°，堆置高度为 150m。南排土场滑坡之前，其边坡角 18.6°～20.6°，边坡坡高 135m，排土容量 $98\times10^6m^3$，均未达到设计参数。在此条件下，南排土场即发生了大规模的滑坡，且经历的时间较短，从发现裂缝到产生滑坡仅仅隔了 10min。

地基黄土层的结构参数为：褐黄色粉土层组，厚 7～15m；棕黄色粉质粉土层组，厚 10～20m；棕红色粉土层组，厚 15～40m。本区黄土中的黏土矿物均以伊利石/蒙脱石混层黏土为主，含量达 47%～79%，平均 65.33%。其中膨胀层比例变化为 48%～60%，平均 54.11%。其次为伊利石，含量 16%～30.9%，平均 21.11%。有少量蛭石和高岭石。总体来看，本区黄土中黏土矿物以强亲水性的伊利石/蒙脱石混层黏土为主，这些矿物在遇水情况下具有较强的吸附水分子于颗粒表面的能力，形成较厚的水化膜，使土体抗剪强度大幅度降低，使其具较强的可塑性和塑性变形能力。

7.6.2 南排土场滑坡概况

1991 年 10 月 29 日零时 10 分，南排土场靠工业广场一侧发生大规模滑坡。滑体最大走向长度 1095m，滑坡体沿边坡倾向覆盖最大长度 665m（其中滑体宽 420m，坡底前缘冲出距离达 245m），滑体垂高 135m（坐标高度 1315～1450m），滑落体积约 $1\times10^7m^3$。在滑坡体上部滑坡主动区段，形成多级坐落式台地，密集宽而深的裂缝交错，导致该部位滑坡后壁垂直落差达 73m，斜坡长 100 余米。滑坡前后的工程地质剖面图见图 7-19。当滑坡发生后，滑坡体中上部形成巨大深沟，使滑坡体边坡处于头重脚轻的状态，难以保证下部工业广场的安全要求。

这次滑坡造成矿区 7 台设备陷入滑体内，致使 1000m 平鲁公路堵塞，750m 毁坏，滑坡体前缘冲入工业广场，摧毁并埋没了洗车间、灯桥、矿大门守卫室等设施，致使刘家口水源供电线路中断，排水沟被埋 600m，滑体前缘紧逼供水塔，临近办公楼和更衣室。这次滑坡不仅造成了重大的经济损失，而且严重威胁着工业广场的安全与生产的正常运营。

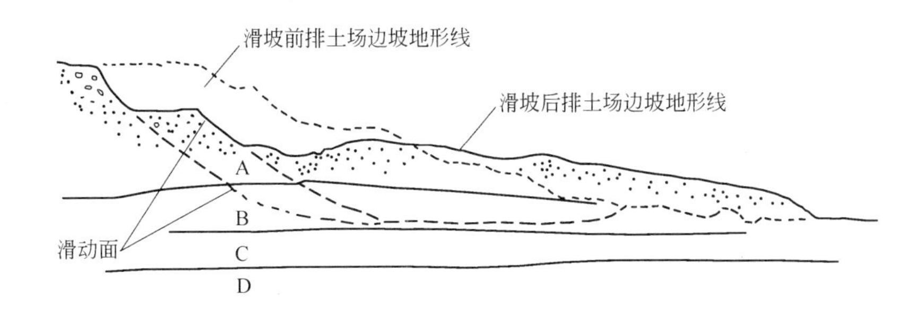

图 7-19 安太堡南排土场滑坡前后的工程地质剖面图
A—排土场松散物料层；B—粉土、黏土互层；C—含卵砾黏土层；D—风化基岩层

7.6.3 滑坡产生的原因及性质

滑坡产生的原因及性质如下：

（1）基底工程地质条件。外排土场基底为第四系黄土，除黄土层本身强度外，其中还含有随含水量及压力增加，强度急剧下降的软塑层，这将直接影响到排土场的稳定。

（2）气候及地下水的影响。排土场排弃物料及其基底土层，为含水量增加时强度迅速减小的粉质黏土和黏土，这些均是造成南排土场失稳的主要原因。

（3）排土工艺的影响。此处主要指的是岩土在排弃过程中的分层作用和排土的推进强度。

1）分层作用。安太堡露天煤矿采用的是汽车运输、推土机排土工艺。排弃过程中的分层作用包含两方面含义：一是水平分层，即排弃过程中按块度自然分级；二是倾斜分层，由于岩石强度不同，加之排土强度的不均衡性，则会形成排弃物料的倾斜分层，倾角为自然边坡角。为尽量减少分层作用，在以后的排土过程中，宜采用选择性排土法，即将排土限分为若干分区，分别排弃不同构造性质的岩土，以减少排弃过程中的分层作用，避免由此造成的滑坡。

2）排土线推进速度（排弃强度）。排弃强度的大小，对排弃物料及基底内压力增长速度有很大的影响，当应力增长速度超过一定数值，与排弃物料和基底土层性质不相适应时，就会破坏排土场的应力平衡状态，导致滑坡。这次滑坡产生的主要原因是由于排弃强度过大所致。因此，在排土过程中，应严格控制排土强度不宜过大，防止由于排弃物料及基底土层超载而导致边坡失稳。

（4）基底黄土层内软弱层的形成。南排土场滑坡是沿地基软弱带（饱水黏性土为主要成分）的滑坡，根据地基土层的实验研究结果，提出了排土场基底黄土层内软弱层的形成机理，弱层是在上覆排土压力下由于黄土的微结构变化而形成的演化弱层，并指出弱层的形成是导致排土场失稳滑坡的主要控制因素。

已查明在地基黄土层内已出现严重缩径现象，其缩径部位主要位于粉土、粉质黏土和棕红黏土顶部的界面附近。经力学试验，西排土场缩径段黄土内聚力（C）平均为 0.048MPa 和内摩擦角平均为 15.75°；经过对南排土场滑坡反分析计算，得出滑面力学强度 C = 0.03MPa，内摩擦角 =7°。而其他部位粉质黏土和黏土的力学强度 C 为 0.0568 ~ 0.1097MPa，内摩擦角为 22.5° ~ 25.6°，以上数据表明，在南排土场和西排土场基底黄土内有重要的软弱层形成，其力学强度远远小于其他部位正常黄土。

当压力超过0.8MPa时，黄土中的棕红黏土的微结构将发生重大改变。改变的结果使黏土的大型集粒支架大～中孔结构转变成小孔镶嵌结构，使孔隙度降低，孔隙显著变小。因此黏土层的渗透性显著降低，可视为相对隔水层。受压实变形的影响，黏土质隔水层顶面向下弯曲。在此弯曲界面影响下，由地表渗入的地下水易在隔水层之上的粉土层中逐渐聚集，形成充水带。西排土场各钻孔在粉质黏土、粉土层底部与棕红黏土界面附近普遍见有地下水位，南排土场各钻孔在滑面以上也见有高度为2m左右的地下水位，说明充水带确实存在。在上部充水带的影响下，地下水不断向界面（隔水层顶面）以下的黏土层润透，致使大量黏土矿物水化变软，抗剪强度大幅度降低，形成软弱层，造成缩径现象。在压力为1.6MPa土样以及经排土压实的西排土场及南排土场土样中，集粒则被显著地压密、变形和破碎，呈紧密的镶嵌排列。粒间充填的粉砂质和黏土质胶结物也大多呈紧密镶嵌状，大、中型孔隙明显变少，分别为1.4%和6.3%，仅在镶嵌空间局部孤立出现，以小孔和微孔为主，连通性差，孔隙度较低，占18%～20%。

上述分析表明，本区排土场基底黄土在上覆排土压力下的微结构变化，尤其是棕红黏土的微结构变化是导致黄土层内弱层形成的关键因素。对南排土场边坡稳定性计算机模拟表明，如不考虑弱面，则南排土场基底黄土内仅有孤立的塑变区出现，尚未贯通，不会发生滑坡。但考虑弱面的力学特点，采用弱面的力学参数进行模拟，则塑变区明显贯通，贯通区与滑面形态一致，边坡处于不稳定状态。可见土体内弱层的形成是导致边坡失稳滑坡的主要控制因素。

7.6.4 南排土场滑坡综合治理措施

南排土场滑坡综合治理措施如下：

（1）滑坡体下部清方后的边坡稳定状况。为恢复部分被滑坡破坏的工业设施，消除滑坡对工业广场的威胁，增强办公楼、水塔、机修车间等设施的安全感，第一期清理工程对滑坡体前缘做了不同程度的清方，对清方后滑坡体的1～4号剖面进行了安全稳定系数K'的计算，其结果分别为1.62、1.60、1.35和1.34。由此可见，一期清理工程后，滑坡体各剖面的稳定安全系数均可满足其安全储备系数的要求。南排土场边坡发生剧滑后，边坡形态发生了很大变化，边坡角由19°～21°降为10.8°～11°，一期清理工程完成后，又使边坡角上升为13.5°～16°。

（2）滑体上部1450平台减重。采取治理措施的依据为：

1）由于滑坡主动段的多级坐落方式，在1～2号剖面以东的1450平台，距该剖面以西约50m宽，虽形成密集宽深裂缝，但并未下滑，因而导致该部位滑坡后壁垂直落差达73m，斜坡长100余米。因此，仅就如此高且裂缝密集的局部散体物料边坡而言，也难以保证稳定。

2）滑坡发生后，滑坡体中上部形成巨大深沟，使滑后整体边坡处于头重脚轻的状态，难以保证下部工业广场的安全要求。

（3）滑体中后部1380平台回填反压。滑体平衡后，滑体中后部形成宽阔洼地，反向坡角最大达13°。1380平台最大凹陷高差20m，从滑体排水系统考虑，必须将此洼地填平，才有可能将大气降水排出滑体外，其次，从整体边坡稳定状态考虑，回填后1380平台沿剖面宽度达200余米，对于考虑后部裂缝区的预计滑面来说，该部位大部分位于平面滑床位置，回填后也可起到被动段反压作用，有利于稳定系数提高。回填工程总体控制为1380平台，以排水系统的地形要求为依据，由西向东逐渐升高。

（4）坡面防渗层和排水系统。

1）铺设坡面防渗层。为防止大气降水沿坡面渗入，进一步恶化滑体边坡条件，对经过清理、整平、压实后的平盘和斜坡进行坡面防渗处理。防渗材料选用采掘场剥离黏土，沿坡面堆放后，由推土机推平碾压，要求压实厚度为1～1.5m。

2）排水系统。滑坡区排水系统由三部分组成：一是滑坡界外水拦截工程，包括滑体东侧截水土坝及导水沟系统；二是1380与1360平台过水路面排水、导水系统；三是1330平台排水沟系统。

（5）护坡与挡墙工程。

1）护坡工程。前级清理形成的3个台阶中，1330平台为平鲁公路位置，1315为矿区公路，1310以下为矿山工业广场。因此，均需进行台阶斜坡护坡处理。

2）挡墙工程。为保护工业广场的整洁和作业环境的安全，1330坡脚至办公楼、机修厂一线，均需用砌筑浆砌石挡土墙。

（6）科学合理的坡面植被工程。坡面栽植林木对坡面的稳定存在正反两方面的效应，为充分发挥其固坡作用，避免负效应的产生，具体栽植林木时应注意以下几点：

1）首先在坡面的被动段栽植深根性的高大乔木，等林木长大，根系深入潜在滑面后，斜坡的抗滑性能会大大提高。

2）待被动段林木长大后，再在斜坡主动段栽种耐旱性强、树干矮而根多且深、消耗水分大和蒸发量高的灌木（自身质量小，助滑力小），如沙棘等，并在保证灌木根系正常生长的前提下，尽量修剪其地上部分，以减轻其自身质量。

7.7　希腊“南区”褐煤矿排土场大滑坡

“南区”露天矿是希腊北部公众能源公司的一大型露天矿。露天矿面积为24km²，已开采10个台阶（其中5个台阶是剥离台阶，另有5个台阶是褐煤开采台阶），采用轮斗铲和皮带运输机连续作业生产流程（生产能力5760～11100m^3/h）。同时，也采用重型卡车、电铲和推土机开采硬岩层。该矿自1979年8月到2005年底共生产褐煤310Mt，共剥离了覆盖岩土和夹层岩石$11.94\times10^8m^3$，它的剥采比(m^3/t)为3.9∶1。按此剥采比每年产煤量18～22Mt。采用皮带运输机把地表覆盖软岩堆置到外排土场。它位于露天采场的东北面，已堆置3个台阶，由地表起排土场总高度110m，其平均边坡角（NE-SW方向）为4%。

2004年4月30日在排土场的中部发生了大滑坡。滑坡体总量达$4\times10^7m^3$，其中有$250\times10^4m^3$岩土滑出了排土场底部边界线以外（SW方向）。滑体厚度30～90m，由上部到滑出点斜坡长度1100m，滑体宽550m，然后随着滑体运动滑体的坡脚距离滑出点已达300m（即滑移了300m距离）。

为了防止滑体继续移动，需要在坡脚处修建挡土墙，于是在2004年5月5日至15日首先构筑了20m高的挡坝，然后在其完工之前就被滑体破坏了。不过在滑体覆盖了挡土墙之后，其滑移速度也随着减慢了。然后在距离边坡原坡脚300m距离修建了第二道防护坝，此坝高 45m，长 1500m，具有梯形剖面，底宽 200m，平均坡度 25°，总共堆置了 $250\times10^4m^3$ 高质量的复合岩石，共花费了 370 万欧元，为了节约成本，有 20% 的岩石物料来自滑体中较好质量的废石。应该指出在很短时间内完成了这么大的挡土墙工程，而没有影响矿山的采煤生产，在矿山工程中实属少见。

7.7.1 排土场的地质和水文条件

南区褐煤区位于沉积岩层厚约 900m，排土场废石土包括上新世-更新世岩层（黏土层、泥灰岩、泥岩、泥灰石灰岩、砾岩），以及冲积层和碎石等。排土场地基岩层为地下含水层，某些岩层也是隔水层，但并不会影响整个地层的水文地质条件，因此在黏土层与其他地层接触点会经常出露泉水。排土场的不稳定地段正是地基泉水间出露的位置（+765m 水平），在排土场建设初期，人们并没有重视地表泉水的影响。在排土场滑坡后不久（2004 年 6 月），观测到地下水径流量短时间大于 35 ~ $40m^3/h$，即位于 +770 ~ +780m水平上由泉水形成的溪流（长 200 ~ 220m），水中含泥沙多，经过 20 ~ 30 天之后水变清晰了。据径流分析，地下水来自排土场黏土岩的固结过程中地基砾岩层中地下水的溢出。

为了进一步了解排土场地基岩层的水文工程条件，又在滑坡区周边布置了若干个水文钻孔，依据上述钻孔试验资料可得出如下结论：在排土场地基内存在粗粒沉积岩蓄水层。地下水主要是由岩土渗透而聚集来的，同时季节性地下水也来自山体内碳酸岩中的含水供给。依据季节性（夏/冬季）孔隙水位的变化，地基含水层中也会出现不同的地下水水头。在多数情况下地基砾石层的蓄水出露在地基与排土场的接触面，即是泉水出口处（+763m 水平）和更高水平处滑坡时出现的横向裂缝和鼓起（图 7-20）。

7.7.2 排土场的结构和形成

排土场由 3 个台阶组成并覆盖了地基上的上溪流（图 7-20），这部分地基的坡度为 2° ~ 3°，对于边坡稳定性是不利的。

第一个排土台阶的岩土主要是黏土类，厚度约 30 ~ 40m。在排土机堆置过程中一个进程堆置 7 ~ 8m 厚的台阶，然后移动排土步距，继续完成这一台阶的任务（保持这一厚度不变）；第二步回到开始的排土线进行第二分层的堆置，如此反复升高排土台阶高度 4 ~ 5 次，共堆置台阶厚度 30 ~ 40m。这样形成的台阶表面，在每一分层的交接部位往往形成小形土坑，当下雨时便汇积雨水成灾。排土场的废石来自地表剥离岩土和褐煤层的夹层岩石，排弃到排土场的岩石没有经过挑选，而是由采场生产过程而自然混合堆置到排土台阶上，所以它的工程地质及其水工参数都很难预料的。排土场第一台阶的岩土多是细颗粒的表土，湿度高，内摩擦角低，而且覆盖在地表沟谷上。地表为含水的黏土层，所以初期排土时从采场长距离运输来较坚硬的岩石排弃在地基上，所以在 20 年前维持了短暂的边坡稳定性。1982 ~ 1990 年 30 ~ 40m 高的第二台阶堆置完成了，这一台阶分布在标高 +870m 和 +880m 以上。到 2004 年排土场第三台阶在中部排弃形成，排土场高度又增加了 40m，总高度达到 100 ~ 110m，堆至标高 +910m，边坡角增到 10%（5.8°）。采用 A7 皮带运输机堆置第三台阶的同时 A6 号和 A5 号运输机也分别在第一台阶及第二台阶上排土。

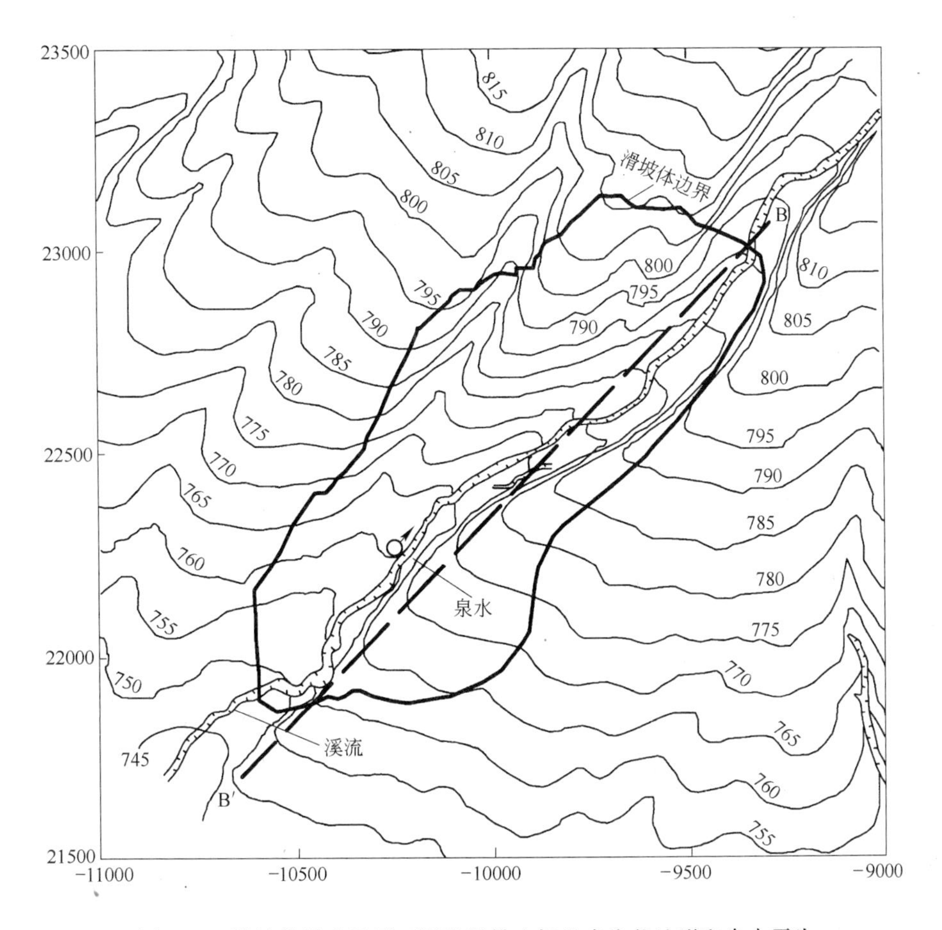

图 7-20　滑坡体的边界平面图以及排土场地表沟谷地形和泉水露头

7.7.3　排土场滑坡因素分析

排土场滑坡发生于2004年4月30日，裂缝首先出现在上部第三台阶的热电厂土场A7工作的台阶，此排土机由皮带运输机TD153供给废石排土，裂缝的走向都平行于皮带机。然后在第二台阶上工作的皮带运输机附近也出现了裂缝，随着滑坡继续发展，更多的裂缝出现在上部台阶越过了皮带机TD153。然后在边坡下部的第一台阶产生边坡移动，这里有两台皮带机工作。现场观察发现排土场滑动由坡顶向坡脚下方滑动，没有明显的规律，不过滑动面是地基排土场接触面的软弱黏土层（图7-21）。

图 7-21　排土场滑坡体上部后缘滑面和裂缝

为了监测边坡的稳定性，在排土场边坡的不同位置共设置了18个观测点（其中10个位于边坡中部，8个设在坡脚位置）。根据观测结果，直到这次滑坡之前并未发现边坡有位移现象。于是在边坡发生滑坡之后，为了确定这次滑坡的各个参数，也为了设计在滑坡体下方构筑抗滑挡墙用以阻止滑体的继续滑动，在2004年5月8日矿山又进行一次系统的位移观测。监测点之间的距离每一小时观测一次（观测精度为±5mm），根据这些资料分别绘制累积位移-时间曲线和位移速度曲线。在大滑坡初始阶段，滑动速度40～50m/d，在坡脚处的挡土墙修完后，则滑坡速度很快下降至10m/d，直到2个月后滑动基本停止下来。

在1991～1992年矿山安全专家再次进行了排土场边坡稳定性分析及其可能的人工加固措施，于是1993年完成了新的排土场设计，把总体边坡角放缓为5.5∶1。在穿过排土场和地基土层的钻孔内观测了孔隙水位，最高孔隙水位以下的岩石都认为是饱水介质，并分别按不同滑动面模型（如圆弧形滑面、复合型滑面），最后按照部分圆弧形和部分沿地基软弱层的平面形复合滑动面分析边坡稳定性。分析结果表明，部分边坡的稳定性系数还大于允许的安全系数1.5。然而到2004年4月大滑坡就发生了，这时比原设计边坡角（1∶5.5）已经放缓了的边坡角（1∶10即5.8°），对于防止滑坡也无济于事。

其实滑坡的主要原因是：地基黏土层受到泉水的侵蚀而形成滑动面，同时泉水也使得覆盖在地基上的排土场底部的水压力升高，其岩土体和地基接触面的抗剪强度远低于原设计的抗剪强度，故滑坡已不可避免。

剥离岩土的黏土质特性、排土场覆盖在泉水之上的岩土中水压力高以及地基黏土层的剪切强度很低，这都是促成大滑坡的原因。经过对许多潜在边坡滑动面的分析计算表明，与多数临界滑面的安全系数值比较一致，都是第一时间发生滑坡的位置，它们近于组成了上部出露于A7排土机位置以及穿过地基黏土层，并出露于皮带机TD142位置（滑坡体的中下部）。进一步对于整体滑坡体的研究确定，后续发生的滑坡说明了需要重新评估第一次滑坡的力学参数。由于对排土场地基岩层的实际水文地质状况的判断错误导致了对排土场和地基内孔隙水压力的升高被忽视了，是造成滑坡的主要因素（图7-22）。

图7-22 排土场滑坡体下部前缘滑舌和地表土层

7.8 美国辛辛那提城市固体垃圾场大滑坡

1996年3月9日在美国历史上最大的一次城市固体废物堆场MSW的大滑坡给我们上了一课，教育人们如何正确堆置和管理这些城市垃圾堆场。MSW位于俄亥俄州辛辛那提市西北郊外15.3km处，占地$54.6\times10^4m^2$，包括周边面积共有$176.5\times10^4m^2$。这里堆置有城市生活垃圾和工业固体废物等，平均每年堆置约1.2Mt，相当于俄亥俄州12%的全部垃圾，其滑坡总量达$120\times10^4m^3$，横向位移大于275m，垂直位移大于61m。滑坡的主要原因是源于地基上软弱夹层。

这里原先是个养猪农场，于1945年开始作为垃圾场，它开始在山沟的一端排弃废物料，地基山沟上的土层没有被开挖掉，而后来的大滑坡正是源于地基软弱层的滑动，不久此弱土层就被开挖掉，露出较坚实的土层。俄亥俄州环保局的规范要求所有垃圾场的设计要采取最新技术和管理，这些措施的特点包括地基上至少有1.5m厚的稳定岩土层，而且要设置渗流地下水排渗系统和地下水观测站。为了扩宽垃圾堆置场的新土地 $48.6\times10^4\text{m}^2$，而且需要靠近旧堆场的北边坡土地需要开挖清除45m深的地表软弱层，再充填硬岩复合层作为地基。当大滑坡发生时这里的地基开挖工程已达到30~35m深了；另外在1995年9月于垃圾场边坡脚处正在施工开挖掉近于垂直高度2.5~6.0m深的软地基，修建通往坡脚处加固地基区的通道。在修路之前，垃圾边坡脚已接近开挖深坑，褐色土层已暴露出于开挖坑。低于上述通路的下方9~12m处，开挖有地下水渗流排洪沟，用于排弃废物场和地基渗流水。于是1996年3月9日垃圾场北边坡已滑入开挖的深坑。

7.8.1 垃圾场工程地质条件分析

垃圾场地基岩层处于第3或第4大陆冰河期覆盖在高地和沿着俄亥俄河谷形成的台地。垃圾场地基是早期的灰页岩及石灰岩，缓倾斜（1~2m/km）。地基褐色土层由崩积层和残余土组成，多含细颗粒土或含有部分粗粒岩构成，残余土层通常含褐色斑点，层流结构，往往包含有碎石岩块，有时候也很难分辨出崩积土和残余土层来，所以此处把地基表土层统称为褐色覆盖土层。

现场勘测确定地基上的褐色土层厚度为2~5m。从孔G中采取了覆盖在岩床灰色页岩及石灰岩上的地表土层的样品，软弱饱水的土样取自钻孔中24.3m和24.5m的位置。比较硬的褐色土下面有石灰岩碎石。在钻孔C中地基岩层为灰色页岩，而褐色土层没有发现，这说明这层土被滑坡体推移掉了，进到坡脚下方的开挖坑里了。根据钻孔倾斜仪观测资料确定了滑动面的位置，在滑体上部滑动面是急倾斜穿过滑体，然后沿着软弱地基（饱水的褐色土层），一直延伸到边坡脚处原先开挖露出的坑壁上。

现场剪切实验资料表明其剪切强度远高于反分析计算出的结果，现场的垃圾场的垂直边坡也可以在几个月到一年处于稳定状态，这说明反分析计算出的力学强度参数是滑坡时的强度，而不是峰值剪切强度，它一般比实验室参数要低20%。

7.8.2 滑坡影响因素分析

分析MSW垃圾场滑坡的原因之一是地基褐色土层的剪切特性，在辛辛那提市和附近几个回填物料场滑坡的危害程度在美国也算是大型滑坡。而且大多数滑坡的原因都是源于地基表土层的滑动破坏。一般地基黏土层的厚度不大（小于10m），也经常会出露在滑坡顶部和坡脚处。在这一地区也曾记录到几例滑坡，其地基土层厚度小于2m，而且滑坡都发生在春天下雨、解冻以后、大地植被返青尚未发展起来之时。雨水使黏土层的地下水位上升，而使滑动面上的有效应力降低，便促成滑坡。因为薄层覆盖土层施加于滑动面的正应力不大，故其中水压力的少许变化，就会很快降低有效应力，而加速滑坡。

地基土层厚超过2m的滑坡可能发生于任何时间，此类深度滑坡多是因为地基受到破坏或扰动，如在坡脚处排土加载，或在坡脚开挖破坏了坡脚。这种滑坡很少是源于地下水位的升高，因为很厚的覆盖土层产生很大的正应力，仅仅是地下水位的很小变化所对滑动面的有效应力的降低不足以影响到滑坡。

在MSW垃圾场地基上的褐色黏土层有2~5m厚，其上的覆盖垃圾层在其中部达到100m，所以作用在潜在滑面上的有效应力有60~746kPa，此时如果地下水位升高不大，例如2m(20kPa)，则不会对边坡稳定性有很大影响，不过在辛辛那提的大滑坡被证实是个深层滑动面逐渐演变的过程，由于覆盖废料层的渗流作用引起滑面上出现地下水位的很大变化，而影响了其稳定性。虽然在滑坡之前没有足够的地下水数据，作者是采用滑坡后对于地下水的观测资料来估算地下水对于稳定性的影响。地基黏土的剪切强度远远低于其基岩的强度，可能只相当于完全浸水软化的强度（不能与正常固结剪的峰值强度相比），因为风化的页岩（母岩）经过物理和化学风化作用后，其晶向和纤维都发生了变化，使其黏土增大了塑性，如页岩经过风化变成了高塑性的黏土，其抗剪强度很低。

MSW 于 1994 年 2 月得到扩大堆置场地 $48.6\times10^4m^2$ 的许可，北部边坡的扩展包括要在上方堆置场的坡脚处开挖一条通道，最大开挖深度 45m，并在开挖区安置了一些辅助设施。图 7-23 是 1996 年 2 月 6 日即大滑坡之前 32 天现场边坡扩展区及开挖现状的示意图，虚线表示边坡脚处的道路开挖区的开挖属于深部开挖到原地表面以下 45m 深，滑坡体顶部边界也发展到南部的进入现场的公路线。从图上也可看出滑坡体首先就把坡脚开挖区填上了，只留下东北角部分开挖区未被埋上。

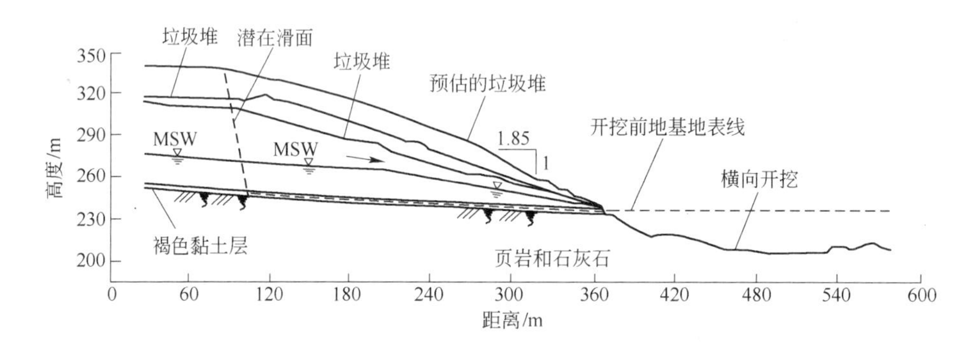

图 7-23 MSW 垃圾场滑坡前的地质剖面图

实线—滑坡前的边坡地表线；虚线—开挖前的地基地表线（褐色黏土层）

图 7-23 所示的一个重要特点是位于坡顶处的载重卡车倒车区，并于滑坡前几个月堆置了 2300t 垃圾在坡顶处。早在 1993 年的滑坡之前就是起因于地基上大的深度开挖，这发生在 1998 年另一次滑坡之前 40 个月。另外在坡脚开挖处汇集了大量地下渗流水和地表水，每小时从排水孔中抽出地下水 1 次，大约抽排水延续了一年。另外为了把开挖坑里的地下水集水抽干进行继续施工，通常需要几天时间才能抽干。

总之，至 1996 年 2 月 6 日，也是大滑坡的 32 天前，在垃圾场共超额排弃了 $94.4\times10^4m^3$，其中有 $73.1m^3$ 分布在北边坡。到 1996 年 3 月 9 日在北部边坡顶部已堆置了 $77.7\times10^4m^3$，堆置最大高度位于标高 +338m 及 +340m。仅仅由 1994 年 12 月 21 日到 1996 年 3 月 9 日边坡高度和倾角都大大增大了，边坡总高度增加了 9 ~ 20m（厚度）。为了公路施工在坡脚处开挖近于垂直面 4.5 ~ 6m 高的陡坡。

7.8.3 滑坡区现场观测

1996 年 3 月 4 日（大滑坡前 5 天），早晨现场人员在边坡顶部卡车调车转变的地方发现几条裂缝，裂隙的垂直落差 25 ~ 50mm，最长的裂缝穿过近坡顶长 15 ~ 30m，宽度达到 75 ~ 125mm，这些裂缝的位置和走向正处在后来大滑坡的坡顶，其移动方向也符合滑体的走向。不过当时除了坡顶出现这些裂缝，别的地方并没有发现裂缝和明显移动，所以当时垃圾场老板认为裂缝是由于散体物料正常的压实沉降的结果，只需要继续肉眼观察，用黏土把裂缝区覆盖上防止雨水渗入，并于3月5日开始继续在坡顶排土直至9号发生大滑坡为止（同时5日在开挖区也恢复了爆破）。而且现场的裂缝在同一地点，同一时间反复出现直至3月9日大滑坡，这说明地基黏土层滑动面的移动逐渐发展延伸到边坡顶部裂缝区。MSW滑坡的主要教训是误判了散体沉降出现的地表裂缝和滑坡体移动而出现的裂缝。如果在同一地点重复出现明显的地表裂缝，这说明是滑坡的前兆而不是岩土压实沉降而产生的裂缝，因为沉降裂缝不会在短时间内在同一地点重复出现，如果是由于垃圾物质的生物化学变化和物理过程而产生沉降，它则需要一定的发展时间。

（1）现场观测。由3月8日晚到9日早7点坡顶上的裂缝突然加宽，深度达到0.45～0.75m的垂直裂缝一直发展到北部边界公路转变的位置，而且裂缝还一直向东部边坡发展，从裂隙中还冒出水汽，裂隙深度约有3m，而且不断在深度和宽度发展，在北部边坡下方30m，裂缝长约450m。到了8：00～8：30，边坡脚已开始慢慢向公路上移动，钻孔中摄影图像显示滑动面是在废石底层和地基母岩之间的褐色黏土层中形成。这时坡脚一直缓慢滑入下方的深开挖区，于当天11：00～11：30坡顶的裂缝和垂直位移继续向北部边坡的东、西两边延伸，同时大的滑坡向坡脚的深开挖区加速移动，然后经过1～5min整个滑坡体的滑移结束。在坡顶出现沉陷深坑，露出陡直的岩壁（滑动面出露于上部近似垂直）。大约有$8.1\times10^4\mathrm{m}^2$的废石边坡滑入坡脚处的开挖区（$4.45\times10^4\mathrm{m}^2$面积），从而形成总面积约$12.55\times10^4\mathrm{m}^2$的滑坡区，边坡脚由原来位置下滑了245～275m，停止在开挖沟的北部边墙，因为开挖区形成的地基坡度较陡（3：1），故加速了滑坡体在北部边坡脚处滑动，这里滑坡体厚度达到24m。图7-24所示在滑坡前后的边坡几何现状，所幸运的是，这次滑坡无一人伤亡，但是开挖区的一些挖掘机器设备受到破坏。

为了处理好滑坡区，后来对滑坡区进行了平整，使总边坡角恢复到较稳定的边坡角（5：1），到1997年1月始恢复生产。

（2）推移式滑坡机理。当滑坡初期出现在坡顶的裂缝，不断张开，加深，直至大面积滑体下滑，顶部出现陡坎，近似直立，这些特征符合推动式平移滑坡。在滑坡的观测结果（包括边坡中倾斜仪的观测）也说明滑动面是穿过地基上褐色黏土层的平移式滑动。根据现场观测和钻孔内部观测资料说明滑动面开始急倾斜穿过边坡顶部的散体，然后贯通地基饱水的软弱黏土（图7-24），最后滑面在坡脚处的开挖陡坡沿着黏土弱层出露。

（3）滑体的渐近破坏和加速发展。如前所述，3月9日发生的大滑坡的原因是滑体顺着地基软弱褐色黏土层的渐近破坏的加速滑动而形成大滑坡。在之前3月4日在坡顶开始出现的裂缝，也可能显示出滑体沿着地基黏土层产生剪切破坏的结果，因为黏土层完全弱化的剪阻力曾经大于裂缝区垃圾废料的剪阻力，所以在滑坡前来自滑体的剪应力继续沿着地基黏土向边坡下方传递发展，到了3月5日一次较大的爆破震动给予边坡附加的剪切移动及应力加载，所以这次爆破加速和加快了滑坡的形成。于是从3月4日到9日期间边坡上方的剪切应力继续向边坡下方传递发展，由于坡脚处原岩地基的大量开挖，而且褐色黏土层已经出露在开挖岩壁上，所以坡脚处滑面的剪阻力很低，于是坡脚很快失稳，滑入开挖区，便加速了整个滑坡体的滑动及破坏（3月9日中午）。

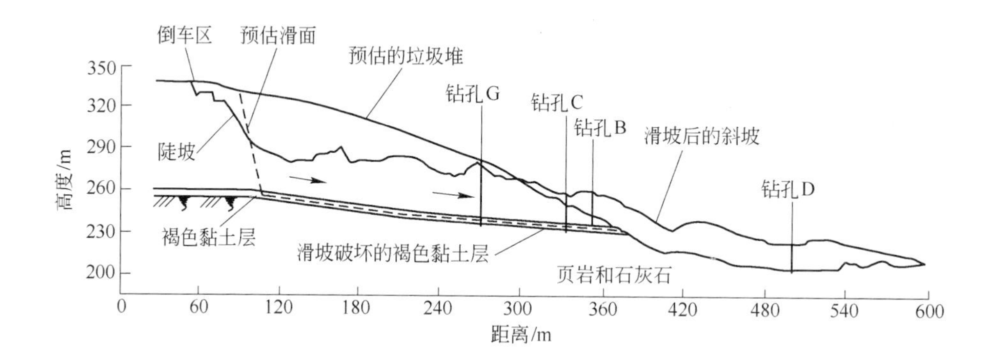

图 7-24 MSW 垃圾场滑坡后的地质剖面图

弧线—滑坡前排土场边坡面（1996 年 3 月）；不规则的曲线—滑坡后的滑坡体曲线；
虚线—滑坡体的滑动面（褐色黏土层）

一般情况下当滑坡之后废石场内的地下水会很快排干，钻孔 G 在滑坡前总深度约 30m，孔内观测到的最大渗流深度为 7 ~ 8m，这个和在钻孔 *L* 观测到的渗水深度 6 ~ 6.5m 相一致。另一有关地下水水位的证明是在坡脚处平台上的渗流水池在滑坡后 3 个月一直存在，在滑坡前水位浸润线位于 +268.4m，即相当地下水水位线在地基黏土层以上 9 ~ 10m 深。地下水位线大致平行于地基母岩的走向，在排土场中部的深度为 7 ~ 8m，并逐渐向坡脚减少水位深度，直到黏土层（深度为零）。

作用在滑坡面上的孔隙水压力也来自地基中页岩和石灰岩中裂隙水。在钻孔 G 中也发现在饱水的褐色黏土层下面分布有地基岩石的孔隙水压力，在本地类似地基岩层条件下在黏土层与下方基岩之间存在排水层以释放地基孔隙水压力。在裂隙地基岩层中存在孔隙水压力也说明了在春天雨季来临时边坡产生滑坡的可能。

7.8.4 滑坡原因分析

MSW 垃圾场滑坡的主要原因是地基褐色黏土峰值后剪切强度的变化，同时也发现其他的滑坡原因和形成峰值后的强度值的可能性，如废石堆里的软弱夹层、震动影响、排土时的超值孔隙水压力、褐色黏土的剪切特性、物料变形的不协调性及渐近的破坏变形、排土边坡的横向位移、附近开挖区的爆破影响，以及坡脚的大量开挖地基。以下分别介绍造成滑坡的原因和地基黏土出现峰值的强度原因。

散体内软弱层和震动的影响——虽然曾堆置有烂泥等软弱层，但滑坡是推移式并沿着地基土层滑坡，并没有沿着排土场内部滑动。在现场 170km 之内并没有监测到有爆破或其他震源发生，故这些都不作滑坡的重要影响因素。

排土时超载孔隙水压力——据现场年度航测资料，滑坡前 14 个月之内，在 60m 高的垃圾堆场覆盖了 9 ~ 20m 层厚的垃圾，这相当于边坡面上的覆盖速度为 0.02 ~ 0.05m/d，这个排土速度被认为可能使地基黏土层产生过分的孔隙水压力，同时也降低作用在滑面上的有效正应力。按 Boussinesq 应力分布理论，若边坡上的排土速度为 0.02 ~ 0.05m/d 厚的岩土时，对于 60m 高的排土场地基所增加的正应力较小。曾经出现过地基土层上增加最大的垂直应力，是在中等高度的边坡（已存在 18m 高），后在 14 个月后新排土堆置了 14m 厚边坡，相当于增加了原先垂直应力的20% ~25%。根据Texzaghi的压实理论，压实度90%，双倍的垂直排水，3m厚的层厚，由黏土试样作的压缩实验计算出的压缩系数为4m^2/a，那么上述超载孔隙水压力的大部分已将在14个月内的排土过程中消散了。所以，如果在排土过程中地基黏土层出现了超载孔隙水压力，那么它对产生滑坡的影响系数也会很小。

通过MSW边坡物料和地基土层的力学性质试验得出如下结论：

（1）实验室和现场大量试验结果和滑坡反分析结果，MSW垃圾场边坡的剪切强度取用一组变动参数——有效应力摩擦角35°和黏结力0 ~50kPa（平均值25kPa），以物料的组成不同而异，而用于本例滑坡分析的组合的黏结力和摩擦角分别为40kPa及35°。这些剪切强度参数是和地基土及复合材料的变形相适应的，即是地基土的峰值过后的残余强度值。

（2）市政垃圾物料的抗剪强度较高是因为其中的塑料制品和其他材料相互组合起到重要作用，如一些垃圾边坡角度成垂直状态可以保持几个月到一年的稳定性。所以评价边坡的稳定性要着眼在地基的软弱土层和其他影响因素。

（3）地基母岩（基岩）往往对于滑面土层的残余剪切强度影响很大，例如，一些页岩经过风化后变成高塑性土层，其剪切强度也低。然而不含页岩的花岗岩经过风化后变成低塑性的岩石，其呈现较高的剪切强度，也能做建筑材料（即风化花岗岩）。

（4）辛辛那提MSW垃圾场地区的地基上含有至少一个软弱夹层，具有高塑性（黏性）土层，它能控制其剪切强度和边坡的稳定状态。

（5）采用峰值强度后面的残余强度来表征边坡地基软弱土层的剪切强度，这是因为：软化土层的影响，风化变质的岩土，地基土层和边坡垃圾的不同变形差别，滑坡破坏的过程是渐近的，滑坡体的横向变形也是随时间不断发展的，还有排土设备的动载荷以及坡脚处开挖等作业影响。

（6）附近开挖区的岩石爆破震动，在一个处于临界稳定状态的陡边坡附近进行岩石爆破，可能引起地基黏土层出现峰值前的剪切强度和滑坡，因为增大了滑面上的剪切应力和位移，还可能在含裂隙的基岩层形成气体压力。为了研究爆破震动引起黏土层位移的可能性，应用条块分析法，以代替刚性模块法，并分析地震与爆破工程震动之间的波长，振幅和频率方面的差别。1996年3月1日爆破时每一延发最大炸药量91.7kg，在边坡陡坡上首次出现裂缝（3月4日）位置距离爆破点大约400m，在距离850m位置测得的爆破频率为30 ~70Hz，每次爆破的周期数为4 ~6，设定北部边坡的安全系数为1.16；每次爆破时最大质点速度为5.1 ~12.5mm/s；计算出的页岩和石灰岩的剪切波速为1525m/s，黏土层和基岩接触层面之间的剪切位移大约为7 ~11mm。而黏土在完全软化剪切强度时的环形剪切位移只有2 ~6mm，由于剪切位移增加，则安全系数降低，故剪切位移7 ~11mm是低限，因为安全系数只有1.16，也是3月4日坡顶出现裂缝的证明。

根据分析结果，1996年3月10日的爆破可能产生剪切位移和加载于黏土层上的剪应力，因而加速了渐近式滑坡。在3月1日之前的爆破同样也对处于临界状态的边坡（$F_S \leqslant 1.1 \sim 1.2$）的破坏造成影响，所以3月1日的爆破和坡顶上的连续位移都加速了渐近破坏机制。3月4日边坡顶部出现裂缝和渐近破坏的初期观测，所以在黏土层上承受到更大的剪切位移和剪应力直至3月5日又发生33天来最大的一次爆破使得当地边坡的$F_S \leqslant 1.0$。这次爆破加速了渐近破坏的过程，以后的几天在陡边坡顶部裂缝增加直到3月9

日的大滑坡。如果没有5日的大爆破，则9日的大滑坡可能会在9日后才将发生。在边坡脚的 $F_S > 1.0$，直到3月5日后也没发现裂缝，这也说明上述的渐近破坏机理以及引起滑坡加速的原因。

（7）边坡脚处的地基开挖。可以认为在边坡脚部位开挖时的连续爆破降低了地基黏土层的剪切强度，增加了滑面的剪切位移。多模块的分析结果，在3月1日之前，当天，特别是3月5日的爆破对于处于临界稳定状态的边坡破坏的重要作用。

边坡脚的大量开挖可在边坡地基造成很大的应力集中，使其出现剪切变形，渐近破坏，直至边坡失稳。褐色黏土的摩擦角13.5°，边坡内的最高地下水位24.5m，此时的坡脚尚未被开挖，以上述参数对边坡做了3D三维分析。而边坡以外的褐色黏土的摩擦角 $\varphi = 23°$，而地下孔隙水位位于黏土层的底部。3D分析出边坡的 $F_S = 1.1$。所以坡脚处的开挖不仅使得边坡底失去了支撑，而且更重要的是黏土软弱层出露在坡脚，于是滑坡体滑入开挖坑并加速了整体的滑坡破坏。

造成滑坡的主要原因是褐色黏土出现的峰值剪切状态，接近边坡的爆破震动加速了渐近破坏机制并促进了3月9日的大滑坡。另外在坡脚处的开挖之外还有在边坡顶部又增加排土荷载，这些综合因素都是造成大滑坡的直接、间接因素。

附录　金属非金属矿山排土场安全生产规则

1　范围

本规则规定了金属非金属矿山排土场的设计、生产作业管理和关闭等环节的安全要求及安全防护、评价与管理、监督与检查要求，以防止排土场事故的发生。

本规则适用于金属非金属矿山的排土场或废石场。水力输送排土场的设计、生产作业、管理和关闭按尾矿库有关规定执行。

2　规范性引用文件

下列文件中的条款通过本标准的引用而成为本标准的条款，其最新版本适用于本标准。

GB 16423　金属非金属露天矿山安全规程

GB 18599　一般工业固体废物贮存、处置场污染控制标准

GB 14161　矿山安全标志

GB 50070　矿山电力设计规范

3　定义

3.1　本规则所述排土场又称废石场，是指矿山剥离和掘进排弃物集中排放的场所。

3.2　排弃物一般包括腐殖表土、风化岩土、坚硬岩石以及混合岩土，有时也包括可能回收的表外矿、贫矿等。

4　排土场安全管理

4.1　企业主要负责人是排土场安全生产第一责任人。企业应有专门机构和专职人员负责排土场的安全管理工作，保证排土场安全生产所需经费。

4.2　建立健全适合本单位排土场实际情况的规章制度，包括：排土场安全目标管理制度；排土场安全生产责任制度；排土场安全生产检查制度；排土场安全隐患治理制度；排土场抢险及险情报告制度；排土场安全技术措施实施计划；排土场安全技术规程；排土场安全事故调查、分析、报告、处理制度；排土场安全培训、教育制度；排土场安全评价制度等。

4.3　企业应严格执行建设项目安全设施“三同时”的有关规定，对排土场按照设计文件的要求和有关技术规范施工，并报批验收。

4.4　设计变更应经原设计单位同意，或经有资质的单位进行技术论证，并报安全生产监督管理部门审查，任何单位和个人不应随意变更排土场设计或研究机构经技术论证后推荐的排土段高等参数。

4.5　排土场滚石区应设置醒目的符合 GB 14161 标准的安全警示标志。

4.6　严禁个人在排土场作业区或排土场危险区内从事捡矿石、捡石材和其他活动。

未经设计或技术论证，任何单位不应在排土场内回采低品位矿石和石材。

4.7 排土场最终境界20m内应排弃大块岩石。

5 排土场的设计

5.1 矿山排土场应由有资质的中介机构进行设计。

5.2 排土场位置的选择应遵守以下原则：

——排土场位置的选择，应保证排弃土岩时不致因滚石、滑坡、塌方等威胁采矿场、工业场地（厂区）、居民点、铁路、道路、输电网线和通讯干线、耕种区、水域、隧道涵洞、旅游景区、固定标志及永久性建筑等的设施安全。

——排土场场址不宜设在工程地质或水文地质条件不良的地带。如因地基不良而影响安全时，应采取有效措施。

——依山而建的排土场，坡度大于1∶5且山坡有植被或第四系软弱层时，最终境界100m内的植被或第四系软弱层应全部清除，将地基削成阶梯状。

——排土场选址时应避免成为矿山泥石流重大危险源，无法避开时应采取切实有效的措施。

——排土场位置要符合相应的环保要求。排土场场址不应设在居民区或工业建筑主导风向的上风向区和生活水源的上游，含有污染物的废石要按照GB 18599要求进行堆放、处置。

5.3 排土场位置选定后，应进行专门的地质勘探工作。

5.4 排土场排土工艺、排土顺序、排土场的阶段高度、总堆置高度、安全平台宽度、总边坡角、废石滚落时可能的最大距离以及相邻阶段同时作业的超前堆置距离等参数，均应在设计中明确规定。

5.5 排土场设计时应进行排土场土岩流失量估算，设计拦挡设施。

5.6 内部排土场不应影响矿山正常开采和边坡稳定。排土场坡脚与矿体开采点和其他构筑物之间应有一定的安全距离，必要时应建设滚石或泥石流拦挡设施。

5.7 在矿山建设过程中，修建公路和工业场地的废石应选择地点集中排放，不能就近排弃在公路边和工业场地边，以避免形成泥石流。

5.8 对腐殖表土、风化岩土应单独设计、集中堆放。

6 排土场的作业管理

6.1 道路运输

——汽车排土作业时，应有专人指挥，指挥人员应经过培训，并经考核合格后上岗工作。非作业人员不应进入排土作业区，凡进入作业区的工作人员、车辆、工程机械应服从指挥人员的指挥。

——排土场平台应平整，排土线应整体均衡推进，坡顶线应呈直线形或弧形，排土工作面向坡顶线方向应有2%～5%的反坡。

——排土卸载平台边缘要设置安全车挡，其高度不小于轮胎直径的1/2，车挡顶宽和底宽应不小于轮胎直径的1/4和4/3；设置移动车挡设施的，要对不同类型移动车挡制定安全作业要求，并按要求作业。

——应按规定顺序排弃土岩。在同一地段进行卸车和推土作业时，设备之间应保持足够的安全距离。

——卸土时，汽车应垂直于排土工作线；汽车倒车速度应小于5km/h，严禁高速倒车，冲撞安全车挡。

——推土时，在排土场边缘严禁推土机沿平行坡顶线方向推土。

——排土安全车挡或反坡不符合规定、坡顶线内侧30m范围内有大面积裂缝（缝宽0.1~0.25m）或不正常下沉（0.1~0.2m）时，禁止汽车进入该危险区作业，安全管理人员应查明原因及时处理后，方可恢复排土作业。

——排土场作业区内烟雾、粉尘、照明等因素使驾驶员视距小于30m或遇暴雨、大雪、大风等恶劣天气时，应停止排土作业。

——汽车进入排土场内应限速行驶。距排土工作面50~200m时限速16km/h，50m范围内限速8km/h；排土作业区应设置一定数量的限速牌等安全标志牌。

——排土作业区照明系统应完好，照明角度应符合要求，夜间无照明禁止排土。灯塔与排土车挡距离 d 应按以下公式计算：

$$d \geqslant 车辆视觉盲区距离 + 10m$$

——排土作业区应配备质量合格、适应相应车载量汽车突发事故救援使用的钢丝绳（ >4 根）、大卸扣（ >4 个）等应急工具。

——排土作业区应配备指挥工作间和通讯工具。

6.2　铁路运输

6.2.1　铁路移动线路卸车地段，应遵守下列规定：

——路基面应向排土场内侧形成反坡。

——线路一般为直线，困难条件下，其平曲线半径不小于表1的规定，并根据翻卸作业的安全要求设置外轨超高。

表1　平曲线半径　m

卸车方向	准轨铁路	窄轨铁路		
		机车车辆固定轴距≤2.0m		机车车辆固定轴距2.0~3.0m，轨距762mm，900mm
		轨距600mm	轨距762mm，900mm	
向曲线外侧	150	30	60	80
向曲线内侧	200	50	80	100

——线路尽头的一个列车长度内应有2.5‰~5‰的上升坡度。

——卸车线钢轨轨顶外侧至台阶坡顶线的距离，应不小于表2的规定。

表2　轨顶外侧至台阶坡顶线的距离　m

准轨		窄轨		
路基稳固	路基不稳	轨距900mm	轨距762mm	轨距600mm
0.62	0.92	0.45	0.43	0.37

——牵引网路应符合GB 50070规范。网路始端，应设电源开关，做到先停电后移动网路。

——在独头卸载线端部，应设置车挡。车挡应有完好的拦挡指示和红色夜光警示牌。独头线的起点和终点，应设置铁路障碍指示器。

6.2.2 列车在卸车线上运行和卸载时，应遵守下列规定：

——列车进入排土线后，由排土人员指挥列车运行。机械排土线的列车运行速度准轨不应超过10km/h；窄轨不应超过8km/h；接近路端时，不应超过5km/h。

——严禁运行中卸土（曲轨侧卸式和底卸式除外）。

——卸车顺序应从尾部向机车方向依次进行。必要时，机车应以推送方式进入。

——列车推送时，应有调车员在前引导指挥。

——新移设的线路，首次列车严禁牵引进入。

——翻车时应2人操作，操作人员应位于车厢内侧。

——清扫自翻车宜采用机械化作业。人工清扫时应有安全措施。

——卸车完毕，应在排土人员发出出车信号后，列车方可驶出排土线。

6.2.3 排土犁排土时，应遵守下列规定：

——推排作业线上、排土犁犁板和支出机构上，严禁有人。

——排土犁推排岩土的行走速度，不应超过5km/L。

6.2.4 单斗挖掘机排土时，受土坑的坡面角不应大于60°，严禁超挖。

6.3 胶带运输

——排土机应在稳定的平盘上作业，外侧履带与台阶坡顶线之间应保持一定的安全距离。

——工作场地和行走道路的坡度应符合排土机的技术要求。

——排土机长距离行走时，受料臂、排料臂应与行走方向成一直线，并将其吊起、固定；配重小车在靠近回转中心的前端，到位后用销子固定；严禁上坡转弯。

7 排土场排洪与防震

7.1 山坡排土场周围应修筑可靠的截洪和排水设施拦截山坡汇水。

7.2 排土场内平台应设置2%～5%的反坡，并在排土场平台上修筑排水沟拦截平台表面及坡面汇水。

7.3 当排土场范围内有出水点时，应在排土之前采取措施将水疏出。排土场底层应排弃大块岩石，以便形成渗流通道。

7.4 汛期前应采取下列措施做好防汛工作：

——明确防汛安全生产责任制，制定应急救援预案。

——疏通排土场内外截洪沟；详细检查排洪系统的安全情况。

——备足抗洪抢险所需物资，落实应急救援措施。

——及时了解和掌握汛期水情和气象预报情况，确保排土场和下游泥石流拦挡坝道路、通讯、供电及照明线路可靠和畅通。

7.5 汛期应对排土场和下游泥石流拦挡坝进行巡视，发现问题应及时修复，防止连续暴雨后发生泥石流和垮坝事故。

7.6 洪水过后应对坝体和排洪构筑物进行全面认真的检查与清理。发现问题应及时修复。

7.7　处于地震烈度高于6度地区的排土场，应制订相应的防震和抗震的应急预案，内容包括：

——抢险组织与职责。

——排土场防震和抗震措施。

——防震和抗震的物资保障。

——排土场下游居民的防震应急避险预案。

——震前值班及巡查制度等。

7.8　排土场泥石流拦挡坝应按现行抗震标准进行校核，低于现行标准时，应进行加固处理。

7.9　地震后，应对排土场及排土场下游的堆石坝进行巡查和检测，及时修复和加固破坏的部分，确保排土场及其设施的运行安全。

8　排土场关闭与复垦

8.1　排土场关闭

8.1.1　矿山企业在排土场结束时，应整理排土场资料、编制排土场关闭报告。

——排土场资料应包括：排土场设计资料、排土场最终平面图、排土场工程地质、水文地质资料、排土场安全稳定性评价资料及排土场复垦规划资料等。

——排土场关闭报告应包括：结束时的排土场平面图、结束时的排土场安全稳定性评价报告、结束时的排土场周围状况及排土场复垦规划等。

8.1.2　排土场最终境界应由中介技术服务机构进行安全稳定性评价。不符合安全条件的，评价单位应提出治理措施，企业应按措施要求进行治理，并须报省级以上安全生产监督管理部门审查。

8.1.3　关闭后的排土场安全管理工作由原企业负责。破产企业关闭后的排土场，由当地政府落实负责管理的单位或企业。关闭后的排土场重新启用或改作他用时，应经过可行性设计论证，并报安全生产监督管理部门审查批准。

8.2　排土场复垦

8.2.1　矿山企业在排土场生产作业过程中，应制定切实可行的复垦规划，达到最终境界的台阶先行复垦。

8.2.2　排土场复垦规划应包括场地的整备、表土的采集与铺垫、覆土厚度、适宜生长植物的选择等。

8.2.3　关闭后的排土场未完全复垦或未复垦的，矿山企业应留有足够的复垦资金。

9　排土场监测、检查及记录

9.1　排土场监测

——矿山应建立排土场监测系统，定期进行排土场监测。排土场发生滑坡时，应加强监测工作。

——发生泥石流的矿山应建立泥石流观测站和专门的气象站。泥石流沟谷应定期进行剖面测量，统计泥沙淤积量，为排土场泥石流防治提供资料。

9.2　排土场安全检查

排土场安全检查内容包括：规章制度、设计、作业管理、防洪与防震等方面。

9.2.1 排土场规章制度与设计检查

——检查排土场规章制度制定和执行情况。

——检查排土场设计及变更情况。

9.2.2 排土场作业管理检查

排土场作业管理检查的内容包括：排土参数、变形，裂缝、底鼓、滑坡等。

9.2.2.1 排土参数检查：

——测量各类型排土场段高、排土线长度，测量精度按生产测量精度要求。实测的排土参数应不超过设计的参数，特殊地段应检查是否有相应的措施。

——测量各类型排土场的反坡坡度，每100m不少于2条剖面，测量精度按生产测量精度要求。实测的反坡坡度应在各类型排土场范围内。

——测量汽车排土场安全车挡的底宽、顶宽和高度。实测的安全车挡的参数应符合不同型号汽车的安全车挡要求。

——测量铁路排土场线路坡度和曲率半径，测量精度按生产测量精度要求；挖掘机排土测量挖掘机至站立台阶坡顶线的距离，测量误差不大于10mm；各参数应满足本规则6.2的要求。

——测量排土机排土外侧履带与台阶坡顶线之间的距离，测量误差不大于10mm；安全距离应大于设计要求。

——检查排土场变形、裂缝情况。排土场出现不均匀沉降、裂缝时，应查明沉降量，裂缝的长度、宽度、走向等，并判断危害程度。

——检查排土场地基是否隆起。排土场地面出现隆起、裂缝时，应查明范围和隆起高度等，判断危害程度。

9.2.2.2 检查排土场滑坡。排土场发生滑坡时，应检查滑坡位置、范围、形态和滑坡的动态趋势以及成因。

9.2.2.3 检查排土场坡脚外围滚石安全距离范围内是否有建（构）筑物和道路，是否有耕种地等，是否在该范围内从事非生产活动。

9.2.2.4 检查排土场周边环境是否存在危及排土场安全运行的因素。

9.2.3 排土场排水构筑物与防洪安全检查

——排水构筑物安全检查主要内容：构筑物有无变形、移位、损毁、淤堵，排水能力是否满足要求等。

——截洪沟断面检查内容：截洪沟断面尺寸，沿线山坡滑坡、塌方，护砌变形、破损、断裂和磨蚀，沟内物淤堵等。

——排土场下游设有泥石流拦挡设施的，检查拦挡坝是否完好，拦挡坝的断面尺寸及淤积库容。

9.2.4 排土场安全设施检查

安全设施检查的主要内容包括：钢丝绳、大卸扣的配备数量和质量；照明设施能否满足要求；安全警示标志牌、灭火器、通讯工具等配置及完好情况。

9.3 企业应建立下列排土场管理档案

——建设文件及有关原始资料。

——组织机构和规章制度建设。
——排土场观测资料和实测数据。
——事故隐患的整改情况。

10　排土场安全度分类与评价

10.1　排土场安全度分为危险级、病级和正常级三级。

10.1.1　排土场有下列现象之一的为危险级：

——在山坡地基上顺坡排土或在软地基上排土，未采取安全措施，经常发生滑坡的；

——易发生泥石流的山坡排土场，下游有采矿场、工业场地（厂区）、居民点、铁路、道路、输电网线和通讯干线、耕种区、水域、隧道涵洞、旅游景区、固定标志及永久性建筑等设施，未采取切实有效的防治措施的；

——排土场存在重大危险源（如汽车排土场未建安全车挡，铁路排土场铁路线顺坡和曲率半径小于规程最小值等），极易发生车毁人亡事故的；

——山坡汇水面积大而未修筑排水沟或排水沟被严重堵塞的；

——经验算，用余推力法计算的安全系数小于1.0的。

10.1.2　排土场有下列现象之一的为病级

——排土场地基条件不好，对排土场的安全影响不大的；

——易发生泥石流的山坡排土场，下游有山地、沙漠或农田，未采取切实有效的防治措施的；

——未按排土场作业管理要求的参数或规定进行施工的；

——经验算，用余推力法计算的安全系数大于1.00小于设计规范规定值的。

10.1.3　同时满足下列条件的为正常级：

——排土场基础较好或不良地基经过有效处理的；

——排土场各项参数符合设计要求和排土场作业管理要求，用余推力法计算的安全系数大于1.15，生产正常的；

——排水沟及泥石流拦挡设施符合设计要求的。

10.2　非正常级排土场的处理。

10.2.1　对于危险级排土场，企业应停产整治，并采取以下措施：

——处理不良地基或调整排土参数；

——采取措施防止泥石流发生，建立泥石流拦挡设施；

——处理排土场重大危险源；

——疏通、加固或修复排水沟。

10.2.2　对于“病级”排土场，企业应采取以下措施限期消除隐患：

——采取措施控制不良地基的影响；

——将各排土参数修复到排土场作业管理要求的参数或规定的范围内。

10.3　企业对非正常级排土场的检查周期：

——“危险级”排土场每周不少于1次；

——“病级”排土场每月不少于1次。

在汛期，应根据实际情况对排土场增加检查次数。检查中如发现重大隐患，应立即采取措施进行整改，并向省级以上安全生产监督管理部门报告。

10.4 企业应把排土场安全评价工作纳入矿山安全评价工作中，由有资质的中介技术服务机构每3年对排土场进行一次安全评价。排土场的安全评价报告应报省级安全生产监督管理部门备案。

11 附则

11.1 本规则由国家安全生产监督管理局负责解释。

11.2 本《规则》自公布之日起实施。

参考文献

[1] 露天矿排土场调研组. 露天矿排土场技术调查报告[R]. 冶金部黑色金属矿山情报网，1985，4.

[2] Hoek E，Bray J W 著. 岩石边坡工程[M]. 卢世宗等译. 北京：冶金工业出版社，1983.

[3] 加拿大矿物和能源技术中心著. 边坡工程手册[M]. 祝玉学，邢修祥译. 北京：冶金工业出版社，1984.

[4] 苏文贤等. 朱家包包铁矿排土场稳定性及监测技术研究[J]. 金属矿山，1991(12):14-20.

[5] 王运敏. "十五"金属矿山采矿技术进步与"十一五"发展方向[J]. 金属矿山，2007(12)：37-45，49.

[6] 代永新，王运敏，李如忠. 露天矿边坡变形的智能有限元分析[J]. 矿业快报，2001(9)：4-7.

[7] 王运敏，刘盛华，郑惟刚. 我国大型露天矿开采的主要薄弱环节及其对策[J]. 金属矿山，1998(5)：5-10，50.

[8] 王运敏. 我国金属矿产资源开发循环经济的发展方向[J]. 金属矿山，2005(9)：1-5.

[9] 项宏海. 排土场散体的力学特性研究[J]. 矿山技术，1989(1)：16-21.

[10] 黄礼富，苏文贤. 高台阶排土场岩石块度分布规律研究[J]. 有色矿山，1988(09)：7-13.

[11] 李如忠，高福安. 排水固结法在马钢姑山矿临河排土场稳定性研究中的应用[J]. 中国矿业，1996，26(4)：61-64.

[12] 周胜利，房定旺. 姑山矿软土地基排土场结构参数的确定[J]. 金属矿山，2000(4)：34-36.

[13] 黄礼富，周玉新，陈柏林，等. 排土机排土合理工艺参数的确定[J]. 金属矿山，1998(01)：8-11，53.

[14] 项宏海. 岩体强度换算及其工程应用[J]. 金属矿山，1992(12)：19-23.

[15] 张建华，石海林. 德兴铜矿西源排土场高台阶排土稳定性研究[J]. 金属矿山，2003(2)：24-27.

[16] 朱国山. 祝家排土场堆浸排土台阶高度优化研究[J]. 金属矿山，2003(12)：16-17，49.

[17] 黄广龙，周健，龚晓南. 矿山排土场散体岩土的强度变形特性[J]. 浙江大学学报（工学版），2000,34(1)：54-58.

[18] 祝玉学，黄礼富. Rosenblueth 方法在排土场边坡可靠性分析中的应用[J]. 矿山技术，1990(3)：10-14.

[19] Hungr O. An extension of bishopps simplified method of slope stability analysis to three dimensions[J]. Géotechnique，1987，37：113-117.

[20] 陈昌富，朱剑锋. 基于 Morgenstern-Price 法边坡三维稳定性分析[J]. 岩石力学与工程学报，2010，29(7)：1473-1480.

[21] 袁恒，罗先启，张振华. 边坡稳定分析三维极限平衡条柱间力的讨论[J]. 岩土力学，2011,32(8)：2453-2458.

[22] 冯树仁，丰定祥，葛修润，等. 边坡稳定性的三维极限平衡分析方法及应用[J]. 岩土工程学报，1999,21(6)：657-661.

[23] 周玉新. 矿山边坡裂隙岩体和排土场地下水流数值模拟研究[D]. 南京：河海大学，2005.

[24] 朱学愚，钱孝星，等. 基岩山区降水入渗补给量的确定方法[J]. 工程勘察，1982(3)：25-30.

[25] 薛禹群，谢春红. 水文地质学的数值法[M]. 北京：煤炭工业出版社，1980，7-14.

[26] 周玉新，周志芳. 有限分析法在排土场渗流分析中的应用. 金属矿山，2001(10)：18-21.

[27] 冶金部马鞍山矿山研究院，等. 本钢歪头山铁矿排土场稳定性及综合治理技术研究[R]. 马鞍山：冶金部马鞍山矿山研究院，1994，1.

[28] 冶金部马鞍山矿山研究院，等. 高台阶排土场稳定性及监测技术的研究[R]. 马鞍山：冶金部马鞍山矿山研究院，1990.

[29] 冶金部马鞍山矿山研究院，等．德兴铜矿排土场稳定性及泥石流的研究与防治[R]．冶金部马鞍山矿山研究院，1991.

[30] 周玉新，周志芳．矿山排土场非线性渗流数值计算[J]．岩石力学与工程学报，2004,23(13)：2215-2219.

[31] Volker R E. Nonlinear flow in porous media by finite element[J]. Proc ASCE，J of the HY，1969，95(HY6)：2093-2114.

[32] McCorquodalc J A. Variational approach to non-darcy flow[J]. Proc，ASCE，J of the HY，1970，96(HY11)：2265-2277.

[33] 柴军瑞．坝基非达西渗流分析[J]．水电能源科学，2001,19(4)：1-3.

[34] 俞波，胡去劣．过水堆石体的渗流计算[J]．水利水运科学研究，1996,18(1)：64-69.

[35] 柴军瑞．岩体裂隙网络非线性渗流分析[J]．水动力学研究与进展，2002，A 辑，17(2)：217-221.

[36] 肖焕雄，孙志禹，鞠连义．过水堆石围堰——渗流规律的研究与计算[J]．人民长江，1994,25(10)：11-15.

[37] 代群力．地下水非线性流动模拟[J]．水文地质工程地质，2000(2)：50-55.

[38] 王来生，鞠时光，等．大比例尺地形图机助绘图算法及程序[M]．北京：测绘出版社，1993，8.

[39] 汪斌．矿山排土场泥石流的形成机理及预测[J]．有色金属（矿山部分），1988(2)：23-27.

[40] 苏文贤等．排土场泥石流的形成与防治[J]．有色矿山，1989(1)：6-12.

[41] 李如忠，吴绳敦，顾玉成．新桥硫铁矿四房排土场泥石流的成因与治理[J]．金属矿山，1994(12)：33-35.

[42] 中国科学院蒋家沟泥石流观测研究站．云南东川蒋家沟泥石流．中国科学院成都地理研究所，1986.

[43] 钟新妘，马荣斌．用陆地卫星 MSS 图像分析孙水河流域泥石流群体的宏观发育规律[J]．西南交通大学，1986.

[44] 冶金工业部南昌有色冶金设计研究院．永平铜矿西北部排土场泥石流调查及防治(摘要)[R]．南昌：冶金工业部南昌有色冶金设计研究院，1983.

[45] 兰肇声．奉节县地理环境与泥石流初探[R]．中国科学院成都地理研究所，1986.

[46] 谢修齐，王文俊，李良勋．大秦铁路站庄泥石流涵洞模型试验[R]．铁道部科学院西南研究所，1986.

[47] 赵维城，杨凯．宣威县华泽河《86. 6. 9》暴雨泥石流[R]．云南省地理研究所，1986.

[48] 铁道部西安铁路局，铁道部第一勘测设计院，中国科学院兰州冰川冻土研究所联合调查组．陇海铁路宝天段泥石流调查报告[R]．拓石，1983.

[49] 唐邦兴，柳素清，谭万沛，刘世建，姜达．攀西地区泥石流对生产布局的影响[R]．中国科学院成都地理研究所，1985.

[50] 刘西林．论泥石流动力作用对河床地貌的影响——以云南小江流域为例[D]．中国科学院成都地理研究所硕士论文．

[51] 中国科学院成都地理研究所等．山地研究，1983,1(3-4).

[52] 中国科学院成都地理研究所等．山地研究，1984,2(1-3).

[53] 中国科学院成都地理研究所等．山地研究，1985,3(1-4).

[54] 中国科学院成都地理研究所等．山地研究，1986,4(1-3).

[55] 罗贵生，朱平一．泥石流沟判别的初步探讨[R]．中国科学院成都地理研究所，1986.

[56] 罗德富，朱平一，张有富，张军，苏春江．峨眉龙池镇观音沟、清风沟泥石流考察及工程防治意见[R]．中国科学院成都地理研究所，1986.

[57] 吕儒仁．对泥石流形成演变的一种认识—自然组合论[C]．第二届全国泥石流学术交流会议论文

集. 兰州大学，1986.
[58] 吕儒仁，冯清华. 青藏高原泥石流分布特征. 第二届全国泥石流学术交流会议论文集[C]. 兰州大学，1986.
[59] 吕儒仁. 四川宝兴县城区南北教场沟和冷水沟的泥石流[C]. 第二届全国泥石流学术交流会议论文集. 兰州大学，1986.
[60] 中国科学院兰州冰川冻土研究所. 中国科学院兰州冰川冻土研究所集刊(第4号)[M]. 北京：科学出版社，1985.
[61] 杨美卿. 紊动对泥石流变特性的影响[R]. 清华大学水利工程系，1986. 9.
[62] 朱鹏程. 分析黄河中游干支流实测资料对高含沙量水流机理的认识[R]. 中国水利水电科学研究院，1986.
[63] 赵惠林. 泥石流黏度计 NSE10 及其测试原理[R]. 中国科学院成都地理研究所，1986.
[64] 赵惠林. 泥石流黏度的初步探讨[R]. 中国科学院成都地理研究所，1986.
[65] 姚令侃. 模糊相似选择在确定泥石流危险雨情区上的应用[R]. 铁道部科学研究院西南研究所，1986.
[66] 张丽萍，唐克丽. 矿山泥石流[M]. 北京：地质出版社，2001.
[67] 铁道部科学研究院西南研究所. 泥石流译文集（四）. 格栏坝专集(2)[R]. 1986.
[68] 田连权，吴积善，康志诚，张军. 泥石流侵蚀搬运与堆积[M]. 成都：成都地图出版社，1993.
[69] 云南科学技术委员会. 中国科学院成都地理研究所小江泥石流综合考察队. 云南小江流域泥石流综合考察研究[R]. 昆明：1986.
[70] 中国科学院成都地理研究所，四川省地理学会泥石流专业委员会，四川省防汛抗旱指挥部办公室. 泥石流(3)[M]. 重庆：科学技术文献出版社重庆分社，1986.
[71] 刘恒一. 四川攀西地区的泥石流和滑坡的关系[R]. 中国科学院成都地理研究所，1986.
[72] 王裕宜，张正荣. 云南盈江浑水沟治理中泥石流基本特性的变化[R]. 中国科学院成都地理研究所浑水沟工程指挥部，1968.
[73] 谢振瑶. 排土场边坡稳定问题的分析与看法[R]. 冶金部长沙黑色冶金矿山研究院总图运输室，1986.
[74] 周国良. 浅谈露天矿山排土场泥石流成因与类型[R]. 南昌：中国有色金属工业总公司南昌有色冶金设计研究院，1986.
[75] 冶金部马鞍山矿山研究院. 永平铜矿排土场岩土物理力学性质试验研究报告[R]. 冶金部马鞍山矿山研究院，1987.
[76] 冶金部马鞍山矿山研究院. 永平铜矿排土场泥石流成因及其预测研究报告[R]. 冶金部马鞍山矿山研究院，1987.
[77] 冶金部马鞍山矿山研究院. 江西永平铜矿排土场泥石流物质组成研究[R]. 冶金部马鞍山矿山研究院，1987.
[78] 冶金部马鞍山矿山研究院. 永平铜矿排土场岩土块度分布规律试验研究报告[R]. 冶金部马鞍山矿山研究院，1987.
[79] 林清华. 宝成铁路红花铺车站泥石流灾害剖析[R]. 铁道部第一勘测设计院四总队，1986.
[80] 杨廷瑞. 陕北高含沙浑水输送问题[R]. 水电部西北水利科学研究所，1985.
[81] 白志勇. 成昆线普雄地区泥石流发育规律[R]. 西南交通大学，1986.
[82] 谭万沛. 降雨泥石流的临界雨量研究. 第二届全国泥石流学术交流会议论文集[C]. 兰州大学，1986.
[83] 唐邦兴，柳素清，谭万沛，袁锡明. 黑水县芦花沟泥石流和它的治理工程[D]. 全国第二次泥石流会议学术论文，1986.

[84] 欧国强．小流域平均坡降加权平均计算法[C]．第二届全国泥石流学术交流会议论文集．兰州大学，1986.
[85] 欧国强．论连续性泥石流规模的主导因子[C]．第二届全国泥石流学术交流会议论文集．兰州大学，1986.
[86] 泥石流模拟实验课题组．泥石流动力学实验装置建设总结(摘要)[R]．中国科学院成都地理研究所，1986.
[87] 周必凡．泥石流运动特征剖析[R]．中国科学院成都地理研究所，1986.
[88] 谢慎良．泥浆体粘性资料综合分析[R]．铁道部科学研究院西南研究所，1986.
[89] 中国科学院水利部成都山地灾害与环境研究所，中国山地危险工程综合培训项目组．中国山地灾害防治工程[M]．成都：四川科学技术出版社，1997.
[90] 赵水阳等．矿山自然生态环境保护与治理规划理论与实践[M]．北京：地质出版社，2006.
[91] 韦冠俊．矿山环境工程[M]．北京：冶金工业出版社，2001.
[92]《采矿手册》编辑委员会．采矿手册[M]．北京：冶金工业出版社，1991.
[93] 连生瑞．大冶铁矿硬岩排土场复垦的几点作法[J]．冶金矿山设计与建设，1995(4)：55-58.
[94] 符苏精．海钢第八排土场复垦与开发[J]．露天采矿技术，2007(5)：64，68.
[95] 潘爱影．江西省永平铜矿排土场植被复垦[J]．农村生态环境，1997,13(2)：26-29.
[96] 谭辉，钟铁，白怀良，等．马钢姑山铁矿排土场复垦物种选择与土壤的关系[J]．科技资讯，2009(26)：156-158.
[97] 张金桃．大宝山排土场复垦绿化实用技术探究[J]，有色冶金设计与研究，2009(5)：11-12，18.
[98] 薛玲，曹江营，张树礼，等．黄土高原区煤矿排土场复垦及区域生态恢复示范工程[J]．环境科学，1996(2)：60-63，95.
[99] 中钢集团马鞍山矿山研究．冶金矿山排土场生态恢复与重建技术研究[R]．马鞍山：中钢集团马鞍山矿山研究院，2010.
[100] 李香梅，赵燕，冶金矿山排土场土壤改良及植被恢复技术[J]．现代矿业，2011(7)：124-126.
[101] 孙建华，华天伟．马钢姑山排土场的生态适应性种植试验[J]．水电站设计，2001，12：80-82.
[102] 唐胜卫，李书钦．冶金矿山废弃地土地复垦生态结构优化[J]．现代矿业，2011，9：111-113.
[103] 程一松，李书钦，谭辉．马钢姑山矿冶公司钟山排土场复垦效果分析[J]．金属矿山，2011(10)：131-134.
[104] 谭辉，钟铁．冶金矿山废弃地生态恢复植物优选试验研究[J]．金属矿山，2010(3).
[105] 赵艳，李香梅．排土场生物复垦技术在马钢姑山矿钟山排土场的研究与应用[J]．现代矿业，2011(7).
[106] 王飞，钟铁，李书钦．排土场生态复垦植被优选试验研究[J]．现代矿业，2010(7).
[107] 沈渭寿等．矿区生态破坏与生态重建[M]．北京：中国环境科学出版社，2004：9.
[108] 钟长江，李林．尖山排土场滑体位移监测及滑坡预报[J]．金属矿山，1994(12)：30-32，52.
[109] 黄纪．尖山排土场滑坡成因及治理措施[J]．四川冶金，1991(4)：1-4.
[110] 祖国林．黄土地基排土场特性及滑坡模式的探讨[J]．勘探科学技术，1994(3)：3-7.
[111] 周国良．潘洛铁矿大格高排土场设计[J]．有色冶金设计与研究，1994,15(1)：45-64.
[112] 辛明印，孟昭禹．歪头山铁矿 188 西站西侧排土场滑坡综合治理研究[J]．金属矿山，1998(12)：10-14.

冶金工业出版社部分图书推荐

书　名	定价（元）
采矿手册（第1卷至第7卷）	927.00
采矿工程师手册（上、下）	395.00
现代采矿手册（上册）	290.00
现代采矿手册（中册）	450.00
现代采矿手册（下册）	即将出版
现代金属矿床开采技术	260.00
爆破手册	180.00
中国典型爆破工程与技术	260.00
中国爆破新技术Ⅱ	200.00
工程爆破实用手册（第2版）	60.00
露天矿山台阶中深孔爆破开采技术	25.00
地下装载机	99.00
中国冶金百科全书·采矿	180.00
中国冶金百科全书·安全环保	120.00
中国冶金百科全书·选矿	140.00
矿山废料胶结充填（第2版）	48.00
采矿概论	28.00
采矿学（第2版）	58.00
地下采矿技术	36.00
露天采矿机械	32.00
倾斜中厚矿体损失贫化控制理论与实践	23.00
井巷工程（本科教材）	38.00
井巷工程（高职高专教材）	36.00
现代矿业管理经济学	36.00
选矿知识600问	38.00
采矿知识500问	49.00
矿山尘害防治问答	35.00
金属矿山安全生产400问	46.00
煤矿安全生产400问	43.00
矿山工程设备技术	79.00
选矿手册（第1卷至第8卷共14分册）	637.50
矿用药剂	249.00
选矿设计手册	140.00
炸药化学与制造	59.00
矿山地质技术	48.00
矿井风流流动与控制	30.00
金属矿山尾矿综合利用与资源化	16.00